卷烟加工对产品质量及烟气成分的影响

邓国栋
李 斌 主编
王 兵

中国轻工业出版社

图书在版编目（CIP）数据

卷烟加工对产品质量及烟气成分的影响/邓国栋，李斌，王兵主编. —北京：中国轻工业出版社，2022.9
ISBN 978-7-5184-3878-5

Ⅰ.①卷… Ⅱ.①邓…②李…③王… Ⅲ.①卷烟—生产工艺 Ⅳ.①TS452

中国版本图书馆 CIP 数据核字（2022）第 025495 号

责任编辑：张　靓　王庆霖
策划编辑：张　靓　　　　责任终审：劳国强　　封面设计：锋尚设计
版式设计：霸　州　　　　责任校对：宋绿叶　　责任监印：张　可

出版发行：中国轻工业出版社（北京东长安街6号，邮编：100740）
印　　刷：三河市万龙印装有限公司
经　　销：各地新华书店
版　　次：2022年9月第1版第1次印刷
开　　本：720×1000　1/16　印张：21.25
字　　数：428 千字
书　　号：ISBN 978-7-5184-3878-5　定价：98.00 元
邮购电话：010-65241695
发行电话：010-85119835　传真：85113293
网　　址：http://www.chlip.com.cn
Email：club@chlip.com.cn
如发现图书残缺请与我社邮购联系调换
200432K1X101ZBW

本书编写人员

主　　编　邓国栋　李　斌　王　兵
副 主 编　邓　楠　王　乐　刘晓萍
参编人员（排名不分先后）
　　　　　　丁美宙　王海滨　王锐亮　李善莲
　　　　　　汪长国　宋金勇　苏明亮　余　娜
　　　　　　罗　靖　郑赛晶　曾　强　盛　科
　　　　　　阙文豪　李华杰　关　欣　朱　波

前言
PREFACE

2003年我国正式加入了世界烟草框架控制公约，近些年吸烟与健康问题日益突出，卷烟烟气的危害性逐渐成为社会各界关注的焦点，为了减少吸烟者可能遭受的危害，开展降低卷烟危害性的研究一直以来都是烟草科技领域的热点。影响健康的有害物质主要存在于卷烟烟气中，而卷烟烟气中的化学成分是经过卷烟燃烧过程中的一系列化学和物理过程形成的。烟气化学成分的来源可归结为烟草固有化学成分在燃吸过程中反应、传递转移形成的。

一直以来，人们希望在烟草固有成分和烟气成分之间建立联系，希望通过这种联系来改进卷烟设计并指导烟草加工过程。目前，关于减害技术领域国内外研究主要集中在从卷烟燃烧过程中阐述卷烟烟气成分形成机制，从卷烟材料和烟丝固有成分考察其对烟气有害成分释放量的影响，卷烟加工与配方技术对降低有害成分释放量的影响，卷烟烟气中7种有害成分生成基本规律几个方面。

从相关文献调研可知，研究者已经在卷烟危害性指标体系建立、卷烟材料与配方设计对卷烟烟气有害成分释放量的影响以及卷烟有害成分释放量的影响机制关系等多方面开展了许多卓有成效的研究，取得了卷烟减害技术的重要进展。同时，在卷烟加工中不同加工条件对卷烟烟气有害成分释放量的影响方面也做了一些初步的尝试。但仍然存在一些问题值得深入研究，主要包括以下几个方面：①卷烟加工中工序参数条件对烟气中有害成分释放量有无显著影响？如果有显著影响，加工条件对控制域影响如何？②工序参数条件对烟气有害成分释放量影响的作用机制是怎样的？能否通过对在制品特性（物理特性与化学物质基础）分析，尤其是自身形变、烟丝颗粒内外微观结构尺寸、烟丝尺寸分布等，或者是在制品的化学物质基础变化，结合卷烟烟支燃烧状态的分析，深入分析工艺参数条件对烟气有害成分释放量的作用机制；③是否能够结合工艺参数条件对卷烟感官质量的影响，获得卷烟产品有害成分释放量控制范围？从而为获得卷烟加工工序参数对有害成分释放量影响规律及调控技术提供技术支撑。

卷烟加工过程是烟草物料不断形变及不同条件热湿处理的过程，不同的处理过程,烟草物料的加工质量和烟气成分不断变化。本书分析了卷烟加工主要过程的工艺流程,及不同工序(或工段)工艺任务,针对卷烟加工中涉及的重点工序,如松散回潮、切丝、叶丝干燥[科马斯塔式干燥设备(CTD)和高温干燥塔(HDT)]、滚筒干燥、风选、卷制及梗丝加工工序,通过实验设计、检测分析、统计计算等手段,获得了加工工艺对加工质量、有害成分释放量及卷烟危害性指数的影响规律及影响范围,同时依据单位总粒相物(TPM)、单位焦油和单位烟碱,分析获得了烟气中7种有害成分释放量的选择性。

在此基础上,建立了在制品特征表征方法,选择对控制域影响显著的工序,考察其对在制品特性(物理、化学特性和感官质量)的影响,获得了加工工艺对在制品特性的影响规律。通过对比分析卷烟燃烧状态,并结合烟气有害成分生成机理,分析获得了加工工艺对有害成分释放量影响的机制。创新性地将加工工艺与危害性指数间涉及的工序层、作用层、特性变化层、反应层、物质层及评价层六个层级的递进关系进行定义并连线,分析了加工工艺降低卷烟危害性指数作用机制,提出了加工工艺影响危害性指数的一般性规律。结合加工工序工艺参数条件对卷烟感官质量的影响,针对相关产品,开展应用验证试验。通过卷烟加工重点工序中设备的参数调整,使得该叶组配方在满足产品感官质量要求的同时,为利用卷烟加工手段调控烟气有害成分释放量提供支撑。

本书正是根据行业"卷烟减害技术"重大专项中的"加工工艺降低卷烟危害性指数研究"项目研究成果,结合卷烟工业企业研究与应用实践,分别从卷烟加工工艺过程、加工工艺对卷烟质量及烟气指标的影响规律、加工工艺对卷烟有害成分影响机制分析、加工工艺影响卷烟烟气一般性规律及应用规则的构建、技术应用等方面进行了详细阐述。全书共分为六章:第一章由李斌、王兵编写;第二章由邓国栋、李善莲编写;第三章由刘晓萍、邓国栋编写;第四章由邓国栋、邓楠编写;第五章由李斌、邓楠、苏明亮、王乐编写;第六章由王兵、王乐、苏明亮、汪长国、盛科、罗靖、王海滨、宋金勇、丁美宙、郑赛晶、阙文豪、曾强、王锐亮、余娜、关欣、朱波、李华杰编写。为了指导卷烟企业开展卷烟加工工艺对产品质量及烟气成分的影响的研究应用,本书特加入了一个附录,由邓国栋、刘晓萍编写。李斌、邓国栋对全书进行了统稿。

由于编写人员水平有限,书中难免存在不妥和疏漏之处,恳请读者和专家批评指正,以便后续修订完善。

编者

目 录
CONTENTS

第一章　绪论 / 1
　　第一节　从卷烟燃烧过程阐述卷烟烟气成分形成机制 / 1
　　第二节　卷烟材料和烟丝固有成分对烟气有害成分释放量的影响 / 2
　　第三节　卷烟加工与配方技术对烟气有害成分释放量的影响 / 3
　　第四节　卷烟烟气中 7 种有害成分生成基本规律的研究进展 / 4

第二章　卷烟加工工艺过程 / 21
　　第一节　卷烟加工工艺过程 / 21
　　第二节　卷烟加工工艺过程中的工艺任务 / 22

第三章　加工工艺对卷烟质量及烟气指标的影响规律 / 29
　　第一节　回潮加工对卷烟质量及烟气指标的影响 / 29
　　第二节　切丝对卷烟质量及烟气指标的影响 / 50
　　第三节　滚筒干燥对卷烟质量及烟气指标的影响 / 80
　　第四节　HDT 气流干燥对卷烟质量及烟气指标的影响 / 108
　　第五节　CTD 气流干燥对卷烟质量及烟气指标的影响 / 138
　　第六节　风选对卷烟质量及烟气指标的影响 / 157
　　第七节　卷制对卷烟质量及烟气指标的影响 / 175
　　第八节　梗丝加工对卷烟质量及烟气指标的影响 / 188

第四章　加工工艺对卷烟燃吸过程的影响及有害成分影响机制分析 / 215
　　第一节　物理结构对有害成分释放量影响机制 / 215

第二节　热湿处理工艺对有害成分释放量影响机制 / 232

第三节　梗处理工艺对有害成分释放量影响机制 / 256

第四节　关于烟丝燃烧状态对有害成分影响的探讨 / 264

第五章　加工工艺影响卷烟烟气一般性规律及应用规则的构建 / 267

第一节　加工工艺影响评价指标归类分析 / 267

第二节　加工工艺影响有害成分释放量的一般规律与控制范围 / 271

第三节　加工工艺影响危害性指数普适性规律的提出 / 287

第六章　技术应用 / 289

第一节　制叶丝过程加工质量及烟气调控技术应用 / 289

第二节　卷制工序加工质量及烟气调控技术应用 / 303

第三节　梗丝加工工序加工质量及烟气调控技术应用 / 308

附录 / 314

附录一　工序参数设置及编码 / 314

附录二　样品检测与分析方法 / 320

参考文献 / 326

第一章
绪论

我国已正式加入了世界烟草框架控制公约,吸烟与健康问题将日益突出,卷烟烟气的危害性逐渐成为社会各界关注的焦点[1,2],为了减少吸烟者可能遭受的危害,开展降低卷烟危害性的研究一直以来都是烟草科技领域的热点[1,3]。影响健康的有害物质主要存在于卷烟烟气中,而卷烟烟气中的化学成分是经过卷烟燃烧过程中的一系列的化学和物理过程形成的。烟气化学成分的来源可归结为烟草固有化学成分在燃吸过程中反应、传递转移形成的。一直以来,人们希望在烟草固有成分和烟气成分之间建立联系,希望通过这种联系来改进卷烟设计并指导烟草加工过程。确定卷烟烟气中危害性化学成分是减害技术开展的关键,随着《卷烟危害性指标体系》项目的开展,基本明确了通过一氧化碳(CO)、氰化氢(HCN)、4-(甲基亚硝氨基)-3-吡啶-1-丁酮(NNK)、氨气(NH_3)、苯并[a]芘(B[a]P)、苯酚、巴豆醛7项指标来表征卷烟烟气危害性,为系统开展研究与控制有害成分释放量提供了努力方向。目前,减害技术领域研究主要集中在以下方面:从卷烟燃烧过程阐述卷烟烟气成分形成机制;卷烟材料和烟丝固有成分对烟气有害成分释放量的影响;卷烟加工与配方技术对降低有害成分释放量的影响;卷烟烟气中7种有害成分生成基本规律的研究。

第一节 从卷烟燃烧过程阐述卷烟烟气成分形成机制

Baker[4]指出卷烟燃吸过程包括烟草中挥发成分的挥发和蒸馏过程、非挥发成分的高温热解过程、热解不完全燃烧过程及初始产物的二次反应。Baker把燃烧着的卷烟划分为燃烧区、高温蒸馏分解区、冷凝过滤区,当卷烟点燃后立即形成燃烧区,该区的温度在750~950℃,在其附近烟草升温速率可达到500K/s,燃烧线后未反应的烟丝受热后温度迅速升至300℃,烟丝中的挥发性物质开始挥发而进入烟气；到450℃时，烟丝发生焦化；温度上升到600℃附近烟丝就被点燃形成燃烧区，如此循环下去，构成卷烟燃烧过程。Baker用$^{18}O_2$和$^{13}CO_2$作标识物测定烟叶的高温蒸馏分解区的反应产物，发现烟气中的CO和相当大的一部分烟碱来自高温蒸馏分解区，还发现这一区域的烟气是气、液、固三相并存的气溶胶，其中液相是高沸点化合物冷却凝聚而成。燃烧区主要形成CO、CO_2、水蒸气，也有一些自由基和少量有机化合物。低温区使燃烧区和蒸馏分解区产生的烟气中的粒相物和可凝蒸汽冷凝过滤。R. Bassilakis[5]为了深入理解卷烟燃吸过程中烟气化学成分的生成与烟草物质和燃烧条件的关系，利用TG-FTIR分析了香料烟、烤烟、白肋烟、秸秆和3种模型物质的生成物在不同温度和升温速率下的影响关系，实验结果表明：研究对象中挥发物的生成与温度及升温速率密切相关，水、焦油、CO、CO_2、CH_4以及苯酚等不同物质间释放规律上是相似的，只是绝对量的区别。其他一些物质的挥发不同物质间也存在差异，其随温度与升温速率上的差异性可归结为烟草加工中的处理条件的差异。谢剑平[1]等通过对有害成分生成机理的分析得到，修正的Hoffmann名单中46种有害成分的来源和产生是有很大区别，主要可以分为三种类型，一种是烟草燃烧过程中有一些大分子化合物燃烧和热裂解生成，其有害成分包括苯并［a］芘、4种无机化合物（气体成分）、8种羰基化合物、5种挥发性有机化合物、7种挥发性酚类成分以及焦油、CO；另一种是部分由烟草直接转移，部分由燃烧过程生成，包括芳香胺和半挥发性有机化合物；剩余一种是由烟草直接转移至烟气中，包括烟草特有亚硝胺和有害元素。通过以上有害成分的生成机理分析，多数是通过燃烧过程产生的。因此，对卷烟燃烧过程的分析与调控显得异常重要。

第二节　卷烟材料和烟丝固有成分对烟气有害成分释放量的影响

通过卷烟材料的设计能够有效降低卷烟烟气有害成分的释放量。卷烟材料设计主要包括卷烟纸特性（卷烟纸透气度、定量、助燃剂含量，特殊卷烟纸特性），滤嘴通风稀释和特种滤嘴技术等几个方面。目前，多数研究者[6-10]在此方面做了大量的工作，他们针对卷烟材料，考察了卷烟材料对焦油及7种有害成分的影响规律。通过规律的分析，赵乐等建立了卷烟材料变化后对7

种有害成分释放量的预测模型。该模型为选择合适的卷烟材料降低有害成分释放量提供了一定的支撑作用。其中，滤嘴通风稀释[11]技术主要通过改变稀释烟气降低有害成分释放量，而特种滤嘴技术主要通过对生成烟气采用选择性过滤技术降低有害成分的释放量。由于卷烟纸直接参与烟丝燃烧过程，减少有害成分的关键在于通过改变卷烟纸特性以调整卷烟燃烧状态。

烟丝中固有化学成分（物质基础）也是有害成分释放量的要素之一。Zilkey[12]等找出概括烟叶性质的3个变量和概括烟气性质的3个变量，利用主成分分析法，找出多元变量关系。Yammamoto[13]研究了烟丝成分（物质基础）对烟丝燃烧性能的影响，发现烟丝中钾元素的含量越高，主流烟气中CO含量越低；同时发现，烟丝中的钾元素的含量越高，燃烧锥的最高温越低。从研究数据上看，燃烧锥最高温与烟丝中钾元素的含量成一定的线性关系；研究还发现卷烟抽吸时烟丝与燃烧后的烟灰质量差越大，则单位质量的烟丝产生的焦油越多。Ihrig[14]等研究了烟草燃烧时的燃烧速度和产生的热量，将卷烟按膨胀烟丝和普通烟丝的配比及卷烟的周长两个因素将卷烟分别分组编号，测定了这几组卷烟的单位烟丝的焦油生成量、单位烟丝产生的热量、燃烧线速度、物质燃烧速度、放热速度五项指标。Gaan等研究了卷烟的物理性质对烟气成分的影响，结论为卷烟的密度越小，质量越轻，焦油的释放量越少；卷烟的周长越大，焦油和CO释放量越多；卷烟纸的透气度越大，焦油和CO释放量越少；烟丝越膨胀，焦油和CO释放量越少；过滤嘴的过滤效率提高，焦油和CO释放量越少。郑赛晶[15]研究表明：通过对不同类型烟叶制备的卷烟抽吸过程中最高温度发现，白肋烟抽吸最高温度较低，烤烟抽吸最高温度较高，该差异的原因可能源于白肋烟中K含量较高所致；有机盐的加入可有效降低抽吸过程中最高温度。通过以上对有害成分释放量相关因素的影响规律可见，通过卷烟材料或烟丝固有成分（物质基础）对卷烟燃烧状态产生影响，而燃烧状态对有害成分释放量产生一定的影响，因此，卷烟燃烧状态是影响有害成分生成的内在因素。

第三节 卷烟加工与配方技术对烟气有害成分释放量的影响

目前，膨胀梗丝、膨胀烟丝和再造烟叶的应用在卷烟有害成分释放量降低中起了关键的作用[16]，研究结果表明：随着膨胀梗丝掺配量增加，CO和巴豆醛释放量呈现增加趋势，其他7项有害成分（包含烟碱和焦油）释放量降低；随着膨胀烟丝掺配量增加，巴豆醛释放量增加，焦油、烟碱、CO、B［a］P、氨和苯酚释放量降低；随着再造烟叶掺配量增加，巴豆醛释放量增加，焦油、烟碱、氢氰酸、B［a］P、氨和苯酚释放量降低；通过增加膨胀梗丝、膨胀烟丝或再造烟叶掺配量，可以选择性降低卷烟主流烟气中的B［a］P、氨和苯酚。由于添加膨胀梗丝、膨胀烟丝和再造烟叶，使得卷烟支重和抽吸口数发生变化，同时改变了卷烟烟支结构方面的物理特性，影响卷烟的燃烧状态，使得有害成分释放量降低或选择性降低。另外，研究者[17-19]采用均匀设计方法对卷烟加工重点工序（HT+烘丝、切丝、微波松散和松散回潮）工艺参数进行试验设计，考察工艺参数调整后对7种有害成分及卷烟危害性评价指数的影响规律，研究结果表明经多个不同工序参数处理后，样品烟丝的常规化学成分差别不大，7种有害成分释放量与对照样相比有较大差异，说明，加工过程中工序参数的设置对有害成分的释放量具有一定的影响作用。卷烟加工中，卷烟原料主要是受到不同强度的热湿处理，前期研究[20]表明：在此过程中卷烟原料自身发生形变，即自身内孔结构发生改变，从而造成卷制后烟支在燃烧过程中产生改变，即在卷烟原料中常规化学成分并没有明显变化的基础上，引起卷烟烟气有害成分释放量的变化。关于切丝形成不同宽度的烟丝，也是改变了卷制后烟支结构[21]，造成燃烧状态发生改变，引起有害成分释放量的变化。上述分析说明加工工艺对有害成分释放量的影响，重点在于在制品特性（尤其是自身形变、内外结构尺寸及烟丝结构等方面）发生改变，引起对卷烟燃烧状态的变化，从而影响卷烟烟气有害成分释放量的改变。

第四节　卷烟烟气中7种有害成分生成基本规律的研究进展

针对CO、HCN、NNK、NH_3、苯并［a］芘、苯酚、巴豆醛7种有害成分的前体物及形成过程已有诸多研究，这为本项目深入分析和研究工作提供基础条件。下面将分别以上述7种有害成分指标为对象，对其释放的影响机制进行详细介绍与总结，以期为工艺减害贡献率的分析提供理论基础。

一、CO

像其他有害成分释放机制一样,烟草化学成分是卷烟烟气中 CO 产生的物质基础,CO 由烟草组分在一定条件下热解和燃烧形成的,烟草中纤维素、果胶和淀粉,约占烟草比重的 20%~40%,其燃烧行为对烟草燃烧规律和燃烧产物有着重要的影响。研究表明 CO 的释放主要由羰基、羧基和醚基等基团断裂和重整所致,烟草中淀粉、纤维素、糖、羧酸、酯、氨基酸等[22],在卷烟燃吸时大部分会氧化成 CO_2 和 CO,小部分热解合成为醛类、酮类、呋喃、芳烃、稠环芳烃等化合物。纤维素在 300~370℃ 裂解主要生成糖类单体,其中左旋葡聚糖始终是纤维素燃烧裂解的主体产物;随热解温度进一步提高,纤维素解聚形成的单体,进一步裂解成为其他小分子的醛酮类化合物、CO_2 和 CO。Newell[23] 通过在卷烟的烟草中加入带有 ^{14}C 标记的淀粉、纤维素、果胶质,获得主流和侧流烟气中上述三种物质转变为 CO_2 和 CO 数据,该研究表明多糖类的淀粉、纤维素、果胶是热解区内产生碳氧化物的主要来源,有助于 CO 热解生成的是蛋白质、羧酸类、羰基化合物以及盐类形式存在的碱类物质。

据 Baker[22] 提出了卷烟所产生 CO 由三种反应生成的机制,卷烟烟气中的 CO 大约 30% 来源于卷烟烟草组分热解(中低温),36% 来源于烟草不完全燃烧(中高温),还有约 23% 由烟气中 CO_2 经碳还原反应产生(高温)。另有研究[25] 通过采用同位素 ^{18}O、^{13}C 标记烟草物质,研究卷烟烟气 CO 产生过程,结果表明,同位素 ^{18}O 标记的烟草物质加热到 180℃,开始有 CO_2 和水产生,继续加热到 400~460℃ 时,开始产生 CO。在 220℃ 以上 $C^{18}O$ 与烟草物质的氧反应生产 CO_2。同位素标记的 $^{13}CO_2$ 和 $^{18}O_2$ 显示在 450℃ 以上还原反应开始产生 CO,在 550~600℃ 高温区间范围内,水和固定碳的化学反应产生 CO 和氢气。

此外,"烟气一氧化碳产生物质基础研究"项目组,针对纤维素、葡萄糖、淀粉、木质素、果胶、蛋白质等 CO 主要前体化合物,采用热重和裂解仪研究了温度、升温速率、气氛和钾盐对 CO 生成释放行为的影响,并对不同类型烟叶 CO 生成释放行为进行了考察。主要结论有:①纤维素的 CO 释放行为,通过抑制碳生成 CO,柠檬酸钾可显著降低纤维素 CO 产率。②葡萄糖的 CO 释放过程可分为葡萄糖热解释放及残炭氧化释放两个阶段。不同类型的钾盐对葡萄糖裂解释放 CO 的影响是不同的。③淀粉的 CO 释放行为可分为热解及燃烧两个阶段,有氧裂解与无氧裂解存在巨大差别:无氧时 CO 产率为 6.60%,氧气浓度为 6% 时为 13.80%。④果胶的 CO 释放行为,在有氧条件下

CO产率随着钾盐含量的增加不断降低。⑤木质素的CO释放行为，随钾盐含量增加，木质素的裂解效率会在一定程度上出现抑制的现象。氧气可促进木质素的分解，并降低其分解温度，加快分解效率。⑥有氧条件下，CO产率随着钾盐含量的增加不断降低。⑦烤烟、白肋烟和香料烟的燃烧温度区间主要在150~600℃；CO大约在300℃之后增长趋势才比较明显；⑧主流烟气中CO释放量与卷烟抽吸过程中的最高温度显著线性相关，CO与卷烟燃烧过程与多段温度积分值相关系数 $R=0.941$。

二、B[a]P

Rodgman等[24,25]研究获得了关于烟草组分对多环芳烃（PAHs）贡献的定性结论，即烟草经非极性有机溶剂萃取后的残渣，再次燃烧后的PAHs释放量有显著降低，而极性溶剂（例如：水）的萃取对烟草残渣再次燃烧形成PAHs的影响不大；各组分中相对分子质量较大的或难挥发的物质对主流烟气中PAHs贡献较大，而相对中小分子质量或易挥发物质的贡献相对小得多。随后Schlotzhauer和Chortyk等[26,27]考察了多种有机溶剂的萃取效果，其实验数据也支持Rodgman的结论。结果表明卷烟主流烟气中多环芳烃的前体主要有脂溶性的植物固醇、饱和烃、萜类等[28]。固醇类化合物作为烟草中一类重要的化合物已被长期研究，它在烟草中含量较高（约为0.16%），有多篇文献表明固醇类化合物是卷烟烟气中多环芳烃的主要前体。Rodgman等[29]做了一系列固醇的卷烟添加实验，表明固醇的添加导致主流烟气冷凝物中苯并[a]芘增加，但线性关系并不显著。Schmeltz等[30]让烟株在放射性CO_2环境下生长，成熟后从中提取出包括固醇类的多种含有放射性标记碳的组分添加到卷烟中，抽吸后分析烟气成分，通过放射性产物的鉴定，在质谱中检测到放射性的苯并[a]芘，数据表明约有大约1%的PAHs转化源自固醇类化合物。刘少民等[31]考察了多种植物固醇对卷烟主流烟气中PAHs的影响，结果表明豆固醇和麦角固醇对苯并[a]芘的贡献最大。上述研究可证明固醇类化合物与烟气中苯并[a]芘具有相关性的论点。Severson等[32]用色谱的方法将烟叶的石油醚萃取物分成八个馏分，长链饱和烷烃所在的馏分的热裂解产物中检测到PAHs存在。Lam[33,34]的研究也表明多种饱和烷烃和植醇（结构与脂肪烃类似）的热裂解产物中有大量的PAHs，之后的多项研究也支持上述观点。

烟叶和烟气中的植醇、萜类及其脱水产物新植二烯被认为是叶绿素的降解产物，结构有一定相似性。Grossman[35,36]报道了茄尼醇的热裂解产物中检测出多种单环和双环的稠环芳烃，并推测了其形成机理，之后关于萜类化合物的热裂解研究开始受到重视[33,34]。Gil-Av 和 Shabtai 使用了一种非热裂解的装置对包括茄尼醇、新植二烯、角鲨烯等化合物在内的多种萜类化合物进行代谢产物研究，检测到苯并 [a] 芘的存在[37]。

纤维素、木质素和果胶在烟叶中起结构支撑作用，结构紧密且含量很高，Gilbert 和 Lindse 研究了烤烟中上述三种主要结构成分的热裂解产生 PAHs 情况，在氮气环境 650℃ 条件下纤维素、木质素、果胶、淀粉等物质都对 PAHs 的产生有贡献[38]。Newell 的实验引入了放射性碳原子标记的化合物（纤维素和木质素等），将每种化合物单独做烟草添加实验，数据显示这类化合物对苯并 [a] 芘有一定贡献[39]。

羧酸在干烟叶中含量在 3%~12%，因此该类物质也是产生苯并 [a] 芘的重点研究对象。Gilbert 和 Lindsey 的研究表明苹果酸、柠檬酸、草酸等羧酸的热裂解产物中存在 PAHs，但相对分子质量较小的羧酸对 PAHs 的贡献不大，且大都生成双环、三环、四环等小分子的稠环芳烃，而相对分子质量较大的羧酸（或羧酸酯）对 PAHs 的贡献相对大很多[40-42]。

氨基酸是各种烟草中都含有且含量较高的物质，20 世纪 70 年代前，烟草中发现了丙氨酸、精氨酸、天冬氨酸等 20 种氨基酸，早期研究集中在主流烟气中游离存在的氨基酸，60 年代早期主流烟气中发现二羰双吡咯（Pyrocoll），并被认为是脯氨酸的燃烧产物后，关于氨基酸的热裂解和燃烧产物才被大家关注。1969 年 Patterson 等报道了在氮气环境中，赖氨酸、亮氨酸和色氨酸的热裂解产物中检测到双环和四环的 PAHs，且亮氨酸的热裂解产物中发现了苯并 [a] 芘[43,44]。

在燃烧过程中，苯并 [a] 芘的形成既有普遍性又有复杂性。绝大部分有机物在不完全燃烧时都有苯并 [a] 芘的生成，而且其形成机理复杂，尚无成熟的理论解释。前人曾提出多种苯并 [a] 芘形成机理，相对受到广泛认可的主要有两种：①周环反应机理[43]，由烟草热解出来的小分子共轭烯烃反复发生周环反应、脱氢（脂基）芳构化，得到苯并 [a] 芘；②自由基机理[42]，有两种途径，一是卷烟燃烧中烟草中有机物裂解为简单分子，这些简单分子重新组合生成了多环芳烃（降解-组合机理）；另一个是通过高分子量烟草组分经过单分子环化、脱氢、芳构化、扩环形成（芳构化反应）。

"卷烟烟气中苯并 [a] 芘形成机理研究"项目组，通过量效关系研究，考察了41种烟草化学组分（9类化合物）含量与卷烟烟气苯并［a］芘释放量的关系。结果表明，未发现对烟气苯并［a］芘有突出贡献的烟草化学组分，证实了烟草中不存在经典意义上的苯并［a］芘"前体化合物"。易形成苯并［a］芘的烟草化学组分主要有：①固醇类化合物；②多酚类化合物。不易形成苯并［a］芘的烟草化学组分主要有：①糖类、脂肪酸和异戊二烯类化合物，少量的添加甚至会微弱的抑制苯并［a］芘的形成；②烟草中氨基酸、生物碱和简单酚类化合物的含量与卷烟主流烟气中苯并［a］芘释放量无明显相关性，可看作"不相关"组分。

卷烟燃烧过程中，苯并［a］芘的形成是高温热解和高温热合成的共同贡献，反应途径多样，反应过程极其复杂；因此苯并［a］芘的产生是不可避免的；烟草中常见的化学组分很难独自形成苯并［a］芘，真实情况下，苯并［a］芘的热合成依赖多种组分、多种中间体的共同参与。主要结论有：

（1）温度对B［a］P形成的影响　温度对于PAHs的形成至关重要。当裂解温度低于550℃时，裂解产物均未检出PAHs。随温度持续增加B［a］P等PAHs的量都在持续增加。

（2）钾盐对B［a］P形成的影响　加入硝酸钾可以改善卷烟抽吸时的燃烧环境，达到降低卷烟主流烟气中苯并［a］芘的作用。卷烟加入试验表明，苯并［a］芘生成量随硝酸钾的施加量增加而减少，但HCN、NNK、NH_3等有害物质的生成量却随硝酸钾施加量的增加而增加。

三、NNK

目前已鉴定出8种烟草特有亚硝胺（TSNAs），受普遍关注的有4种：N-亚硝基降烟碱（NNN）、4-(甲基亚硝氨)-1-(3-吡啶基)-1-丁酮（NNK）、N-亚硝基新烟草碱（NAT）、N-亚硝基假木贼碱（NAB），其中NNN和NNK已被证明具有动物致癌性。TSNAs的合成前体物是生物碱和亚硝酸，其中最主要的生物碱烟碱为叔胺，其他较为重要的生物碱（降烟碱、新烟碱和假木贼碱）为仲胺。同时烟草中又含有超过5%以上的硝酸盐和痕量的亚硝酸盐，这就为烟草中亚硝胺的生成提供了必要的条件。降烟碱、新烟碱和假木贼碱可以分别被亚硝化为相应的NNN、NAT和NAB，烟碱在水溶液条件下可以亚硝化生成4-(甲基亚硝胺基)-1-(3-吡啶基)-1-丁酮（NNK）和NNN。

1. 烤烟中TSNAs的形成机理

明火调制所产生的燃烧副产物（即氮氧化物）对烟叶烤制中TSNAs的形

成起重要作用，与明火调制相比，微生物在烤烟TSNAs形成中所起的作用可以忽略不计。

David M. Peele等采用不同烤房对弗吉尼亚烟的中上部叶（品种K326）进行了研究，实验结果表明，在没有液态丙烷气燃烧的亚硝化剂的电烤房中烟叶TSNAs含量较低，而在商业直接熏制烤房中烟叶TSNAs含量显著增高。向烤房加入NO_x的实验也证实氮氧化物对TSNAs生成的促进作用，这说明烟叶可吸收吸附的NO_x且能继续与烟草生物碱发生反应形成TSNAs。上述结果直接证明了熏制调制所提供的氮氧化物，显著有助于烟草调制期间TSNAs形成，直接熏制调制是烤烟中形成TSNAs的主要来源。因此杜绝明火调制，而采用热交换调制，可显著降低烤烟中TSNAs含量，且对烤烟品质和烟气特性无显著影响。

2. 卷烟主流烟气中TSNAs的形成

由于N-亚硝胺类物质（包括N-亚硝胺和烟草特有亚硝胺）存在于烟草中，卷烟主流烟气中N-亚硝胺有两条来源途径：一是从烟草直接转移到烟气中，二是在卷烟燃吸过程中形成。两种机制的生成比例不同文献报道差异较大，有文献认为对NNK而言，从烟草转移到烟气中的量占烟草中总量的6.9%~11.0%；这约为主流烟气中NNK的30%，而主流烟气中NNN总量的40%来自烟草的转移。据Hoffmann及其同事的研究报道，主流烟气中烟草特有亚硝胺，其含量与烟草中的硝酸盐的量成比例关系。然而热解产生NNN和NNK的假设遭到Fischer等的质疑，他们报道认为主流烟气中这两种物质完全是从烟草中转移过去的。Castonguay评论认为，在卷烟燃吸期间NNK是从烟草转移到烟气中，Renaud等与Fisher等的看法一致。Moldoveanu等研究了C-烟碱对卷烟主流烟气冷凝物中^{13}C-NNN和^{13}C-NNK含量的贡献，断定NNN和NNK是在吸烟过程中产生的，又与Fisher等、Renaud等和Castonguay的意见相左。近年来，研究者研究了烟草中硝酸盐对主流烟气中烟草特有亚硝胺含量影响后，再次证实，在烟草中加入硝酸盐后，主流烟气中NNN和NAT含量增加，NNK没有明显变化。2003年，Sandrine等对烟丝和主流烟气中TSNAs的关系进行了研究，该烟丝处理配方不同，其他参数完全相同。结果发现烤烟和混合型卷烟烟丝中TSNAs的含量和卷烟主流烟气中TSNAs的输送量存在显著的相关性（表1-1）。

表 1-1　　　　　TSNAs 从卷烟烟丝向卷烟烟气的转移率

烟草特有亚硝胺	烤烟		白肋烟	
	转移率	r^2	转移率	r^2
NNN	0.10	0.996	0.23	0.987
NAT	0.09	0.997	0.27	0.967
NAB	0.18	0.841	1.73	0.841
NNK	0.10	0.993	0.37	0.974

结果表明，卷烟主流烟气中 TSNAs 的输送量一部分来自于卷烟烟丝中的直接转移，不同类型的烟丝中 TSNAs 转移率基本是一致的，白肋烟中 TSNAs 转移率（20%）显著高于烤烟的转移率（约 10%），白肋烟中 TSNAs 前体物的含量也显著高于烤烟。

四、氨

卷烟烟气中的氨源于烟草及卷烟材料中的含氮化合物，包括蛋白质、氨基酸、硝酸盐、铵盐、生物碱及含氮杂环化合物。适量的含氮化合物含量可保持适宜的烟气生理强度和烟气浓度，过高的含氮化合物含量不仅使烟气显得粗糙，产生焦糊味，而且能够产生大量有害成分。在卷烟抽吸过程中，这些含氮化合物会不同程度地产生氨。Nabeel[45]等采用离线裂解方法研究了在 850℃ 氨气气氛下不同结构的 α-氨基酸（丙氨酸、α-氨基丁酸、谷氨酸、亮氨酸、赖氨酸、苯丙氨酸、脯氨酸、丝氨酸、色氨酸、缬氨酸）热解规律，对比分析了氨释放量。结果表明这几种 α-氨基酸中，赖氨酸的氨释放量最大，可达 0.1mol/mol，显著高于其他氨基酸，这归因于赖氨酸分子中含有两个氨基。Patterson[26]等考察了 650℃ 和 850℃ 氮气气氛下苯丙氨酸和它在低温下裂解时的中间产物 3,6-二甲基-2,5-哌嗪二酮和苯乙胺的裂解产物，其中苯丙氨酸和苯乙胺在 650℃ 下裂解生成的氨含量均比在 850℃ 下生成量高，同时根据文献报道[46]氨在侧流烟气中的含量远远高于主流烟气，这表明低温和较低的气体流速有利于氨的产生。Woodward[47]等报道了烟碱裂解可以产生少量氨。Patterson[48]等在 850℃ 下裂解马来酰肼（MH）和 N,N-二甲基十二烷基胺（DDA）时发现生成氨，表明铵盐、烟碱、马来酰肼和 N,N-二甲基十二烷基胺也是氨的前体成分。

"卷烟烟气中氨和氢氰酸形成机理研究"项目组，采用不同溶剂对烟丝进行依次提取，得到不同溶剂的提取物，开展提取物与氨的量效关系研究，为进一步确定氨的前体成分提供可靠信息。结果表明：①不溶性残渣是烟丝裂解产生氨的主要来源,其中主要包含纤维素、木质素、蛋白质等不溶性大分子化合物,其次是水提物,主要包含水溶性氨基酸和铵盐等。②单位质量铵盐产生的氨最多,每克铵产生氨达到530mg。其次是甘氨酸和天冬酰胺,而纤维素抑制氨的生成。③量效关系结果表明:蛋白质、铵盐、脯氨酸、天冬酰胺对烟丝裂解释放氨的贡献较大。④随裂解温度的升高,铵盐的氨裂解量增加,而蛋白质、脯氨酸和天冬酰胺的氨裂解量则呈先降低后增加的趋势,蛋白质在500℃,脯氨酸和天冬酰胺在400℃时氨的裂解量最少。随升温速率增高,氨裂解量大幅减少,升温速率达到100℃/s以后,铵盐、脯氨酸、天冬酰胺的氨裂解量变化趋势变缓。随裂解气氛中氧气量增加,氨的裂解量迅速增加。载气流量对氨的裂解量影响较小。

四种氨主要前体物的氨生成机理如下:

(1) 铵盐裂解生成氨的机理　铵盐的分解直接产生氨和对应的酸。多元有机酸铵裂解时除了生成氨外,多元有机酸自身也容易分解;并且,由于有大量的氨存在,多元酸裂解时会有氨的参与生成含氮化合物。草酸铵的裂解机理如下:

(2) 天冬酰胺裂解生成氨的机理　天冬酰胺分子中的氨基和酰胺基都能裂解产生氨,天冬酰胺裂解产生氨的机理如下:

(3) 脯氨酸形成氨的机理　脯氨酸中的氨为仲胺，要生成氨需要至少两次的键断裂，通过自由基反应才能形成 N—H 键，反应过程比较复杂。

(4) 蛋白质裂解产生氨的机理　氨分子中的一个、两个或三个氢原子被烃基取代分别形成伯胺、仲胺和叔胺。蛋白质中这三种类型的胺都存在。其中，伯胺裂解产生氨最易，反应机理如下：

$$R-CH_2-NH_2 \longrightarrow R-CH=CH_2 + NH_3$$

仲胺和叔胺裂解产生氨的过程相对比较复杂，一般通过多步裂解反应，才能将氮原子上的取代基置换为氢原子，从而得到氨。

五、苯酚

形成烟气中酚类的主要前体成分有三类：高度氧取代的烟草组分如糖、纤维素、果胶质以及卷烟纸等碳水化合物类；富氧且含芳香环的化合物如多酚和木质素；调制和陈化过程中由酚、氨基酸和其他烟草组分形成的棕色化反应产物等。

碳水化合物是酚类的一类重要前体成分，按其性质、结构可分为单糖、低聚糖和多聚糖三类，其中纤维素是人们研究较多的酚类前体成分，而单糖、低聚糖以及多聚糖中的淀粉和果胶质的裂解研究较少。Bell 等[48] 用 ^{14}C 标记碳水化合物，裂解研究表明：碳水化合物是卷烟烟气中苯酚的重要前体成分。另一些文献也表明，纤维素是苯酚以及 3 种甲基酚的重要前体成分；糖类（果糖和葡萄糖）、淀粉、果胶质、多酚也可能是苯酚的重要前体成分[49-54]。也有人认为纤维素作为儿茶酚的前体要比作为苯酚的前体更重要，因为纤维素卷烟中儿茶酚的释放量要比苯酚释放量高许多。Carmella 等[55] 用 ^{14}C 标记果糖和纤维素研究表明，主流烟气中约 12% 的儿茶酚来自纤维素，13% 的儿茶酚来自绿原酸，其余儿茶酚来自于淀粉、果胶质、糖和半纤维素等。

烟草中的酚类化合物（多酚和木质素）是卷烟烟气中酚类化合物最为重要的一类前体成分，它是一类羟基直接与芳香环相连的化合物。烟叶中的酚类可大致分为单宁类、黄酮类、香豆素类等简单酚类和木质素等复杂酚类。烟草中的简单酚类大多数为多酚，其中，绿原酸、芸香苷和莨菪亭是烟草中含量相对较高的多酚化合物，也是产生儿茶酚、对苯二酚、间苯二酚以及苯酚的重要前体成分。Schlotahauer 等[56,57] 对不同的烟叶品种（烤烟和白肋烟）

裂解产生酚类化合物的种类和相对含量进行了比较。这些不同的烟叶品种在多酚、纤维素、木质素等含量上有较大差异。比较结果表明,绿原酸是儿茶酚最为重要的前体成分,木质素是儿茶酚的主要前体成分,黄酮类的栎精和芸香苷也能产生少量的儿茶酚。McGrath 等[58]也进一步证实了绿原酸是对苯二酚的主要前体成分。但不同的研究者裂解芸香苷得到的产物不是很一致,大部分研究者认为它能生成对苯二酚以及其他产物,而部分研究者则表明,它能生成间苯二酚以及其他成分。吴亿勤等[59]采用气相色谱-质谱联用技术研究黑香豆酊的热裂解产物,发现黑香豆酊的主要成分香豆素是苯酚、邻-甲酚、邻-乙基苯酚等的前体成分,表明外加香原料中的酚类衍生物也是卷烟烟气中酚类的一种来源。

烟草中的氨基酸均是 α-氨基酸,有 20 余种。其中酪氨酸同时带有苯环和羟基,最有可能形成酚类化合物,因此前人对此物质的裂解进行了研究。Uwano 等[60]裂解各种酚类前体成分,发现蛋白质(包括酪氨酸)去除后,苯酚和邻,对-甲酚的产量明显下降。而后又单独裂解酪氨酸证实了它裂解产生苯酚和对甲酚。

"卷烟烟气中主要酚类化合物形成机理研究"项目组,采用不同溶剂对烟丝进行依次提取,得到不同溶剂的提取物,制备了烟叶的石油醚、丙酮、乙醇、甲醇、水提取物以及不溶性残渣等组分,然后开展量效关系研究,了解烟气中酚类化合物的来源,为进一步确定前体成分提供信息。结果表明:①不溶性残渣是烟丝裂解苯酚等酚类化合物的主要来源,其中主要包含纤维素、木质素、蛋白质等不溶性大分子化合物,其次是乙醇提取物和丙酮提取物,其中主要包括各种多酚以及可溶性的碳水化合物如糖等。②单位质量的绿原酸产生苯酚的量最多,每克绿原酸裂解产生苯酚达到 15.5mg,其次是两种绿原酸异构体隐绿原酸和新绿原酸。1g 蛋白质、纤维素、木质素、葡萄糖、果胶和其他多酚产生的苯酚也大于 1mg;而草酸、柠檬酸和苹果酸对苯酚的生成起到了抑制作用。③烟叶中各种前体成分的含量存在一些差异,使得不同烟叶中各种前体成分对苯酚裂解的贡献率存在一些差异,但整体上依然是蛋白质、纤维素、葡萄糖和绿原酸的贡献率最高。

四种主要前体物可能的苯酚生成机理如下:

(1) 绿原酸裂解生成苯酚可能的机理　绿原酸中奎宁酸单元进行脱水、脱羧形成苯酚,咖啡酸单元脱烯基、羟基形成苯酚。

(2) 葡萄糖裂解生成苯酚可能的机理　葡萄糖通过多次脱水、芳香化形成苯酚。

(3) 纤维素裂解生成苯酚可能的机理　纤维素通过葡萄糖单元多次脱水、芳香化形成苯酚。

（4）蛋白质裂解生成苯酚可能的机理　蛋白质中酪氨酸单元碳碳键断裂形成苯酚。

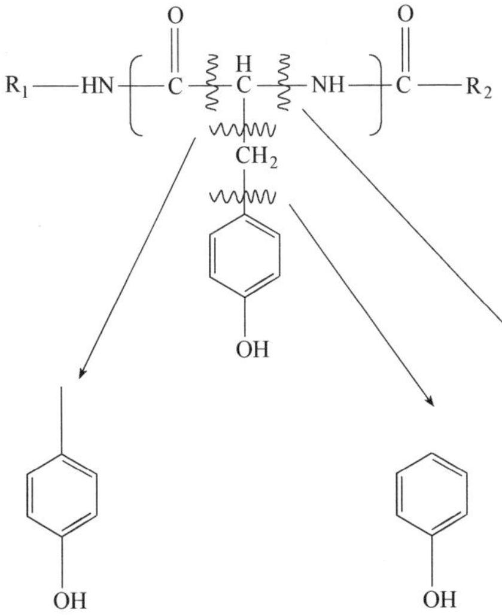

六、HCN

氰化氢主要来源于氨基酸、蛋白质[61]。蛋白质结构复杂，文献报道中对蛋白质裂解研究较少，而对氨基酸裂解形成氰化氢的研究较多。不同结构的氨基酸热裂解后氰化氢释放量差异显著，从8%到45%不等；对于直链和支链氨基酸，氰化氢释放量为γ氨基酸>>β氨基酸>α氨基酸，环状氨基酸中脯氨酸和4-羟脯氨酸的释放量最高；氰化氢的释放量随温度的升高而增加；氨基酸在裂解过程中生成环状中间产物有利于形成氰化氢[62]。

烟气中的HCN与烟草硝酸盐之间存在关联性，在烟草中加入一定量的$NaNO_3$后，HCN的释放量也相应增加。酸性环境有利于HCN的生成，碱性环境则相反。相关裂解研究表明，在氮气气氛下，HCN的生成与温度相关，当温度超过800℃后，继续升温则HCN释放量则急剧增高。

"卷烟烟气中氨和氢氰酸形成机理研究"项目组，对大量可能的HCN前体物进行研究，认为蛋白质、脯氨酸、天冬酰胺对烟丝裂解释放氰化氢的贡献较大。三种主要前体成分裂解产生氰化氢的机理如下：

（1）天冬酰胺裂解生成氰化氢的机理　天冬酰胺分子中的氨基和酰胺基都能裂解产生氰化氢，且天冬酰胺的主要裂解产物马来酰亚胺和琥珀酰亚胺进一步裂解也会产生氰化氢。

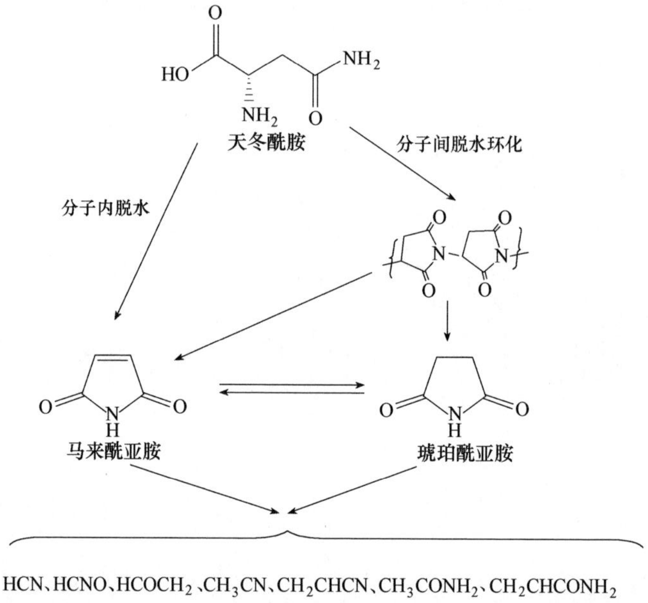

卷烟加工对产品质量及烟气成分的影响

天冬酰胺 分子间脱水环化

分子内脱水

马来酰亚胺 ⇌ 琥珀酰亚胺

HCN、HCNO、HCOCH₃、CH₃CN、CH₂CHCN、CH₃CONH₂、CH₂CHCONH₂

（2）脯氨酸形成氰化氢的机理　脯氨酸分子结构简单，在热裂解过程中容易脱羧形成四氢吡咯，四氢吡咯进一步产生氰化氢。

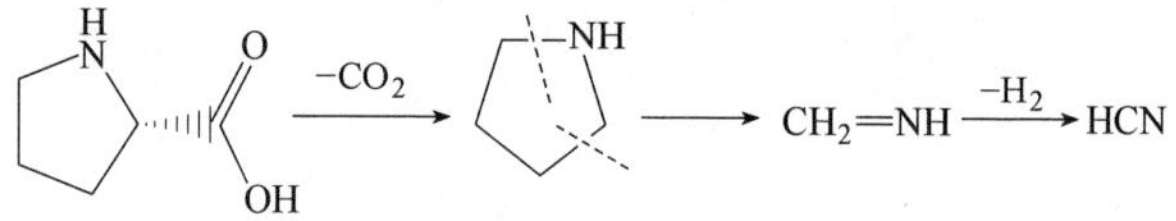

$$\text{脯氨酸} \xrightarrow{-CO_2} \text{四氢吡咯} \longrightarrow CH_2=NH \xrightarrow{-H_2} HCN$$

（3）蛋白质裂解产生氰化氢的机理　组成蛋白质的氨基酸中的氮原子有多种存在形态，包括肽键氮，氨基氮、酰胺氮、吲哚氮、亚胺氮、吡咯氮和咪唑氮，这些碳和氮之间的不同连接形式与氰化氢的形成有密切关系。

"卷烟烟气中氨和氢氰酸形成机理研究"项目组，采用卷烟裂解模拟装置，对蛋白质、脯氨酸和天冬酰胺等三种主要氰化氢的前体成分裂解过程的主要影响因素（包括温度、升温速率、裂解气氛含氧量和载气流量）进行了考察研究。结果表明：①随裂解终温升高，氰化氢裂解量增加，但不同化合物氰化氢裂解量变化趋势不同，蛋白质700℃达到峰值，脯氨酸800℃达到峰值，天冬酰胺700℃前增速缓慢，700℃后增速加剧。②随裂解升温速率加快，蛋白质和天冬酰胺氰化氢裂解量升高，温速低于100℃/s时氰化氢裂解量增速较缓，温速高于100℃/s时氰化氢裂解量增速较快；脯氨酸氰化氢裂解量随温速升高呈峰谷态变化，温速在100℃/s时氰化氢裂解量最小。③随裂解气氛氧气量增加，三种前体成分氰化氢的裂解量减少。④载气流量对氰化氢的裂解量影响较小。

七、巴豆醛

Burton 等[63]将烟叶经过不同有机溶剂（正己烷、氯仿、丙酮、乙腈和甲醇）提取后进行热裂解分析，考察不同溶剂提取对裂解产物中甲醛、乙醛、丙酮和2-丁酮的影响。溶剂提取后烟叶干重降低近40%，然而甲醛和乙醛的最大生成温度没有变化，且释放量增加，表明烟叶中甲醛和乙醛的主要前体为不溶性的大分子物质，并且可溶性组分能够抑制甲醛和乙醛的形成；丙酮和2-丁酮的释放量随提取溶剂不同也主要表现为不变或增加。纤维素、果胶、淀粉、半纤维素等多糖占烟叶干重的30%以上，这些多糖在裂解时会产生挥发性羰基化合物。如纤维素裂解产物中发现烟气中的8种挥发性羰基化合物，果胶的裂解产物中发现丙酮，淀粉的裂解产物中发现乙醛、丙酮、丙烯醛、丁酮[64]。由于多糖在分子结构上由小分子糖聚合而成，因此葡萄糖、蔗糖和果糖等小分子糖类的裂解通常也被认为是挥发性羰基化合物的可能前体[65]。但事实上，小分子糖类的裂解产物与多糖有较大差异。纤维素是烟气中乙醛的主要前体，同位素标记实验却显示，卷烟中添加葡萄糖对乙醛的释放量贡献小于0.07%[66]，在卷烟中添加大浓度的糖未导致烟气中乙醛的增加[67]。除了糖类化合物外，多酚如芸香苷[68]、绿原酸[5,69]的裂解也可能产生甲醛、乙醛等挥发性羰基化合物。另外，卷烟生产过程中添加的丙三醇和丙二醇，富含纤维素的卷烟纸裂解也产生挥发性羰基化合物[69,70]。

糖类化合物是卷烟烟气中挥发性羰基化合物的主要前体，葡萄糖是最重要的糖类成分。因此 John B 等对葡萄糖裂解过程挥发性羰基化合物的形成进行了研究，其中葡萄糖裂解产生巴豆醛的可能机理如下[71]：

"卷烟烟气巴豆醛形成机理研究"组，选择了烟草中两类化合物进行裂解研究，一类是文献表明对醛类化合物有重要贡献的糖类化合物如纤维素、淀粉等，另一类是烟草中含量较高的化合物如蛋白质、木质素等。选择的前体物包括纤维素、淀粉、果胶、半纤维素、木质素、葡萄糖、果糖、蔗糖、麦芽糖、半乳糖、草酸、苹果酸、柠檬酸、蛋白质、脯氨酸、绿原酸、芸香苷等17种物质作为羰基化合物的潜在前体成分。结果表明：①对巴豆醛贡献率最高的是果糖和纤维素，两者的贡献率均超过20%，其次是苹果酸、淀粉、葡萄糖等前体物。②在烟丝中添加纤维素、果糖、苹果酸和葡萄糖等前体成分，裂解产物中巴豆醛的产率呈线性增加。可进一步说明这些化合物是巴豆醛的主要前体成分。③巴豆醛释放量在400℃附近达到释放最大值，随着温度继续升高，巴豆醛释放量变化不大。升温速率对巴豆醛无明显影响。随裂解气氛中氧气含量增加，巴豆醛释放量呈增加趋势。载气气体流量对巴豆醛释放量影响不明显。

八、有害成分形成机理小结

卷烟烟气中CO的主要前体成分为纤维素、葡萄糖、淀粉、木质素、果胶、蛋白质等，卷烟烟气中的CO大约30%来源于卷烟烟草组分热解，36%来源于烟草不完全燃烧，还有约23%是烟气中CO_2经碳还原反应产生。CO释放量与卷烟燃烧过程温度积分值负线性相关；随着烟丝中钾含量的增加，主流烟气中CO释放量逐渐降低。

卷烟烟气中B［a］P的主要前体成分为植物固醇、多酚类化合物。B［a］P形成机理有两种，一是烟草热解出来的小分子共轭烯烃反复发生周环反应、脱氢（脂基）芳构化得到 B［a］P；二是卷烟燃烧中单分子环化、脱氢、芳构化以及小分子、自由基重新组合生成了多环芳烃。降低燃烧温度、增加烟草中钾含量有助于 B［a］P 释放量降低。

卷烟烟气中 NNK 的主要来自于烟草中含有的 NNK，其次来源于卷烟燃烧时的热合成。NNK 的形成主要为烟碱的亚硝化反应。烟草品种选择、栽培、调制以及贮藏过程中，控制烟草内部亚硝酸盐和烟碱的含量能够降低 NNK 的形成。

卷烟烟气中氨的重要前体成分为蛋白质、天冬酰胺、铵盐和脯氨酸。蛋白质和天冬酰胺主要通过脱氨反应生成氨，铵盐直接分解生成氨。贫氧、快速升温、400~500℃ 的裂解条件下，前体成分裂解生成氨的量较低。

卷烟主流烟气中苯酚主要的前体成分为蛋白质、纤维素、葡萄糖和绿原酸。蛋白质中酪氨酸单元碳碳键断裂形成苯酚；纤维素和葡萄糖经过葡萄糖单元多次脱水、芳香化形成苯酚；绿原酸中奎宁酸单元进行脱水、脱羧形成苯酚，咖啡酸单元脱烷基、羟基形成苯酚。产生苯酚的峰值温度分别为：蛋白质 900℃，纤维素 600℃，葡萄糖 800℃，绿原酸 600℃。升温速率增加有利于蛋白质和纤维素产生苯酚，不利于葡萄糖和绿原酸产生苯酚；裂解气氛含氧量增加，不利于前体成分产生苯酚。

卷烟烟气中氰化氢的主要前体成分为蛋白质、脯氨酸和天冬酰胺。脯氨酸是主要通过脱羧反应和碳键断裂生成 HCN；天冬酰胺主要通过分子内脱水形成亚胺，然后再进一步分解生成 HCN；蛋白质是主要通过肽键断裂形成氨基氮、酰胺氮、亚胺氮等含氮中间体，然后进一步裂解生成 HCN。富氧、低速升温、低温裂解条件下，前体成分裂解生成氰化氢的量较低。

卷烟主流烟气中巴豆醛的主要前体成分为果糖、葡萄糖、纤维素、淀粉等。巴豆醛的形成主要来自糖类成分受热脱水、脱 CO 形成。烟丝裂解产生巴豆醛释放量在 400℃ 附近即达到释放最大值，随着温度继续升高，巴豆醛释放量变化不大，随着裂解气氛中氧气含量增加，巴豆醛释放量呈增加趋势。

综上所述，研究者已经在卷烟危害性指标体系建立、卷烟材料与配方设计对卷烟烟气有害成分释放量的影响以及卷烟有害成分释放量的影响机制关系等多方面开展了许多卓有成效的研究，取得了卷烟减害技术的重要进展。同时，在卷烟加工中不同加工条件对卷烟烟气有害成分释放量的影响方面也做了一些初步的尝试。但仍然存在一些问题值得深入研究，主要包括以下几个方面：①卷烟加工中工序参数条件对烟气中有害成分释放量有无显著影响？如果有显著影响，在可调的加工条件下影响的控制域如何？②工序参数条件对烟气有害成分释放量影响的作用机制如何？能否通过对在制品特性（物理特性与化学物质基础）分析，结合卷烟烟支燃烧状态的分析，对工艺参数条件对烟气有害成分释放量的作用机制进行深入分析；③是否能够结合工艺参数条件对卷烟感官质量的影响，获得卷烟产品可用的有害成分释放量控制的使用范围？

因此，在前期众多领域研究的基础上，本书针对卷烟加工中所涉及的重点工序（松散回潮、切丝、叶丝滚筒干燥、叶丝两种气流干燥、风选及卷制和梗丝加工），选择了三种加工工序参数条件，考察了各个在重点工序对烟气有害成分释放量的影响，确定控制域；在此基础上，选择对控制域影响显著的工序，考察了重点工序对在制品特性（物理、化学特性和感官质量）的影响，结合对制备卷烟样品燃烧状态的分析，探索了卷烟加工工艺对卷烟有害成分释放量的影响机制，进而获得了危害性指数降低规律。本书的研究成果有助于建立和形成卷烟加工工艺对卷烟烟气有害成分释放量影响及降低危害性指数规律，为卷烟加工技术领域形成相关可调可控的减害技术提供基础的技术支持。

第二章
卷烟加工工艺过程

烟草加工过程涉及多个工艺加工过程和不同的工段工序，比如：烟叶的初烤，打叶复烤企业的打叶复烤过程，卷烟加工企业的制丝和卷制包装过程等，以及涉及卷烟加工的材料生产加工过程等。不同的烟草加工过程都会对卷烟加工质量产生影响，本章针对烟草加工的卷烟加工过程进行分析，分析卷烟加工过程涉及的主要工段工序及工艺加工任务和要求。

第一节　卷烟加工工艺过程

卷烟加工工艺过程是根据烟叶原料的理化特性，按照一定的程序逐步通过各种加工方法或设备，把原料制成合格卷烟产品所必须经过的加工制造过程。卷烟加工过程主要涉及制丝过程和卷制包装过程，而制丝过程又包含制叶丝、制梗丝、制膨丝、掺配加香等过程。

制叶丝过程包括制叶片段和制叶丝段，其中制叶片段一般包括备料、开箱称重、切片、松散回潮、烟片预配、筛分加料、配叶贮叶等工序，制叶片段的工艺过程如图2-1所示，该过程主要实现片烟的分切、松散、回潮、增温和料液的施加，为制叶丝做准备。

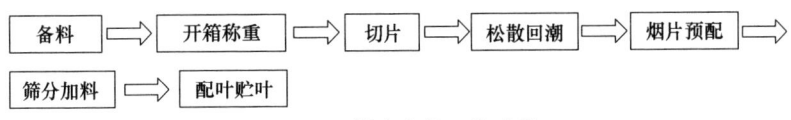

图2-1　制叶片段工艺过程

制叶丝段包括叶片增温、筛分、切叶丝、增温增湿、叶丝干燥、叶丝风选、掺配加香、配丝贮丝等工序，制叶丝段的工艺过程如图2-2所示，该过程主要实现烟片的切丝、切后叶丝的增温膨胀、干燥、风选除杂、掺配加香以及配丝贮丝，为卷制过程提供合格的烟丝。

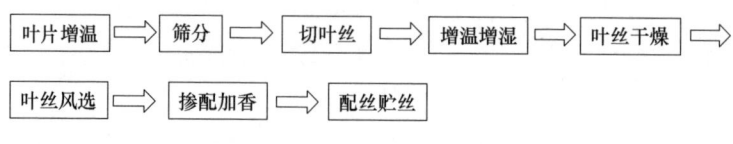

图 2-2 制叶丝段工艺过程

制梗丝工段包括烟梗回潮、切梗丝、梗丝加料、梗丝干燥、梗丝风选、梗丝加香等工序，制梗丝的工艺过程如图 2-3 所示，该过程主要实现烟梗的回潮、切丝、加料、干燥、风选及加香，实现由烟梗到梗丝的加工。

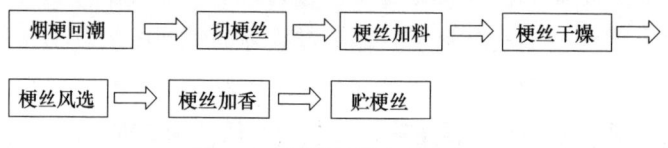

图 2-3 制梗丝段工艺过程

卷接包装工段包括烟丝配送、烟支卷制、滤嘴接装、烟支包装、装箱等工序，卷接包装的工艺过程如图 2-4 所示，该过程主要实现烟支卷接、烟支包装及装箱，实现由烟丝到烟支的加工及成品包装。

烟丝配送 ⇒ 烟支卷制 ⇒ 滤嘴接装 ⇒ 烟支包装 ⇒ 装箱

图 2-4 卷接包装工艺过程

卷烟加工涉及的多个工艺加工过程和不同的工段工序，都会对卷烟加工质量及卷烟烟气产生影响。本节针对卷烟加工过程主要涉及制丝过程和卷制包装过程，涉及的制叶丝、制梗丝、制膨丝、掺配加香等过程基本工艺流程进行了分析，不同卷烟企业依据自身产品特点，在此基础上进行局部的增减，用于卷烟加工。

第二节 卷烟加工工艺过程中的工艺任务

卷烟加工不同工序（或工段）具有不同的工艺任务，依据卷烟加工过程不同工艺加工环节在工艺加工过程的作用，本节着重分析了卷烟加工回潮过程、切丝、干燥、风选、卷制过程等对加工质量直接影响的重点工序工艺任务。

一、回潮过程

1. 工艺任务

松散回潮的工艺任务是增加烟片的含水率和温度,提高烟片的耐加工性,使切片后烟片变得松散,以满足后工序混配、加料的加工要求;由于松散回潮过程中烟叶温度发生变化,因此通过松散回潮,可改善烟片的感官质量,减轻杂气、刺激性,改善细腻程度。

2. 质量要求

松散回潮后烟片应符合表2-1中要求。

表2-1　　　　　　　　松散回潮后烟片质量指标要求

指标	要求	
	切片-松散回潮	真空回潮-松散回潮
含水率/%	17.0~21.0	
含水率允差/%	±1.5	±1.0
温度/℃	45.0~70.0	
温度允差/℃	±3.0	
松散率/%	≥99.0	

3. 设备性能与技术要求

松散回潮设备要求具有热风增温系统,热风温度可达100℃,控制允差±3℃;配备蒸汽流量计量装置和热风系统应设蒸汽喷嘴。

蒸汽和压缩空气工作压力均符合工艺设计要求;蒸汽喷嘴角度设置合理,雾化效果良好;烟片增温以热风增温为主时,应尽量减少蒸汽直接喷射烟片的增温方式使用;含水率增加量不大于3.0%。

二、切丝加工

1. 工艺任务

切叶丝工艺任务主要为:将烟片按设定要求切成宽度均匀的叶丝,满足后工序加工要求。

2. 质量要求

切后叶丝质量应符合表2-2中要求,且切后叶丝松散,无跑片、无并条等不合格叶丝,切后叶丝色泽不应明显转深。

表 2-2　　　　　　　　　　切后叶丝质量指标要求

指　标	要　求
叶丝宽度/mm	0.7~1.2
宽度允差/mm	±0.1

3. 设备性能与技术要求

切丝机需具有自动铺叶功能，且铺布均匀合理；切丝宽度在 0.6~1.5mm 范围内可调可控；刀辊转速及排链速度可调可控，刀门与刀片间的间隙可调，刀门高度在一定范围内可自动调整；刀门压力控制系统完好，刀门压力稳定，可调可控；有完善的除尘系统。

切丝前应配置筛分系统，可设置不同孔径多层筛网，根据原料结构状况和产品质量要求确定筛孔尺寸，充分筛出碎片并合理利用；供料均衡，铺料均匀、不脱节、刀门四角勿空松；应根据来料情况和切丝质量要求设置刀门压力，使切后叶丝松散且不跑片；刀门应平整并与刀片平行，刀门与刀片间隙调整适当；刀片的材质、硬度应均匀一致，刀口应锋利，不卷刀，不缺口；刀片进给系统应保持工作正常，刀片与砂轮配合良好，进刀和磨削距离一致；应剔除切丝过程非稳态产生的不合格叶丝；切丝宽度设定应考虑对叶丝物理质量和感官质量的影响；压缩空气压力符合设备性能要求；切丝流量应与前后工序流量相匹配，切丝机不应频繁起停。

三、干燥过程

在卷烟生产过程中，叶丝干燥是卷烟加工过程决定卷烟感官质量和烟丝物理特性的关键工序。通常叶丝干燥前会设置增温增湿工序，对叶丝进行增温增湿，起到膨胀烟丝目的，而叶丝干燥工序去除烟丝多余水分、提高叶丝填充能力和耐加工性，改善叶丝感官舒适性，提高感官质量。

1. 叶丝干燥的工艺任务

（1）去除叶丝中的部分水分，提高叶丝填充能力和耐加工性，满足后工序加工要求　经切叶丝、增温增湿后叶丝含水率在 20% 以上，需经干燥去湿，使其含水率降低至 12%~14%，才能适应卷制的工艺要求。

（2）彰显卷烟香气风格，改善叶丝感官舒适性，提高感官质量　由于烟丝的表面积较大，在烟叶的干燥过程中，烟丝受高温的处理，部分游离的烟碱和氨类物质挥发，烟气的刺激性会有减轻，同时还可以去除部分杂气，烟气的透发性增强。此外，由于高温的作用使糖、酚类物质与氨基酸化合生成棕色化反应产物,以改善吃味、减轻刺激性、去除杂气。尤其是低档卷烟的烟丝,经过叶丝干燥以后,刺激性和杂气得到明显的减轻和去除。另外烟气分析和卷烟评吸结果表明,叶丝干燥过程可以提高卷烟的质量。

叶丝干燥前后化学成分变化较大的是游离烟碱,它的降低,有利于改善烟质。而石油醚提取物也下降较大,表明烟草的香气物质有所损失,尤其是对高档烟在较高的温度条件下干燥(HXD)更是如此。但由于挥发碱和产生杂气、刺激性物质的降低,是干燥后叶丝的总体质量得到提高,烟气变得醇和,口感变好,香气更加纯正和显露。另外,通过烟气分析和卷烟评吸结果表明,叶丝干燥过程可以提高卷烟的质量。

(3)兼顾叶丝感官质量和物理质量,实现两者的协调统一 叶丝干燥工序一方面降低叶丝含水率,提高叶丝填充能力和耐加工性,满足后工序加工要求;另一方面,干燥过程中,烟丝受高温的处理,部分游离的烟碱和氨类物质挥发,烟气的刺激性会有减轻,同时还可以去除部分杂气,烟气的透发性增强,因此兼具提高感官质量,改善叶丝感官舒适性,彰显卷烟香气风格。经叶丝干燥工序处理,达到兼顾叶丝感官质量和物理质量,实现两者的协调统一。

2. 质量要求

(1)增温增湿后叶丝质量应符合表2-3中要求

表2-3　　　　　　　　增温增湿后叶丝质量指标要求

指标	要求
含水率/%	20.0~30.0
含水率允差/%	±1.0
出口叶丝温度/℃	50.0~80.0
温度允差/℃	±3.0

(2)叶丝干燥后质量应符合表2-4中要求

表2-4　　　　　　　　叶丝干燥后质量指标要求

指标	要求	
	滚筒干燥	气流干燥
含水率/%	12.0~14.0	
含水率允差/%	±0.5	
含水率标偏/%	0.17	
温度/℃	50.0~65.0	55.0~75.0

续表

指 标	要求	
	滚筒干燥	气流干燥
温度允差/℃	±3.0	
填充值/(cm³/g)	≥4.0	≥4.2
填充值允差/(cm³/g)	±0.3	
整丝率/%	≥80.0	
碎丝率/%	≤2.5	
纯净度/%	≥99.0	
干头干尾率/%	0.6	0.3

干燥后叶丝柔软、松散、有弹性，无结块、湿团现象。大于3.35mm叶丝应控制在适当范围，满足卷烟卷制要求。

3. 设备性能与技术要求

叶丝膨胀设备具有排潮系统，可防止废气外溢，水、汽系统应具有计量装置，具有自控系统。隧道振槽式、文氏管式、旋转蒸汽喷射式：增湿能力可达4.0%，出料温度可达60~100℃，且可调可控；滚筒式设备：具有自控的热风增温系统和回潮系统，热风风温最高可达100℃，设备增湿能力可达15.0%以上，设备应设有水、汽喷嘴（喷嘴角度可调）。

滚筒干燥设备筒壁温度、热风温度、热风风速、热风风量、排潮风量和筒体转速可调可控；筒壁温度可达170℃，热风温度可达140℃，筒体内部风速可达1.0m/s；筒壁温度和热风温度控制允差为±3℃；排潮能力可调可控，配合恰当，排潮口无露滴。

气流干燥设备具有工艺气体温度和风量、排潮量、排潮负压、模拟水、蒸汽施加量自动调节和含水率自动控制功能；燃烧炉温度可达300℃；喷汽和喷水量可连续调整，满足干燥气流的湿度要求；具有完备的烟火探测、报警和自动处理等安全防护功能；具有废气排除及处理功能。

膨胀干燥过程应根据原料加工特性和产品质量风格特征选择适宜的加工方式和技术条件；工艺技术参数设置不应明显改变香气风格及减少香气量，应注重减轻杂气，减小刺激性和干燥感。物料流量应合理设定，不超过工艺制造能力，并保持连续稳定。蒸汽、水和压缩空气工作压力应满足工艺设计要求，蒸汽应进行疏水处理。水、汽管道及喷孔畅通，无阻塞现象，并定期进行清理。当各项参数均达到设定要求时，方可进料。定期校正水分仪及温度仪。及时妥善处理料头、料尾等不符合质量要求的叶丝。采用滚筒干燥方式，出口叶丝含水率控制宜采用固定筒壁温度，通过排潮风量、热风温度、热风风速与风量等参数的自动调整模式来实现。

四、风选过程

1. 工艺任务

干燥后叶丝温度较高，若立即加香，则香气物质会受热挥发。叶丝经风选冷却，可以防止香气物质的挥发，有利于提高干燥后叶丝填充值，降低烟丝含末率；同时经过风选可以剔除烘后叶丝的湿团、梗签等，提高叶丝纯净度。

2. 质量要求

叶丝风选冷却后，物料温度应控制在35℃以下，叶丝含末率应小于0.5%，叶丝纯净度应高于99.0%。

3. 设备性能与技术要求

来料流量稳定情况下，冷却塔的风量及底板风孔的风速应保持稳定。风量过小，烟丝冷却难；风量过大，则部分叶丝会被吸到排风系统内，梗签剔除量无法满足要求。

五、卷制过程

烟支卷制和滤嘴接装所组成的卷接工序，是卷烟制造的重要加工过程，是衡量卷烟工业发展水平的重要标志。卷接烟支是否符合产品质量标准，对烟支的燃吸品质和卷烟产品的美誉度都具有重大影响。

烟支卷接的工艺任务主要为：将合格烟丝和符合产品设计标准要求且质量合格的烟用材料，制成质量与规格均符合产品设计标准要求的烟支。烟支外观要求应不低于相关国家和行业标准的规定；烟支不应空头，即烟支端头不应同时出现表2-5规定的空陷深度和空陷截面比两种情况。

表 2-5　　　　　　　　　判定烟支空头条件

空陷深度/mm	空陷截面比
>1.0	>1/3

六、梗丝加工过程

梗丝加工包括烟梗回潮、贮梗、切梗丝、梗丝加料、梗丝膨胀干燥、梗丝风选、梗丝贮存等主要工序，梗丝处理过程是将回潮后烟梗切成一定宽度的梗丝，并将梗丝加温加湿，增加梗丝含水率和温度，以利梗丝膨胀；在快速干燥去湿过程中使梗丝膨胀,并使其含水率符合卷制要求。其中,梗丝的膨胀干燥作为影响梗丝填充性能、梗丝形态、梗丝感官质量的最重要环节,在梗丝加工过程中具有举足轻重的作用。

梗丝膨胀的工艺任务主要为:①去除梗丝中部分水分;②提高梗丝的弹性、填充能力和燃烧性。膨胀干燥后梗丝质量应符合表2-6要求,且梗丝柔软、松散、无结团、湿团。

表2-6　　　　　　　　膨胀干燥后梗丝质量指标要求

含水率/%			温度/℃		填充值/(cm^3/g)		碎丝率/%
指标	允差	标准偏差	指标	允差	指标	允差	指标
12.0~18.5	±0.50	≤0.17	50.0~70.0	±3.0	≥5.5	±0.5	≤2.0

由本节分析可知,卷烟加工不同工序(或工段)具有不同的工艺任务,本节着重分析了卷烟加工回潮过程、切丝、干燥、风选、卷制过程等对加工质量直接影响的重点工序工艺任务、质量要求及设备性能、技术要求等。

第三章
加工工艺对卷烟质量及烟气指标的影响规律

本部分论述了 8 个主要加工工艺过程（包括松散回潮工序、切丝工序、滚筒干燥工序、HDT 气流干燥工序、CTD 干燥工序、风选工序、卷烟工序、梗处理工序）对卷烟质量及烟气指标的影响，同时选择切丝、干燥、梗处理等几个工序对卷烟烟气气相与粒相全分析，进而分析加工工艺对所关注指标的影响程度及影响范围。另外论述了加工工艺对在制品物理质量、化学成分、卷制质量各指标的影响，对比开展了在制品质量、化学成分、卷制质量对 7 种有害成分释放量造成影响的机理分析，将工艺对烟气指标的影响进行分类，提出了通过工艺加工过程降低危害性指数的技术与原理。

第一节　回潮加工对卷烟质量及烟气指标的影响

一、松散回潮工序中加工强度对常规烟气指标影响

图 3-1 显示不同部位片烟在松散回潮工序 3 个加工强度（低、中、高）下处理后，经过相同的下游工艺过程，获得的卷烟样品抽吸口数、烟气中总粒相物、焦油和烟碱含量的变化趋势。由图 3-1（1）中数据可知，松散回潮处理强度对上部和中部片烟样品影响不大，对下部片烟样品略有影响，即中高强度处理后平均抽吸口数略有下降；由图 3-1 [（2）/（3）/（4）] 中数据可知，卷烟样品烟气中总粒相物（TPM）、焦油和烟碱含量的变化趋势与图 3-1（1）卷烟样品抽吸口数呈现相同的规律，除图 3-1（4）中烟碱含量均值在中强度时相对略高于其他两个强度处理后样品。

表 3-1 显示不同部位片烟在松散回潮工序 3 个强度下制备的卷烟样品抽吸口数 [图 3-1（1）] 和烟气中 TPM [图 3-1（2）]、焦油 [图 3-1（3）] 和烟碱 [图 3-1（4）] 含量统计分析结果。在相同的条件下开展了三批次的相同实验，对实验数据进行统计分析后，以 95% 的置信度为检验标准，1 表示

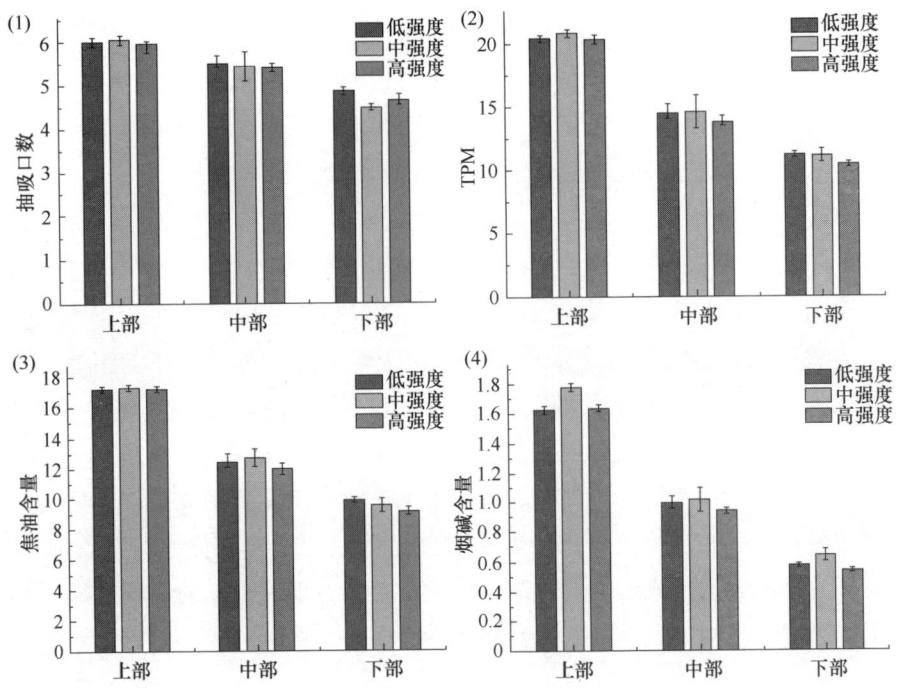

图 3-1 不同部位片烟在松散回潮工序 3 个强度下制备的卷烟样品不同成分含量的变化趋势

有影响,0 表示无影响。根据表 3-1 数据可看出,松散回潮处理工序:上部烟仅烟气中烟碱含量具有显著影响,中强度加工时,烟气中烟碱含量显著高于低和高强度处理样品;中部烟的抽吸口数、烟气中 TPM、焦油及烟碱均没有显著影响;下部烟样品在抽吸口数和烟碱呈现显著性差异,下部烟烟气中烟碱含量呈现与上部烟相同的规律性,即中强度加工时,烟气中烟碱含量显著高于低和高强度处理样品;低强度加工时,抽吸口数显著高于中高强度处理样品。

表 3-1 不同部位片烟在松散回潮工序 3 个强度下制备的卷烟样品抽吸口数和烟气中 TPM、焦油和烟碱含量统计分析结果

样品	抽吸口数/(puff/支)			TPM/(mg/支)			焦油/(mg/支)			烟碱/(mg/支)		
	低-中-高	均值	极差	低-中-高	均值	极差	低-中-高	均值	极差	低-中-高	均值	极差
上部	0	6.00	0.09	0	20.55	0.48	0	17.24	0.11	1	1.68	0.15
中部	0	5.44	0.10	0	14.29	0.70	0	12.37	0.74	0	0.99	0.07
下部	1	4.66	0.38	0	10.91	0.76	0	9.53	0.76	1	0.59	0.10

注:以 95%的置信度为检验标准,1 表示有影响,0 表示无影响。

二、松散回潮工序中加工强度对 7 种有害成分影响

以下将逐个分析不同部位片烟在松散回潮工序 3 个加工强度（低、中、高）下处理后，再经过相同的下游工艺过程，获得卷烟样品的 7 种有害成分释放量的变化趋势（图 3-2~图 3-8），图中（1）为全支释放量、（2）为单口释放量、（3）为单位支重释放量、（4）为单位 TPM 释放量、（5）为单位焦油释放量和（6）为单位烟碱释放量。

1. 松散回潮工艺加工强度对 CO 释放量的影响

图 3-2 为松散回潮 3 个强度处理后制备的卷烟样品 CO 释放量的变化趋势。图 3-2（1）中数据显示，上部和中部烟 CO 释放量在中强度处理时均值

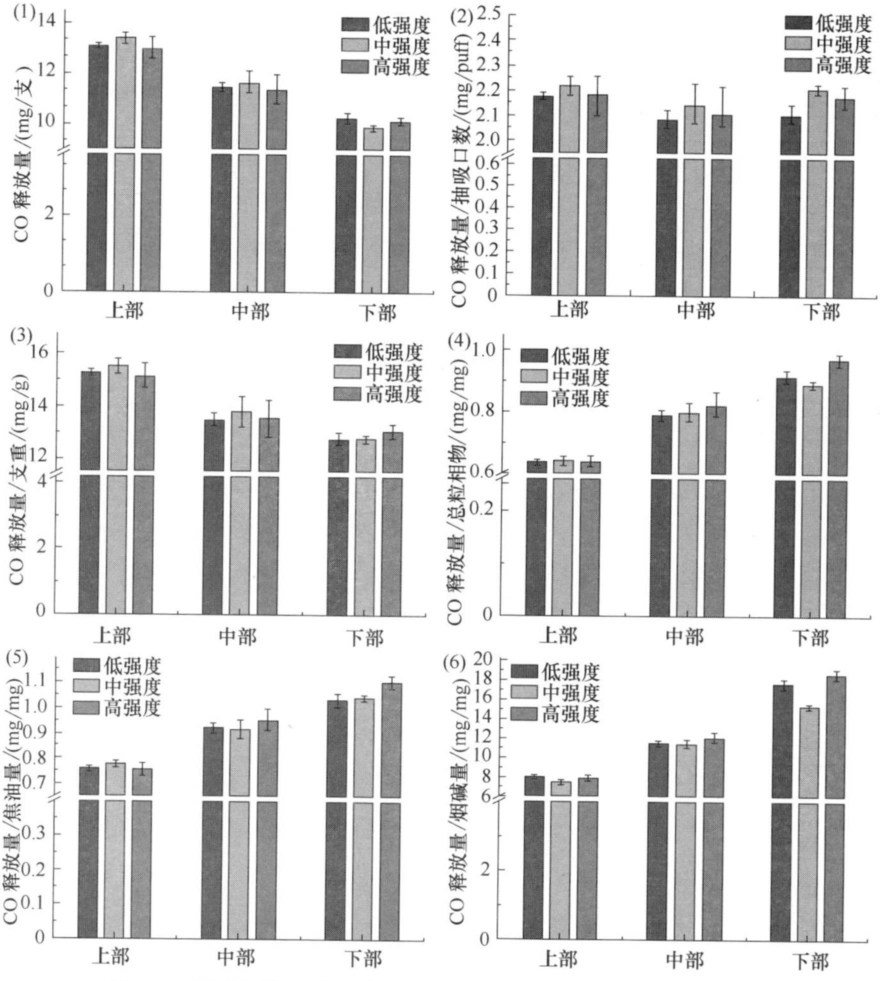

图 3-2 松散回潮 3 个强度处理后卷烟样品 CO 释放量的变化趋势

略高于其他两个强度,而下部烟 CO 释放量在中强度处理时均值略低于其他两个强度,低强度和高强度无明显差异;平均每口 CO 释放量[图 3-2(2)]在中强度处理时均值均略高于其他两个强度;单位支重[图 3-2(3)]和单位 TPM[图 3-2(4)]无明显区别;单位焦油[图 3-2(5)]与单位烟碱[图 3-2(6)]在 3 个处理强度下,中强度处理时均值略低于其他两个强度。

对松散回潮 3 个强度处理后卷烟样品 CO 释放量[图 3-2(1)]进行统计分析,结果如表 3-2 所示。根据该表可看出,虽然均值显示强度上有一定的差别,但统计分析结果显示,均值在统计上并无明显差别,即松散回潮强度对 CO 释放量无显著性影响。

表 3-2　松散回潮 3 个强度处理后卷烟样品 CO 释放量统计分析结果

样品	CO 释放量		
	低-中-高	均值/(mg/支)	极差/(mg/支)
上部	0	13.16	0.41
中部	0	11.47	0.27
下部	0	10.07	0.32

注:以 95%的置信度为检验标准,1 表示有影响,0 表示无影响。

2. 松散回潮工艺加工强度对 B[a]P 释放量的影响

图 3-3 为松散回潮 3 个强度处理后制备的卷烟样品 B[a]P 释放量的变化趋势。从图 3-3(1)中数据显示,上、中、下 3 个部位的片烟 B[a]P 释放量均值随处理强度的增加略有降低,中高强度基本无差别;平均每口[图 3-3(2)]和单位支重[图 3-3(3)]B[a]P 释放量对上部烟样品而言,中强度略低于低高强度处理,中下部烟叶样品随松散回潮处理强度无明显变化;而针对上、中、下三个部位片烟样品,经不同松散回潮加工强度处理后,卷烟样品单位 TPM[图 3-3(4)]、单位焦油[图 3-3(5)]、单位烟碱[图 3-3(6)]呈现相同的规律性,中强度显著低于低高强度处理样品。

对图 3-3(1)中数据进行统计分析,表 3-3 是松散回潮 3 个强度处理后卷烟样品 B[a]P 释放量统计分析结果。对于中部与下部片烟样品,虽然 B[a]P 释放量均值显示随强度变化上有一定的差别,但该结果显示,均值在统计上并无明显差别,即松散回潮各强度对中部和下部片烟样品 B[a]P 释放量无显著性影响;对上部片烟样品,加工强度对 B[a]P 释放量有显著影响。

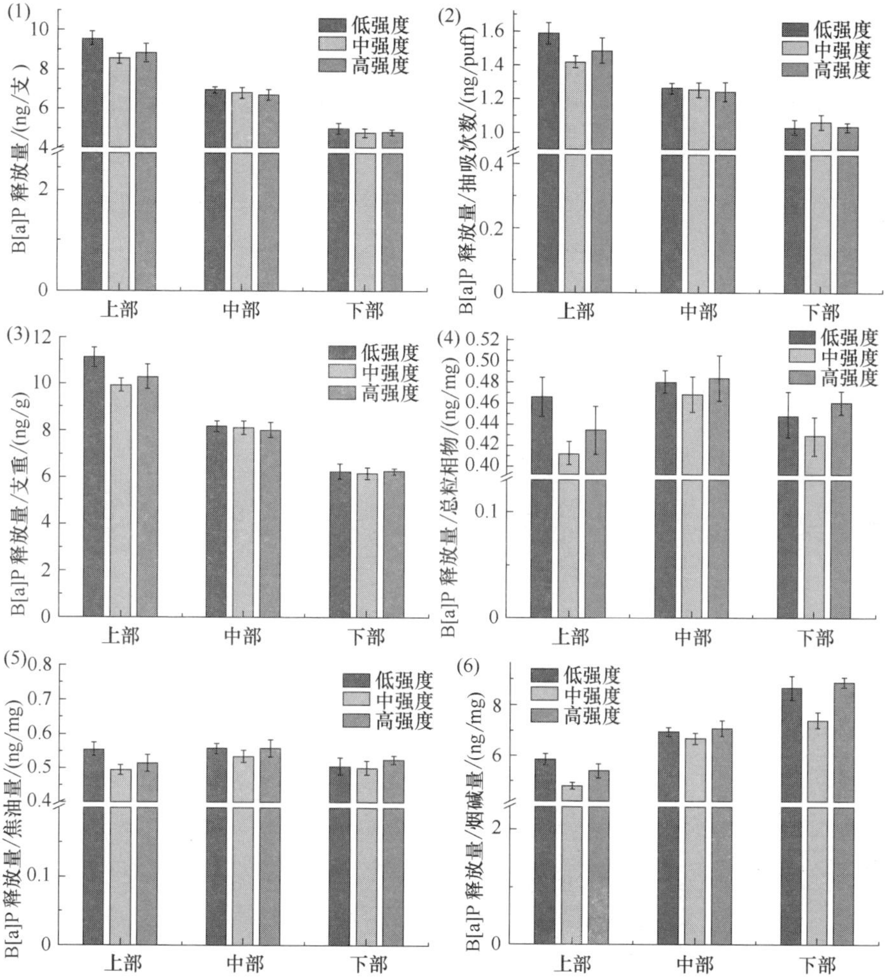

图 3-3 松散回潮 3 个强度处理后卷烟样品 B［a］P 释放量的变化趋势

表 3-3 松散回潮 3 个强度处理后卷烟样品 B［a］P 释放量统计分析结果

样品	B[a]P 释放量		
	低-中-高	均值/(ng/支)	极差/(ng/支)
上部	1	8.98	0.97
中部	0	6.82	0.25
下部	0	4.86	0.24

注：以 95% 的置信度为检验标准，1 表示有影响，0 表示无影响。

3. 松散回潮工艺加工强度对 NNK 释放量的影响

图 3-4 为松散回潮 3 个强度处理后制备的卷烟样品 NNK 释放量的变化趋

势。从图 3-4（1）中数据显示，上、中、下 3 个部位的片烟 NNK 释放量在中强度处理条件下均值略高于低和高强度，低高强度基本无差别；平均每口［图 3-4（2）］和单位支重［图 3-4（3）］NNK 释放量对上部和下部片烟样品而言，中强度略高于低高强度处理，中部烟样品随松散回潮处理强度无明显变化；而针对上、中、下 3 个部位片烟样品，经不同松散回潮加工强度处理后，卷烟样品单位 TPM［图 3-4（4）］、单位焦油［图 3-4（5）］、单位烟碱［图 3-4（6）］呈现相同的规律性，低强度略低于中高强度处理样品（个别单点数据除外，个别点为下部片烟单位烟碱下 NNK 释放量）。

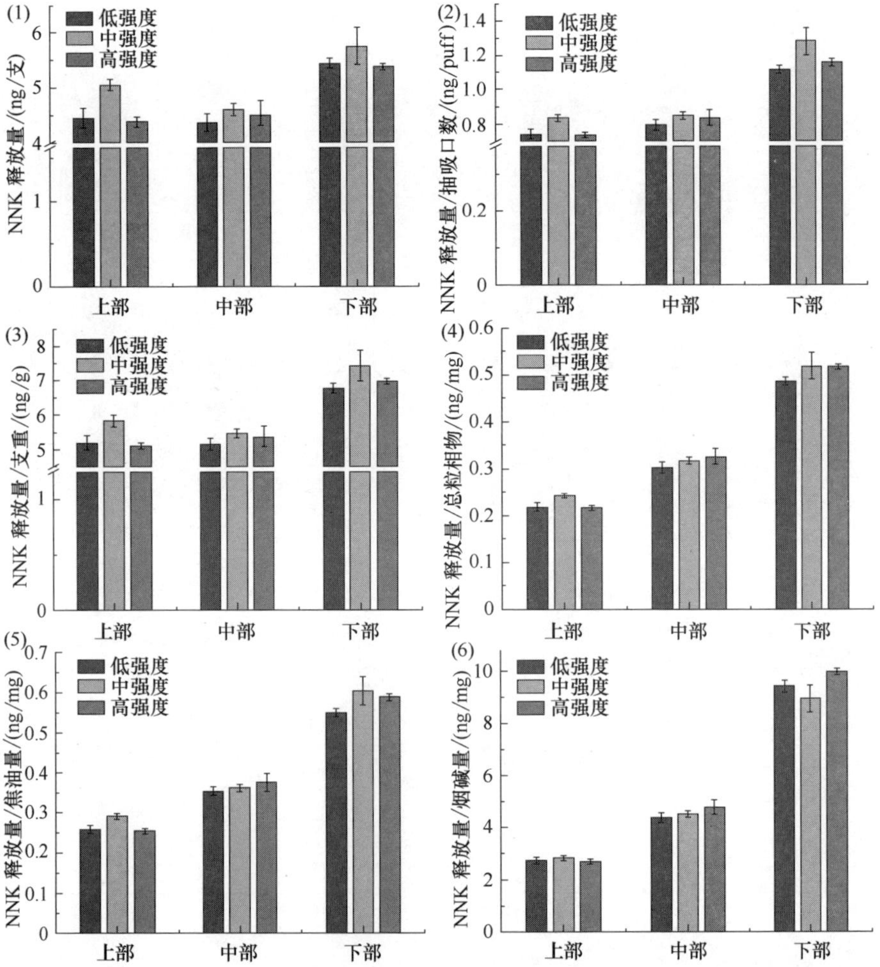

图 3-4 松散回潮 3 个强度处理后卷烟样品 NNK 释放量的变化趋势

对图3-4（1）中数据进行统计分析，表3-4是松散回潮3个强度处理后卷烟样品NNK释放量统计分析结果。可以看出，对于中部与下部烟样品，NNK释放量均值显示随强度变化上有一定的差别，统计分析结果显示，均值在统计上并无明显差别，即松散回潮各强度对中部和下部烟样品全支NNK释放量无显著性影响；对上部烟样品，加工强度对NNK释放量有显著影响。

表3-4 松散回潮3个强度处理后卷烟样品NNK释放量统计分析结果

样品	NNK释放量		
	低-中-高	均值/(ng/支)	极差/(ng/支)
上部	1	4.63	0.66
中部	0	4.50	0.23
下部	0	5.53	0.36

注：以95%的置信度为检验标准，1表示有影响，0表示无影响。

4. 松散回潮工艺加工强度对氨释放量的影响

图3-5为松散回潮3个强度处理后制备的卷烟样品氨释放量的变化趋势。从图3-5（1）中数据显示，上部片烟样品经过松散回潮处理后，烟气中氨释放量随强度的增加均值呈现逐步降低的趋势，而中下部烟样品则显示氨释放量在中强度下，均高于低高强度处理，低和高强度无明显差别；平均每口［图3-5（2）］和单位支重［图3-5（3）］、单位TPM［图3-5（4）］、单位焦油［图3-5（5）］、单位烟碱［图3-5（6）］呈现相似的规律性，上部烟样品经过松散回潮处理后，烟气中氨释放量随强度的增加均值呈现逐步降低的趋势，而中下部片烟样品则显示氨释放量在中强度下，均高于低高强度处理，低和高强度无明显差别；中强度略高于低高强度处理样品（个别单点数据除外，个别点为下部片烟单位烟碱下氨释放量）。

表3-5是松散回潮3个强度处理后卷烟样品氨释放量统计分析结果。对于下部片烟样品，虽然氨释放量均值显示随强度变化上有一定的差别，但均值假设检验结果显示，均值在统计上并无明显差别，即松散回潮各强度对下部

表3-5 松散回潮3个强度处理后卷烟样品氨释放量统计分析结果

样品	氨释放量		
	低-中-高	均值/(μg/支)	极差/(μg/支)
上部	1	13.24	2.13
中部	1	6.95	1.65
下部	0	6.82	0.47

注：以95%的置信度为检验标准，1表示有影响，0表示无影响。

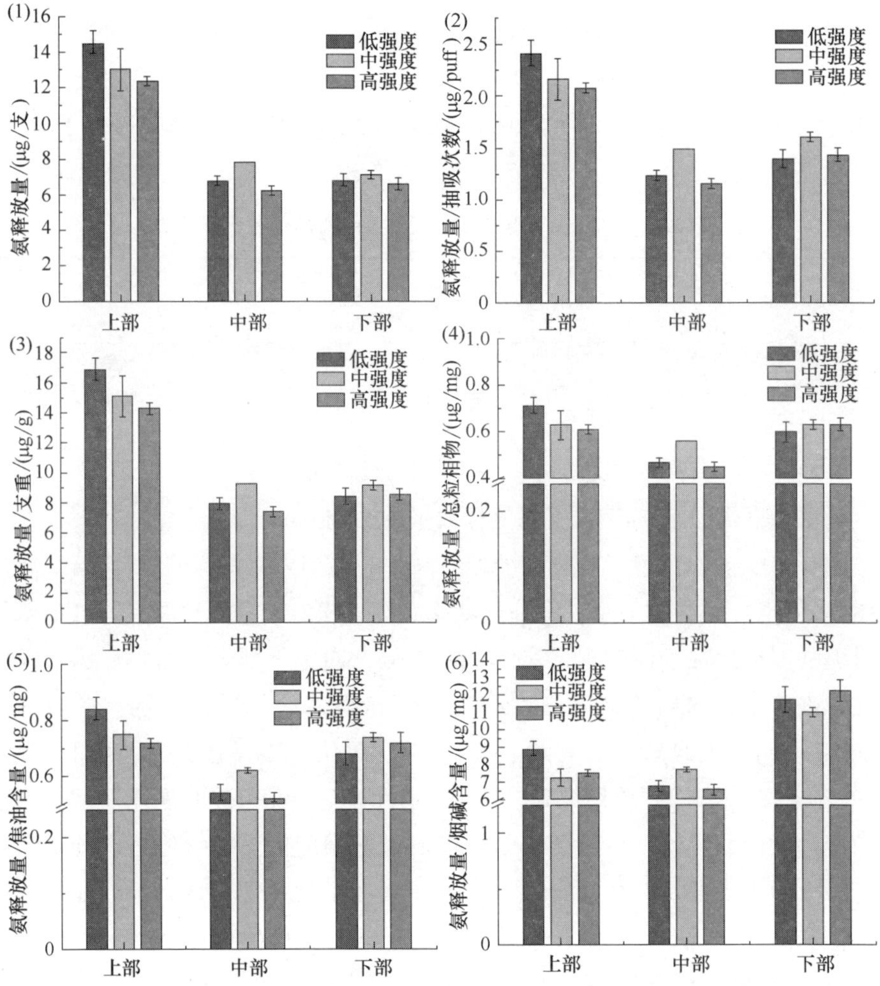

图 3-5 松散回潮 3 个强度处理后卷烟样品氨释放量的变化趋势

片烟样品全支氨释放量无显著性影响；对上部、中部片烟样品，强度对氨释放量有显著影响。

5. 松散回潮工艺加工强度对苯酚释放量的影响

图 3-6 为松散回潮 3 个强度处理后制备的卷烟样品苯酚释放量的变化趋势。从图 3-6（1）中数据显示，上、中、下 3 个部位的片烟苯酚释放量随处理强度的增加变化不一致，针对中部片烟，在中强度处理时，苯酚释放量略低于低和高强度处理后的样品，上部和下部片烟随强度处理无差别；平均每口［图 3-6（2）］和单位支重［图 3-6（3）］、单位 TPM［图 3-6（4）］、单

位焦油 [图 3-6 (5)] 和全支卷烟苯酚释放量均值呈现相同规律，即对于中部片烟，在中强度处理时，苯酚释放量略低于低和高强度处理后的样品，上部和下部片烟随强度处理无差别；而单位烟碱 [图 3-6 (6)] 上、中、下三个部位片烟则呈现相同的规律性，中强度下均值低于低高强度处理样品。

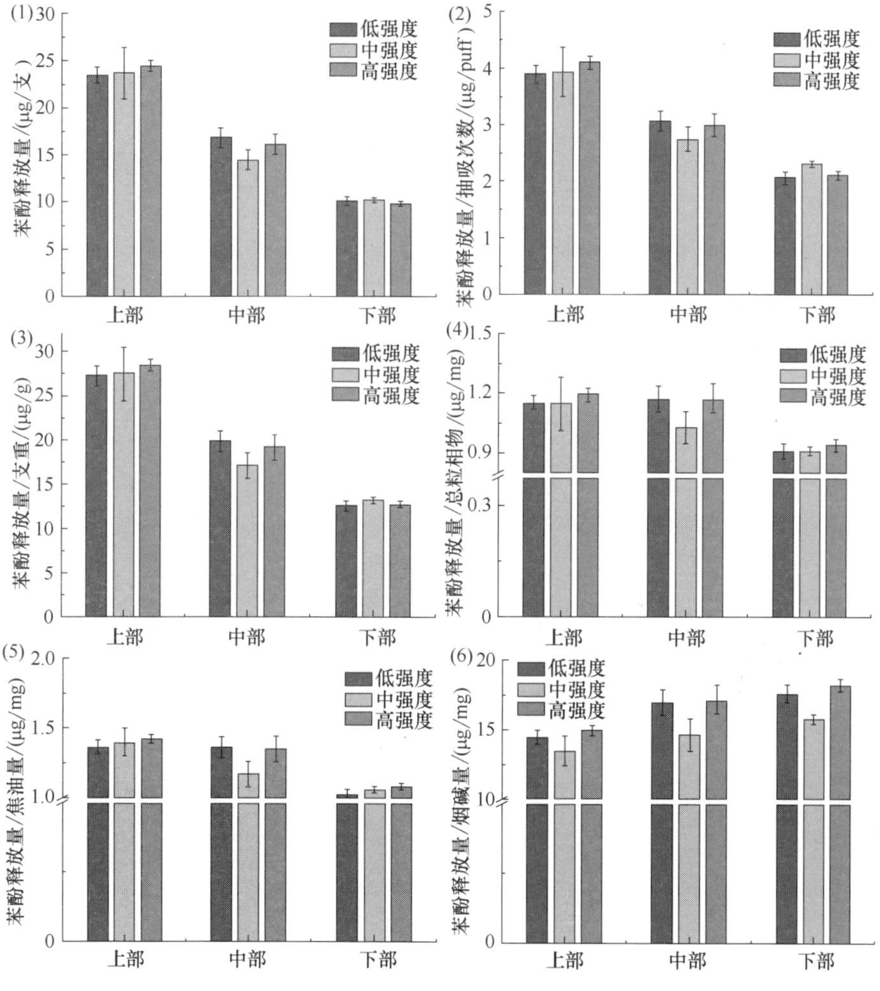

图 3-6 松散回潮 3 个强度处理后卷烟样品苯酚释放量的变化趋势

表 3-6 是松散回潮 3 个强度处理后卷烟样品苯酚释放量统计分析结果。对于上、中、下部 3 种片烟样品，虽然苯酚释放量均值显示随强度变化上有一定的差别，但该结果显示，在统计上并无明显差别，即松散回潮各强度对上、中、下部 3 种片烟样品全支苯酚释放量无显著性影响。

表3-6 松散回潮3个强度处理后卷烟样品苯酚释放量统计分析结果

样品	苯酚释放量		
	低-中-高	均值/(μg/支)	极差/(μg/支)
上部	0	23.96	1.00
中部	0	15.98	1.99
下部	0	10.04	0.30

注：以95%的置信度为检验标准，1表示有影响，0表示无影响。

6. 松散回潮工艺加工强度对HCN释放量的影响

图3-7为松散回潮3个强度处理后制备的卷烟样品HCN释放量的变化趋势。从图3-7（1）中数据显示，上、中、下3个部位的片烟HCN释放量随

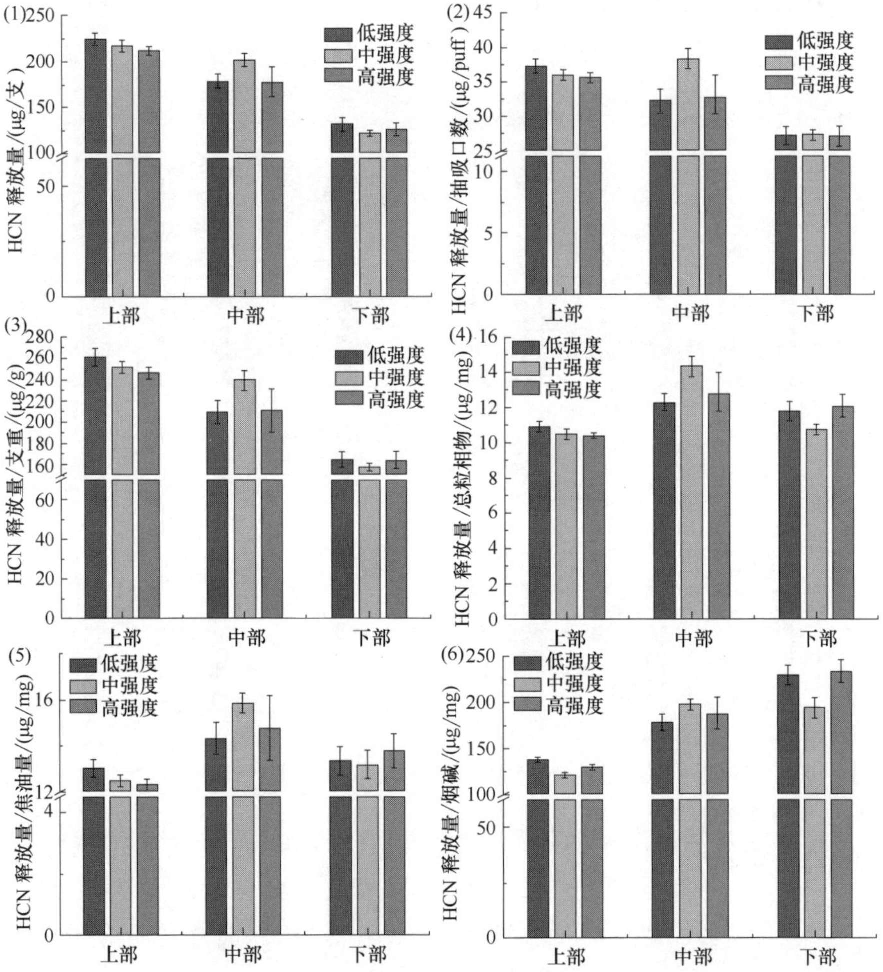

图3-7 松散回潮3个强度处理后卷烟样品HCN释放量的变化趋势

处理强度的增加变化不一致,针对中部片烟,在中强度处理时,HCN 释放量略高于低和高强度处理后的样品,上部片烟随强度处理略呈现下降趋势,下部片烟在中强度时均值最低;平均每口[图 3-7(2)]和单位支重[图 3-7(3)]、单位 TPM[图 3-7(4)]、单位焦油[图 3-7(5)]和单位烟碱[图 3-7(6)]与全支卷烟 HCN 释放量均值呈现相似规律,即对中部片烟,在中强度处理时,HCN 释放量略高于低和高强度处理后的样品,上部片烟随强度处理略呈现下降趋势,下部片烟在中强度时均值最低(个别单点数据除外,个别点为下部片烟平均每口 HCN 释放量)。

表 3-7 是松散回潮 3 个强度处理后卷烟样品 HCN 释放量统计分析结果。可以看出,虽然 HCN 释放量均值显示随强度变化上有一定的差别,但该结果显示,上部、中部、下部片烟样品均值在统计上并无明显差别,即松散回潮各强度对上部、中部、下部片烟样品全支 HCN 释放量无显著性影响。

表 3-7　松散回潮 3 个强度处理后卷烟样品 HCN 释放量统计分析结果

样品	HCN 释放量		
	低-中-高	均值/(μg/支)	极差/(μg/支)
上部	0	217.28	12.17
中部	0	185.32	24.57
下部	0	127.87	6.87

注:以 95%的置信度为检验标准,1 表示有影响,0 表示无影响。

7. 松散回潮工艺加工强度对巴豆醛释放量的影响

图 3-8 为松散回潮 3 个强度处理后制备的卷烟样品巴豆醛释放量的变化趋势。从图 3-8(1)中数据显示,上、中、下 3 个部位的片烟巴豆醛释放量随处理强度的无明显差异,对于中下部片烟样品,均值的总体趋势略有下降;平均每口[图 3-8(2)]和单位支重[图 3-8(3)]、单位 TPM[图 3-8(4)]、单位焦油[图 3-8(5)]和单位烟碱[图 3-8(6)]对于上部和中部片烟样品无明显差别,而对于下部片烟,中强度松散回潮处理均值均低于低高强度处理样品。

表 3-8 是松散回潮 3 个强度处理后卷烟样品巴豆醛释放量统计分析结果。虽然均值显示巴豆醛释放量随强度的变化有一定的差别,但该结果显示,均值在统计上并无明显差别,即松散回潮各强度对上部和中部片烟样品全支巴豆醛释放量无显著性影响。

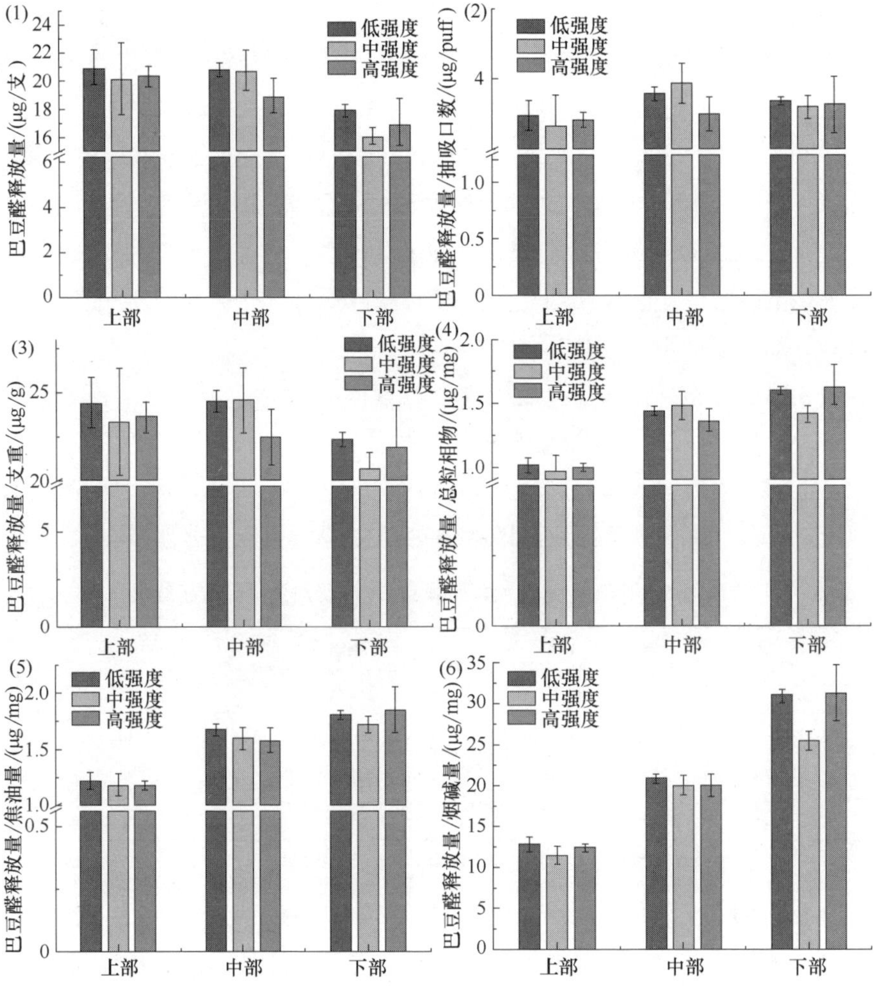

图 3-8 松散回潮 3 个强度处理后卷烟样品巴豆醛释放量的变化趋势

表 3-8 松散回潮 3 个强度处理后卷烟样品巴豆醛释放量统计分析结果

样品	巴豆醛释放量		
	低-中-高	均值/(μg/支)	极差/(μg/支)
上部	0	20.58	0.56
中部	0	20.00	1.93
下部	0	17.08	1.58

三、松散回潮工艺加工强度对危害性指数的影响

图 3-9 显示松散回潮 3 个强度处理后卷烟样品危害性指数的变化趋势，该指标综合了 7 种有害成分的全支释放量指标，从图中数据可以看出，3 种不

同部位的烟叶样品经松散回潮 3 个不同强度处理后,卷烟样品的危害性指数的变化规律呈现明显的一致性,高强度处理后的均值均小于低中强度,上部和下部片烟中强度加工卷制样品危害性指标均值小于低强度,而对于中部片烟样品,中强度危害性指数最高。说明松散回潮选择合适的工艺参数,可以降低卷烟的危害性指数。

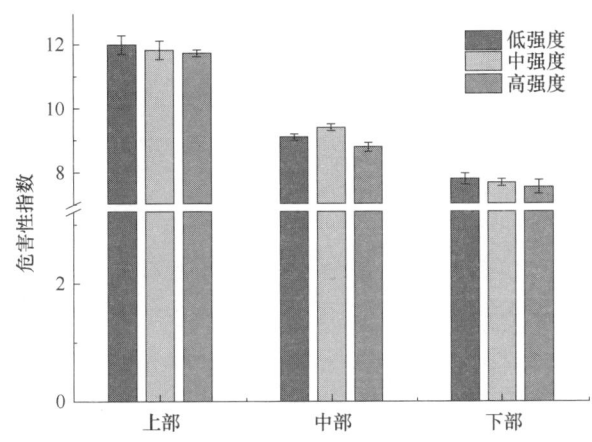

图 3-9　松散回潮 3 个强度处理后卷烟样品危害性指数的变化趋势

表 3-9 是松散回潮 3 个强度处理后卷烟样品危害性指数统计分析结果。对于下部片烟样品,虽然危害性指数均值显示随强度变化上有一定的差别,但均值在统计上并无明显差别,即松散回潮加工强度对下部片烟样品危害性指数无显著性影响;对上部和中部片烟样品,加工强度对危害性指数有显著影响。

表 3-9　松散回潮 3 个强度处理后卷烟样品危害性指数统计分析结果

样品	危害性指数		
	低-中-高	均值	极差
上部	1	11.85	0.27
中部	1	9.10	0.61
下部	0	7.67	0.24

注:以 95% 的置信度为检验标准,1 表示有影响,0 表示无影响。

四、松散回潮工序中加工强度对烟丝化学成分的影响

1. 还原糖和水溶性总糖

图 3-10 是松散回潮工序不同加工强度处理后烟丝中还原糖和水溶性总糖变化情况。从图中可以看出,上部和中部烟在松散强度增加时,还原糖

和水溶性总糖含量有增加的趋势,而下部烟趋势不明显;但是在经过后续其他工序处理后,最终在烟支卷制前,强度对还原糖和水溶性总糖的影响无明显变化规律。

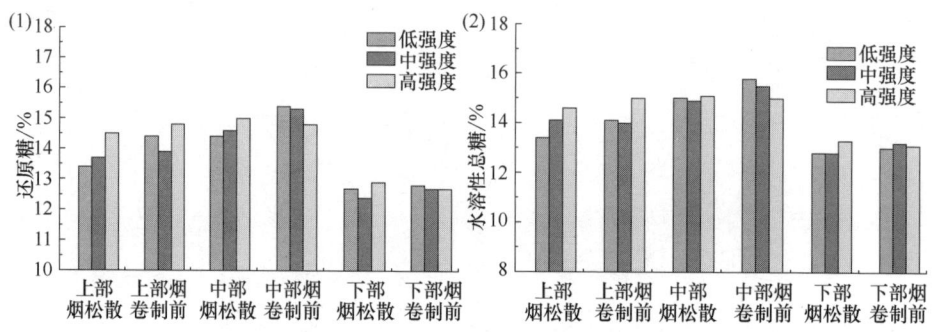

图 3-10 松散回潮工序不同加工强度处理后烟丝还原糖和水溶性总糖变化情况

2. 烟丝总氮和总植物碱

图 3-11 是烟丝总氮和总植物碱在不同强度处理后的含量。从图中可以看出,对于上部烟和下部烟来说,较高的处理强度使烟丝中的总植物碱略有升高,使上部烟中的总氮略有升高,其余样品基本没有变化。

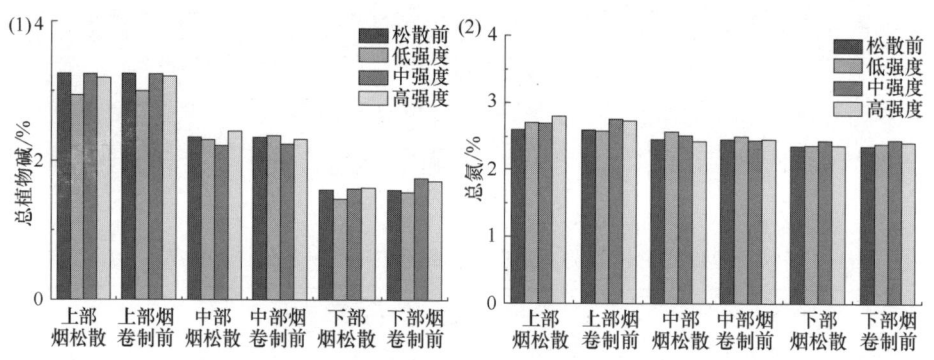

图 3-11 烟丝总植物碱和总氮在不同强度处理后的含量

3. 硝酸盐

图 3-12 是烟丝硝酸盐在不同强度处理后的含量。从图中可以看出,上部烟和下部烟硝酸盐含量随加工强度增加而略有增加,但在经过后续加工后,硝酸盐含量又略有下降;中部烟变化规律不明显。

4. 氯和钾

图 3-13 是烟丝中氯和钾在不同强度处理后的含量。从图中可以看出,烟

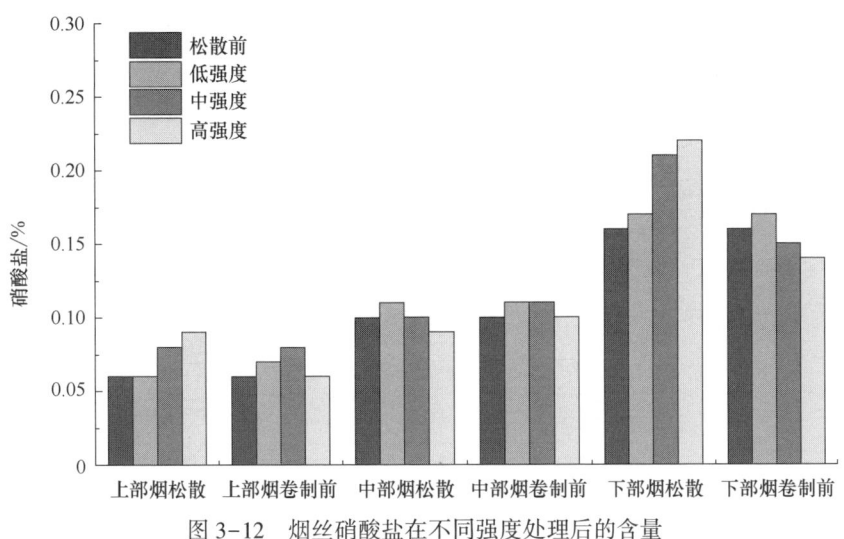

图 3-12 烟丝硝酸盐在不同强度处理后的含量

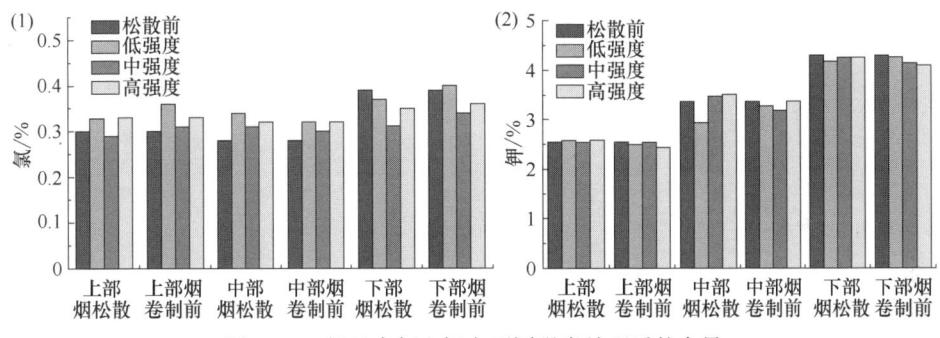

图 3-13 烟丝中氯和钾在不同强度处理后的含量

丝中的氯含量在中强度加工时略有下降,但变化不明显;加工强度变化对钾的含量几乎没有影响。

5. 石油醚提取物

图 3-14 是松散回潮工序加工强度对烟丝中石油醚提取物的影响。从图中可以看出,上部烟中石油醚提取物含量随加工强度增大明显减少;加工强度对中部烟影响不大,但在后续的加工工序中石油醚提取物含量会降低;高强度加工也使得下部烟石油醚提取物含量降低,但在后续的加工工序中石油醚提取物含量会增加。

6. 淀粉

图 3-15 是松散回潮工序加工强度对烟丝中淀粉含量的影响。从图中可以

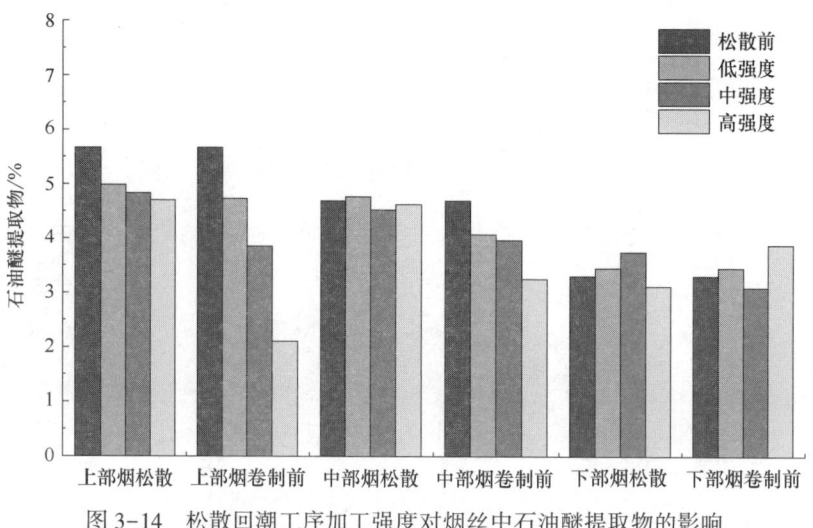

图 3-14 松散回潮工序加工强度对烟丝中石油醚提取物的影响

看出，随着松散强度的提高，上部烟和中部烟的淀粉含量有所下降，加工强度对下部烟的影响不明显。

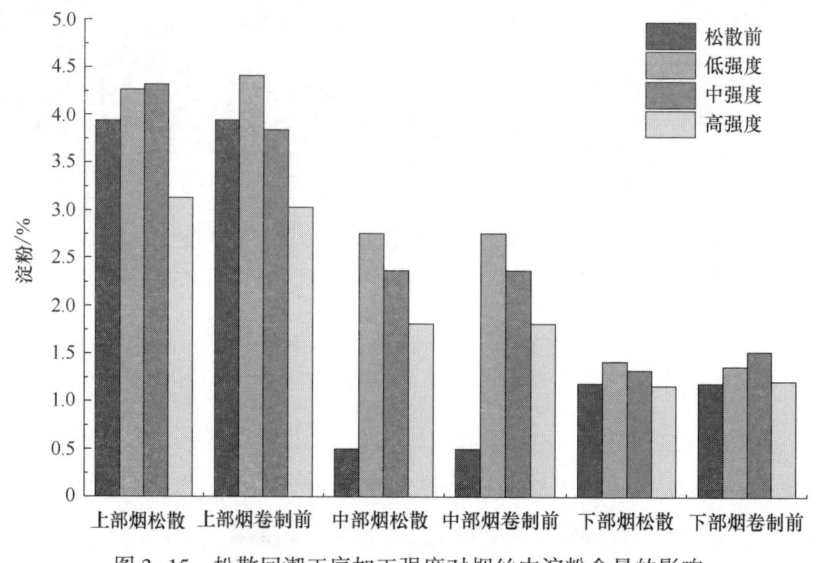

图 3-15 松散回潮工序加工强度对烟丝中淀粉含量的影响

卷烟样品化学成分变化如表 3-10 所示，表 3-10 和图 3-10～图 3-15 可知，松散回潮随着加工强度的增加，上部烟的糖类（包括还原糖和水溶性总糖，下同）和总植物碱增加（经过后续加工后，这一差异变得不明显），上部烟的总氮和硝酸盐略有增加，石油醚提取物降低，淀粉略有降低；中部烟还原

表 3-10 松散回潮工序 3 个不同加工强度卷烟样品化学成分测定结果

指标	上部		中部		下部	
	均值	极差	均值	极差	均值	极差
硝酸盐/%	0.08	0.03	0.10	0.02	0.20	0.05
水溶性总糖/%	14.03	1.2	15.00	0.20	12.97	0.50
总植物碱/%	3.12	0.30	2.31	0.20	1.55	0.16
氯/%	0.32	0.04	0.32	0.03	0.34	0.06
还原糖/%	13.87	1.10	14.67	0.60	12.67	0.50
总氮/%	2.74	0.10	2.51	0.14	2.39	0.07
钾/%	2.57	0.05	3.30	0.57	4.22	0.08
石油醚提取物/%	4.84	0.28	4.64	0.24	3.10	0.63
淀粉/%	3.91	1.19	2.31	0.95	1.31	0.25

糖类增加,淀粉略降;下部烟总植物碱略有增加,淀粉略有降低。

五、松散回潮工序中加工强度对烟丝物理指标的影响

1. 松散回潮加工强度对烟片结构的影响

图 3-16 为松散回潮 3 个强度处理后烟片尺寸分布特征参数的变化趋势。从图 3-16（1）中可以看出,相同处理强度下中部烟叶的特征尺寸高于上部烟、下部烟,三个部位烟叶松散回潮后特征尺寸随处理强度的变化趋势相似,均以中等处理强度下烟片特征尺寸最大；从图 3-16（2）中可以看出,上部烟叶的尺寸均匀性系数明显高于中部烟、下部烟,低加工强度下烟片尺寸均匀性系数最大。

表 3-11 与表 3-12 是松散回潮 3 个强度处理后烟片特征尺寸和均匀性系

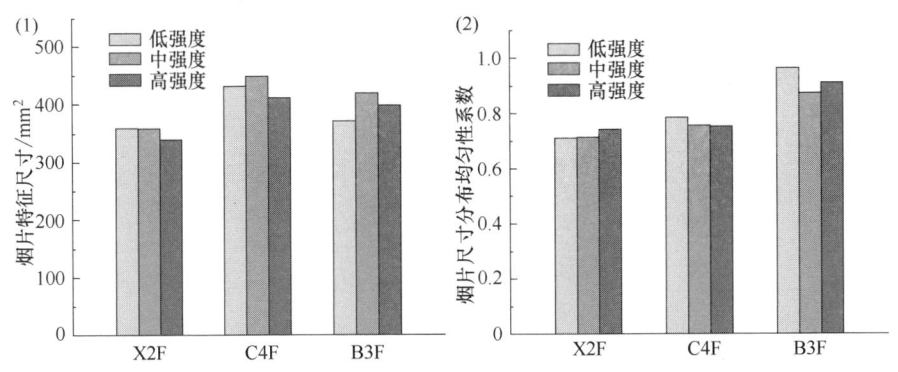

图 3-16 松散回潮加工强度对烟片尺寸分布特征参数的影响

数的均值、极差及变化率数据。由表3-11可看出,松散回潮处理强度对上部烟叶特征尺寸和尺寸均匀性的影响均为最大,其中不同处理强度样品特征尺寸的变化率为12.17%,而均匀性系数变化率为9.71%。将变化率大于10%记为有显著影响,变化率小于10%而大于5%记为有一定影响,变化率小于5%为无明显影响。则松散回潮加工强度对上部烟特征尺寸有显著影响,对中部烟、下部烟特征尺寸有一定影响;另一方面,松散回潮加工强度上部烟尺寸均匀性系数有一定影响,对中部烟、下部烟无明显影响。

表3-11 松散回潮3个强度处理后烟片特征尺寸均值、极差与变化率

样品	特征尺寸		
	均值/mm²	极差/mm²	变化率/%
上部	396.97	48.32	12.17
中部	431.14	36.24	8.41
下部	352.93	19.87	5.63

表3-12 松散回潮3个强度处理后烟片尺寸均匀性系数均值、极差与变化率

样品	均匀性系数		
	均值	极差	变化率/%
上部	0.916	0.089	9.71
中部	0.765	0.033	4.30
下部	0.723	0.031	4.29

2. 松散回潮加工强度对填充值影响

图3-17为松散回潮3个强度处理后烟丝填充值变化趋势。从图3-17中可以看出,相同处理强度下不同部位烟叶烟丝填充性呈规律性变化,即下部烟>中部烟>上部烟;随加工强度的变化,下部烟和中部烟均以高强度加工的烟丝填充值最高,而上部烟则以低强度加工的烟丝填充值最高。

表3-13是松散回潮3个强度处理后烟丝填充值的均值、极差及变化率数据。由表3-13可看出,松散回潮处理强度对不同部位烟叶填充值影响程度依次为上部烟>下部烟>中部烟。按前述既定标准,松散回潮加工强度对上部烟填充值有一定影响,对中部烟、下部烟影响不明显。

3. 松散回潮加工强度对烟丝结构的影响

图3-18为松散回潮3个强度处理后卷制前烟丝尺寸分布特征参数的变化趋势。从图3-18(1)中可以看出,上部烟、中部烟均以中等强度下的烟丝特

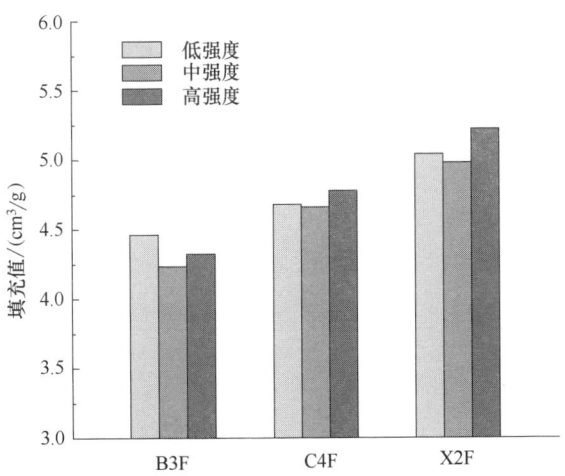

图 3-17 松散回潮加工强度对烟丝填充值的影响

表 3-13 松散回潮 3 个强度处理后烟丝填充值均值、极差与变化率

样品	填充值		
	均值/(cm^3/g)	极差/(cm^3/g)	变化率/%
上部	4.34	0.23	5.30
中部	4.71	0.12	2.55
下部	5.08	0.24	4.72

征尺寸最大,下部烟则以低强度下的烟丝特征尺寸略大;从图 3-18(2)中可以看出,三种烟叶不同松散回潮加工强度下烟丝尺寸的均匀性系数变化不显著。

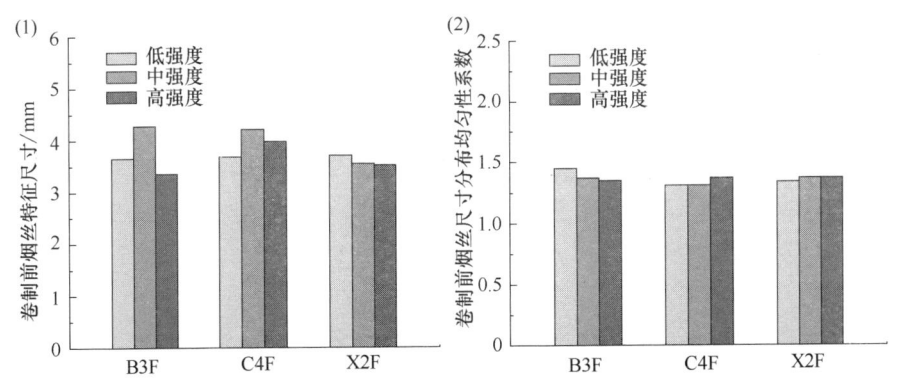

图 3-18 松散回潮加工强度对卷制前烟丝尺寸分布特征参数的影响

表 3-14 与表 3-15 是松散回潮 3 个强度处理后卷制前烟丝特征尺寸和均匀性系数的均值、极差及变化率数据。由表可看出，松散回潮处理强度对不同部位卷制前烟丝特征尺寸和均匀性系数影响程度依次为上部烟>中部烟>下部烟。其中，松散回潮加工强度对上部烟、中部烟特征尺寸有显著影响，对下部烟尺寸有一定影响；松散回潮加工强度对上部烟均匀性系数有一定影响，对中部烟、下部烟均匀性系数无明显影响。

表 3-14　松散回潮 3 个强度处理后卷制前烟丝特征尺寸均值、极差与变化率

样品	烟丝特征尺寸		
	均值/mm	极差/mm	变化率/%
上部	3.76	0.93	24.73
中部	3.96	0.52	13.13
下部	3.59	0.20	5.58

表 3-15　松散回潮 3 个强度处理后卷制前烟丝尺寸均匀性系数均值、极差与变化率

样品	尺寸均匀性系数		
	均值	极差	变化率/%
上部	1.39	0.1	7.19
中部	1.33	0.06	4.51
下部	1.36	0.03	2.21

图 3-19 为松散回潮 3 个强度处理后成品烟丝尺寸分布特征参数的变化趋势。从图 3-19（1）中可以看出，上部烟、下部烟均以中等强度下的烟丝特征尺寸最大，中部烟则以低强度下的烟丝特征尺寸较大；从图 3-19（2）中

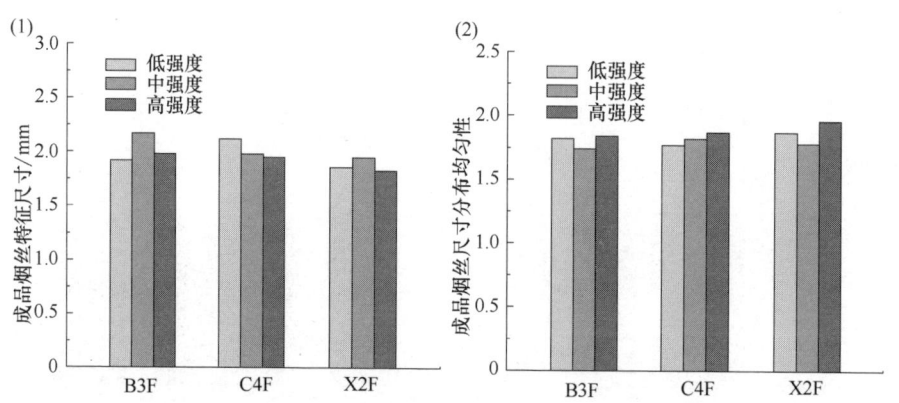

图 3-19　松散回潮加工强度对成品烟丝尺寸分布特征参数的影响

可以看出，三种烟叶不同松散回潮加工强度下成品烟丝尺寸的均匀性系数均以高加工强度下最大。

表3-16与表3-17是松散回潮3个强度处理后成品烟烟丝特征尺寸和均匀性系数的均值、极差及变化率数据。由表可看出，松散回潮处理强度对不同部位烟叶成品烟烟丝特征尺寸影响程度依次为上部烟>中部烟>下部烟，其中对上部烟有显著影响，对中部烟和下部烟有一定影响。松散回潮加工强度对不同部位烟叶成品烟烟丝尺寸均匀性系数均有一定影响。

表3-16 松散回潮3个强度处理后成品烟丝特征尺寸均值、极差与变化率

样品	烟丝特征尺寸		
	均值/mm	极差/mm	变化率/%
上部	2.02	0.25	12.36
中部	2.02	0.17	8.43
下部	1.88	0.12	6.38

表3-17 松散回潮3个强度处理后成品烟丝尺寸均匀性系数均值、极差与变化率

样品	尺寸均匀性系数		
	均值	极差	变化率/%
上部	1.8	0.1	5.56
中部	1.82	0.1	5.49
下部	1.87	0.18	9.63

六、松散回潮工序中加工强度对卷烟烟支物理指标的影响

图3-20为松散回潮3个强度处理后制备的卷烟样品物理指标的变化趋势。从图3-20（1）中数据显示，不同强度处理后卷烟，下部烟的吸阻随加工强度变化略有变化；上部和下部烟的卷烟的硬度随强度增加有微小差异。

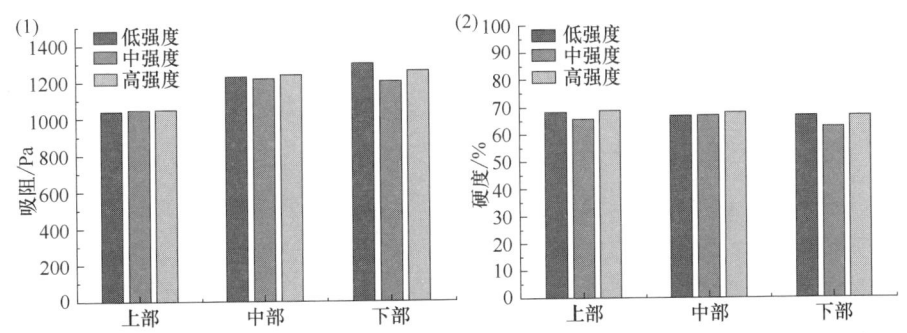

图3-20 松散回潮3个强度处理后卷烟样品物理指标的变化趋势

表 3-18 是松散回潮 3 个强度处理后卷烟样品物理指标统计分析结果。松散强度对下部烟的吸阻有显著影响，对上部和下部烟的硬度有显著影响。

表 3-18　松散回潮 3 个强度处理后卷烟样品物理指标统计分析结果

样品		低-中-高	均值	极差
吸阻/Pa	上部	0	1.05	0.01
	中部	0	1.23	0.03
	下部	1	1.25	0.10
硬度/%	上部	1	67.60	3.33
	中部	0	67.34	1.30
	下部	1	65.48	4.20

注：以 95% 的置信度为检验标准，1 表示有影响，0 表示无影响。

七、松散回潮工序不同加工强度对叶丝加工感官质量评价结果影响

表 3-19　松散回潮工序不同加工强度对叶丝加工感官质量评价结果影响

样品		香气特性				烟气特性				口感特性				风格
		香气质	香气量	透发性	杂气	浓度	劲头	细腻程度	成团性	刺激性	干燥感	干净程度	回甜	
上部烟	低强度	↓	=	↓	↓	=	↑	↓	=	↑	=	=	=	=
	中强度	=	=	=	=	=	=	=	=	=	=	=	=	=
	高强度	↓	=	↓	↓	=	=	↑	=	↑	=	=	=	=
中部烟	低强度	=	=	=	=	↓	=	↑	=	↑	=	=	=	=
	中强度	=	=	=	=	=	=	=	=	=	=	=	=	=
	高强度	=	=	=	=	↑↑	=	=	=	=	=	↑	=	=
下部烟	低强度	=	=	=	=	↑	=	↑	=	↑	=	=	=	=
	中强度	=	=	=	=	=	=	=	=	=	=	=	=	=
	高强度	=	=	=	=	↑	=	=	=	=	=	=	=	=

注：1. 以正常生产中强度为对照样进行感官对比评价。
　　2. "↑" 表示与对照样相比有正向变化，"↑↑" 表示与对照样相比有较大正向变化，"=" 表示没有明显影响，"↓" 表示与对照样相比有负向变化。

由表 3-19 可知，松散回潮工序加工强度变化对浓度、细腻程度和刺激性等指标影响显著，对香气质和透发性略有影响，对其他指标影响不显著。

第二节　切丝对卷烟质量及烟气指标的影响

一、切丝宽度对常规烟气指标

将不同部位片烟在切丝工序中 3 个切丝宽度（设计值：0.8mm、1.0mm、

1.2mm)下处理,该样品经过相同的上游(松散回潮处理)、下游(干燥、卷制等)工艺过程,获得卷烟样品,进行标准抽吸下(ISO 模式)烟气指标的分析。图 3-21 显示了上述样品的抽吸口数、烟气中总粒相物、焦油和烟碱含量的变化趋势。由图 3-21 [(1)(2)(3)] 中数据可知,不同切丝宽度对 3 个部位烟叶卷烟样品在抽吸口数、TPM 和焦油释放量均有一定的影响,上部与下部片烟样品随宽度的增加,TPM 和焦油释放量逐渐降低的趋势,而抽吸口数则是呈现逐渐增加的趋势;而对中部片烟样品则在切丝宽度为 1.0mm 时,抽吸口数、TPM 和焦油释放量达最大,高于 0.8mm 和 1.2mm 宽度时的结果;由图 3-21(4)中数据可知,上部烟烟碱释放量随切丝宽度的增加,呈现一定的下降趋势,对于中部和下部片烟样品则无明显规律性。

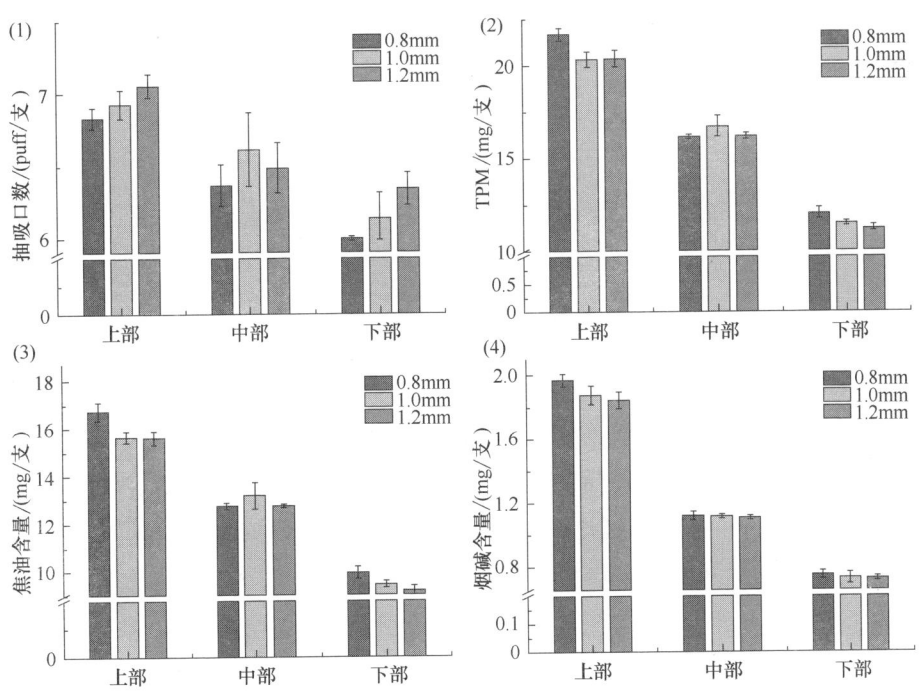

图 3-21 不同部位片烟在切丝工序 3 个切丝宽度下制备的卷烟样品不同成分含量的变化趋势

表 3-20 显示不同部位片烟在切丝工序 3 个切丝宽度(设计值:0.8mm、1.0mm、1.2mm)下制备的卷烟样品抽吸口数 [图 3-21(1)] 和烟气中 TPM [图 3-21(2)]、焦油 [图 3-21(3)] 和烟碱 [图 3-21(4)] 含量统计分析结果。由图 3-21 数据可知,不同的切丝宽度对于中部片烟样品在抽吸口

数、TPM、焦油和烟碱等方面均没有显著影响，均值上略有差异；对上部片烟样品，TPM、焦油和烟碱含量均呈现显著性差异；烟丝宽度对下部片烟样品的抽吸口数、TPM 和焦油均存在显著性影响。

表 3-20　不同部位片烟在切丝工序 3 个切丝宽度下制备的卷烟样品
抽吸口数和烟气中 TPM、焦油和烟碱含量统计分析结果

样品	抽吸口数/(puff/支) 0.8mm -1.0mm -1.2mm			TPM/(mg/支) 0.8mm -1.0mm -1.2mm			焦油/(mg/支) 0.8mm -1.0mm -1.2mm			烟碱/(mg/支) 0.8mm -1.0mm -1.2mm		
		均值	极差		均值	极差		均值	极差		均值	极差
上部	0	6.937	0.217	1	20.794	1.350	1	15.999	1.150	1	1.897	0.127
中部	0	6.490	0.247	0	16.367	0.553	0	12.909	0.440	0	1.116	0.010
下部	1	6.161	0.343	1	11.577	0.800	1	9.547	0.727	0	0.736	0.023

注：以 95% 的置信度为检验标准，1 表示有影响，0 表示无影响。

二、切丝宽度对 7 种有害成分影响

以下将逐个分析不同部位片烟在切丝工序中 3 个不同烟丝宽度（设计值：0.8mm、1.0mm、1.2mm）下处理，经过相同的上游（松散回潮处理）、下游（干燥、卷制等）工艺过程，获得卷烟样品的 7 种有害成分释放量的变化趋势。本部分的图表中，(1) 为全支释放量、(2) 为单口释放量、(3) 为单位支重释放量、(4) 为单位 TPM 释放量、(5) 为单位焦油释放量和 (6) 为单位烟碱释放量。

1. 切丝宽度对 CO 释放量的影响

图 3-22 为切丝工序 3 个不同切丝宽度制备的卷烟样品 CO 释放量的变化趋势。从图 3-22 (1) 中数据显示，3 种不同部位片烟 CO 释放量随烟丝宽度的增加而呈现逐渐下降的趋势，中部片烟结果显示 0.8mm 与 1.0mm 没有显著差别；3 种不同部位片烟平均每口 CO 释放量 [图 3-22 (2)] 随烟丝宽度的增加而逐渐下降；单位支重 [图 3-22 (3)] 与全支 CO 释放量规律相似，除中部片烟结果显示 0.8mm 与 1.0mm 没有显著差别外，3 种不同部位片烟单位支重 CO 释放量随烟丝宽度的增加而呈现逐渐下降的趋势；单位 TPM [图 3-22 (4)]、单位焦油 [图 3-22 (5)] 与单位烟碱 [图 3-22 (6)] 在 3 种烟丝宽度下，变化较小，选择性降低 CO 释放量主要表现在高于宽度 1.0mm 的烟丝上。

表 3-21 是切丝工序 3 个不同切丝宽度卷烟样品 CO 释放量统计分析结果。从表中可看出，上、下部位片烟样品随烟丝宽度的增加均呈现显著性的差异，烟丝宽度对中部烟 CO 释放量无显著影响。

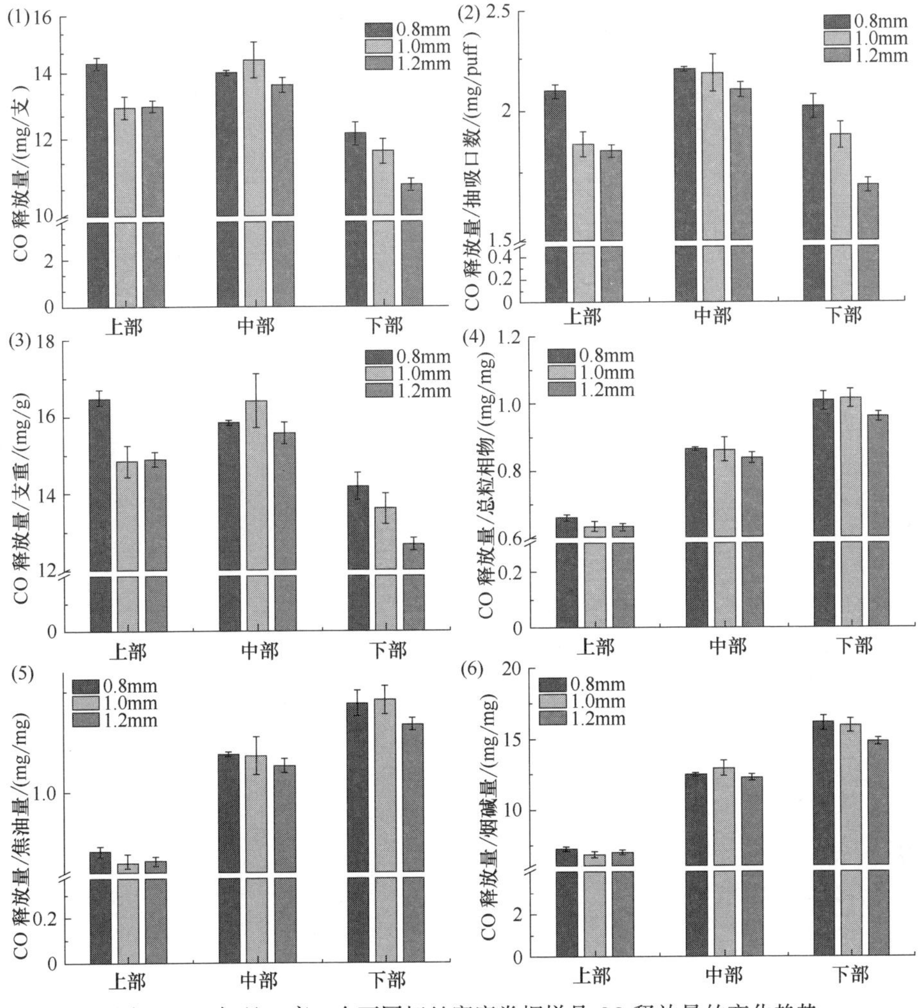

图 3-22 切丝工序 3 个不同切丝宽度卷烟样品 CO 释放量的变化趋势

表 3-21 切丝工序 3 个不同切丝宽度卷烟样品 CO 释放量统计分析结果

样品	CO 释放量		
	0.8mm-1.0mm-1.2mm	均值/(mg/支)	极差/(mg/支)
上部	1	13.382	1.413
中部	0	14.001	0.813
下部	1	11.527	1.357

注：以 95%的置信度为检验标准，1 表示有影响，0 表示无影响。

2. 切丝宽度对 B [a] P 释放量的影响

图 3-23 为切丝工序 3 个不同切丝宽度制备的卷烟样品 B [a] P 释放量

的变化趋势。从图3-23（1）中数据显示，上、中、下3个部位的片烟B[a]P释放量全支均值随烟丝宽度的增加略有增加，1.0mm以上基本无差别；平均每口［图3-23（2）］B[a]P释放量在烟丝宽度的变化范围内基本无影响；单位支重［图3-23（3）］、单位TPM［图3-23（4）］、单位焦油［图3-23（5）］、单位烟碱［图3-23（6）］呈现相同的规律性，B[a]P释放量在各个加工强度下均值随烟丝宽度的增加略有增加，烟丝宽度对B[a]P释放量的影响无选择性降低的趋势。

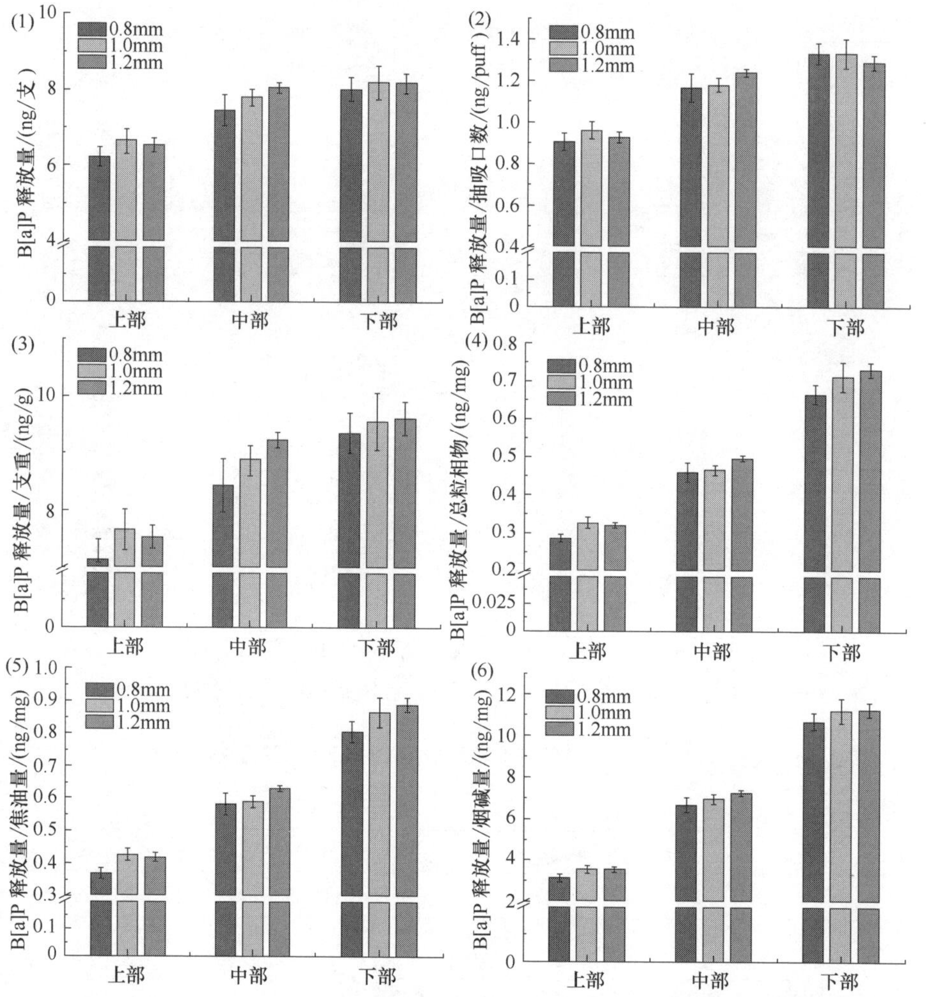

图3-23 切丝工序3个不同切丝宽度卷烟样品B[a]P释放量的变化趋势

表3-22是切丝工序3个不同切丝宽度卷烟样品B[a]P释放量统计分

析结果。虽然 B[a]P 释放量均值随强度变化上有一定的差别,但统计分析结果显示,释放量在统计意义上并无明显差别,即烟丝宽度对上、中、下 3 个部位片烟样品全支 B[a]P 释放量无显著性影响。

表 3-22 切丝工序 3 个不同切丝宽度卷烟样品 B[a]P 释放量统计分析结果

样品	B[a]P 释放量		
	0.8mm-1.0mm-1.2mm	均值/(ng/支)	极差/(ng/支)
上部	0	6.470	0.455
中部	0	7.772	0.604
下部	0	8.130	0.185

注:以 95% 的置信度为检验标准,1 表示有影响,0 表示无影响。

3. 切丝宽度对 NNK 释放量的影响

图 3-24 是切丝工序 3 个不同切丝宽度制备的卷烟样品 NNK 释放量的变化趋势。从图 3-24 [(1)/(2)/(3)/(4)/(5)/(6)] 中数据可以看出,上部烟全支均值 NNK 释放量、平均每口、单位支重、单位 TPM、单位焦油和单位烟碱随烟丝宽度的增加变化规律相同,均呈现显著的增加趋势,而对于中部片烟而言,均值在 1.0mm 烟丝宽度上达到最大,而在 0.8mm 和 1.2mm 上无明显差别;对于下部片烟而言,在 1.0mm 和 1.2mm 均远高于 0.8mm 水平,而在 1.0mm 和 1.2mm 烟丝宽度水平上一致。结果表明,烟丝宽度对 NNK 释放量存在选择性增加的趋势。

表 3-23 是切丝工序 3 个不同切丝宽度卷烟样品 NNK 释放量统计分析结果。对图 3-24(1)中数据进行统计分析,从表 3-23 中可看出,三个部位片烟样品随烟丝宽度的增加,NNK 释放量均呈现显著性的差异,变化程度有所不同。

表 3-23 切丝工序 3 个不同切丝宽度卷烟样品 NNK 释放量统计分析结果

样品	NNK 释放量		
	0.8mm-1.0mm-1.2mm	均值/(ng/支)	极差/(ng/支)
上部	1	3.061	2.137
中部	1	2.344	0.727
下部	1	2.931	1.477

注:以 95% 的置信度为检验标准,1 表示有影响,0 表示无影响。

4. 切丝宽度对氨释放量的影响

图 3-25 为 3 个不同切丝宽度制备的卷烟样品氨释放量的变化趋势。从图 3-25(1)中数据显示,上部片烟样品烟气中氨释放量随烟丝宽度的增加呈现

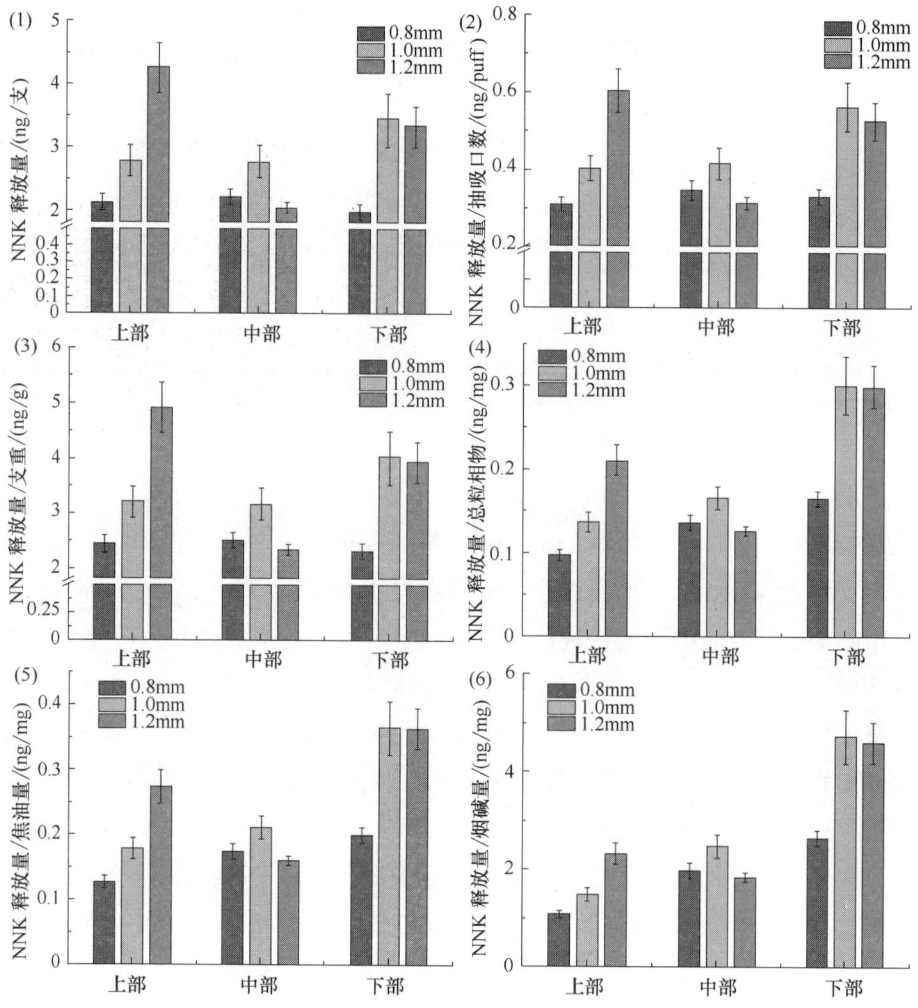

图 3-24 不同切丝宽度卷烟样品 NNK 释放量的变化趋势

逐步增加的趋势；对于中部片烟样品，1.0mm 烟丝宽度氨释放量低于烟丝宽度 0.8mm 和 1.2mm，而后两者没有明显差别；对于下部片烟样品，全支 [图 3-25（1）]、平均每口 [图 3-25（2）] 和单位支重 [图 3-25（3）] 3 种烟丝宽度下基本无差别，单位 TPM [图 3-25（4）]、单位焦油 [图 3-25（5）]、单位烟碱 [图 3-25（6）] 随烟丝宽度的增加，均值呈逐渐上升趋势，趋势上存在一定的选择性增加。

表 3-24 是切丝工序 3 个不同切丝宽度卷烟样品氨释放量统计分析结果。对图 3-25（1）中数据进行统计分析，可以看到，对于上部、中部、下部片

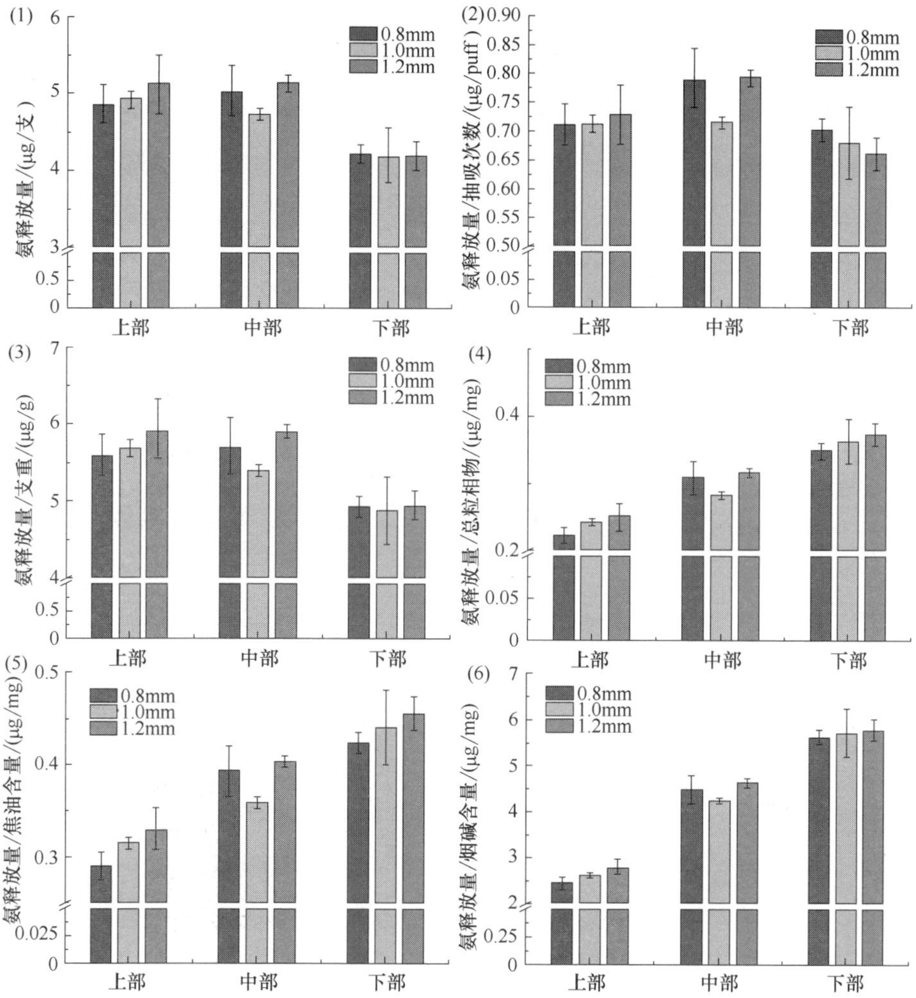

图 3-25 不同切丝宽度卷烟样品氨释放量的变化趋势

烟样品,虽然氨释放量均值显示随强度变化上有一定的差别,但统计分析结果显示,均值在统计上并无明显差别。

表 3-24　　不同切丝宽度卷烟样品氨释放量统计分析结果

样品	氨释放量		
	0.8mm-1.0mm-1.2mm	均值/(μg/支)	极差/(μg/支)
上部	0	4.980	0.283
中部	0	4.974	0.412
下部	0	4.198	0.042

注:以 95% 的置信度为检验标准,1 表示有影响,0 表示无影响。

5. 切丝宽度对苯酚释放量的影响

图 3-26 为切丝工序 3 个不同烟丝宽度制备的卷烟样品苯酚释放量的变化趋势。图 3-26（1）中数据显示，上部和下部片烟样品苯酚释放量随烟丝宽度的增加呈现逐步降低的趋势，而中部片烟样品，烟丝宽度 1.0mm 时低于烟丝宽度为 0.8mm 和 1.2mm 时的均值，而后两者无明显区别；平均每口 [图 3-26（2）] 和单位支重 [图 3-26（3）]、单位 TPM [图 3-26（4）]、单位焦油 [图 3-26（5）] 和单位烟碱 [图 3-26（6）] 与全支卷烟苯酚释放量均值呈现相同规律，即对于上部和下部片烟样品苯酚释放量随烟丝宽度的增加呈现逐步降低的趋势，而中部片烟样品，则显示烟丝宽度 1.0mm 时低于烟丝

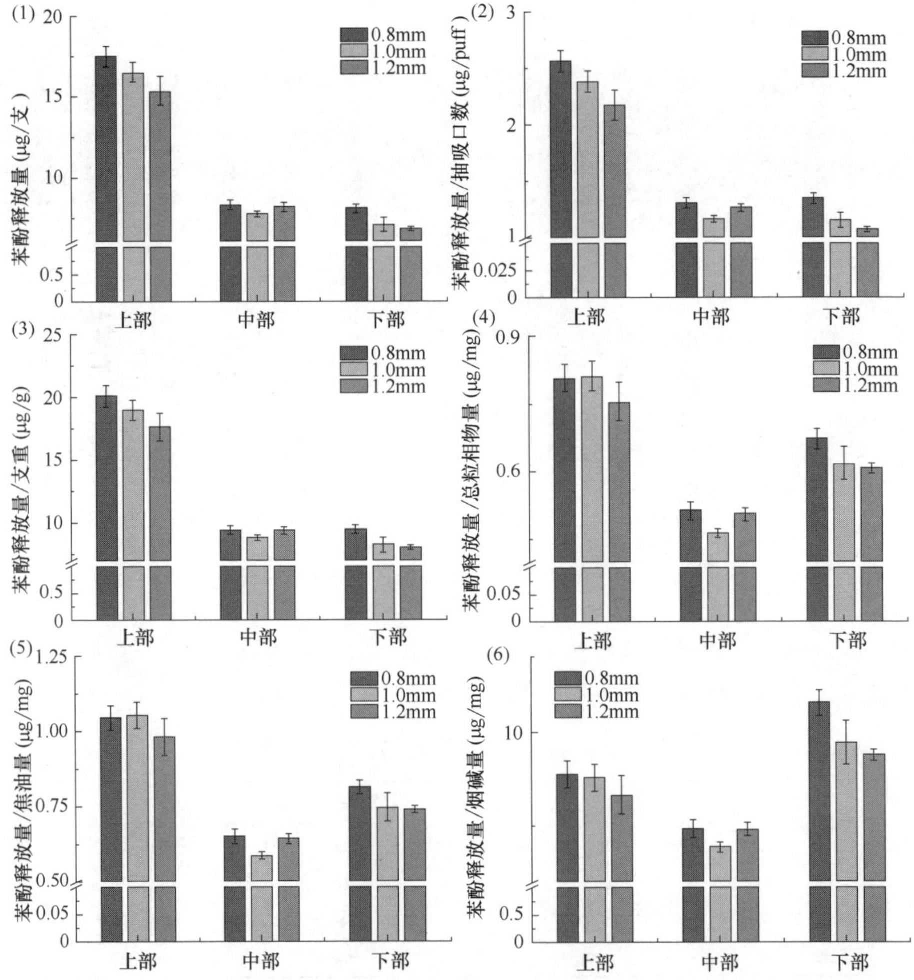

图 3-26 不同切丝宽度卷烟样品苯酚释放量的变化趋势

宽度为 0.8mm 和 1.2mm 时的均值，而后两者无明显区别。结果表明，烟丝宽度对苯酚释放量存在选择性降低趋势。

表 3-25 是切丝工序 3 个不同切丝宽度卷烟样品苯酚释放量统计分析结果。根据该表结果可以看出，切丝宽度对于上、中、下部 3 种片烟样品苯酚释放量的均值均有显著性影响。

表 3-25　切丝工序 3 个不同切丝宽度卷烟样品苯酚释放量统计分析结果

样品	苯酚释放量		
	0.8mm-1.0mm-1.2mm	均值/(μg/支)	极差/(μg/支)
上部	1	16.450	2.161
中部	1	8.102	0.571
下部	1	7.341	1.272

注：以 95% 的置信度为检验标准，1 表示有影响，0 表示无影响。

6. 烟丝宽度对 HCN 释放量的影响

图 3-27 为切丝工序 3 个不同切丝宽度制备的卷烟样品 HCN 释放量的变化趋势。从图 3-27（1）中数据显示，上部、中部、下部片烟样品 HCN 释放量随烟丝宽度的增加呈现逐步降低的趋势；平均每口［图 3-27（2）］和单位支重［图 3-27（3）］与全支卷烟 HCN 释放量均值呈现相同规律。对于单位 TPM［图 3-27（4）］、单位焦油［图 3-27（5）］和单位烟碱［图 3-27（6）］，HCN 释放量有所差异。具体表现为，上部和下部片烟样品 1.0mm 切丝宽度中，HCN 释放量均值普遍高于其他两种切丝宽度，而中部片烟样品 1.0mm 切丝宽度，HCN 释放量相对较低。结果表明，烟丝宽度对 HCN 释放量具有选择性降低趋势，下部烟样品的规律性更加明显。

表 3-26 是切丝工序 3 个不同切丝宽度卷烟样品 HCN 释放量统计分析结果。对图 3-27（1）中数据进行统计分析，可以看出，虽然 HCN 释放量均值显示其随烟丝宽度的变化有一定的差别，但统计分析结果表明，其在统计上并无明显差别，即烟丝宽度对上、中、下部片烟样品全支 HCN 释放量无显著性影响。

表 3-26　不同切丝宽度卷烟样品 HCN 释放量统计分析结果

样品	HCN 释放量		
	0.8mm-1.0mm-1.2mm	均值/(μg/支)	极差/(μg/支)
上部	0	148.95	9.92
中部	0	101.11	5.22
下部	0	97.36	9.36

注：以 95% 的置信度为检验标准，1 表示有影响，0 表示无影响。

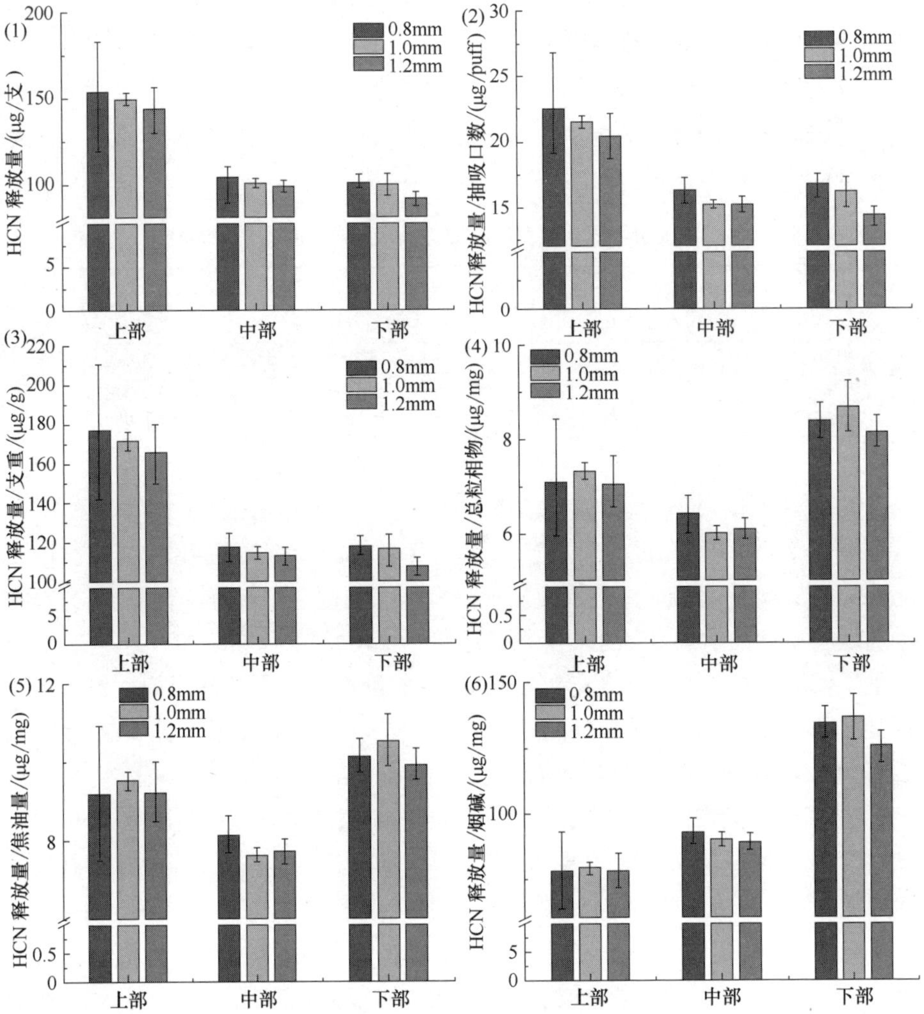

图 3-27 不同切丝宽度卷烟样品 HCN 释放量的变化趋势

7. 切丝宽度对巴豆醛释放量的影响

图 3-28 为切丝工序 3 个不同烟丝宽度制备的卷烟样品巴豆醛释放量的变化趋势。从图 3-28（1）中数据显示，上部和下部片烟样品巴豆醛释放量随烟丝宽度的增加呈现逐步降低的趋势，中部片烟样品，烟丝宽度 1.0mm 时低于烟丝宽度为 0.8mm 和 1.2mm 时的均值，而后两者无明显区别；平均每口［图 3-28（2）］呈现与全支释放量相同规律，即上部和下部片烟样品巴豆醛释放量随烟丝宽度的增加呈现逐步降低的趋势，中部烟样品烟丝宽度为 1.0mm 时低于烟丝宽度为 0.8mm 和 1.2mm 时巴豆醛释放量均值，而后两者无明显区别；

第三章 加工工艺对卷烟质量及烟气指标的影响规律

单位支重［图3-28（3）］则针对上部和中部片烟样品与全支释放量和平均每口释放量相似规律，而对于下部片烟样品随烟丝宽度的增加无明显规律；单位TPM［图3-28（4）］、单位焦油［图3-28（5）］和单位烟碱［图3-28（6）］对于3种片烟样品无一致性规律，对上部片烟样品，随着烟丝宽度的增加，均值略有下降，对于中部片烟样品烟丝宽度1.0mm时低于烟丝宽度为0.8mm和1.2mm时的均值，而后两者无明显区别，对于下部片烟样品随烟丝宽度的增加均值显示略有增加。结果表明，烟丝宽度对苯酚释放量无明显选择性。

表3-27是切丝工序3个不同切丝宽度卷烟样品巴豆醛释放量统计分析结

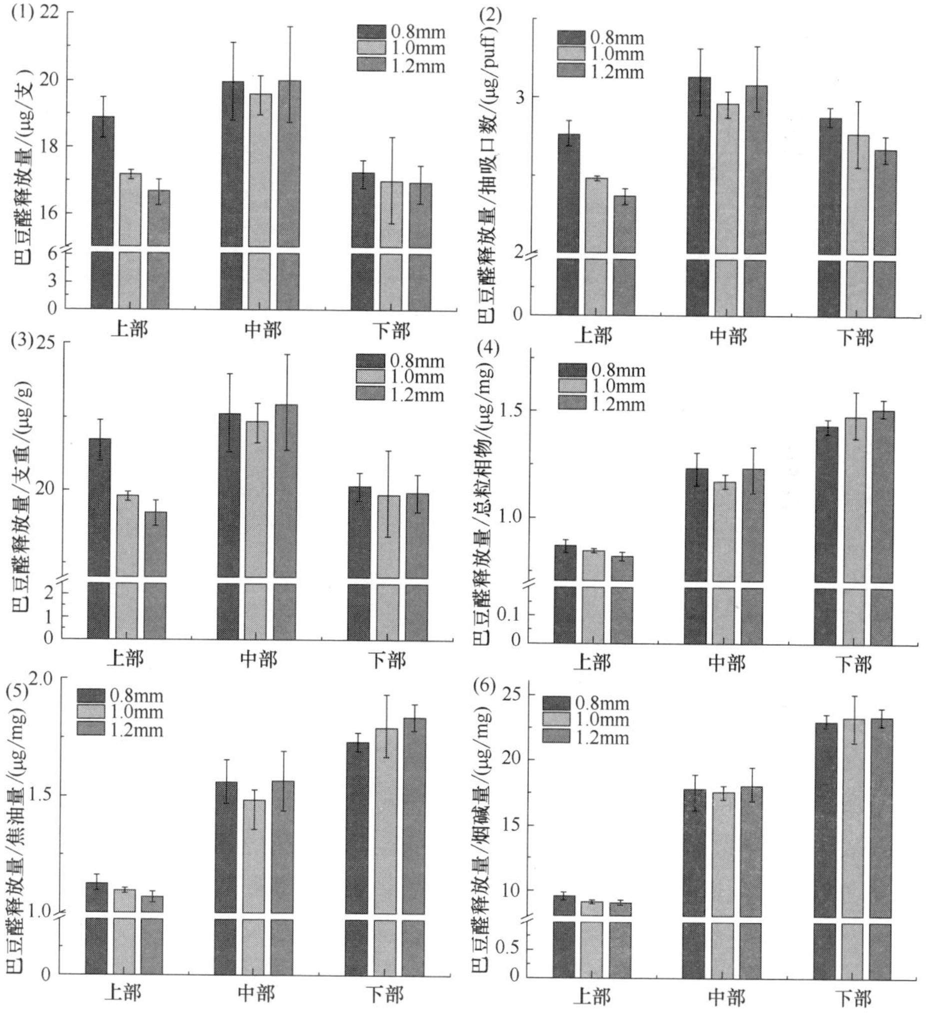

图3-28 不同切丝宽度卷烟样品巴豆醛释放量的变化趋势

果。对图 3-28（1）中数据进行统计分析，可以看出，对于中部和下部片烟样品，虽然巴豆醛释放量随烟丝宽度的变化有一定的差别，但方差结果表明，其在统计上并无明显差别，即烟丝宽度对中部和下部片烟样品全支巴豆醛释放量无显著性影响；而对上部片烟样品，烟丝宽度对巴豆醛释放量有显著影响。

表 3-27　　不同切丝宽度卷烟样品巴豆醛释放量统计分析结果

样品	巴豆醛释放量		
	0.8mm-1.0mm-1.2mm	均值/(μg/支)	极差/(μg/支)
上部	1	17.588	2.157
中部	0	19.850	0.403
下部	0	17.069	0.307

注：以 95% 的置信度为检验标准，1 表示有影响，0 表示无影响。

三、切丝工序中烟丝宽度对气相物与粒相物释放量的影响

1. 烟丝宽度对气相物释放量的影响

图 3-29、图 3-30、图 3-31 表示切丝工序中切丝宽度对上部、中部、下部烟卷烟样品单位口数气相物释放量的影响结果。可以看出，上部烟样品在

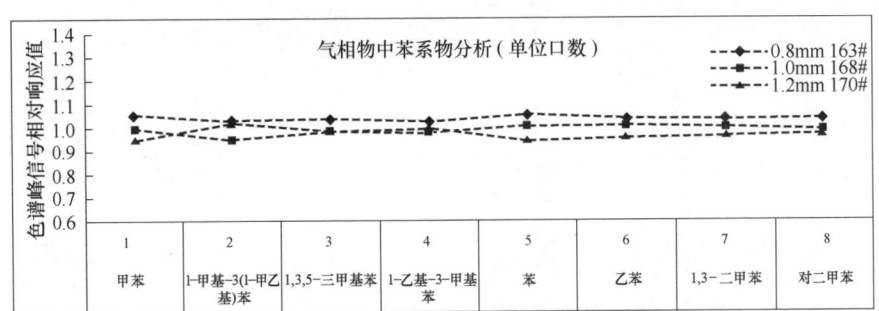

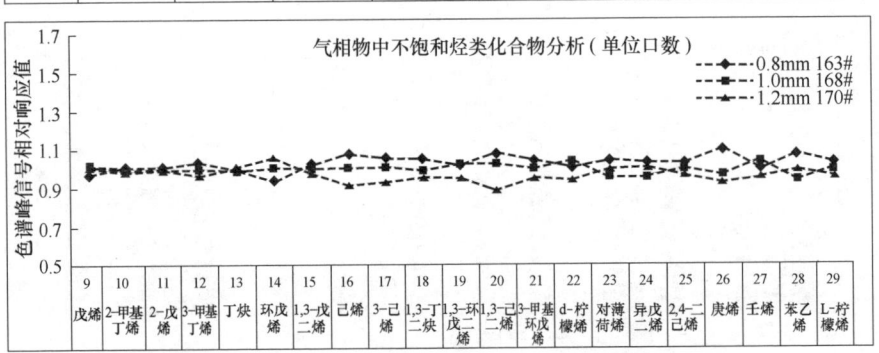

图 3-29

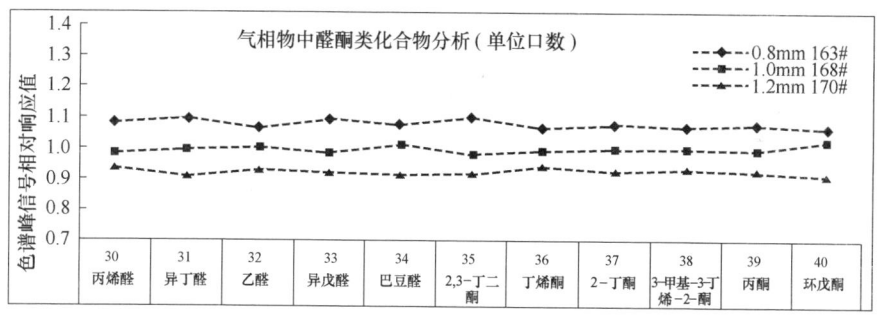

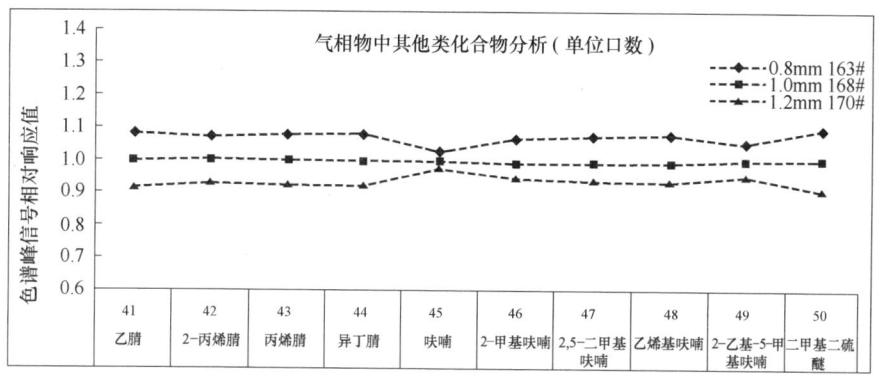

图 3-29 切丝工序切丝宽度对上部烟卷烟样品单位口数气相物释放量的影响

注：纵坐标数值是化合物色谱峰信号数据与均值相除所得相对值。

0.8mm 切丝宽度条件下，其单位口数苯系物、醛酮类化合物和含氧氮硫等杂环化合物释放量最高，不饱和烃类化合物释放量无明显规律；中部烟样品在 0.8mm 切丝宽度条件下，其单位口数苯系物和含氧氮杂环化合物释放量最低，其他无明显规律；下部烟样品在三种切丝宽度条件下，其单位口数气相物释放量无明显规律。

根据切丝宽度对卷烟样品单位口数气相物释放量的影响结果可获得相应条件下单位口数气相物释放量的变化率范围，如表 3-28 所示。根据表中结果可看出，各类型气相物单位口数的释放量与切丝宽度有较大相关性，其中对上部烟与中部烟影响明显。

表 3-28 切丝宽度对卷烟样品单位口数气相物释放量变化率的影响

变化率/%	苯系物	不饱和烃类	醛酮类	其他类
0.8mm-1.0mm-1.2mm（上部烟）	4.80~11.43	1.16~20.10	12.38~18.72	5.08~18.83
0.8mm-1.0mm-1.2mm（中部烟）	9.71~21.94	1.74~24.58	0.66~17.84	7.50~27.95
0.8mm-1.0mm-1.2mm（下部烟）	4.13~11.90	1.02~24.57	4.30~9.48	3.64~8.83

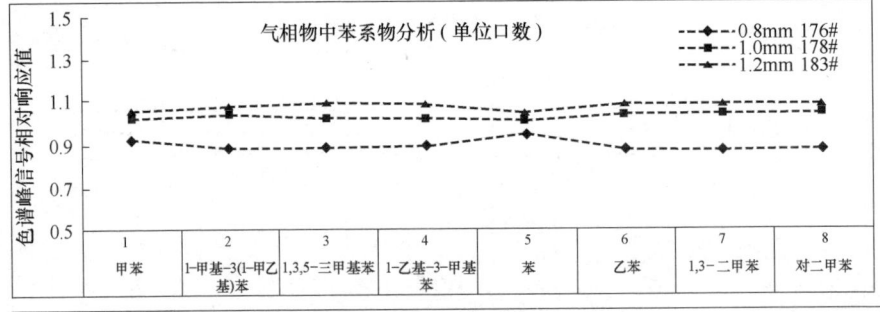
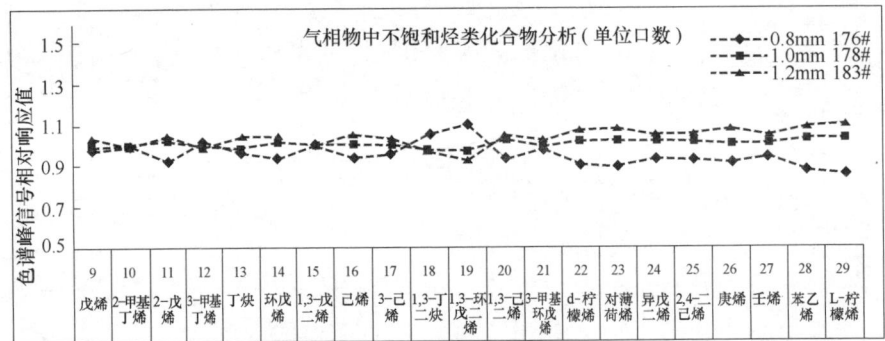
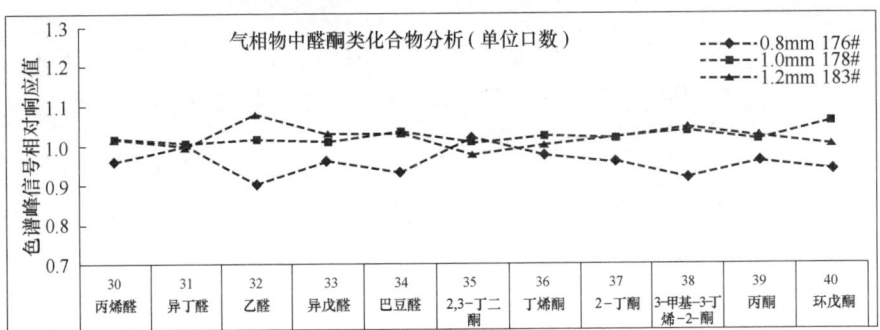
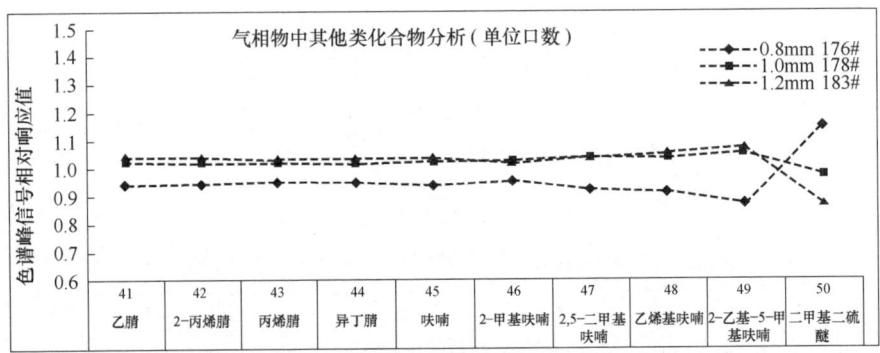

图 3-30 切丝工序切丝宽度对中部烟卷烟样品单位口数气相物释放量的影响

注：纵坐标数值是化合物色谱峰信号数据与均值相除所得相对值。

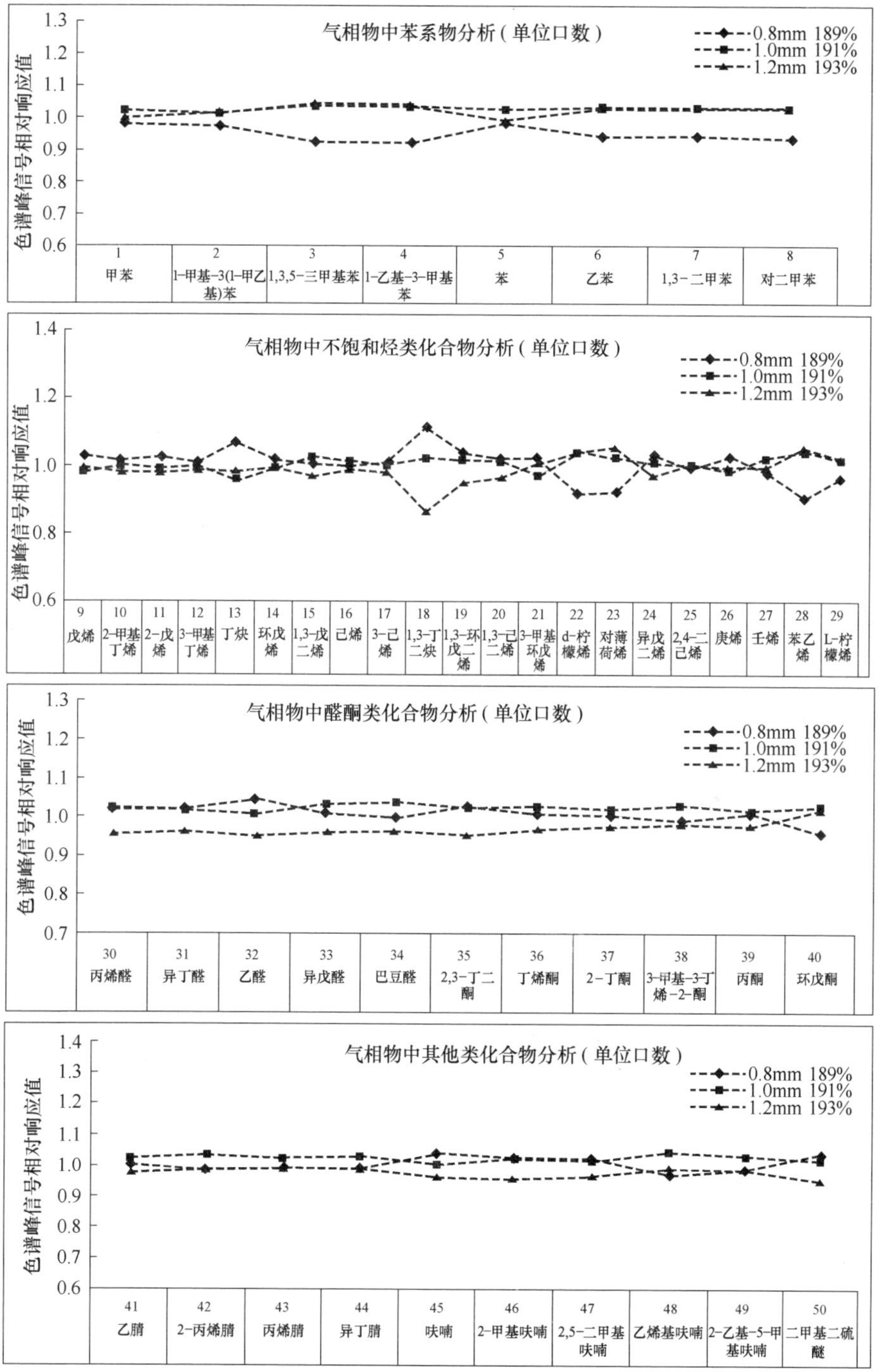

图 3-31 切丝宽度对下部烟卷烟样品单位口数气相物释放量的影响

注：纵坐标数值是化合物色谱峰信号数据与均值相除所得相对值。

对于上部烟，不同切丝宽度，卷烟中 7 种苯系物单位口数释放量的变化率均大于 5%，有 17 种不饱和烃类化合物单位口数释放量的变化率大于 5%，11 种醛酮类单位口数释放量变化率大于 5%，其他类化合物释放量变化率大于 5% 的有 10 种，共计有 45 种气相物释放量的变化率大于 5%，占所测定气相物总数的 90%。苯系物与醛酮类随宽度变化呈现较为明显趋势。

对于中部烟，不同加工强度下，卷烟样品中 7 种酚类化合物单位口数释放量的变化率均大于 5%，有 16 种不饱和烃类变化率大于 5%，8 种醛酮类气相物单位口数释放量变化率大于 5%，其他类化合物释放量变化率大于 5% 的有 10 种，共有 41 种气相物释放量的变化率大于 5%，占所测定气相物总数的 82%。

对于下部烟，不同加工强度下，卷烟中 5 种苯系物单位口数释放量的变化率均大于 5%，有 11 种不饱和烃类化合物单位口数释放量的变化率大于 5%，8 种醛酮类单位口数释放量变化率大于 5%，其他类化合物释放量变化率大于 5% 的有 6 种，共计有 30 种气相物释放量的变化率大于 5%，占所测定气相物总数的 60%。

2. 切丝宽度对单位口数粒相物释放量的影响

切丝工序三种切丝宽度（0.8mm、1.0mm、1.2mm）对上部烟、中部烟、下部烟样品单位口数粒相物释放量的影响结果如图 3-32、图 3-33、图 3-34 所示。根据图可以看出，在 0.8mm 切丝宽度下，上部烟单位口数释放的酚类化合物、含氮化合物、酮类酸类化合物、呋喃、吡喃、内酯类化合物以及粒相物中如烯类苯环类等其他化合物的含量均最高，1.0mm 切丝宽度次之，1.2mm 切丝宽度中各化合物释放量最低；三种切丝宽度对中部烟样品单位口

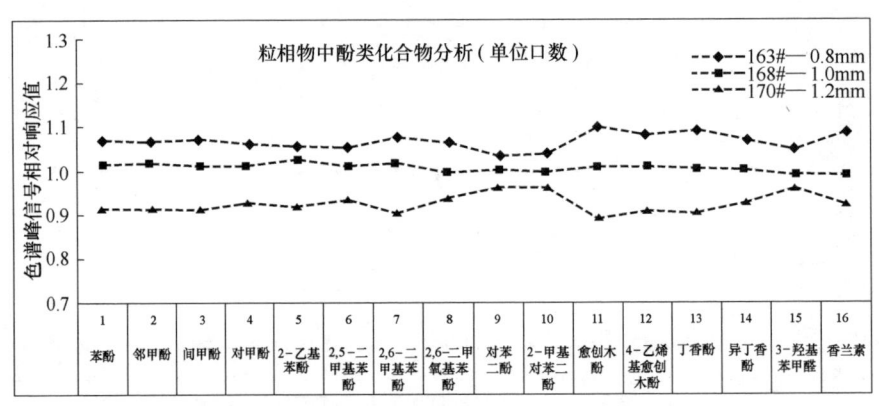

图 3-32

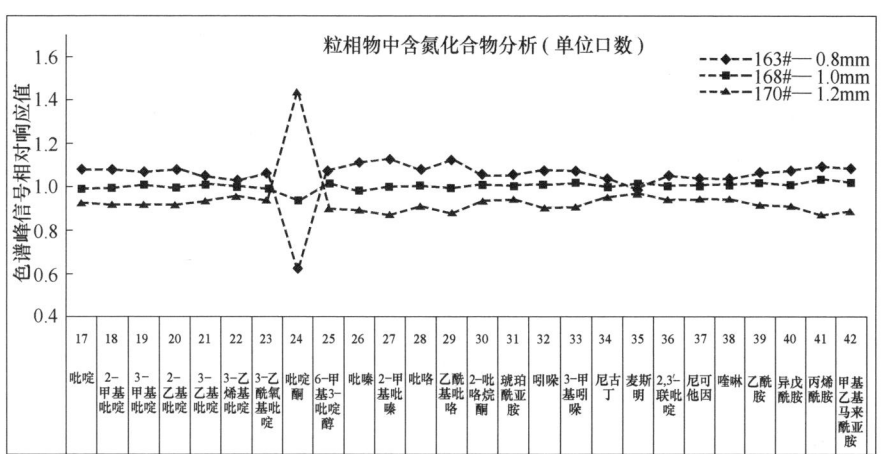
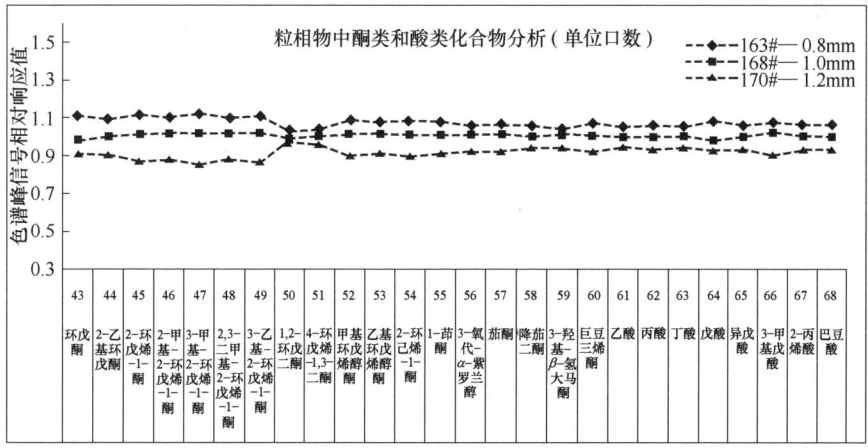
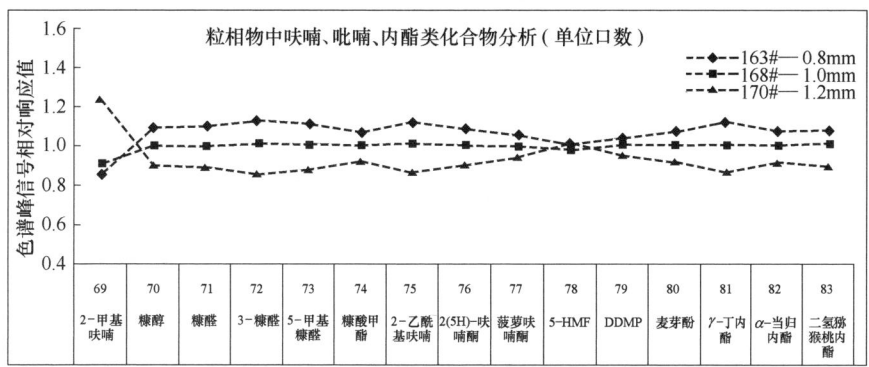

图 3-32

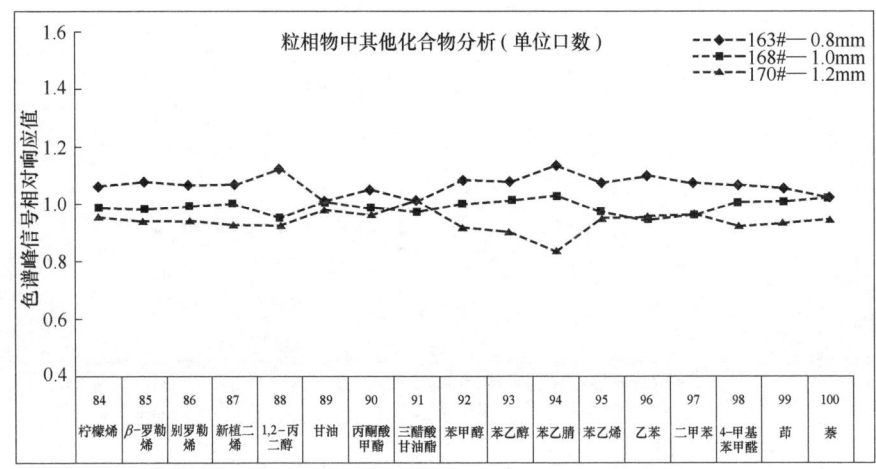

图 3-32 切丝工序切丝宽度对上部烟卷烟样品单位口数粒相物释放量的影响

注：纵坐标数值是化合物色谱峰信号数据与均值相除所得相对值。

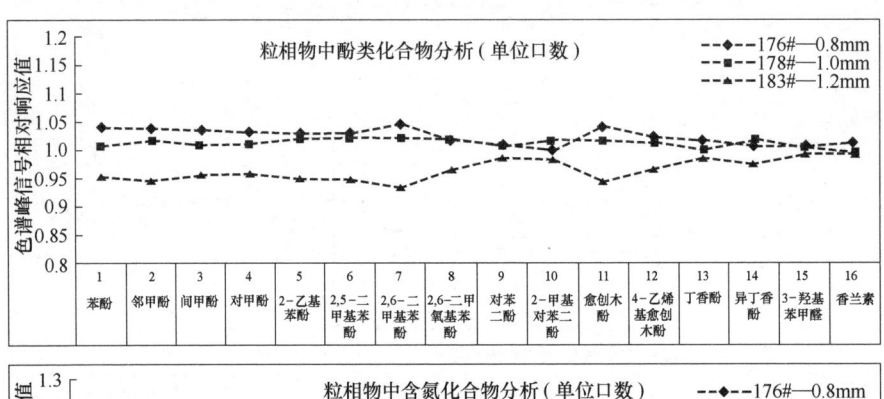

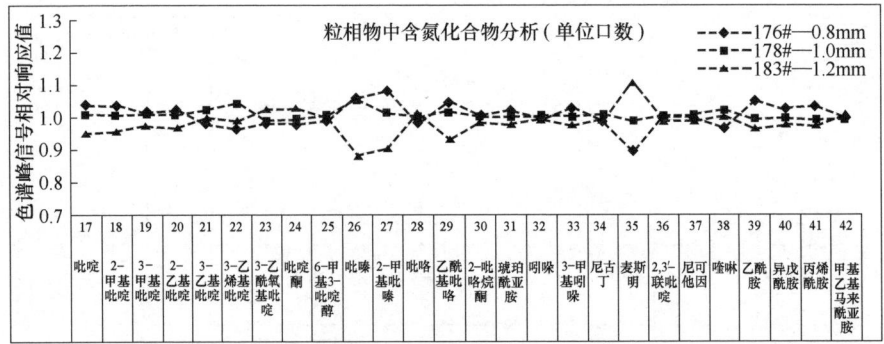

图 3-33

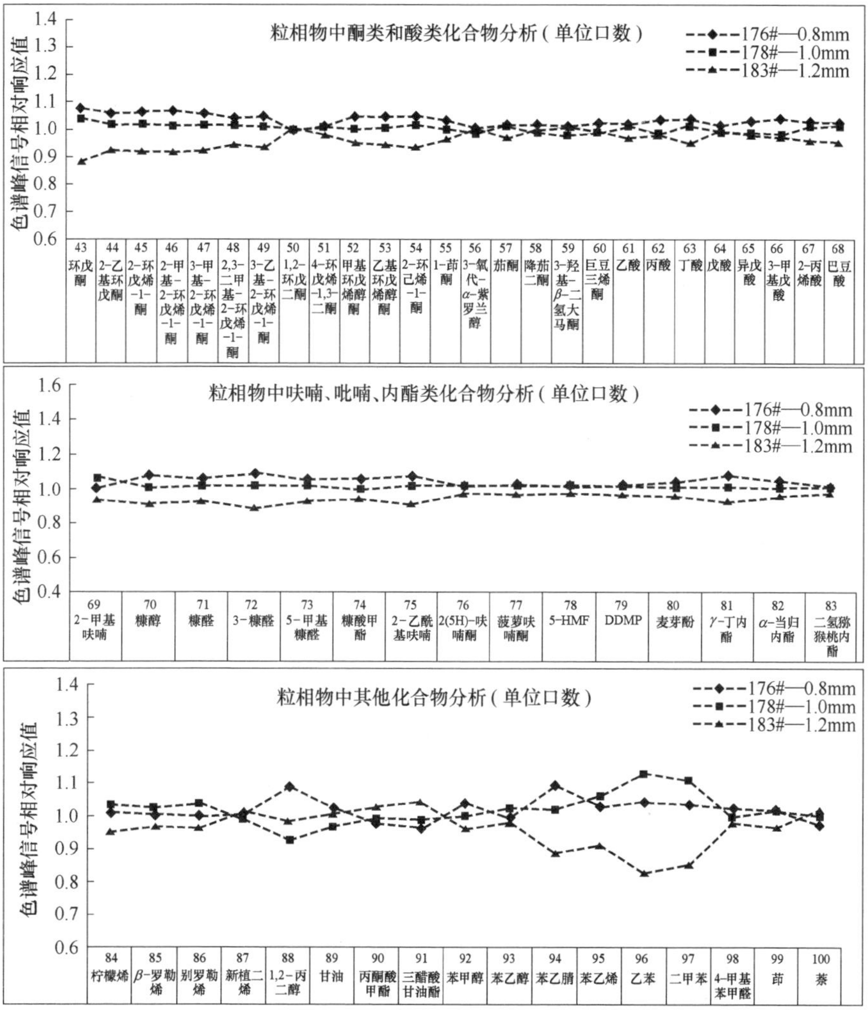

图 3-33 切丝工序切丝宽度对中部烟卷烟样品单位口数粒相物释放量的影响

注：纵坐标数值是化合物色谱峰信号数据与均值相除所得相对值。

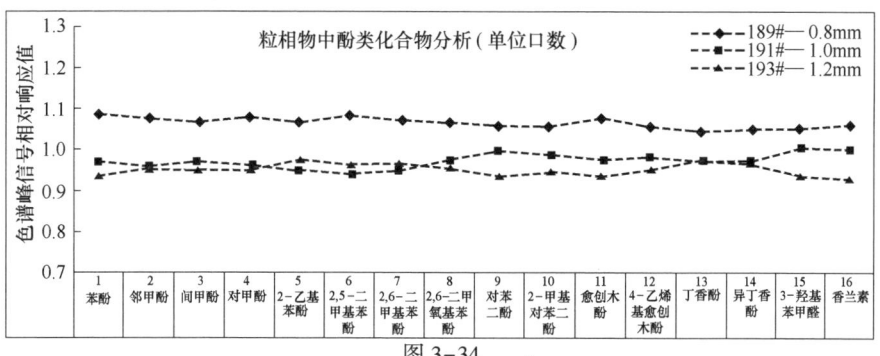

图 3-34

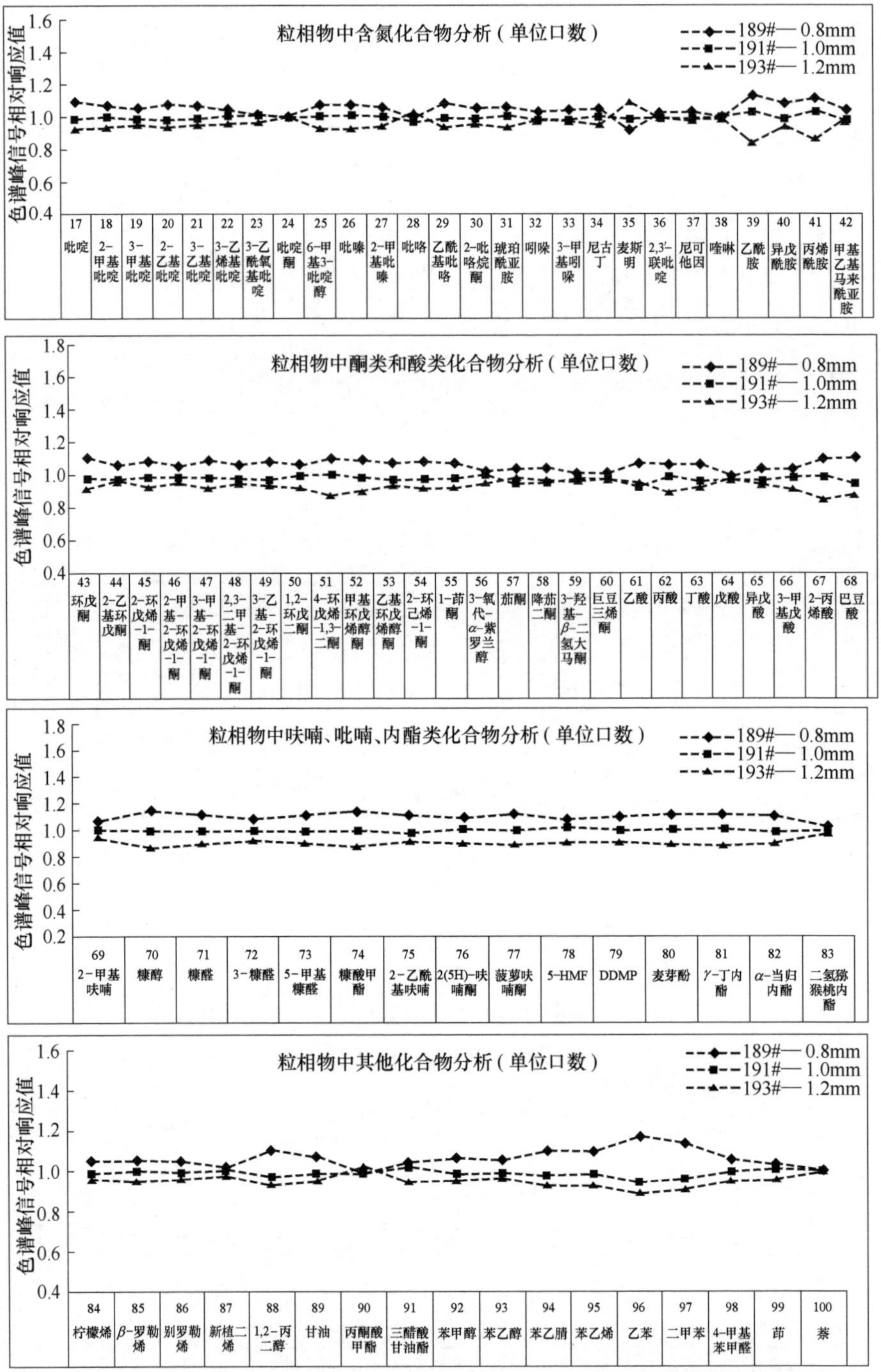

图 3-34 切丝宽度对下部烟卷烟样品单位口数粒相物释放量的影响

注：纵坐标数值是化合物色谱峰信号数据与均值相除所得相对值。

数粒相物释放量未发现明显规律；下部烟样品，在0.8mm切丝宽度下，除酮类酸类化合物之外，其单位口数释放的酚类化合物、大部分含氮化合物、呋喃、吡喃、内酯类化合物以及粒相物中如烯类苯环类等大部分化合物的含量均高于其他两种切丝宽度粒相物释放量。

根据切丝宽度对卷烟样品单位口数粒相物释放量的影响结果可获得相应条件下单位口数粒相物释放量的变化率，如表3-29所示。从表中结果可发现，多种粒相物单位口数释放量与切丝宽度有很大相关性，根据变化率的大小可以初步看出，切丝宽度对上部烟的影响最大。

表3-29 切丝宽度对卷烟样品单位口数粒相物释放量变化率的影响

切丝宽度	变化率/%				
	酚类	含氮化合物	酮类酸类	呋喃/吡喃/内酯类	其他类
0.8mm-1.0mm-1.2mm（上部烟）	7.16~20.87	4.36~82.87	4.47~27.51	3.26~39.52	3.15~29.85
0.8mm-1.0mm-1.2mm（中部烟）	1.41~11.17	0.86~22.43	1.87~19.28	4.38~20.78	2.29~30.54
0.8mm-1.0mm-1.2mm（下部烟）	6.83~13.89	1.00~28.98	1.94~24.74	3.88~28.72	0.42~28.89

对于上部烟样品，切丝宽度对卷烟样品单位口数粒相物释放量有密切相关性。卷烟中16种酚类化合物释放量的变化率均大于5%，有25种含氮化合物释放量的变化率大于5%，25种酮类酸类粒相物释放量变化率大于5%，呋喃/吡喃/内酯类化合物和其他类化合物释放量变化率大于5%的分别有14种和15种，共有95种粒相物释放量的变化率大于5%，占所测定粒相物总数的95.00%。

对于中部烟样品，有10种酚类化合物释放量的变化率大于5%，有12种含氮化合物释放量的变化率大于5%，17种酮类酸类粒相物释放量变化率大于5%，呋喃/吡喃/内酯类化合物和其他类化合物释放量变化率大于5%的分别有12种和13种，共有64种粒相物释放量的变化率大于5%，占所测定粒相物总数的64.00%。

对于下部烟样品，卷烟中16种酚类化合物释放量的变化率均大于5%，有19种含氮化合物释放量的变化率大于5%，23种酮类酸类粒相物释放量变化率大于5%，呋喃/吡喃/内酯类化合物和其他类化合物释放量变化率大于5%的分别有14种，共有86种粒相物释放量的变化率大于5%，占所测定粒相物总数的86.00%。

四、烟丝宽度对危害性指数的影响

图3-35显示切丝工序3个不同切丝宽度卷烟样品危害性指数的变化趋势,该指标综合了7种有害成分的全支释放量指标。从图中数据可以看出,3种不同部位的不同切丝宽度的卷烟样品,危害性指数随烟丝宽度的变化呈现不一致的规律性。针对中部片烟,烟丝宽度对危害性指数影响较小;而针对上部片烟样品,结果显示烟丝宽度1.0mm时,危害指数明显低于烟丝宽度为0.8mm和1.2mm时的均值,后两者区别不大;针对下部片烟样品,结果显示烟丝宽度1.0mm时,危害指数明显高于烟丝宽度为0.8mm和1.2mm时的均值,后两者无明显区别。初步说明选择合适的切丝宽度条件,可以优化卷烟的危害性指数指标。

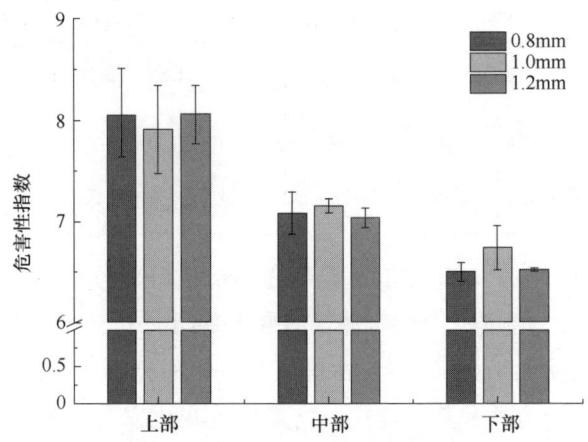

图3-35　不同切丝宽度卷烟样品危害性指数的变化趋势

表3-30是切丝工序3个不同切丝宽度卷烟样品危害性指数统计分析结果。对图3-35中数据进行统计分析,可以发现,对于所有部位的片烟样品,虽然危害性指数均值显示随强度变化上有一定的差别,但方差结果显示,其在统计上并无明显差别,即烟丝宽度对上部、中部、下部片烟样品危害性指数无显著性影响。

表3-30　切丝工序3个不同切丝宽度卷烟样品危害性指数统计分析结果

样品	危害性指数		
	0.8mm-1.0mm-1.2mm	均值	极差
上部	0	6.505	0.092
中部	0	6.103	0.106
下部	0	5.641	0.249

注:以95%的置信度为检验标准,1表示有影响,0表示无影响。

五、切丝工序中烟丝宽度对化学成分的影响

图 3-36 是不同切丝宽度的烟丝在经过烘丝处理后化学成分的变化情况。表 3-31 是切丝工序 3 个不同切丝宽度卷烟化学成分检测数据。从中可以看出，不同的切丝宽度对上部和中部烟水溶性总糖和还原糖影响较小，对下部烟的还原糖有影响，叶丝宽度增加时，还原糖含量略有增加。从总植物碱和总氮在不同切丝宽度下烘丝处理后的数据可以看出，切丝宽度对总植物碱和总氮的影响不明显。同样，切丝宽度对烟丝中钾、氯、硝酸盐、石油醚和淀粉的影响均不明显。

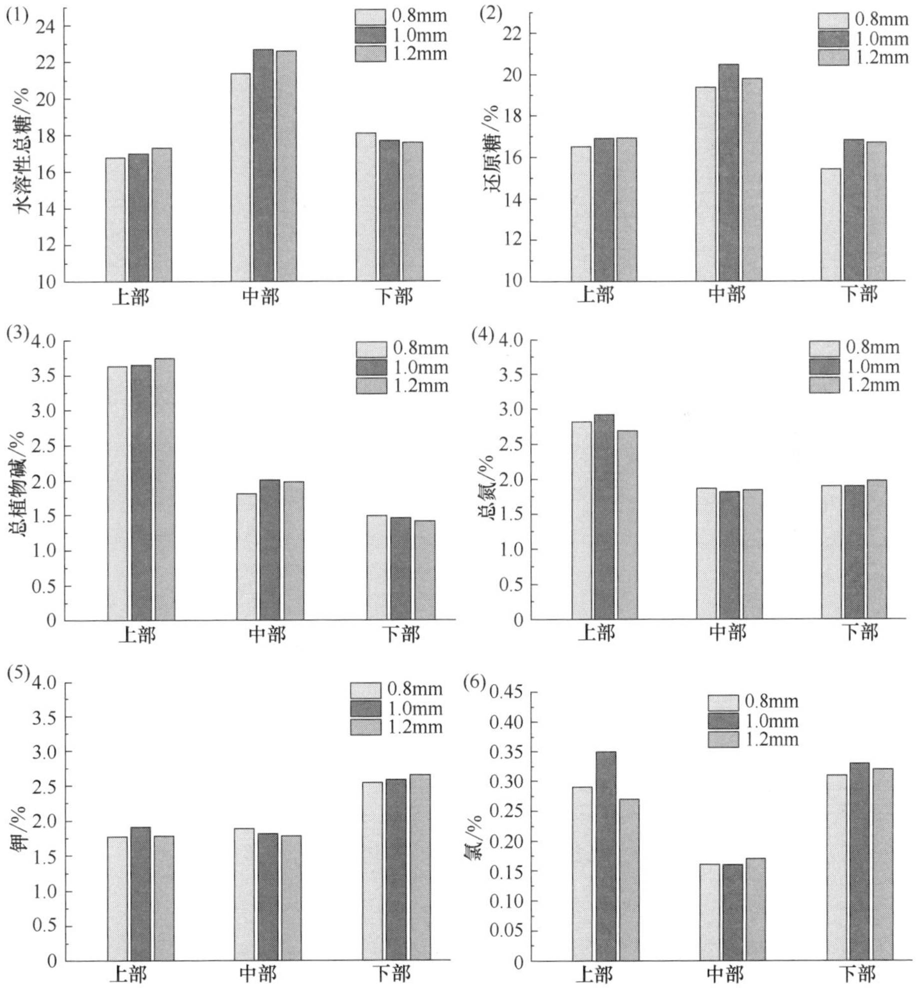

图 3-36

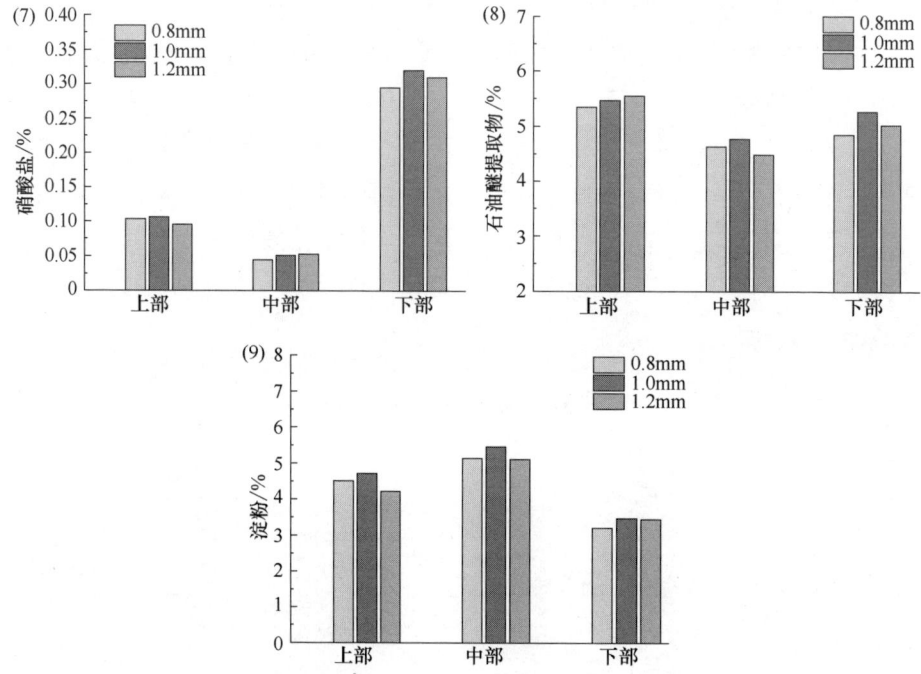

图 3-36 不同切丝宽度的烟丝在经过烘丝处理后各化学成分变化

表 3-31 不同切丝宽度卷烟样品化学成分均值及极差数据

指标	上部		中部		下部	
	均值	极差	均值	极差	均值	极差
硝酸盐/%	0.17	0.22	0.05	0.01	0.31	0.03
水溶性总糖/%	17.04	0.51	22.23	1.32	17.78	0.50
总植物碱/%	2.90	0.12	1.93	0.20	1.45	0.08
氯/%	0.30	0.09	0.16	0.01	0.32	0.02
还原糖/%	16.75	0.45	19.92	1.13	16.27	1.40
总氮/%	2.47	0.23	1.85	0.06	1.93	0.08
钾/%	2.11	0.04	1.85	0.06	2.60	0.12
石油醚提取物/%	5.52	0.08	4.03	0.28	5.05	0.42
淀粉/%	4.28	0.50	5.24	0.36	3.38	0.27

六、切丝工序中烟丝宽度对处理前后物理指标的影响

1. 切丝宽度

图 3-37 是针对不同等级烟叶,不同切丝宽度设计值与实际值的关系图。由图中可以看出,烟丝的实际宽度是一个分布区间,烟丝的实际宽度均值也与切丝宽度设计值差异较大,烟丝的宽度均值明显高于设计值。

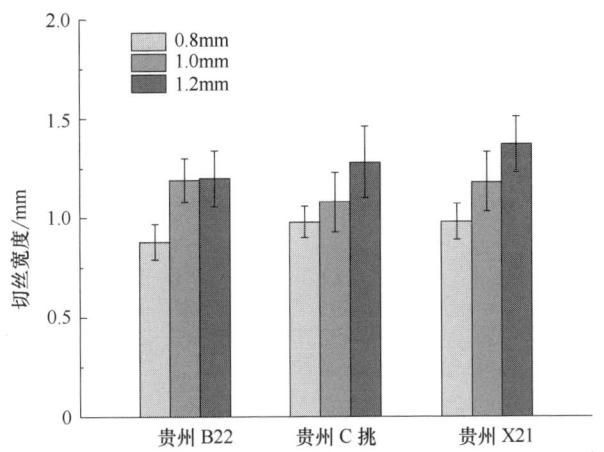

图 3-37 不同等级烟叶不同切丝宽度设计值与实际值的关系

2. 切丝工序中切丝宽度对填充值的影响

图 3-38 为 3 个切丝宽度条件下的烟丝填充值变化趋势。从图中可以看出，相同切丝宽度下，不同部位烟叶烟丝填充性呈规律性变化，即均为下部烟>上部烟>中部烟，其中下部烟明显高于其他部位烟叶，上部烟和中部烟的差异不大；随切丝宽度的增加，不同部位烟叶切后烟丝的填充值并无一致性变化规律，且变化幅度不大。

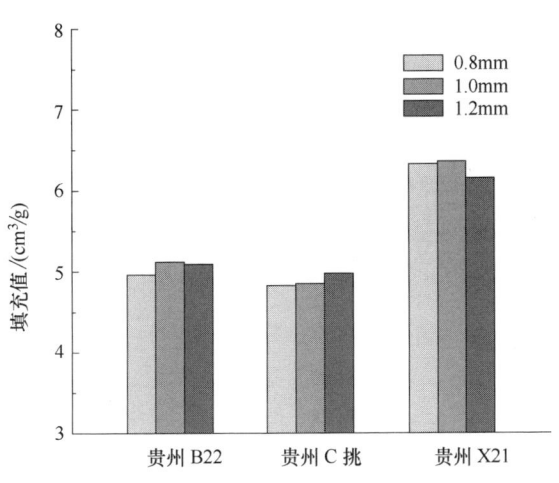

图 3-38 切丝宽度对切后烟丝填充值的影响

表 3-32 是 3 个切丝宽度条件下烟丝填充值的均值、极差及变化率数据。由该表可看出，松散回潮处理强度对不同部位烟叶填充值影响程度依次为下

部烟>中部烟>上部烟。按前述既定标准,切丝宽度对不同部位烟叶切后烟丝的填充值影响均不明显。

表 3-32　　　　　　烟丝填充值均值、极差与变化率

样品	填充值		
	均值/(cm^3/g)	极差/(cm^3/g)	变化率/%
上部	5.053	0.15	2.97
中部	4.887	0.15	3.07
下部	6.28	0.21	3.34

3. 切丝宽度对烟丝结构的影响

图 3-39 为 3 个切丝宽度条件下的烟丝结构变化趋势。从图 3-39（1）中可以看出,相同切丝宽度下,上部烟和中部烟烟丝的特征尺寸差异不大,而下部烟烟丝的特征尺寸明显低于上部烟和中部烟;随切丝宽度的增加,三种部位烟叶烟丝特征尺寸均呈增大趋势。从图 3-39（2）中可以看出,相同切丝宽度下,烟丝尺寸分布均匀性系数规律为上部烟>中部烟>下部烟;随切丝宽度的增加,三种部位烟叶烟丝尺寸分布均匀性系数均呈增大趋势。

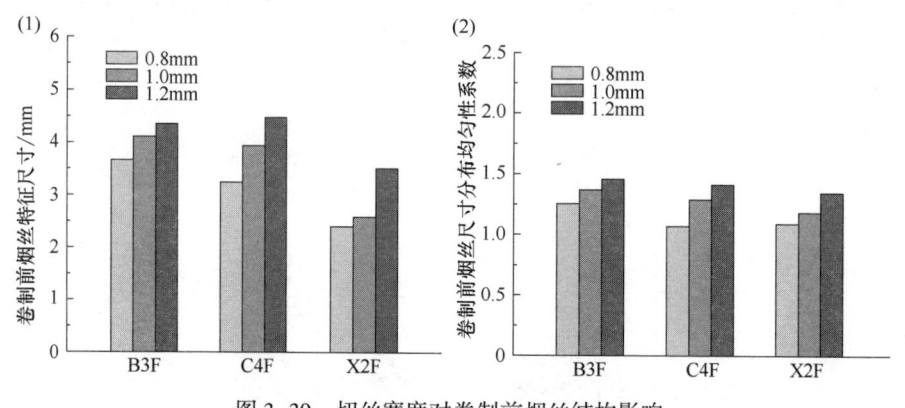

图 3-39　切丝宽度对卷制前烟丝结构影响

表 3-33、表 3-34 是 3 个切丝宽度条件下烟丝特征尺寸和均匀性系数的均值、极差及变化率数据。由表 3-33 可看出,切丝宽度对不同部位烟叶切后烟丝的特征尺寸均有显著影响,影响程度依次为下部烟>中部烟>上部烟。由表 3-34 可看出,切丝宽度对不同部位烟叶切后烟丝的尺寸均匀性系数均有显著影响,影响程度依次为中部烟>下部烟>上部烟。

表 3-33　卷制前烟丝特征尺寸均值、极差与变化率

样品	特征尺寸		
	均值/mm	极差/mm	变化率/%
上部	4.04	0.68	16.84
中部	3.89	1.23	31.66
下部	2.83	1.11	39.02

表 3-34　卷制前烟丝尺寸均匀性系数均值、极差与变化率

样品	均匀性系数		
	均值	极差	变化率/%
上部	1.360	0.203	14.93
中部	1.258	0.343	27.28
下部	1.2076	0.2575	21.32

图 3-40 为 3 个切丝宽度条件下的成品烟丝结构变化趋势。从图 3-40 (1) 中可以看出，相同切丝宽度下，烟丝特征尺寸大小依次为中部烟>上部烟>下部烟。随切丝宽度的增加，上部烟成品烟丝特征尺寸变化不大，下部烟和中部烟有增加趋势。从图 3-40 (2) 中可以看出，相同切丝宽度下，烟丝尺寸分布均匀性系数规律为中部烟>上部烟>下部烟；随切丝宽度的增加，上部烟和下部烟成品烟丝尺寸分布均匀性系数均呈增大趋势。

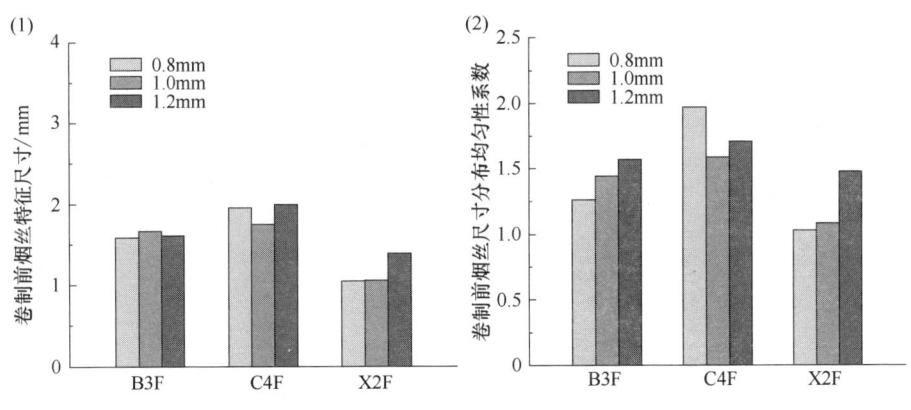

图 3-40　切丝宽度对成品烟丝结构影响

表 3-35、表 3-36 是 3 个切丝宽度条件下烟丝特征尺寸和均匀性系数的均值、极差及变化率数据。由表 3-35 可看出，切丝宽度对中部烟和下部烟成品烟丝的特征尺寸均有显著影响，影响程度依次为下部烟>中部烟>上部烟。

由表3-36可以看出，切丝宽度对不同部位烟叶切后烟丝的尺寸均匀性系数均有显著影响，影响程度依次为下部烟>中部烟>上部烟。

表3-35　成品烟丝特征尺寸均值、极差与变化率

样品	特征尺寸		
	均值/mm	极差/mm	变化率/%
上部	1.63	0.08	4.91
中部	1.90	0.25	13.13
下部	1.17	0.34	29.14

表3-36　成品烟丝尺寸均匀性系数均值、极差与变化率

样品	均匀性系数		
	均值	极差	变化率/%
上部	1.43	0.306	21.45
中部	1.76	0.385	21.93
下部	1.20	0.452	37.72

4. 切丝宽度对烟丝内孔容积的影响

图3-41为3个切丝宽度条件下的烟丝内孔容积的变化趋势。从图中可以看出，除X2F烟叶0.8mm切丝宽度外，其他条件下相同切丝宽度不同部位烟叶烟丝内孔容积呈规律性变化，即均为上部烟>中部烟>下部烟；随切丝宽度的增加，不同部位烟叶切后烟丝的内孔容积并无一致性变化规律。

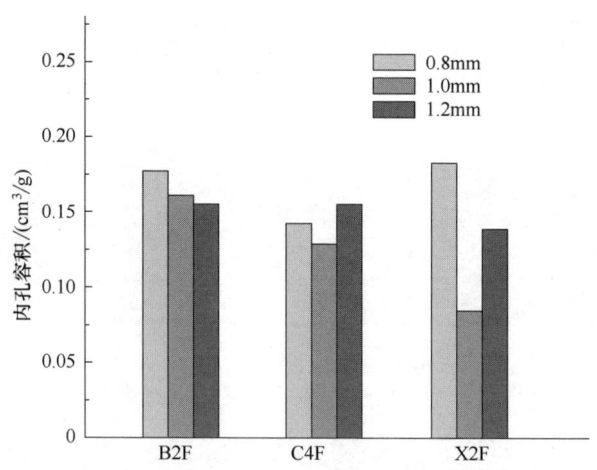

图3-41　切丝宽度对烟丝内孔容积影响

表3-37是3个切丝宽度条件下烟丝内孔容积的均值、极差及变化率数

据。由表 3-37 可以看出,切丝宽度对不同部位烟叶内孔容积影响程度依次为下部烟>中部烟>上部烟。按前述既定标准,切丝宽度对不同部位烟叶切后烟丝的内孔容积均有显著影响。

表 3-37　　内孔容积均值、极差与变化率

样品	内孔容积		
	均值/(cm³/g)	极差/(cm³/g)	变化率/%
上部	0.16465	0.02166	13.15
中部	0.14219	0.02656	18.68
下部	0.13538	0.09848	72.74

七、切丝宽度对卷烟烟支物理指标的影响

图 3-42 为切丝工序 3 个切丝宽度处理后制备的卷烟样品物理指标（吸阻和硬度）的变化趋势。上部、中部、下部烟的吸阻略有变化,硬度随加工强度没有变化。

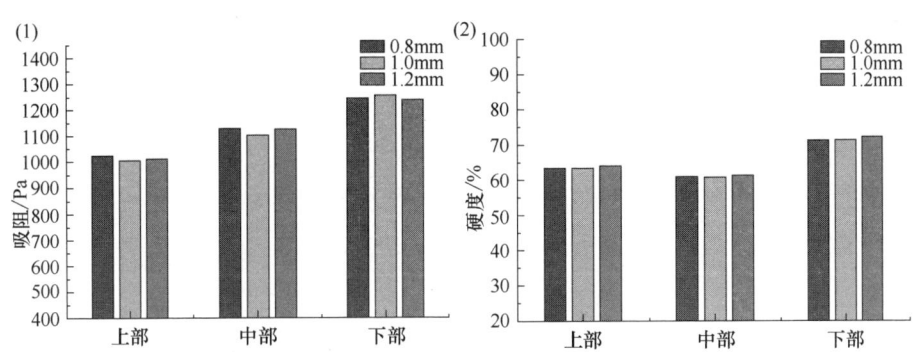

图 3-42　不同切丝宽度卷烟样品物理指标变化趋势

表 3-38 是 3 个不同切丝宽度处理后卷烟样品物理指标统计分析结果。表中显示,切丝宽度对中部烟的支重和吸阻有显著影响,对上部烟的吸阻也有显著影响,对其余指标没有影响。

表 3-38　　不同切丝宽度处理后卷烟样品物理指标统计分析结果

	样品	0.8mm-1.0mm-1.2mm	均值	极差
吸阻/Pa	上部	1	1015	20.00
	中部	1	1119	23.33
	下部	0	1247	16.67
硬度/%	上部	0	63.67	0.70
	中部	0	61.01	0.50
	下部	0	71.57	1.00

注：以 95% 的置信度为检验标准,1 表示有影响,0 表示无影响。

八、切丝宽度对叶丝感官质量评价结果影响

表3-39　　切丝宽度对叶丝加工感官质量评价结果影响

样品	切丝宽度	香气特性				烟气特性				口感特性				风格变化程度
		香气质	香气量	透发性	杂气	浓度	劲头	细腻程度	成团性	刺激性	干燥感	干净程度	回甜	
上部烟	0.8mm	=	=	=	↓	=	=	=	=	=	=	=	=	=
	1.0mm	=	=	=	=	=	=	=	=	=	=	=	=	=
	1.2mm	=	=	=	↓↓	=	=	↓	=	↓	↓	=	=	=
中部烟	0.8mm	=	=	=	=	=	=	↓	=	↑	=	=	=	=
	1.0mm	=	=	=	=	=	=	=	=	=	=	=	=	=
	1.2mm	=	=	=	↓	=	=	↓↓	=	↓	↓	=	=	=
下部烟	0.8mm	=	=	=	↓	=	=	=	=	↑	=	=	=	=
	1.0mm	=	=	=	=	=	=	=	=	=	=	=	=	=
	1.2mm	=	=	=	↓↓	=	=	=	=	=	↓	=	=	=

注：1. 以正常生产中强度为对照样进行感官对比评价。
　　2. "↑"表示与对照样相比有正向变化，"="表示没有明显影响，"↓"表示与对照样相比有负向变化，"↓↓"表示与对照样相比有较大负向变化。

由表3-39可知，不同切丝宽度对杂气、细腻程度、刺激性和干燥感等指标影响显著，对其他指标无明显影响。

第三节　滚筒干燥对卷烟质量及烟气指标的影响

一、滚筒干燥工序中加工强度对常规烟气指标的影响

图3-43是不同部位片烟在滚筒干燥工序3个强度（低、中、高）下处理，经过相同的上游（松散回潮处理、切丝）、下游（卷制）等工艺过程，获得的卷烟样品抽吸口数、烟气中总粒相物、焦油和烟碱含量的变化趋势。由图中数据可知，滚筒干燥处理强度对上部和中部片烟样品在抽吸口数、TPM、焦油和烟碱释放量的影响不大，而对下部片烟样品有较大影响，随滚筒干燥强度的增加，抽吸口数、TPM、焦油和烟碱释放量的均值呈现下降趋势。

表3-40显示不同部位片烟在滚筒干燥工序3个强度下制备的卷烟样品抽吸口数［图3-43（1）］和烟气中TPM［图3-43（2）］、焦油［图3-43（3）］和烟碱［图3-43（4）］含量的统计分析结果。由于每个条件的实验做了三批次的处理物料，所以利用统计分析可以确认该规律在统计意义上是否显著，由表3-40数据可知，滚筒干燥处理过程对上部、中部烟样品的抽吸口数、

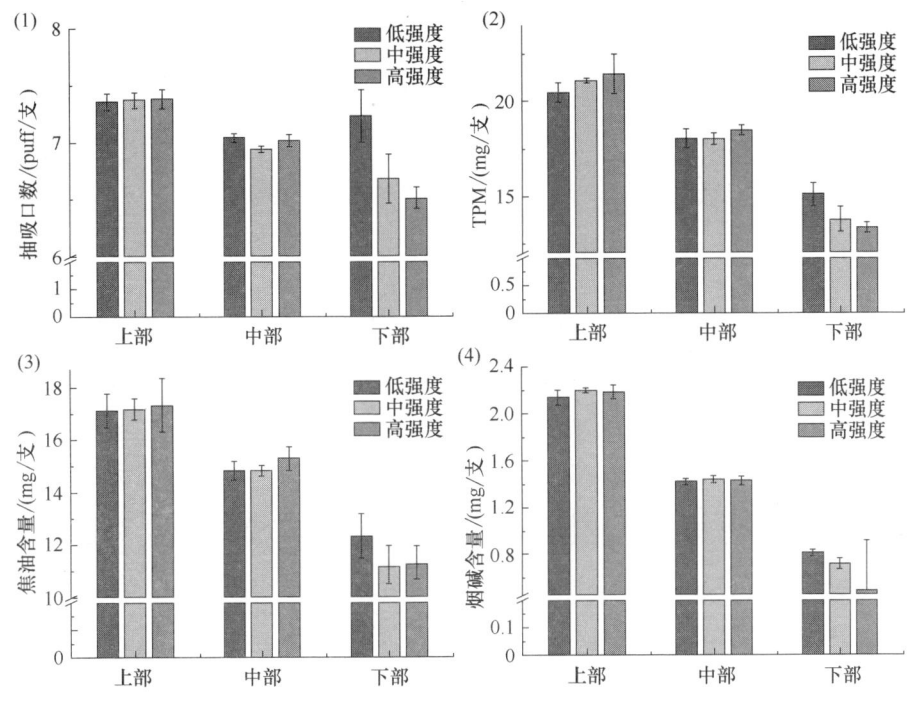

图 3-43　不同部位片烟在滚筒干燥工序 3 个强度下
制备的卷烟样品不同成分含量的变化趋势

TPM、焦油和烟碱等没有显著影响，均值略有差异；对下部烟样品的抽吸口数、TPM 均呈现显著性差异，对下部烟样品焦油、烟碱释放量无显著性差异。

表 3-40　不同部位片烟在滚筒干燥工序 3 个强度下制备的卷烟样品
抽吸口数和烟气中 TPM、焦油和烟碱含量统计分析结果

样品	抽吸口数/(puff/支)			TPM/(mg/支)			焦油/(mg/支)			烟碱/(mg/支)		
	低-中-高	均值	极差	低-中-高	均值	极差	低-中-高	均值	极差	低-中-高	均值	极差
上部	0	7.37	0.02	0	20.99	0.96	0	17.19	0.20	0	2.18	0.06
中部	0	7.00	0.10	0	18.18	0.44	0	14.99	0.48	0	1.43	0.01
下部	1	6.81	0.73	1	14.07	1.76	0	11.58	1.15	0	0.67	0.32

注：以 95% 的置信度为检验标准，1 表示有影响，0 表示无影响。

二、滚筒干燥工序中加工强度对 7 种有害成分的影响

1. 滚筒干燥工艺加工强度对 CO 释放量的影响

图 3-44 为滚筒干燥 3 个强度处理后制备的卷烟样品 CO 释放量的变化趋势。从图 3-44（1）、图 3-44（2）和图 3-44（3）中数据显示，随着加工强

度的增加，上部和中部烟样品全支、平均每口和单位支重 CO 释放量呈现增加趋势，下部烟样品全支和单位支重 CO 释放量呈现下降趋势，平均每口 CO 释放量无明显差异；随着加工强度的增加，上部和中部烟样品单位 TPM［图 3-44（4）］、单位焦油［图 3-44（5）］与单位烟碱［图 3-44（6）］无明显变化，而下部烟在高强度处理时，单位烟碱释放量呈现增加趋势。

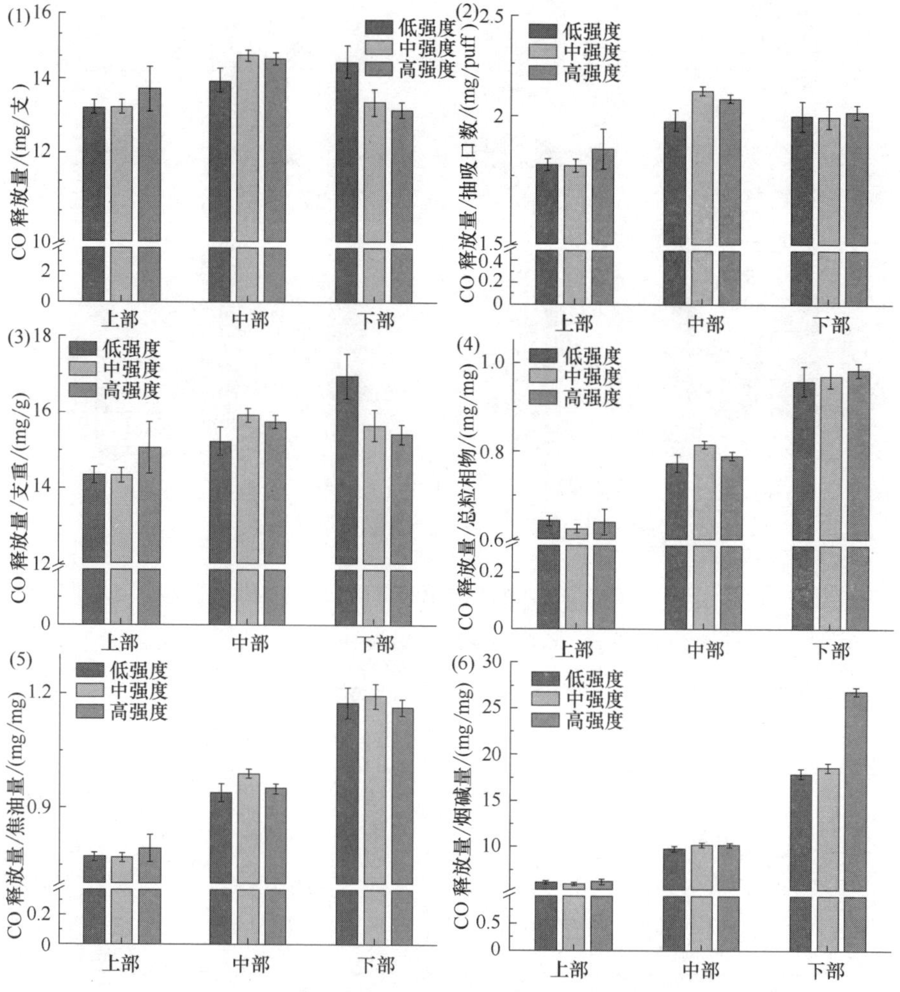

图 3-44　滚筒干燥不同强度处理后卷烟样品 CO 释放量的变化趋势

表 3-41 是滚筒干燥 3 个强度处理后卷烟样品 CO 释放量的统计分析结果。加工强度对上部烟样品的影响在统计上并无明显差别，对上部烟全支 CO 释放量无显著性影响；加工强度对中部与下部烟样品均有显著影响。

表 3-41　滚筒干燥 3 个强度处理后卷烟样品 CO 释放量统计分析结果

样品	CO 释放量		
	低-中-高	均值/(mg/支)	极差/(mg/支)
上部	0	13.37	0.51
中部	1	14.40	0.74
下部	1	13.64	1.34

注：以 95% 的置信度为检验标准，1 表示有影响，0 表示无影响。

2. 滚筒干燥工艺加工强度对 B［a］P 释放量的影响

图 3-45 为滚筒干燥 3 个强度处理后制备的卷烟样品 B［a］P 释放量的

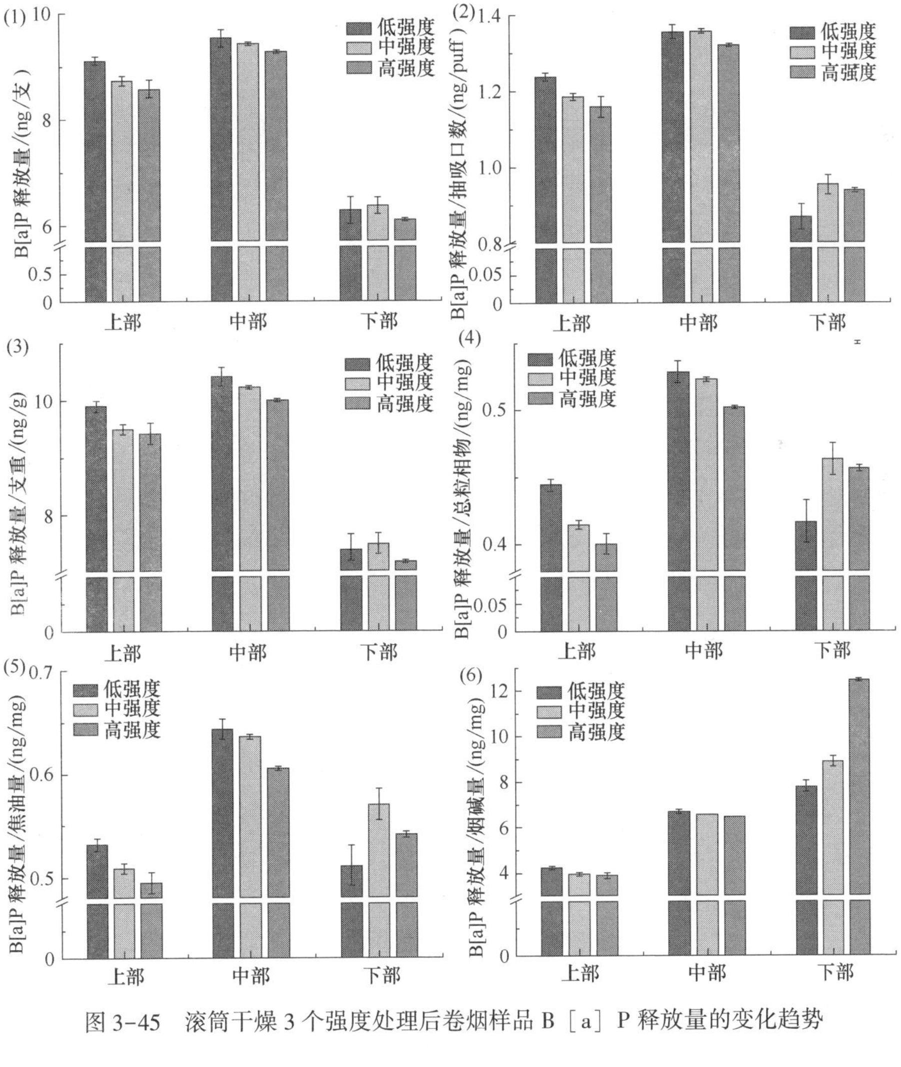

图 3-45　滚筒干燥 3 个强度处理后卷烟样品 B［a］P 释放量的变化趋势

变化趋势。图 3-45（1）中数据显示，三种片烟样品中 B［a］P 释放量随处理强度的增加呈现下降趋势；上部和中部烟样品平均每口［图 3-45（2）］、单位支重［图 3-45（3）］、单位 TPM［图 3-45（4）］、单位焦油［图 3-45（5）］和单位烟碱［图 3-45（6）］B［a］P 释放量随处理强度的增加均呈现下降趋势；下部烟样品平均每口［图 3-45（2）］、单位支重［图 3-45（3）］、单位 TPM［图 3-45（4）］、单位焦油［图 3-45（5）］B［a］P 释放量随处理强度的增加呈现先增大后减小的趋势，单位烟碱［图 3-45（6）］B［a］P 释放量随处理强度的增加而增大。

表 3-42 是滚筒干燥 3 个强度处理后卷烟样品 B［a］P 释放量统计分析结果。统计分析结果显示，对于上部、中部烟叶样品，加工强度有显著性影响；加工强度对下部烟样品无影响。

表 3-42 滚筒干燥 3 个强度处理后卷烟样品 B［a］P 释放量统计分析结果

样品	B[a]P 释放量		
	低-中-高	均值/(ng/支)	极差/(ng/支)
上部	1	8.81	0.53
中部	1	9.41	0.27
下部	0	6.255	0.269

注：以 95% 的置信度为检验标准，1 表示有影响，0 表示无影响。

3. 滚筒干燥工艺加工强度对 NNK 释放量的影响

图 3-46 为滚筒干燥 3 个强度处理后制备的卷烟样品 NNK 释放量的变化趋势。图 3-46（1）中数据显示，上、中、下 3 个部位卷烟样品的 NNK 释放量随加工强度的增加，均呈现先增加后降低的趋势，而高强度处理下卷烟样品的 NNK 释放量降低较为明显；与此同时，随加工强度的增加，上、中、下 3 个部位卷烟样品平均每口［图 3-46（2）］、单位支重［图 3-46（3）］、单位 TPM［图 3-46（4）］、单位焦油［图 3-46（5）］和单位烟碱［图 3-46（6）］NNK 释放量与全支 NNK 释放量［图 3-46（1）］呈现相同的规律性，即上、中、下 3 个部位烟样品的 NNK 释放量随处理强度的增加，均呈现先增加后降低的趋势，而高强度卷烟样品的 NNK 释放量降低较为明显。

表 3-43 是滚筒干燥 3 个强度处理后卷烟样品 NNK 释放量统计分析结果。对图 3-46（1）中数据进行统计分析。加工强度对 3 种样品均有显著性影响。

4. 滚筒干燥工艺加工强度对氨释放量的影响

从图 3-47（1）中数据显示，中下部烟样品经过滚筒干燥处理后，烟气中氨释放量随强度的增加均值呈现逐步增加的趋势，而上部样品则显示氨释放

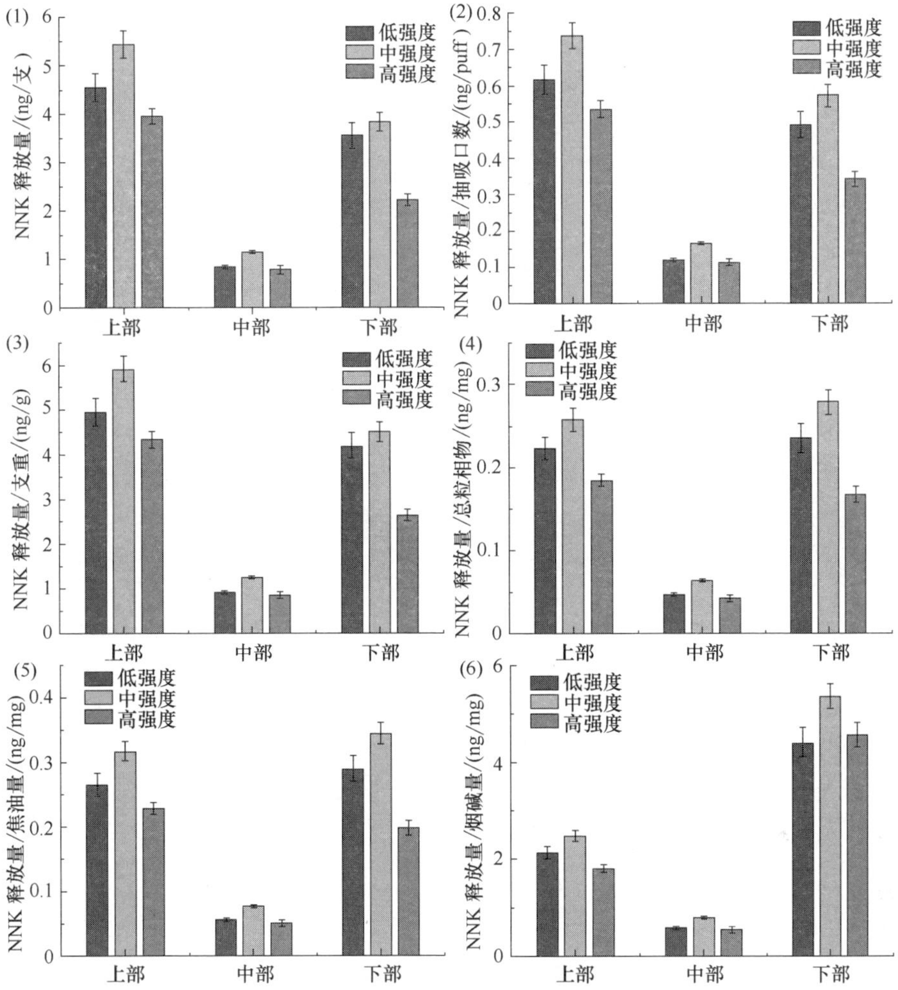

图 3-46 滚筒干燥不同强度处理后卷烟样品 NNK 释放量的变化趋势

表 3-43 滚筒干燥不同强度处理后卷烟样品 NNK 释放量统计分析结果

样品	NNK 释放量		
	强度影响	均值/(ng/支)	极差/(ng/支)
上部	1	4.65	1.49
中部	1	0.93	0.36
下部	1	3.21	1.60

注：以 95% 的置信度为检验标准，1 表示有影响，0 表示无影响。

量随处理强度的增强，呈现下降趋势；平均每口［图 3-47（2）］和单位支重［图 3-47（3）］、单位 TPM［图 3-47（4）］、单位焦油［图 3-47（5）］、单位烟碱[图3-47（6）]与全支氨释放量[图3-47（1）]呈现相似的规律性；中下部烟样品经过滚筒干燥处理后，以上述指标为基准时，烟气中氨释放量随强度的增强，均值呈现逐步增加的趋势。

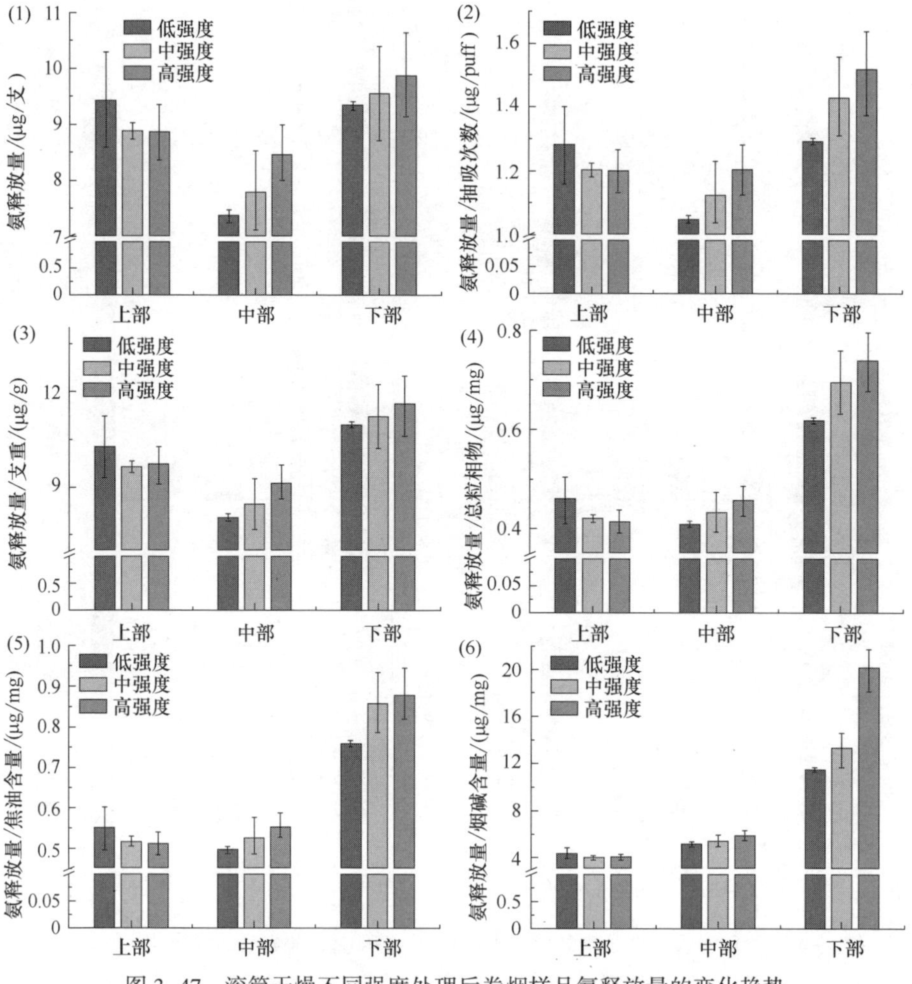

图3-47 滚筒干燥不同强度处理后卷烟样品氨释放量的变化趋势

表3-44是滚筒干燥3个强度处理后卷烟样品氨释放量统计分析结果。对图3-47（1）中数据进行统计分析，上部、中部、下部烟样品，虽然氨释放量均值显示其随强度变化上有一定的差别，均值在统计上并无明显差别，即滚筒干燥各强度对上、中、下部片烟样品全支氨释放量无显著性影响。

5. 滚筒干燥工艺加工强度对苯酚释放量的影响

图3-48为滚筒干燥3个强度处理后制备的卷烟样品苯酚释放量的变化趋势。

第三章　加工工艺对卷烟质量及烟气指标的影响规律

表3-44　滚筒干燥不同强度处理后卷烟样品氨释放量统计分析结果

样品	氨释放量		
	低-中-高	均值/(μg/支)	极差/(μg/支)
上部	0	9.07	0.57
中部	0	7.89	1.08
下部	0	9.600	0.538

注：以95%的置信度为检验标准，1表示有影响，0表示无影响。

从图3-48（1）中数据显示，上、中、下3个部位的烟样品苯酚释放量随处理强度的增加变化不一致，针对上部和中部烟样品，在中强度处理时，苯酚释放量略高于低和高强度处理后的样品，下部片烟随强度处理无差别；平均每口

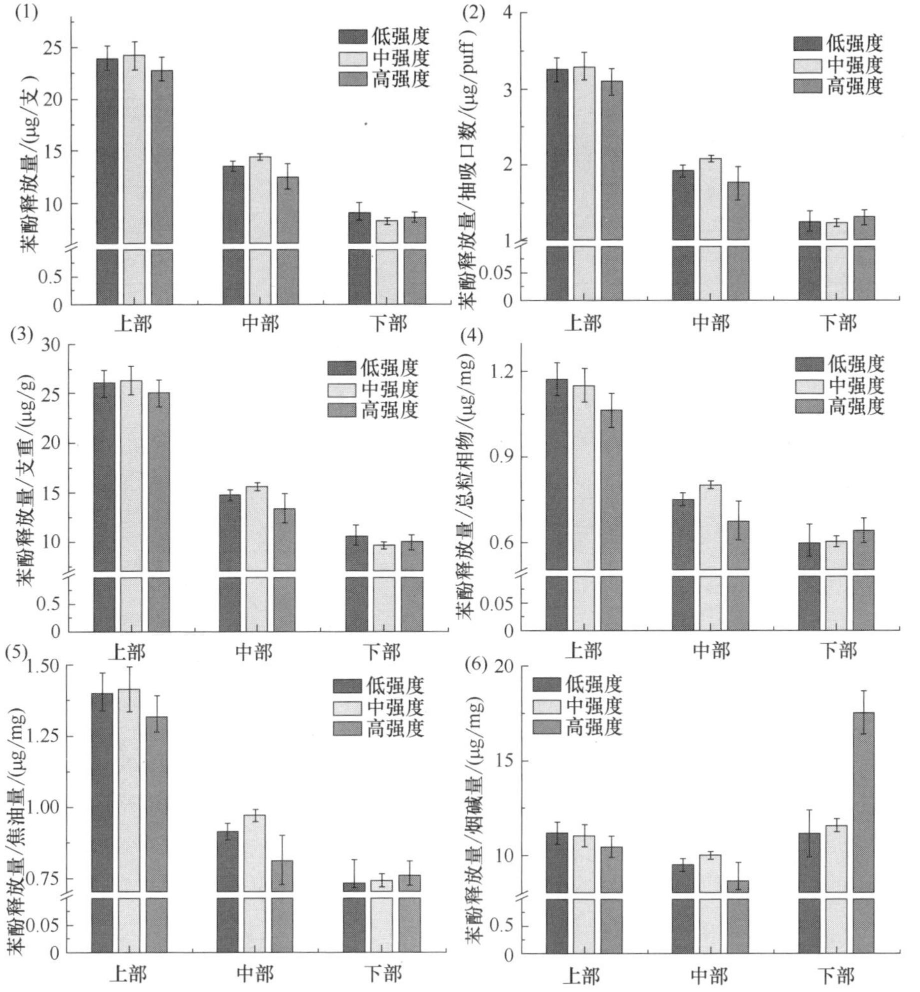

图3-48　滚筒干燥不同强度处理后卷烟样品苯酚释放量的变化趋势

[图3-48（2）] 和单位支重 [图3-48（3）]、单位 TPM [图3-48（4）]、单位焦油 [图3-48（5）] 和全支卷烟苯酚释放量均值呈现相同规律，即对于上部和中部烟样品，在中强度处理时，苯酚释放量略高于低和高强度处理后的样品，下部烟样品随强度处理无差别；单位烟碱 [图3-48（6）] 上部烟样品随加工强度的增加，呈现略微降低的趋势，而中部烟样品则呈现先增加后降低的趋势，而下部烟样品随着加工强度的增加呈现显著增加的趋势，高强度下增加趋势较为显著。

表3-45是滚筒干燥3个强度处理后卷烟样品苯酚释放量统计分析结果。对于所有部位烟样品，虽然苯酚释放量均值显示随强度变化上有一定的差别，但均值假设检验结果显示，在统计上并无明显差别。

表3-45　滚筒干燥不同强度处理后卷烟样品苯酚释放量统计分析结果

样品	苯酚释放量		
	低-中-高	均值/(μg/支)	极差/(μg/支)
上部	0	23.69	1.41
中部	0	13.48	2.00
下部	0	8.639	0.748

注：以95%的置信度为检验标准，1表示有影响，0表示无影响。

6. 滚筒干燥工艺加工强度对HCN释放量的影响

图3-49为滚筒干燥3个强度处理后制备的卷烟样品HCN释放量的变化趋势。从图3-49（1）中数据显示，上、中、下3个部位的烟样品HCN释放量随处理强度的增加变化不一致。针对上部烟样品，全支烟HCN释放量随加工强度的增强呈上升趋势；中部烟样品，在中强度处理时，HCN释放量略高于高和低强度处理后的样品；下部片烟低强度处理HCN释放量较高。上部烟与中部烟部位平均每口 [图3-49（2）] 和单位支重 [图3-49（3）]、单位TPM [图3-49（4）]、单位焦油 [图3-49（5）] 的HCN释放量与上述全支卷烟HCN释放量均值呈现相同规律。下部烟平均每口 [图3-49（2）]、单位TPM [图3-49（4）]、单位烟碱 [图3-49（6）] 的HCN释放量随加工强度的增加均呈现增加趋势；下部烟单位支重 [图3-49（3）] 的HCN释放量与全支烟HCN释放量趋势类似，即低强度处理HCN释放量较高，但不明显；下部烟单位焦油 [图3-49（5）] 的HCN释放量在中强度时最高，高强度次之，低强度最低，呈现出先增加后降低的趋势。HCN释放量除对下部烟的烟碱释放量具有一定的选择性外，其他均无明显选择性。

表3-46是滚筒干燥3个强度处理后卷烟样品HCN释放量统计分析结果。

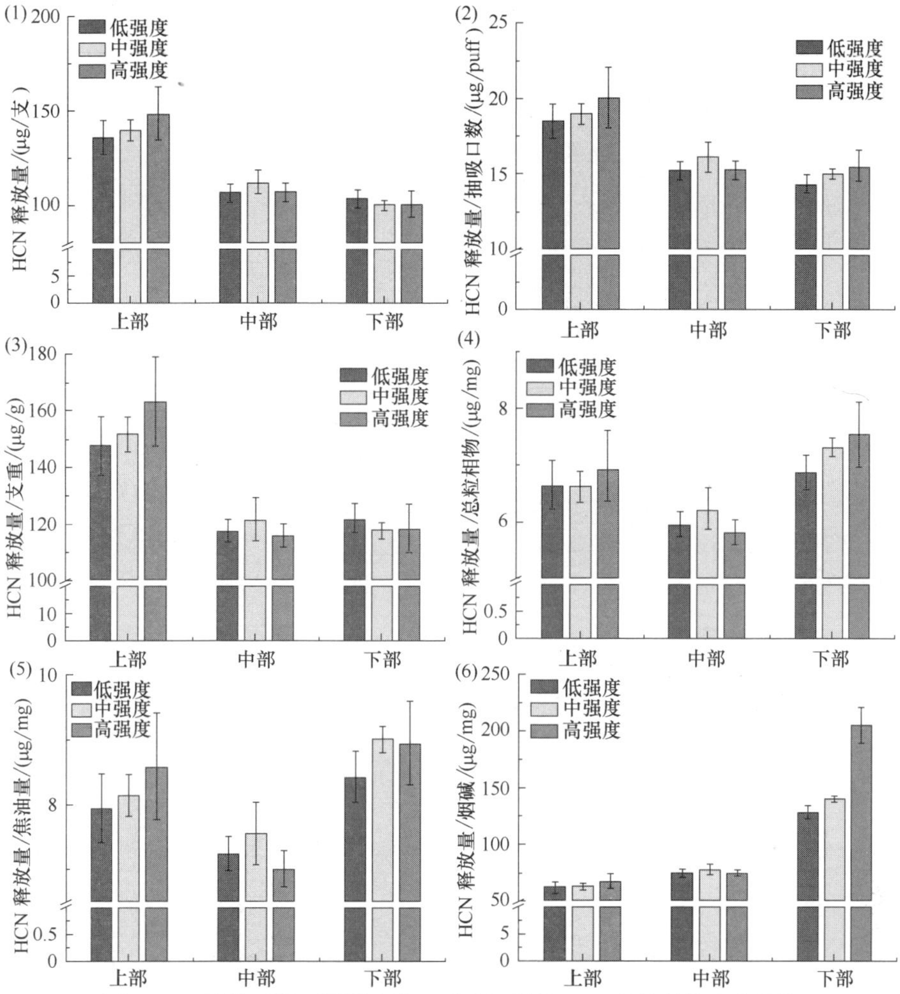

图 3-49　滚筒干燥不同强度处理后卷烟样品 HCN 释放量的变化趋势

可以看出，虽然 HCN 释放量均值显示其随加工强度的变化有一定的差别，但均值假设检验结果表明，其在统计上并无明显差别，即滚筒干燥过程中加工强度对上、中、下部片烟样品全支 HCN 释放量无显著性影响。

表 3-46　滚筒干燥不同强度处理后卷烟样品 HCN 释放量统计分析结果

样品	HCN 释放量		
	低-中-高	均值/(μg/支)	极差/(μg/支)
上部	0	141.34	12.60
中部	0	108.91	4.77
下部	0	101.69	3.11

注：以 95% 的置信度为检验标准，1 表示有影响，0 表示无影响。

7. 滚筒干燥工艺加工强度对巴豆醛释放量的影响

图 3-50 为滚筒干燥 3 个强度处理后制备的烟样品巴豆醛释放量的变化趋势。从图 3-50（1）中数据显示，随加工强度的增加，上部和下部烟样品的巴豆醛释放量呈现先增后降的趋势，而上部烟样品的这一变化趋势比下部烟样品明显；对于中部烟样品，随着加工强度的增加，则呈现明显增加的趋势；平均每口 [图 3-50（2）] 和单位支重 [图 3-50（3）] 烟样品巴豆醛释放量对上部和中部烟样品呈现相同的变化趋势，即随着加工强度的增加，上部烟样品巴豆醛释放量先增加后降低，中部烟样品巴豆醛释放量显著增加，而随加工强度的增加，下部烟样品平均每口 [图 3-50（2）] 巴豆醛释放量呈现增

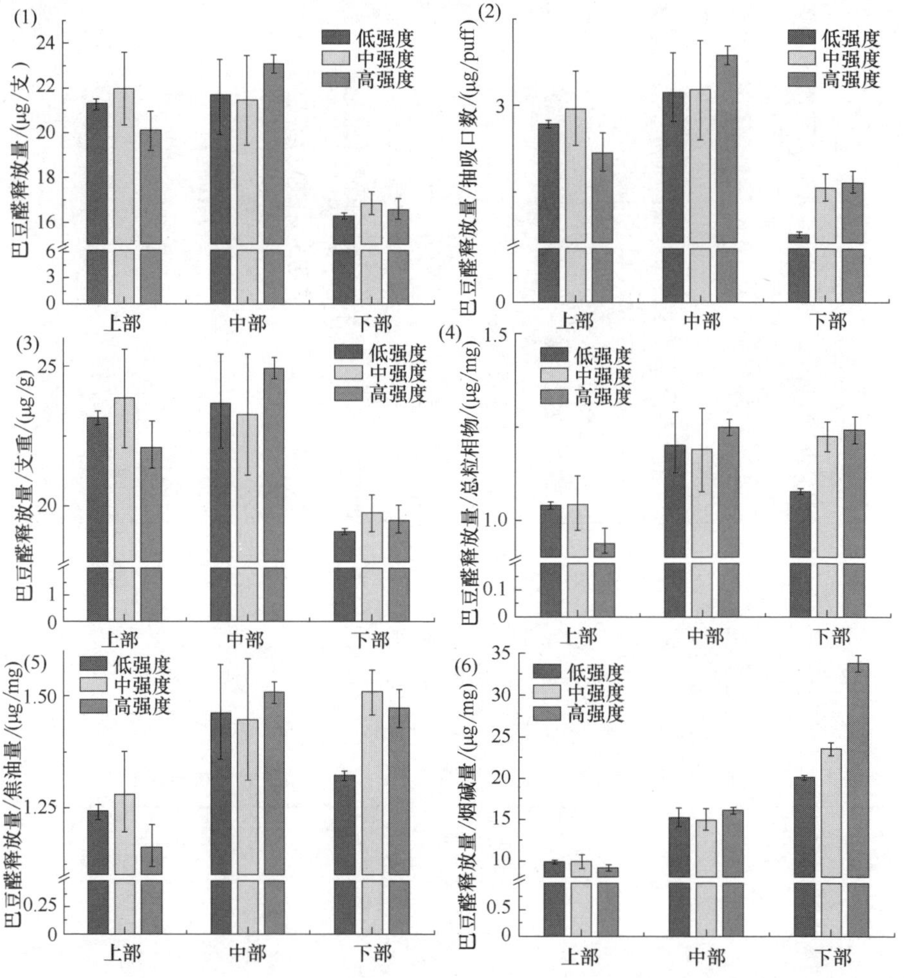

图 3-50 滚筒干燥 3 个强度处理后卷烟样品巴豆醛释放量的变化趋势

加趋势,下部烟样品单位支重[图3-50(3)]巴豆醛释放量变化不明显;TPM[图3-50(4)]、单位焦油[图3-50(5)]和单位烟碱[图3-50(6)]对于中部烟样品无明显差别,而对于上部烟样品,中强度滚筒干燥处理均值均高于低高强度处理样品;TPM[图3-50(4)]和单位烟碱[图3-50(6)]对于下部烟样品巴豆醛释放量,随加工强度的增加呈现增加趋势,上部烟样品则变化不显著。单位焦油[图3-50(5)]对于上部和下部烟样品巴豆醛释放量呈现先增加后降低的趋势。随滚筒干燥强度的增加,巴豆醛释放量对下部烟总粒相物、烟碱具有一定的选择性。

表3-47是滚筒干燥3个强度处理后烟样品巴豆醛释放量统计分析结果。对于上、中、下部烟样品烟样品巴豆醛释放量均值显示随强度变化上有一定的差别,但均值假设检验结果显示,均值在统计上并无明显差别,即滚筒干燥各强度对上、中、下部烟样品烟样品全支巴豆醛释放量无显著性影响。

表3-47 滚筒干燥3个强度处理后卷烟样品巴豆醛释放量统计分析结果

样品	巴豆醛释放量		
	低-中-高	均值/(μg/支)	极差/(μg/支)
上部	0	21.13	1.87
中部	0	22.07	1.63
下部	0	16.58	0.56

注:以95%的置信度为检验标准,1表示有影响,0表示无影响。

三、滚筒干燥工序中加工强度对单位口数气相物与粒相物释放量的影响

1. 滚筒干燥工序中加工强度对单位口数气相物释放量的影响

图3-51、图3-52、图3-53表示滚筒干燥加工强度对上部、中部、下部烟卷烟样品单位口数气相物释放量的影响结果。可以看出,上部烟和下部烟样品在高加工强度下,其单位口数苯系物、醛酮类化合物及含氧氮硫等杂环化合物的释放量最高,中加工强度次之,低加工强度各化合物释放量最低;不饱和烃类化合物释放量在三种加工强度下未有明显规律。中部烟样品在高加工强度下,单位口数苯系物释放量最高,其余类气相物释放量无明显规律。

滚筒干燥不同加工强度下单位口数气相物释放量的变化率范围如表3-48所示。根据表中结果可看出,各种气相物单位口数释放量与滚筒干燥加工强度密切相关。

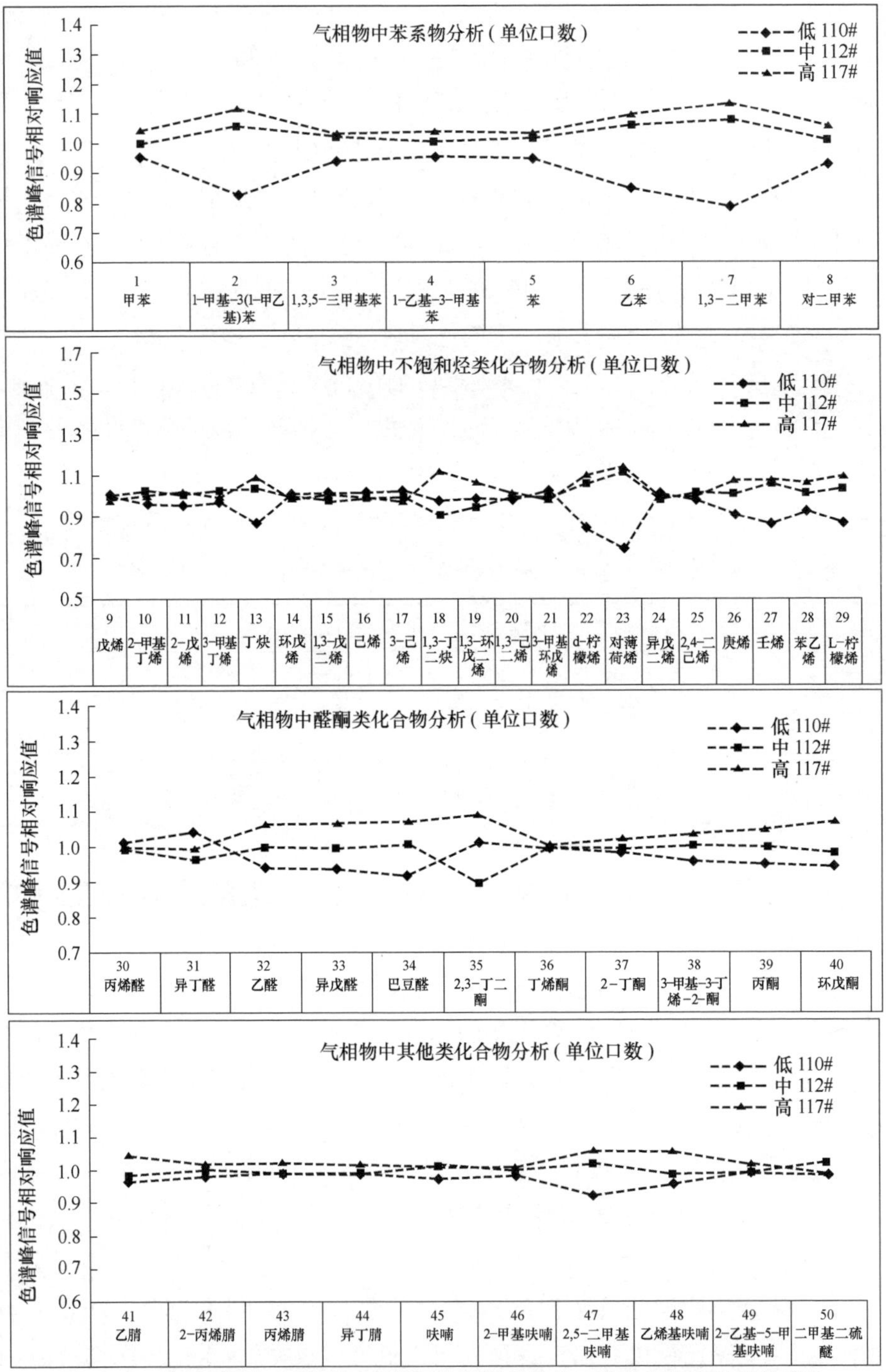

图 3-51 滚筒干燥加工强度对上部烟卷烟样品单位口数气相物释放量的影响

注：纵坐标数值是化合物色谱峰信号数据与均值相除所得相对值。

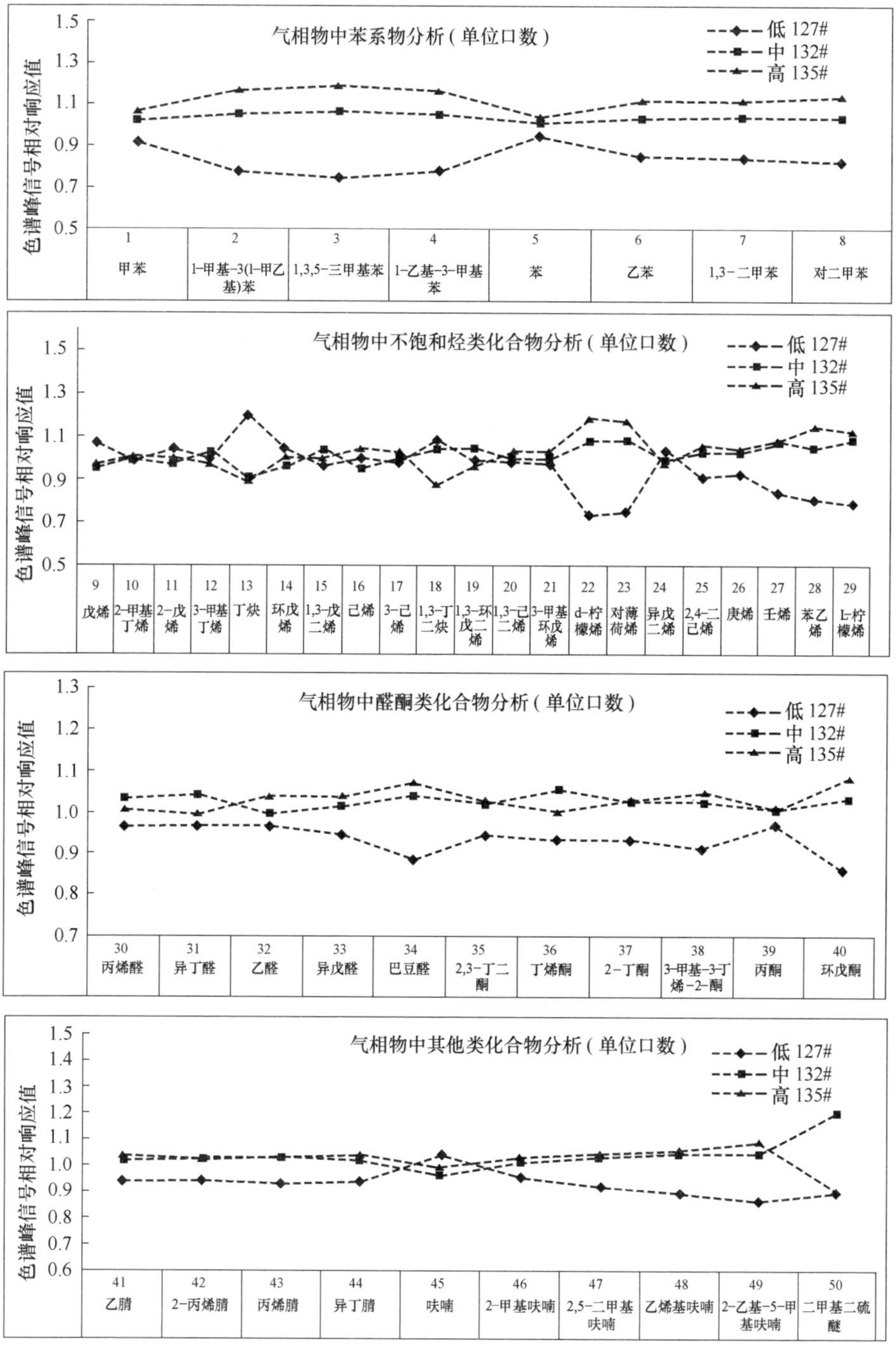

图3-52 滚筒干燥加工强度对中部烟卷烟样品单位口数气相物释放量的影响

注：纵坐标数值是化合物色谱峰信号数据与均值相除所得相对值。

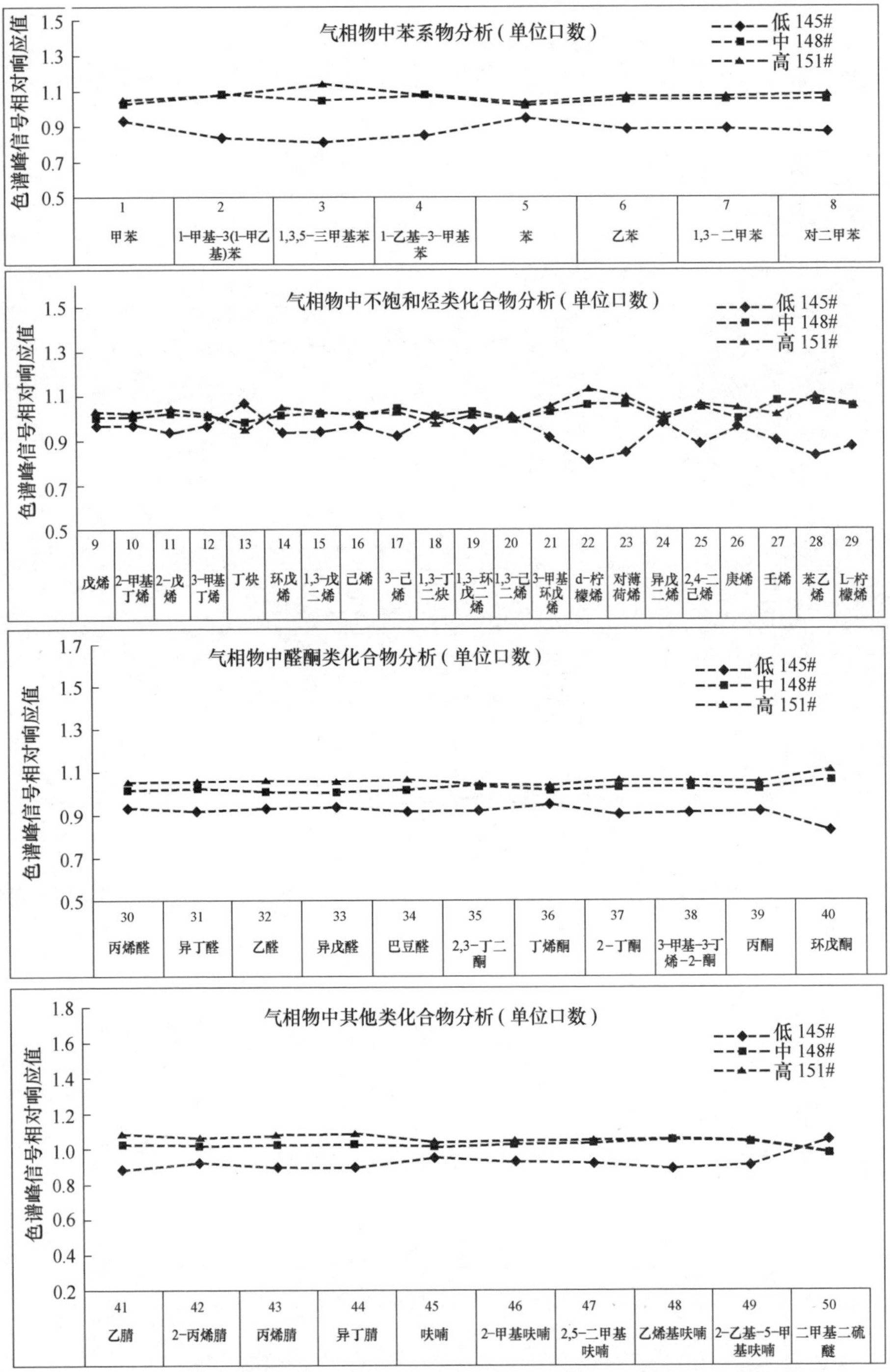

图3-53 滚筒干燥加工强度对下部烟卷烟样品单位口数气相物释放量的影响
注:纵坐标数值是化合物色谱峰信号数据与均值相除所得相对值。

表 3-48 滚筒干燥加工强度下卷烟样品单位口数气相物释放量变化率范围

加工强度	变化率/%			
	苯系物	不饱和烃类	醛酮类	其他类
低-中-高(上部烟)	8.27~34.96	1.43~39.74	0.86~19.13	2.68~13.64
低-中-高(中部烟)	8.84~43.97	2.06~45.07	3.97~22.89	7.41~30.60
低-中-高(下部烟)	8.59~32.68	1.74~31.63	9.14~28.33	8.07~20.18

对于上部烟，不同加工强度下，卷烟中 8 种苯系物单位口数释放量的变化率均大于 5%，有 12 种不饱和烃类化合物单位口数释放量的变化率大于 5%，8 种醛酮类单位口数释放量变化率大于 5%，其他类化合物释放量变化率大于 5%的有 3 种，共计有 31 种气相物释放量的变化率大于 5%，占所测定气相物总数的 62.00%。

对于中部烟，不同加工强度下，卷烟样品中 8 种酚类化合物单位口数释放量的变化率均大于 5%，有 18 种不饱和烃类变化率大于 5%，10 种醛酮类气相物单位口数释放量变化率大于 5%，其他类化合物释放量变化率大于 5%的有 10 种，共有 46 种气相物释放量的变化率大于 5%，占所测定气相物总数的 92.00%。

对于下部烟，不同加工强度下，卷烟中 8 种苯系物单位口数释放量的变化率均大于 5%，有 18 种不饱和烃类化合物单位口数释放量的变化率大于 5%，11 种醛酮类单位口数释放量变化率大于 5%，其他类化合物释放量变化率大于 5%的有 10 种，共计有 47 种气相物释放量的变化率大于 5%，占所测定气相物总数的 94.00%。

2. 滚筒干燥工序中加工强度对单位口数粒相物释放量的影响

图 3-54、图 3-55、图 3-56 分别是滚筒干燥工序对上部、中部、下部卷烟样品单位口数粒相物释放量的影响结果。根据图中结果，可以看出，上部烟和下部烟样品在高加工强度下，其单位口数释放的酚类化合物、含氮化合物、酮类酸类化合物、呋喃、吡喃、内酯类化合物以及粒相物中如烯类苯环类等其他化合物的含量均最高，中等加工强度次之，低加工强度中各化合物释放量最低；中部烟样品在中等加工强度下，单位口数释放的酚类化合物、酮类酸类化合物以及呋喃、吡喃、内酯类化合物释放量稍高于高、低加工强度粒相物释放量，其余粒相物无明显规律。

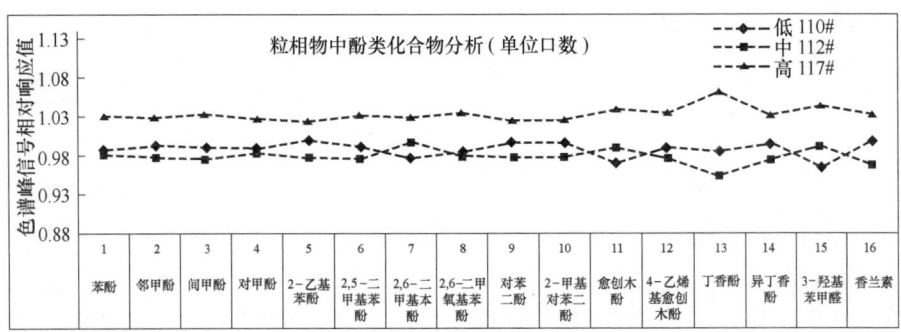
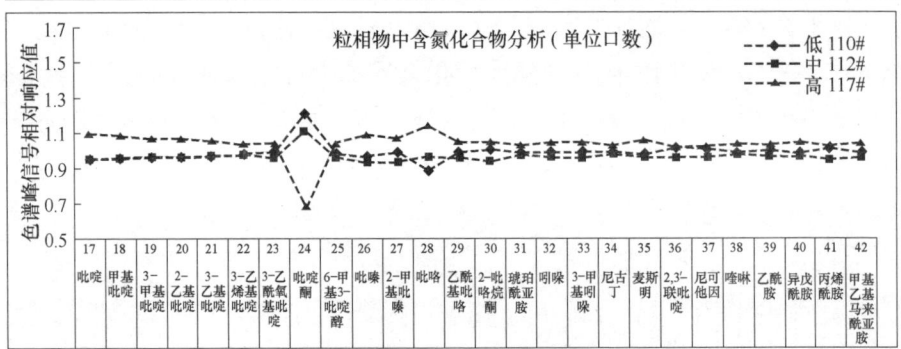
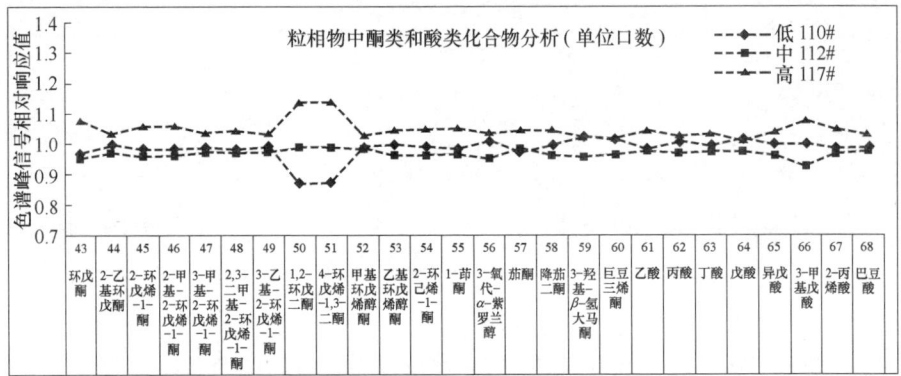
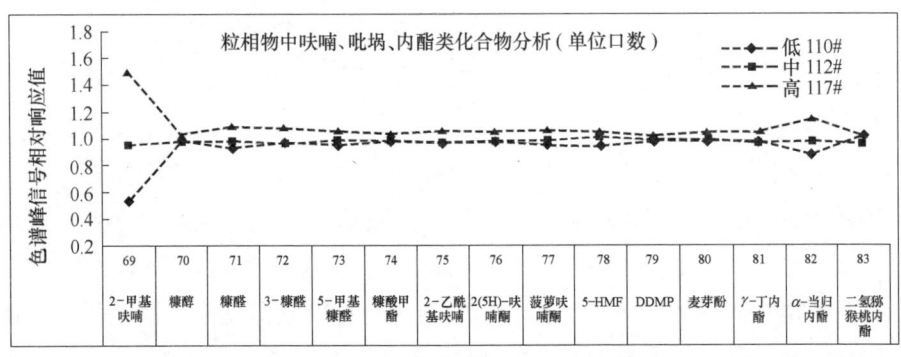

图 3-54

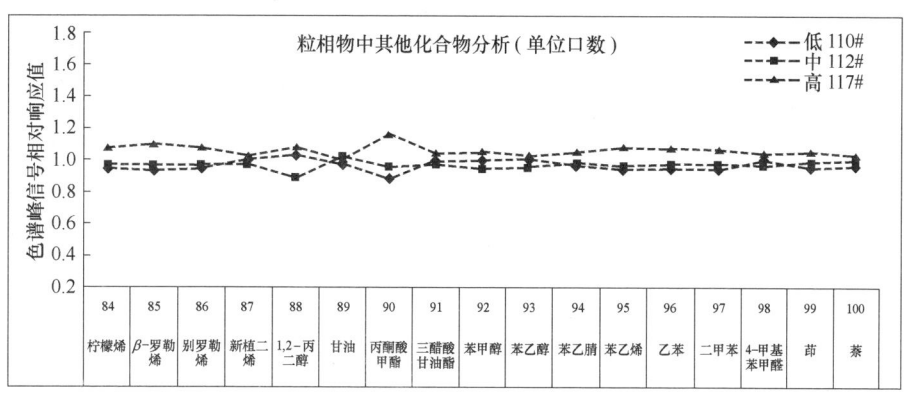

图 3-54　滚筒干燥加工强度对上部烟卷烟样品单位口数粒相物释放量的影响

注：纵坐标数值是化合物色谱峰信号数据与均值相除所得相对值。

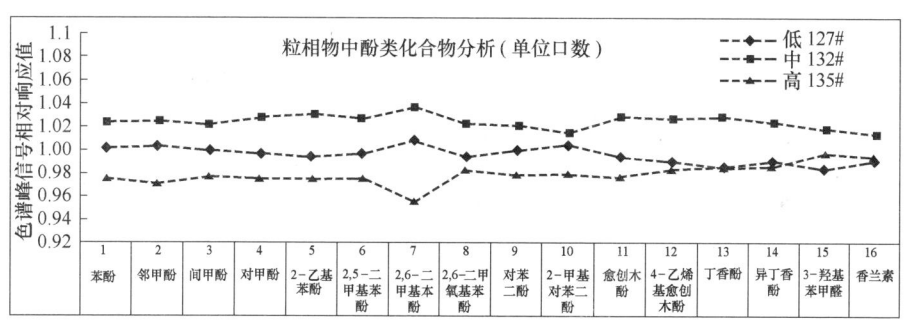

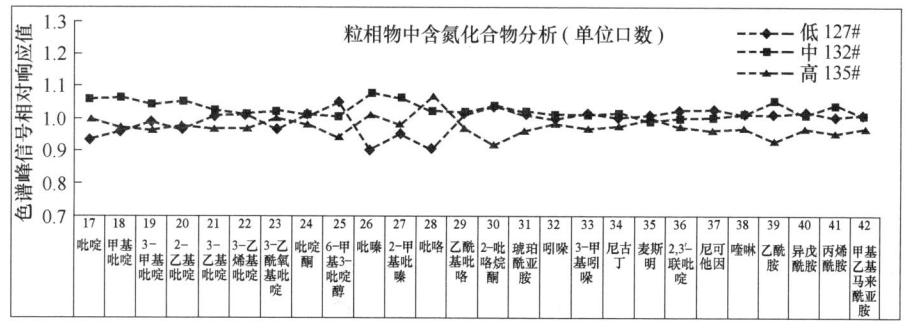

图 3-55

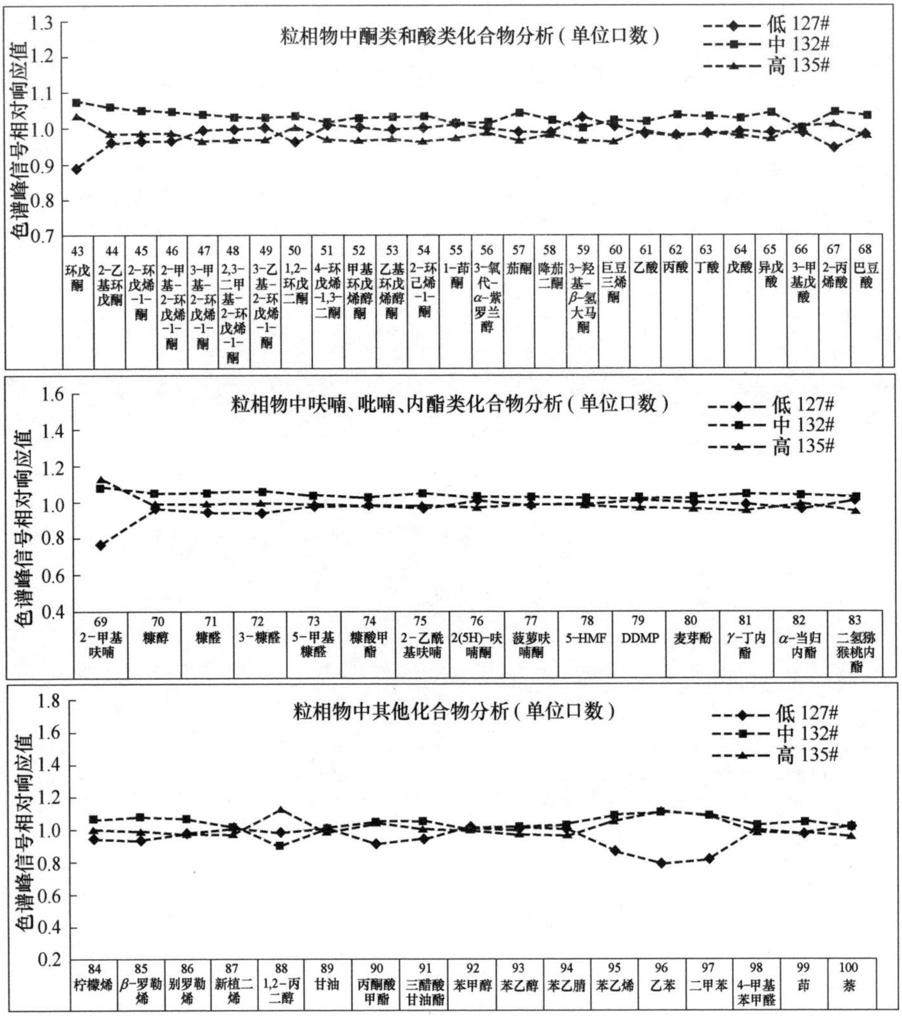

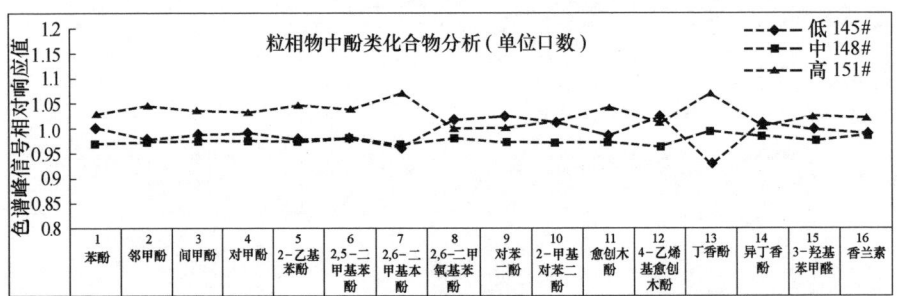

图 3-55 滚筒干燥加工强度对中部烟卷烟样品单位口数粒相物释放量的影响

注：纵坐标数值是化合物色谱峰信号数据与均值相除所得相对值。

图 3-56

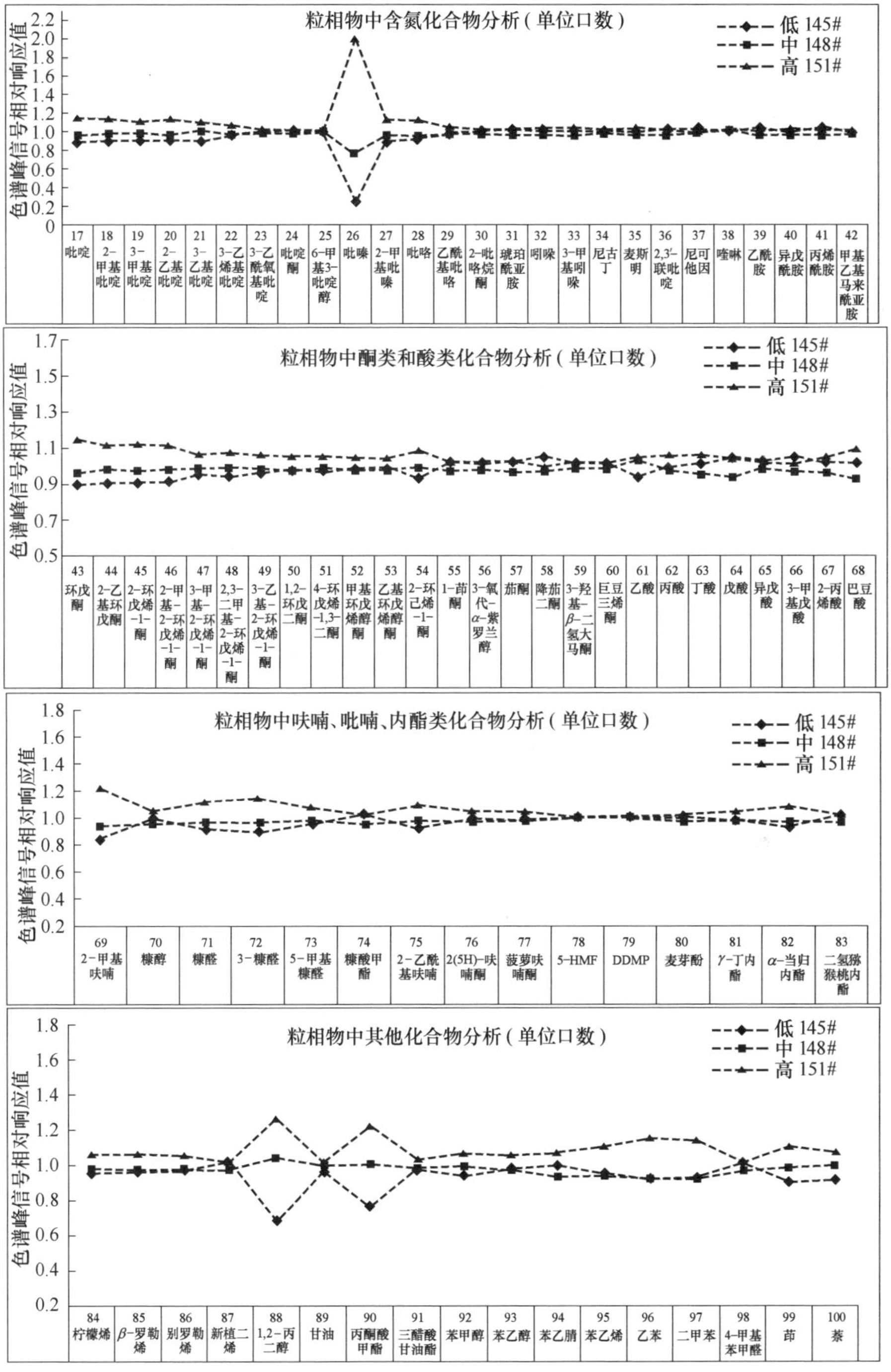

图 3-56　滚筒干燥加工强度对下部烟卷烟样品单位口数粒相物释放量的影响

注：纵坐标数值是化合物色谱峰信号数据与均值相除所得相对值。

表 3-49 滚筒干燥不同加工强度对卷烟样品单位口数粒相物释放量影响的变化率

变化率/%	酚类	含氮化合物	酮类酸类	呋喃/吡喃/内酯类	其他类
低-中-高(上部烟)	4.31~10.84	4.93~53.27	4.38~27.07	3.76~97.31	4.67~28.72
低-中-高(中部烟)	2.25~8.13	1.88~17.98	1.99~18.26	4.15~36.81	2.57~32.59
低-中-高(下部烟)	2.40~14.26	2.41~175.40	3.16~24.93	1.29~38.62	3.87~58.62

滚筒干燥不同加工强度下单位口数粒相物释放量的变化率如表 3-49 所示。从表中结果可发现，多种粒相物单位口数的释放量与滚筒干燥加工强度有很大相关性。

对于上部烟样品，滚筒干燥加工强度对卷烟样品单位口数粒相物释放量有很大影响。卷烟中 11 种酚类化合物释放量的变化率均大于 5%，有 25 种含氮化合物释放量的变化率大于 5%，23 种酮类酸类粒相物释放量变化率大于 5%，呋喃/吡喃/内酯类化合物和其他类化合物释放量变化率大于 5% 的分别有 14 种和 16 种，共有 89 种粒相物释放量的变化率大于 5%，占所测定粒相物总数的 89.00%。

对于中部烟样品，滚筒干燥加工强度对卷烟样品单位口数粒相物释放量有较大影响。卷烟中 6 种酚类化合物释放量的变化率均大于 5%，有 17 种含氮化合物释放量的变化率大于 5%，20 种酮类酸类粒相物释放量变化率大于 5%，呋喃/吡喃/内酯类化合物和其他类化合物释放量变化率大于 5% 的分别有 11 种和 12 种，共有 66 种粒相物释放量的变化率大于 5%，占所测定粒相物总数的 66.00%。

对于下部烟样品，卷烟中 12 种酚类化合物释放量的变化率均大于 5%，有 21 种含氮化合物释放量的变化率大于 5%，20 种酮类酸类粒相物释放量变化率大于 5%，呋喃/吡喃/内酯类化合物和其他类化合物释放量变化率大于 5% 的分别有 11 种和 15 种，共有 79 种粒相物释放量的变化率大于 5%，占所测定粒相物总数的 79.00%。

四、滚筒干燥工艺加工强度对危害性指数的影响

图 3-57 显示滚筒干燥 3 个强度处理后卷烟样品危害性指数的变化趋势，该指标综合了 7 种有害成分的全支释放量指标，从图中数据可以看出，3 种不同部位片烟经滚筒干燥差别性处理后获得的卷烟样品，危害性指数随滚筒干燥 3 个处理强度的变化呈现较为一致性规律，上部和中部烟样品显示中强度处理后的均值均大于低和高强度，而对于下部片烟样品，高强度危害性指数最低。初步说明选择合适的滚筒加工强度，可以优化卷烟的危害性指数指标。

表 3-50 是滚筒干燥 3 个强度处理后卷烟样品危害性指数统计分析结果。

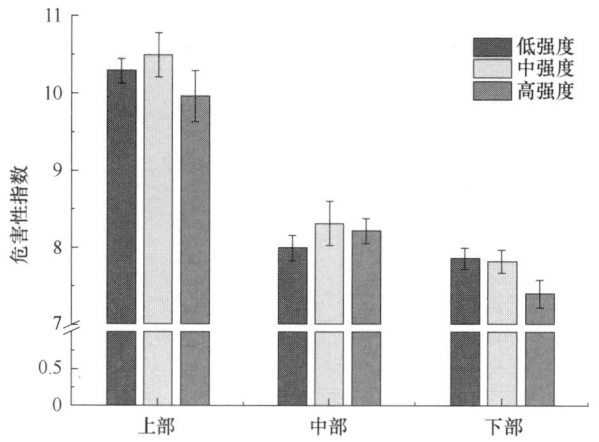

图 3-57　滚筒干燥 3 个强度处理后卷烟样品危害性指数的变化趋势

对于上、中部烟样品，虽然危害性指数均值显示其随强度变化上有一定的差别，但均值假设检验结果显示，均值在统计上并无明显差别，即滚筒干燥各强度对上、中部烟样品危害性指数无显著性影响。对于下部烟样品，滚筒干燥高强度处理对其有显著影响。

表 3-50　滚筒干燥 3 个强度处理后卷烟样品危害性指数统计分析结果

样品	危害性指数		
	低-中-高	均值	极差
上部	0	10.25	0.53
中部	0	8.18	0.32
下部	1	7.70	0.45

注：以 95% 的置信度为检验标准，1 表示有影响，0 表示无影响。

五、滚筒干燥工序中加工强度对烟丝化学成分的影响

图 3-58 和表 3-51 是不同的滚筒干燥强度处理后烟丝化学成分的变化。

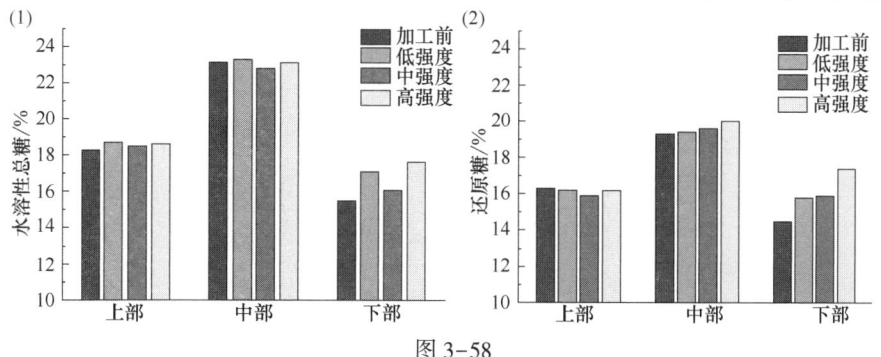

图 3-58

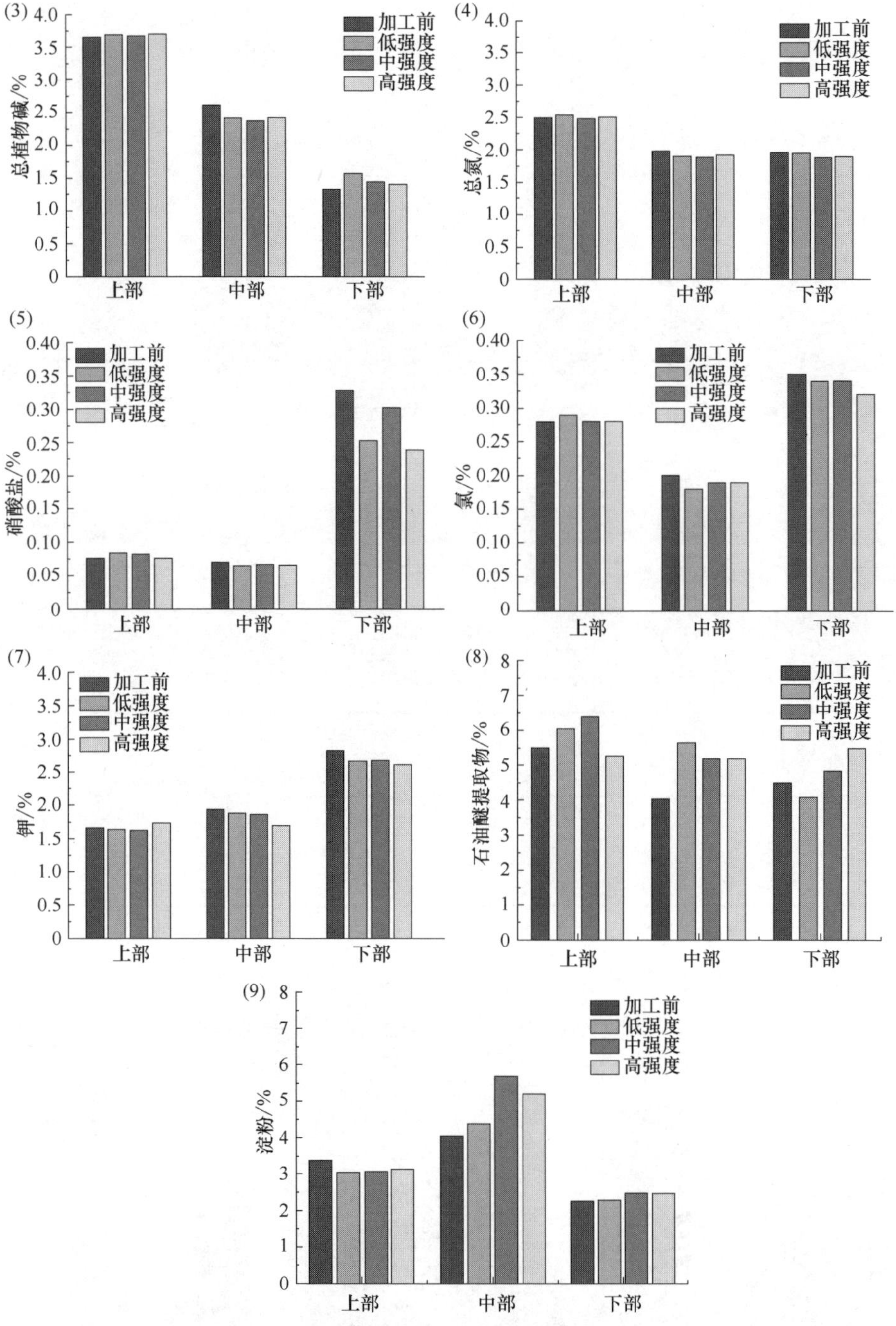

图 3-58 不同的滚筒干燥强度处理后烟丝化学成分变化

从图中可以看出，烟丝在经过滚筒干燥后，下部烟的水溶性总糖和还原糖略有增加的趋势，且随着加工强度的增加呈上升趋势，上部和中部烟变化不明显；中部烟总植物碱加工后略有下降，下部烟的总植物碱在加工强度增加时略有下降；总氮变化不明显；中部和下部烟硝酸盐、氯和钾加工后略微降低；石油醚含量加工后略有增加，下部烟中石油醚随强度增加略呈上升趋势；滚筒干燥后中部烟的淀粉含量随加工强度增加略有增加。

表 3-51 滚筒干燥工序不同加工强度卷烟样品化学成分测定结果

指标	上部		中部		下部	
	均值	极差	均值	极差	均值	极差
硝酸盐/%	0.08	0.01	0.07	0.00	0.26	0.06
水溶性总糖/%	18.61	0.16	23.09	0.45	17.06	1.21
总植物碱/%	3.70	0.04	2.40	0.04	1.48	0.18
氯/%	0.28	0.02	0.19	0.01	0.33	0.02
还原糖/%	16.11	0.30	19.66	0.53	16.37	1.64
总氮/%	2.51	0.05	1.90	0.03	1.91	0.07
钾/%	1.66	0.12	1.81	0.18	2.64	0.06
石油醚提取物/%	5.9	1.12	5.34	0.47	4.81	1.42
淀粉/%	3.08	0.09	5.09	1.32	2.41	0.21

六、滚筒干燥工序中加工强度对烟丝物理指标的影响

1. 滚筒干燥工序中加工强度对烟丝填充值的影响

图 3-59 为 3 个滚筒干燥强度下的烟丝填充值变化趋势。从图中可以看出，相同干燥强度下，下部烟烘后烟丝的填充值明显高于其他部位烟叶，上部烟和中部烟的差异不大；随滚筒干燥强度的增加，不同部位烟叶烘后填充

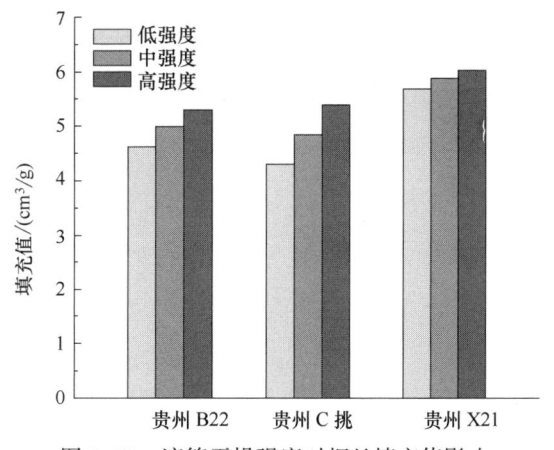

图 3-59 滚筒干燥强度对烟丝填充值影响

值呈现一致性变化规律,即填充值均随干燥强度的增加而增大。

表 3-52 是 3 个滚筒干燥强度下烟丝填充值的均值、极差及变化率数据。由表 3-52 可看出,滚筒干燥强度对不同部位烟叶填充值影响程度依次为中部烟>上部烟>下部烟。按前述既定标准,滚筒干燥强度对中部烟和上部烟烘后烟丝填充值有显著影响,而对下部烟填充值有一定影响。

表 3-52　　　　　烟丝填充值均值、极差与变化率

样品	填充值		
	均值/(cm^3/g)	极差/(cm^3/g)	变化率/%
上部	4.96	0.67	13.50
中部	4.84	1.09	22.51
下部	5.87	0.34	5.80

2. 滚筒干燥工序中加工强度对烟丝结构的影响

图 3-60 为 3 个滚筒干燥强度条件下的烟丝结构变化趋势。从图 3-60 (1) 中可以看出,相同滚筒干燥强度下,中部烟烟丝的特征尺寸明显高于其他部位烟叶,而下部烟和上部烟烟丝特征尺寸差异不大;随滚筒干燥强度增加,对中部烟和下部烟烟丝特征尺寸有减小趋势。从图 3-60 (2) 中可以看出,相同滚筒干燥强度下,不同部位烟叶烘后烟丝尺寸分布均匀性系数差异不大;随滚筒干燥强度的增加,烟丝尺寸分布均匀性系数变化幅度也不大。

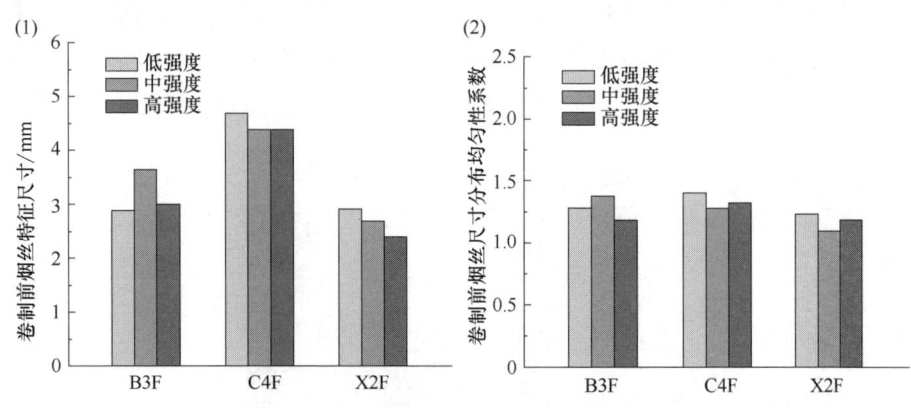

图 3-60　滚筒干燥强度对卷制前烟丝结构的影响

表 3-53、表 3-54 是 3 个滚筒干燥强度条件下烟丝特征尺寸和均匀性系数的均值、极差及变化率数据。由表 3-53 可以看出,滚筒干燥强度不同部位烟叶烘后烟丝的特征尺寸影响程度为上部烟>下部烟>中部烟,其中对上部烟

和下部烟有显著影响，对中部烟有一定影响。由表 3-54 可看出，滚筒干燥强度不同部位烟叶烘后烟丝的尺寸均匀性系数影响程度依次为上部烟>下部烟>中部烟，其中对上部烟和下部烟有显著影响，对中部烟有一定影响。

表 3-53　　　　卷制前烟丝特征尺寸均值、极差与变化率

样品	特征尺寸		
	均值/mm	极差/mm	变化率/%
上部	3.18	0.75	23.59
中部	4.48	0.32	7.14
下部	2.67	0.51	19.13

表 3-54　　　卷制前烟丝尺寸均匀性系数均值、极差与变化率

样品	均匀性系数		
	均值	极差	变化率/%
上部	1.278	0.196	15.29
中部	1.335	0.124	9.28
下部	1.172	0.135	11.48

图 3-61 为 3 个滚筒干燥强度条件下成品烟丝结构变化趋势。从图 3-61 (1) 中可以看出，相同滚筒干燥强度下，烟丝的特征尺寸大小顺序依次为中部烟>上部烟>下部烟；随滚筒干燥强度增加，对上部烟和中部烟成品烟丝特征尺寸有减小趋势。从图 3-61 (2) 中可以看出，相同滚筒干燥强度下，下部烟成品烟丝尺寸分布均匀性系数低于其他部位烟叶；随滚筒干燥强度的增加，烟丝尺寸分布均匀性系数变化幅度不大。

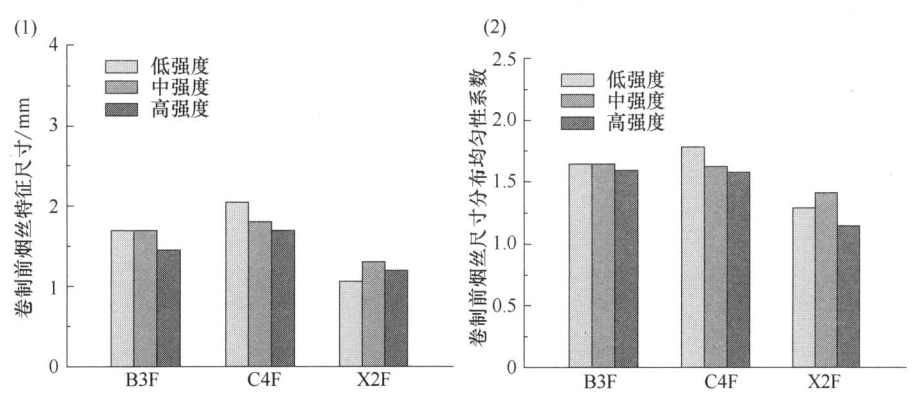

图 3-61　滚筒干燥强度对成品烟丝结构的影响

表 3-55、表 3-56 是 3 个滚筒干燥强度条件下成品烟丝特征尺寸和均匀

性系数的均值、极差及变化率数据。由表 3-55 可看出，滚筒干燥强度对不同部位烟叶成品烟丝的特征尺寸均有显著影响，影响程度为下部烟>中部烟>上部烟。由表 3-56 可看出，滚筒干燥强度对不同部位烟叶成品烟丝的尺寸均匀性系数影响程度依次为下部烟>中部烟>上部烟，其中对下部烟和中部烟有显著影响，对上部烟无明显影响。

表 3-55　　　　　成品烟丝特征尺寸均值、极差与变化率

样品	特征尺寸		
	均值/mm	极差/mm	变化率/%
上部	1.62	0.24	14.84
中部	1.85	0.35	18.91
下部	1.19	0.25	21.01

表 3-56　　　　成品烟丝尺寸均匀性系数均值、极差与变化率

样品	均匀性系数		
	均值	极差	变化率/%
上部	1.628	0.052	3.19
中部	1.660	0.204	12.28
下部	1.282	0.262	20.43

3. 滚筒干燥工序中加工强度对烟丝内孔容积的影响

图 3-62 为 3 个滚筒烘丝强度下的烟丝内孔容积的变化趋势。从图中可以看出，相同干燥强度下，与上部烟和中部烟相比，下部烟的内孔容积相对较低。随干燥强度的增加，不同部位烟叶烘后烟丝的内孔容积并无一致性变化规律。

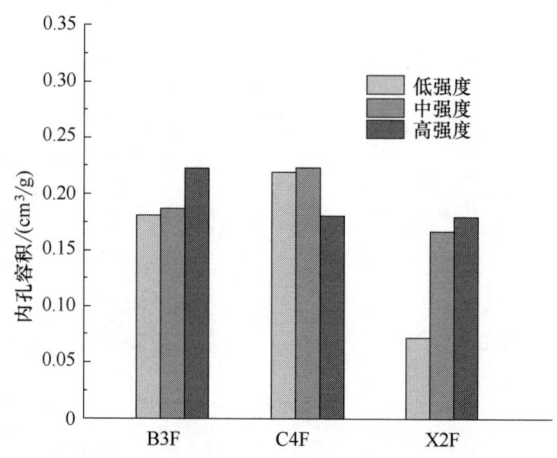

图 3-62　滚筒干燥强度对烟丝内孔容积的影响

表3-57是3个滚筒烘丝强度下烟丝内孔容积的均值、极差及变化率数据。由表可看出，滚筒烘丝强度对不同部位烟叶烘后烟丝的内孔容积均有显著影响，影响程度依次为下部烟>上部烟>中部烟。

表3-57　　　　　　　　　内孔容积均值、极差与变化率

样品	内孔容积		
	均值/(cm³/g)	极差/(cm³/g)	变化率/%
上部	0.1969	0.0417	21.18
中部	0.2078	0.0426	20.50
下部	0.1392	0.1068	76.76

七、滚筒干燥工序中加工强度对卷烟烟支物理指标的影响

图3-63为滚筒干燥工序3个强度处理后制备的卷烟样品物理指标的变化趋势。从图3-63中数据显示，上部烟和中部烟的吸阻随加工强度增加呈上升趋势，下部烟吸阻变化不大；下部烟硬度随加工强度增加而降低。

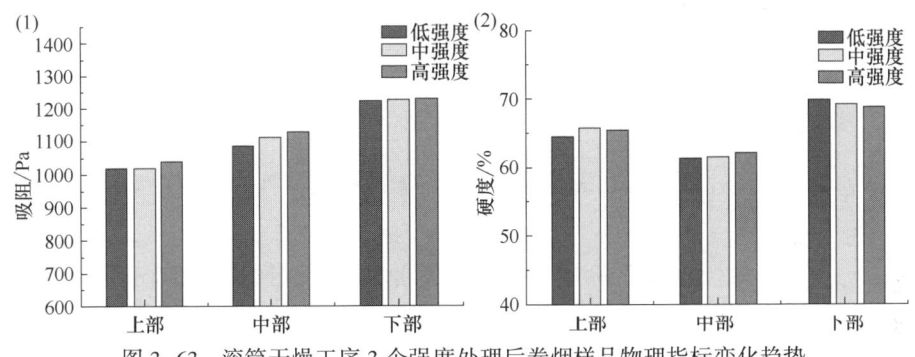

图3-63　滚筒干燥工序3个强度处理后卷烟样品物理指标变化趋势

表3-58是滚筒干燥工序3个不同强度处理后卷烟样品物理指标统计分析结果。表3-58显示，滚筒干燥强度对中部烟的支重和吸阻影响明显。

表3-58　滚筒干燥工序不同强度处理后卷烟样品物理指标统计分析结果

样品		低-中-高	均值	极差
吸阻/Pa	上部	0	1027	20
	中部	1	1110	43
	下部	0	1226	7
硬度/%	上部	0	65.22	1.37
	中部	0	61.69	0.70
	下部	0	69.28	0.93

注：以95%的置信度为检验标准，1表示有影响，0表示无影响。

八、滚筒干燥加工强度对叶丝感官质量评价结果影响

表 3-59　滚筒干燥加工强度对叶丝感官质量评价结果影响

感官指标		香气特性				烟气特性				口感特性				风格变化程度
		香气质	香气量	透发性	杂气	浓度	劲头	细腻程度	成团性	刺激性	干燥感	干净程度	回甜	
上部烟	低	=	=	=	=	=	=	↑	=	↑	=	=	=	=
	中	=	=	=	=	=	=	=	=	=	=	=	=	=
	高	=	=	=	↓	=	=	=	=	=	↓	=	=	=
中部烟	低	=	=	=	=	=	=	↓	=	↑	=	=	=	=
	中	=	=	=	=	=	=	=	=	=	=	=	=	=
	高	=	=	=	↓	=	=	=	=	=	↓	=	=	=
下部烟	低	=	=	=	=	=	=	=	=	↑	=	=	=	=
	中	=	=	=	=	=	=	=	=	=	=	=	=	=
	高	=	=	=	↓	=	=	↓	=	=	↓	=	=	=

注：1. 以正常生产中强度为对照样进行感官对比评价。
　　2. "↑"表示与对照样相比有正向变化，"="表示没有明显影响，"↓"表示与对照样相比有负向变化。

由表 3-59 可知，滚筒干燥工序加工强度对杂气、细腻程度、刺激性和干燥感等指标影响显著，对其他指标影响不明显。

第四节　HDT 气流干燥对卷烟质量及烟气指标的影响

一、HDT 气流干燥工序中加工强度对常规烟气指标的影响

图 3-64 表示不同部位片烟在 HDT 气流干燥工序 3 个强度（低、中、高）下处理，经过相同的上游（松散回潮处理、切丝）、下游（卷制）等工艺过程，获得的卷烟样品抽吸口数、烟气中总粒相物、焦油和烟碱含量的变化趋势。由图 3-64 中数据可知，HDT 处理强度对上部片烟样品的抽吸口数、TPM、焦油和烟碱释放量影响较大。随加工强度增强，抽吸口数、TPM 和焦油释放量略有增加，烟碱释放量呈现下降趋势。对中部片烟样品的抽吸口数、TPM 和焦油释放量影响不大，烟碱释放量随加工强度增大呈现下降趋势。加工强度对下部片烟样品的抽吸口数有较明显影响，低强度处理抽吸口数最高，中高强度差别不大；对下部片烟样品的 TPM、焦油和烟碱释放量的影响不大。

表 3-60 显示不同部位片烟样品在 HDT 气流干燥工序 3 个强度下制备的卷烟样品抽吸口数 [图 3-64（1）] 和烟气中 TPM [图 3-64（2）]、焦油 [图 3-64（3）] 和烟碱 [图 3-64（4）] 含量的统计分析结果。由于每个条

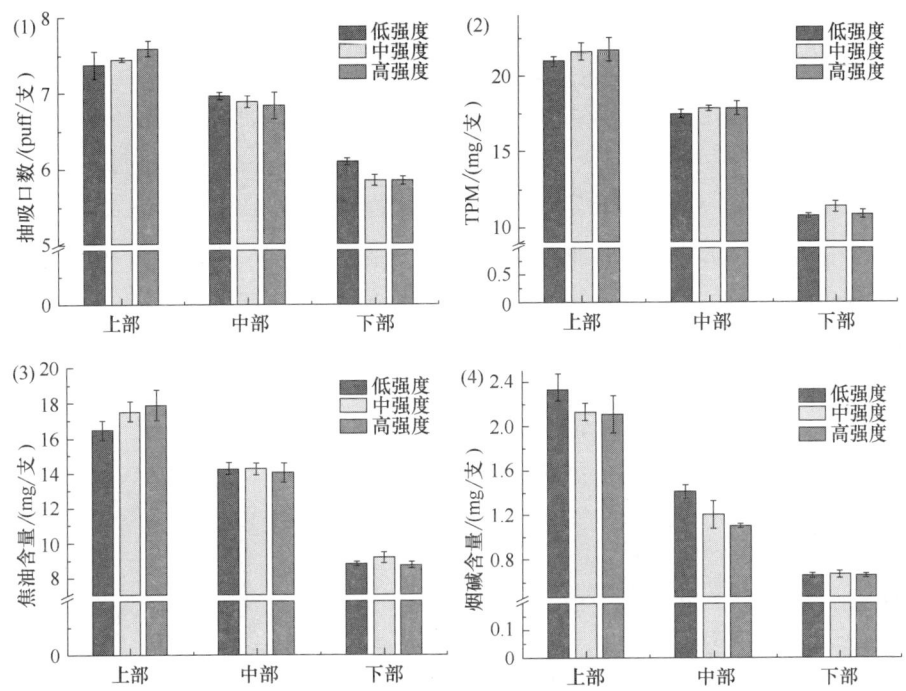

图 3-64　不同部位片烟在 HDT 气流干燥工序 3 个
强度下制备的卷烟样品不同成分含量的变化趋势

件均经三批次的物料处理实验,所以利用统计分析可以确认该规律在统计意义上是否显著。由表 3-60 数据可知,HDT 气流干燥处理过程对于上部烟在抽吸口数、TPM、焦油和烟碱等方面没有显著影响,均值略有差异;对中部烟影响方面,仅对烟碱释放量有显著影响;对于下部烟样品,HDT 气流干燥处理加工强度在抽吸口数和 TPM 方面呈现显著性差异,焦油和烟碱释放量无显著性差异。

表 3-60　不同部位片烟在 HDT 气流干燥工序 3 个强度下制备的卷烟
样品抽吸口数和烟气中 TPM、焦油和烟碱含量的统计分析结果

样品	抽吸口数/(puff/支)			TPM/(mg/支)			焦油/(mg/支)			烟碱/(mg/支)		
	低-中-高	均值	极差	低-中-高	均值	极差	低-中-高	均值	极差	低-中-高	均值	极差
上部	0	7.48	0.22	0	21.44	0.66	0	17.29	1.44	0	2.19	0.23
中部	0	6.90	0.13	0	17.72	0.39	0	14.20	0.22	1	1.24	0.31
下部	1	5.93	0.26	1	11.00	0.65	0	8.92	0.46	0	0.66	0.02

注:以 95% 的置信度为检验标准,1 表示有影响,0 表示无影响。

二、HDT 气流干燥工序中加工强度对 7 种有害成分的影响

1. HDT 气流干燥工艺加工强度对 CO 释放量的影响

图 3-65 为 HDT 气流干燥 3 个强度处理后制备的卷烟样品 CO 释放量的变化趋势。图 3-65 中数据显示，随着加工强度的增加，上部和中部烟样品全支[图 3-65（1）]、平均每口[图 3-65（2）]和单位支重[图 3-65（3）] CO 释放量呈现增加趋势，下部烟样品全支[图 3-65（1）]、平均每口[图 3-65（2）]和单位支重[图 3-65（3）] CO 释放量呈现先增加然后有小幅下降的趋势；随着加工强度的增加，上部烟样品的单位 TPM [图 3-65（4）]、单位焦油[图 3-65（5）]与单位烟碱[图 3-65（6）]无明显变化，中部烟样品

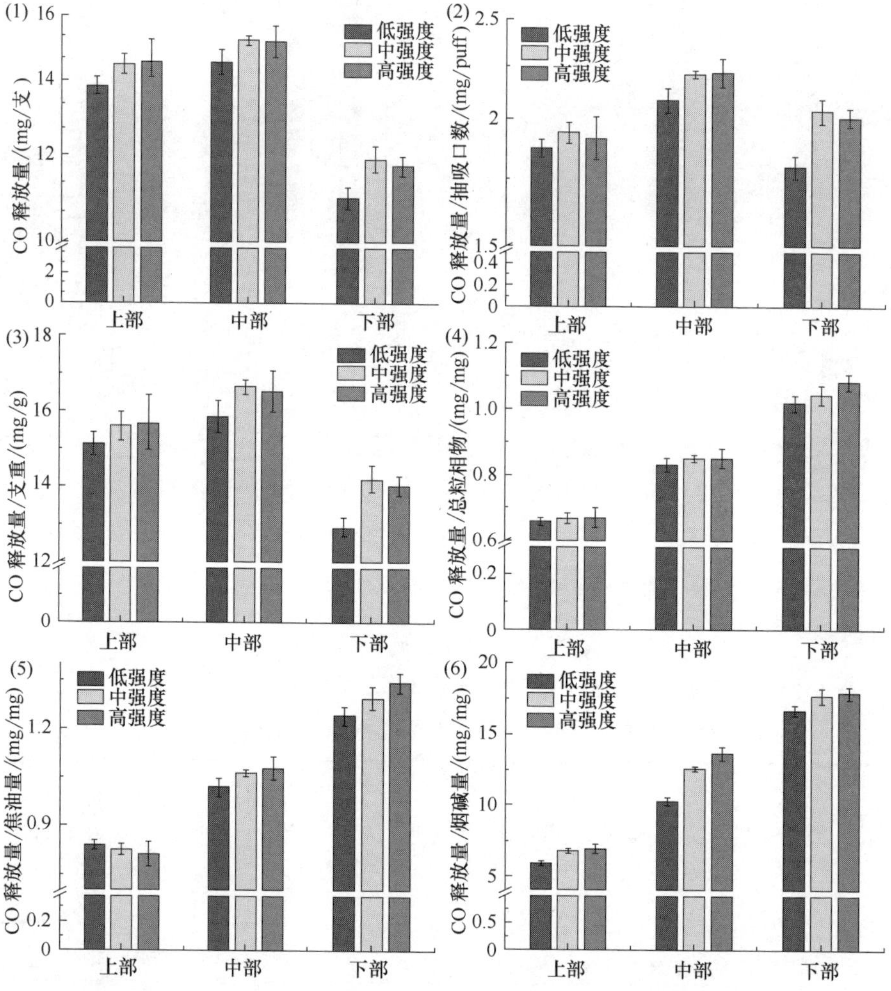

图 3-65 气流干燥 3 个强度处理后卷烟样品 CO 释放量的变化趋势

第三章 加工工艺对卷烟质量及烟气指标的影响规律

单位 TPM [图 3-65（4）] 与单位焦油 [图 3-65（5）] 无明显变化，而单位烟碱（6）呈现增加趋势，下部烟样品的单位 TPM [图 3-65（4）]、单位焦油 [图 3-65（5）] 和单位烟碱 [图 3-65（6）] 均值呈现增加趋势。

表 3-61 是 HDT 气流干燥 3 个强度处理后卷烟样品 CO 释放量的统计分析结果。虽然不同加工强度下，上部、中部片烟样品 CO 释放量均值有一定的差别，但统计结果并无明显差别，说明 HDT 气流干燥加工强度对上部、中部烟全支 CO 释放量无显著性影响，加工强度对下部烟样品有显著影响。

表 3-61 HDT 气流干燥 3 个强度处理后卷烟样品 CO 释放量的统计分析结果

样品	CO 释放量		
	低-中-高	均值/(mg/支)	极差/(mg/支)
上部	0	14.28	0.71
中部	0	14.98	0.69
下部	1	11.54	0.92

注：以 95% 的置信度为检验标准，1 表示有影响，0 表示无影响。

2. HDT 气流干燥工艺加工强度对 B [a] P 释放量的影响

图 3-66 为 HDT 气流干燥 3 个强度处理后制备的卷烟样品 B [a] P 释放量的变化趋势。图 3-66 中数据显示，上部烟样品的全支 [图 3-66（1）]、平均每口 [图 3-66（2）]、单位支重 [图 3-66（3）]、单位 TPM [图 3-66（4）]、单位焦油 [图 3-66（5）] 和单位烟碱 [图 3-66（6）] B [a] P 释放量随处理强度的增大均呈现增加的趋势；中部烟样品的全支 [图 3-66（1）]、平均每口 [图 3-66（2）]、单位支重 [图 3-66（3）]、单位 TPM [图 3-66（4）] 和单位焦油 [图 3-66（5）] B [a] P 释放量随处理强度的增大呈现出明显的增加趋势，单位烟碱 [图 3-66（6）] 的变化趋势不明显；而下部烟样品的全支 [图 3-66（1）]、平均每口 [图 3-66（2）]、单位支重 [图 3-66（3）]、单位烟碱 [图 3-66（4）] B [a] P 释放量随处理强度的增加呈现先增大后减小的趋势，单位焦油、单位 TPM [图 3-66（6）] B [a] P 释放量随处理强度的增加无明显变化。以上结果说明，HDT 气流干燥加工强度对单位焦油、单位 TPM B [a] P 释放量具有选择性。

表 3-62 是 HDT 气流干燥 3 个强度处理后卷烟样品 B [a] P 释放量的统计分析结果。对于上部、中部部位烟叶样品，均有显著性影响。对下部烟样品无显著性影响。

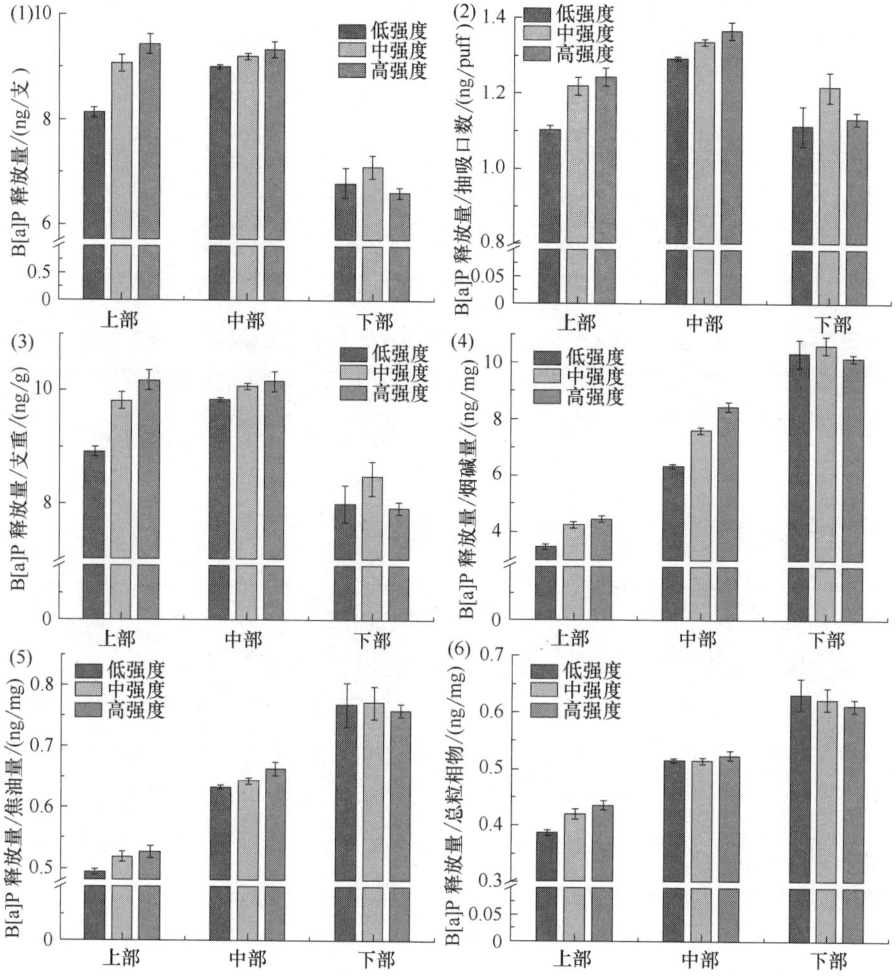

图3-66 HDT气流干燥3个强度处理后卷烟样品B[a]P释放量的变化趋势

表3-62 HDT气流干燥3个强度处理后卷烟样品B[a]P释放量的统计分析结果

样品	B[a]P释放量		
	低-中-高	均值/(ng/支)	极差/(ng/支)
上部	1	8.89	1.30
中部	1	9.19	0.32
下部	0	6.847	0.481

注：以95%的置信度为检验标准，1表示有影响，0表示无影响。

3. HDT气流干燥工艺加工强度对NNK释放量的影响

图3-67为HDT气流干燥3个强度处理后制备的卷烟样品NNK释放量的

变化趋势。图3-67中数据显示，随加工强度的增加，上部烟样品的全支［图3-67（1）］、平均每口［图3-67（2）］、单位支重［图3-67（3）］、单位TPM［图3-67（4）］、单位焦油［图3-67（5）］和单位烟碱［图3-67（6）］NNK释放量均呈现先增大后减小的趋势；中部烟样品的全支［图3-67（1）］、平均每口［图3-67（2）］、单位支重［图3-67（3）］、单位TPM［图3-67（4）］、单位焦油［图3-67（5）］和单位烟碱［图3-67（6）］NNK释放量则呈现出减小的趋势，但中高强度处理后的NNK释放量差别不明显；下部位烟样品的NNK释放量随加工强度的增加，均呈现先降低后增加的趋势，中强度处理后下部样品的NNK释放量降低较为明显。以上结果说明，

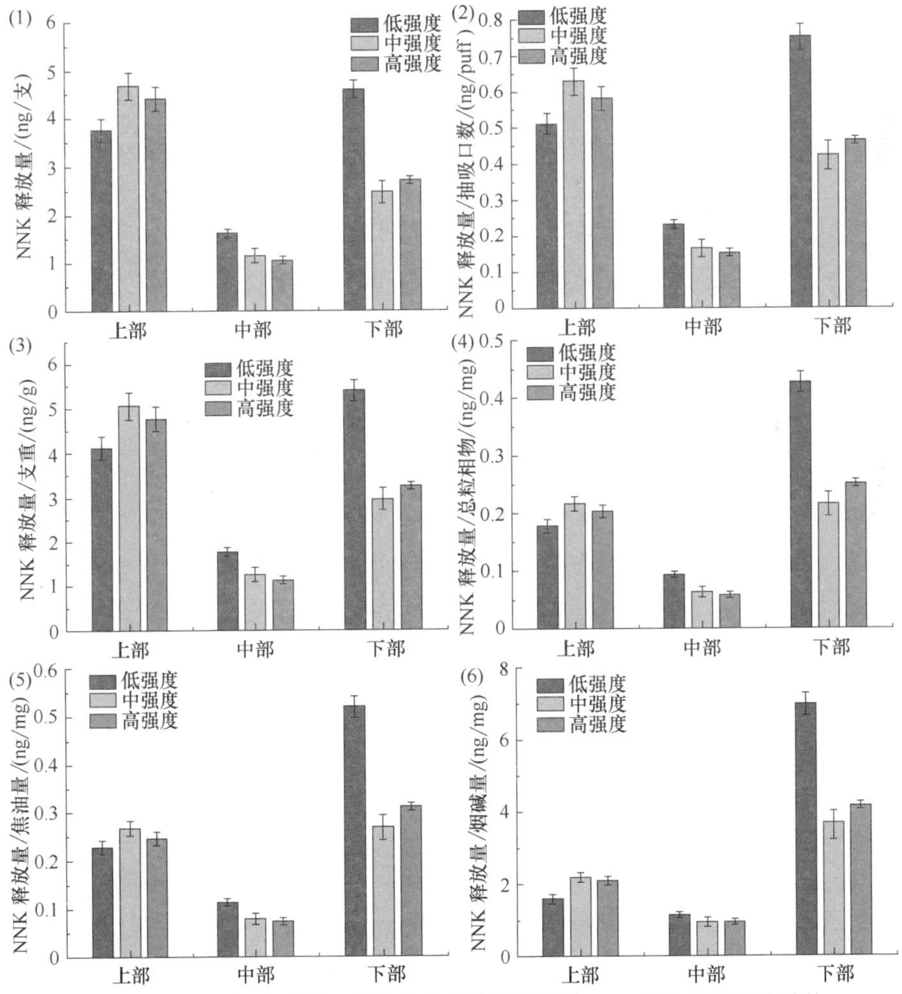

图3-67 HDT气流干燥3个强度处理后卷烟样品NNK释放量的变化趋势

HDT气流干燥加工强度对NNK释放量的影响无选择性降低的趋势。

表3-63是HDT气流干燥3个强度处理后卷烟样品NNK释放量的统计分析结果。结果表明,加工强度对3种样品均有显著性影响。

表3-63 HDT气流干燥3个强度处理后卷烟样品NNK释放量的统计分析结果

样品	NNK释放量		
	强度影响	均值/(ng/支)	极差/(ng/支)
上部	1	4.30	0.93
中部	1	1.27	0.57
下部	1	3.27	2.12

注:以95%的置信度为检验标准,1表示有影响,0表示无影响。

4. HDT气流干燥工艺加工强度对氨释放量的影响

图3-68为HDT气流干燥3个强度处理后制备的卷烟样品氨释放量的变化趋势。从图3-68(1)中数据显示,上部、中部烟样品经过HDT气流干燥处理后,烟气中氨释放量随强度的增大均值呈现先降低后增加的趋势,而下部样品氨释放量随处理强度的增大呈现增加趋势;片烟样品上、下部位,单位抽吸口数[图3-68(2)]和单位支重[图3-68(3)]、单位TPM[图3-68(4)]、单位焦油[图3-68(5)]、单位烟碱[图3-68(6)]氨释放量与全支氨释放量[图3-68(1)]呈现相似的规律性,中部片烟样品,除单位烟碱[图3-68(6)]氨释放量随加工强度增加外,其余均与上、下部位变化趋势相同。以上结果说明,HDT气流干燥加工强度对氨释放量无选择性。

表3-64是HDT气流干燥工序3个强度处理后卷烟样品氨释放量的统计分析结果。对于上部、中部、下部片烟样品,虽然氨释放量显示其随强度变化有一定的差别,但均值假设检验结果显示,均值在统计上并无明显差别,即处理强度增加对上部、中部、下部片烟样品全支氨释放量无显著性影响。

表3-64 HDT气流干燥3个强度处理后卷烟样品氨释放量的统计分析结果

样品	氨释放量		
	低-中-高	均值/(μg/支)	极差/(μg/支)
上部	0	8.99	1.06
中部	0	9.84	0.54
下部	0	4.550	0.496

注:以95%的置信度为检验标准,1表示有影响,0表示无影响。

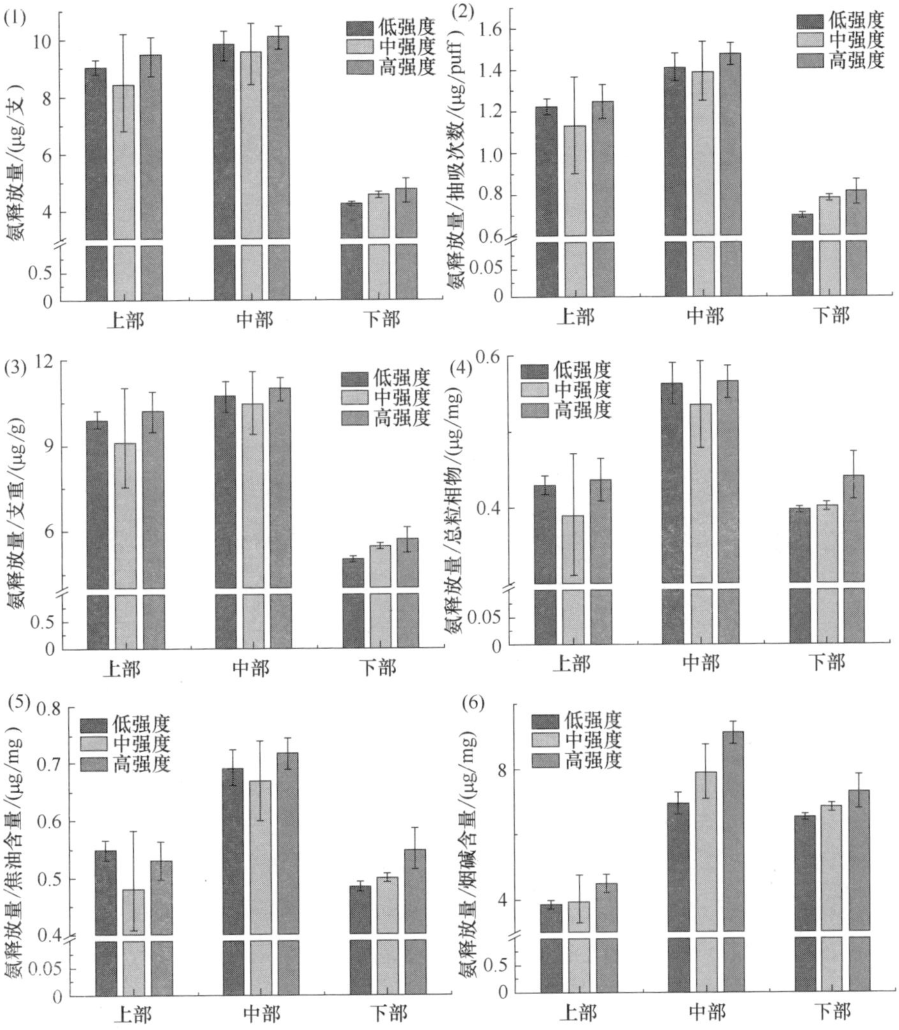

图 3-68 HDT气流干燥3个强度处理后卷烟样品氨释放量的变化趋势

5. HDT气流干燥工艺加工强度对苯酚释放量的影响

图 3-69 为 HDT 气流干燥 3 个强度处理后制备的卷烟样品苯酚释放量的变化趋势。图 3-69（1）中数据显示，片烟样品上、中、下3个部位的苯酚释放量随处理强度的增加变化不一致。对于中部烟样品，苯酚释放量随处理强度的增加而增加，上部和下部烟样品的苯酚释放量随处理强度的增加呈现先减小后增大的趋势。除上部烟样品单位烟碱［图 3-69（6）］苯酚释放量的中低强度处理无明显差异，高强度处理后有一定增加外，其余所有片烟样品

的平均每口［图3-69（2）］、单位支重［图3-69（3）］、单位TPM［图3-69（4）］、单位焦油［图3-69（5）］、单位烟碱［图3-69（6）］苯酚释放量与全支卷烟苯酚释放量均值呈现相同规律。上述结果表明，苯酚释放量无选择性。

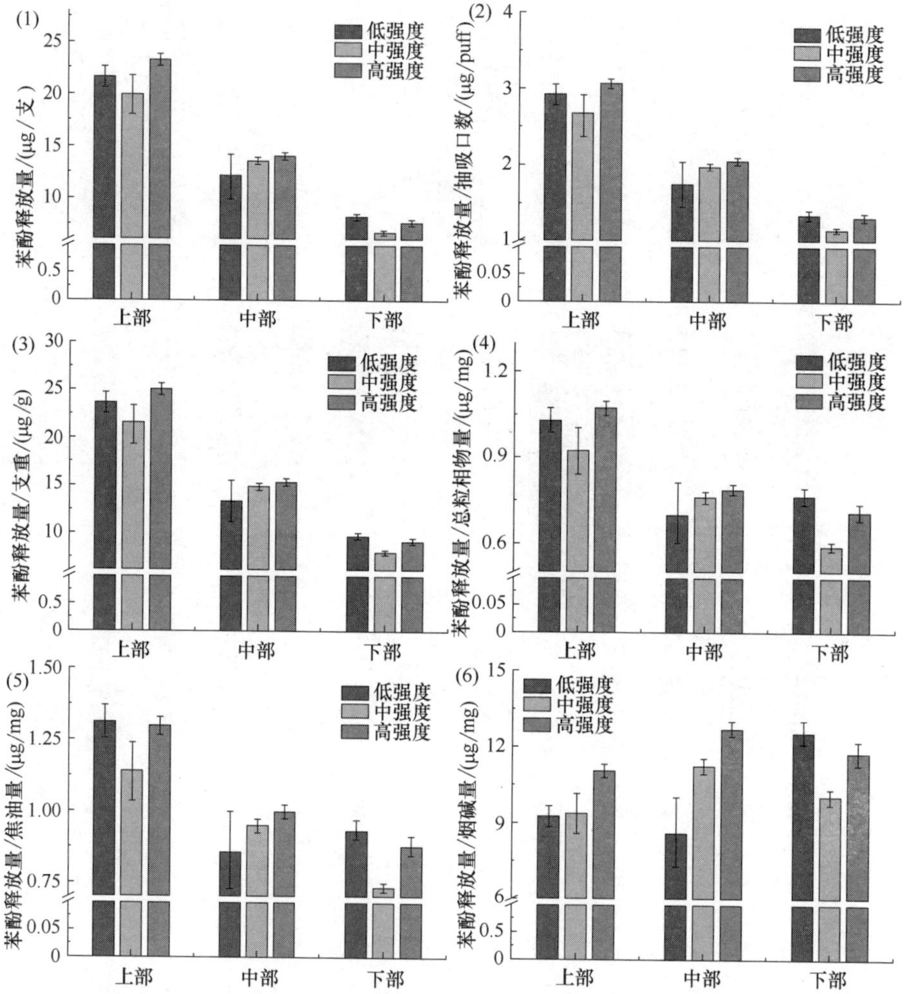

图3-69　HDT气流干燥3个强度处理后卷烟样品苯酚释放量的变化趋势

表3-65是HDT气流干燥3个强度处理后卷烟样品苯酚释放量的统计分析结果。对于上部和下部片烟样品，加工强度对苯酚释放量均有显著影响。对于中部片烟样品，统计分析结果无明显差别，说明HDT气流干燥加工强度对中部烟全支苯酚释放量无显著性影响。

表 3-65　HDT 气流干燥 3 个强度处理后卷烟样品苯酚释放量的统计分析结果

样品	苯酚释放量		
	低-中-高	均值/(μg/支)	极差/(μg/支)
上部	1	21.63	3.30
中部	0	13.28	1.85
下部	1	7.549	1.497

注：以 95% 的置信度为检验标准，1 表示有影响，0 表示无影响。

6. HDT 气流干燥工艺加工强度对 HCN 释放量的影响

图 3-70 为 HDT 气流干燥 3 个强度处理后制备的卷烟样品 HCN 释放量的变化趋势。图 3-70（1）中数据显示，上、中、下 3 个部位的烟样品 HCN 释

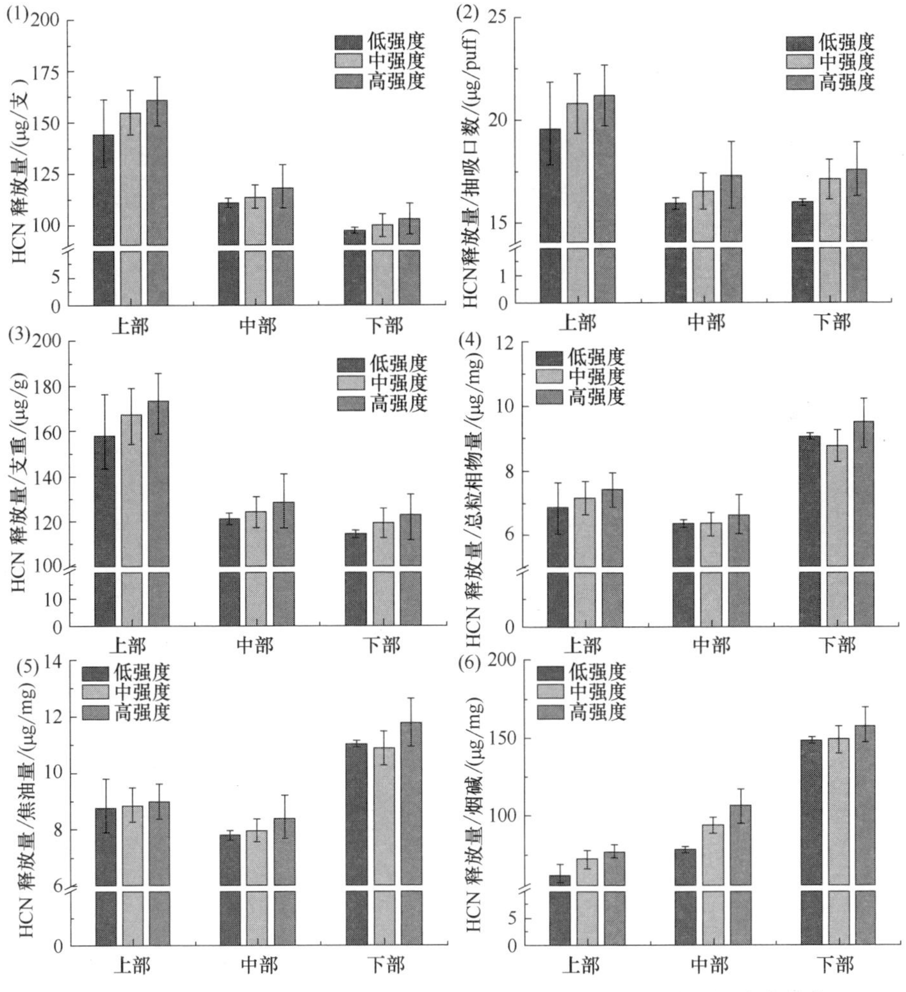

图 3-70　HDT 气流干燥 3 个强度处理后卷烟样品 HCN 释放量的变化趋势

放量随着加工处理强度的增强而增加,其中上部烟增加幅度较大。另外,三个部位的片烟样品中,平均每口[图3-70(2)]和单位支重[图3-70(3)]、单位焦油[图3-70(5)]的HCN释放量与上述全支HCN释放量变化趋势相同,随处理强度的增加呈现增加的趋势,高强度HCN释放量最大。上部烟单位TPM[图3-70(4)]及上部、中部烟单位烟碱[图3-70(6)]的HCN释放量随处理强度的增加亦呈现上升的趋势。对于下部烟,单位TPM[图3-70(4)]与单位烟碱[图3-70(6)]的HCN释放量均表现为高强度具有最高值,但低、中加工强度其释放量差别不明显,说明HDT气流干燥加工强度对总粒相物、焦油、烟碱具有选择性。

表3-66是HDT气流干燥3个强度处理后卷烟样品HCN释放量的统计分析结果。可以看出,虽然HCN释放量均值显示其随加工强度的变化有一定的差别,但统计分析结果表明,其在统计上并无明显差别,即HDT气流干燥过程中加工强度对上、中、下部片烟样品全支HCN释放量无显著性影响。

表3-66　HDT气流干燥3个强度处理后卷烟样品HCN释放量的统计分析结果

样品	HCN释放量		
	低-中-高	均值/(μg/支)	极差/(μg/支)
上部	0	153.37	16.63
中部	0	114.31	7.07
下部	0	100.09	5.33

注:以95%的置信度为检验标准,1表示有影响,0表示无影响。

7. HDT气流干燥工艺加工强度对巴豆醛释放量的影响

图3-71为HDT气流干燥3个强度处理后制备的卷烟样品巴豆醛释放量的变化趋势。从图3-71(1)中数据显示,上、中、下3个部位的片烟巴豆醛释放量随处理强度的增加变化不一致。对于上部烟样品,巴豆醛释放量随处理强度增大而增加。中部烟样品,巴豆醛释放量随处理强度增大呈现先减小再增大的趋势,且高强度处理时,巴豆醛释放量明显增加。对于下部烟样品,巴豆醛的释放量变化不明显;对于上、中部烟样品的其余指标,平均每口[图3-71(2)]和单位支重[图3-71(3)]、单位TPM[图3-71(4)]、单位焦油[图3-71(5)]和单位烟碱[图3-71(6)]均与全支巴豆醛释放量呈现相同规律。由于不同加工强度下,上部、中部、下部片烟样品巴豆醛释放量表现不同规律,说明HDT气流干燥加工强度对巴豆醛释放量具有选择性,主要表现为低、中强度处理。

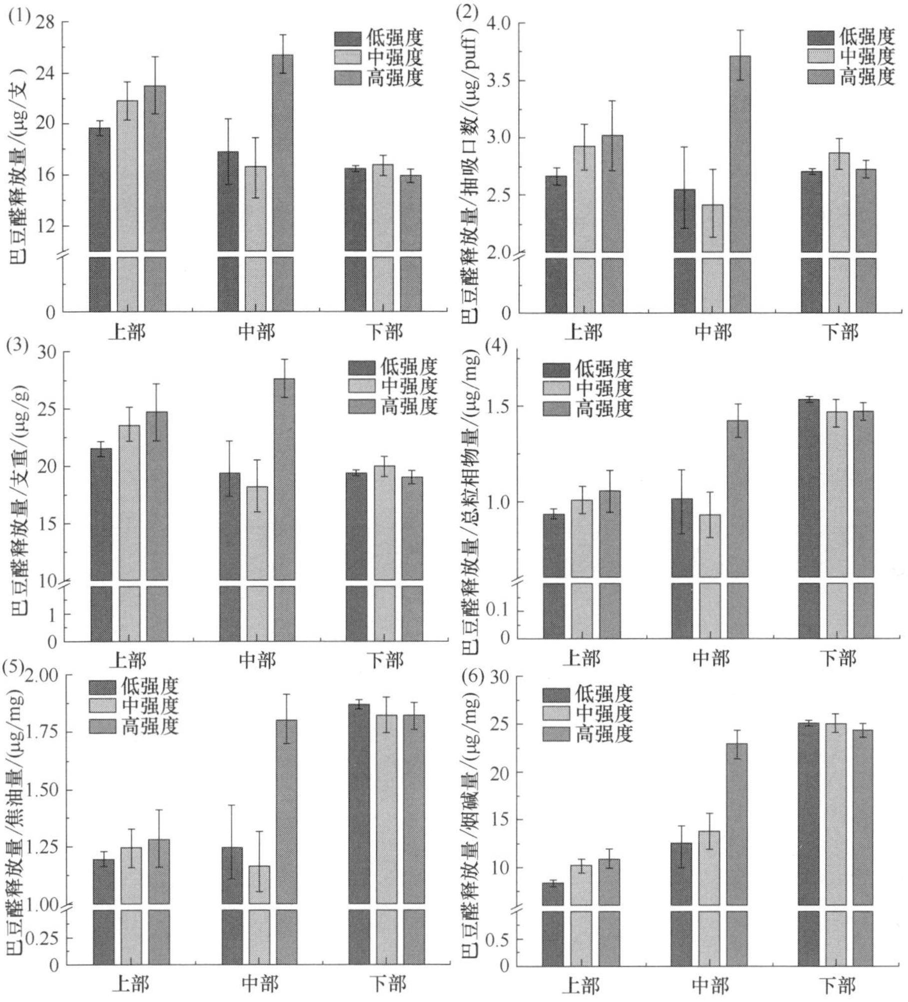

图 3-71 HDT 气流干燥 3 个强度处理后卷烟样品巴豆醛释放量的变化趋势

表 3-67 是 HDT 气流干燥 3 个不同强度处理后卷烟样品巴豆醛释放量的统计分析结果。对于上部片烟样品,虽然巴豆醛释放量均值随处理强度增大有

表 3-67 HDT 气流干燥 3 个强度处理后卷烟样品巴豆醛释放量的统计分析结果

样品	巴豆醛释放量		
	低-中-高	均值/(μg/支)	极差/(μg/支)
上部	0	21.49	3.28
中部	1	19.92	8.73
下部	0	16.40	0.83

注:以 95% 的置信度为检验标准,1 表示有影响,0 表示无影响。

一定的差别，但统计分析结果显示，在统计上并无明显差别，即处理强度对上部片烟样品全支巴豆醛释放量无显著性影响；对中部片烟样品，处理强度对全支巴豆醛释放量有显著影响；对下部片烟样品，处理强度对全支巴豆醛释放量无显著性影响。

三、HDT气流干燥工序中加工强度对单位口数气相物和粒相物释放量的影响

1. HDT气流干燥工序中加工强度对单位口数气相物释放量的影响

图3-72、图3-73、图3-74表示气流干燥加工强度对上部、中部、下部烟卷烟样品单位口数气相物释放量的影响结果。可以看出，上部烟卷烟样品在中加工强度条件下，其单位口数醛酮类化合物和含氧氮硫等杂环化合物释放量最高，苯系物、醛酮类化合物无明显规律；中部烟卷烟样品在低加工强度条件下，其单位口数醛酮类化合物和含氧氮硫等杂环化合物释放量最高，苯系物、醛酮类化合物无明显规律；下部烟卷烟样品在高加工强度下，其单位口数苯系物释放量最高，中强度次之，低强度最低，醛酮类化合物及含氧氮硫等杂环化合物释放量无规律。

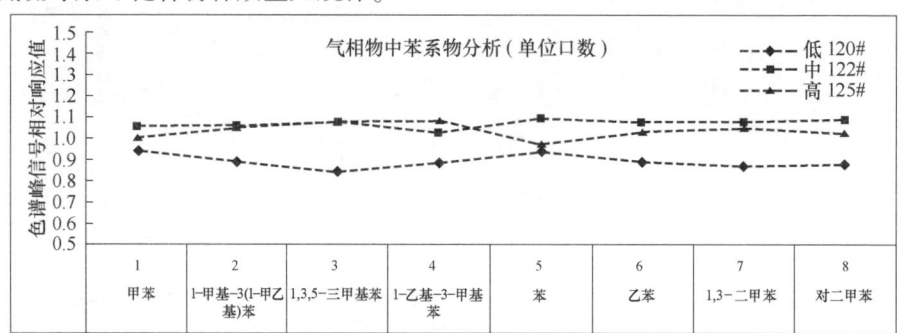

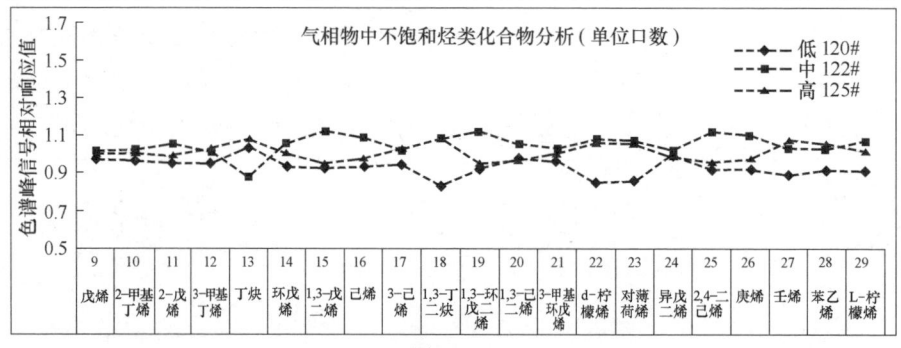

图3-72

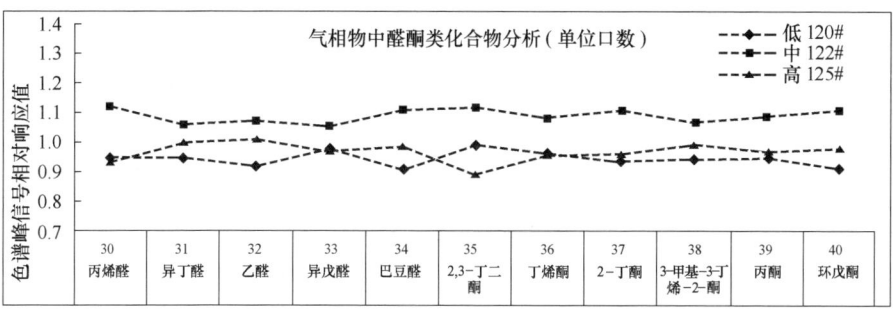

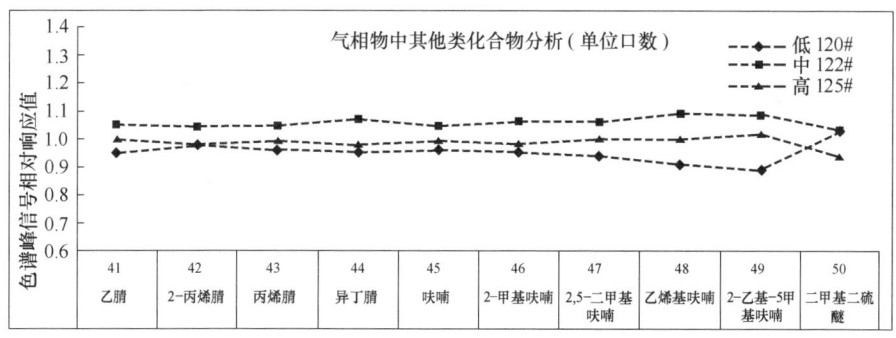

图 3-72　HDT 气流加工强度对上部烟卷烟样品单位口数气相物释放量的影响

注：纵坐标数值是化合物色谱峰信号数据与均值相除所得相对值。

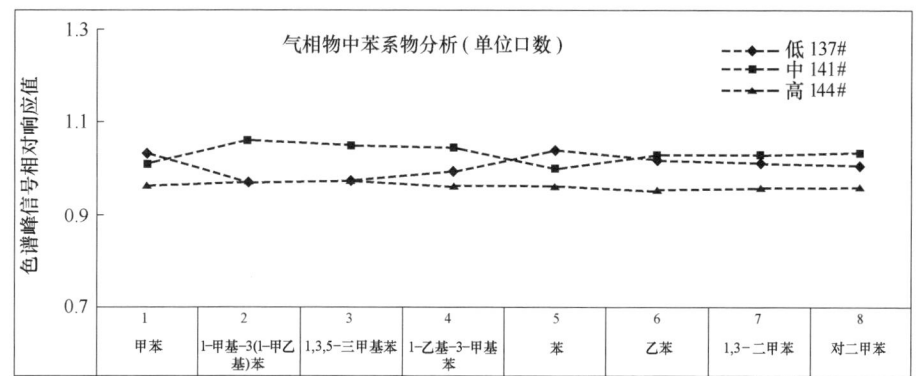

图 3-73

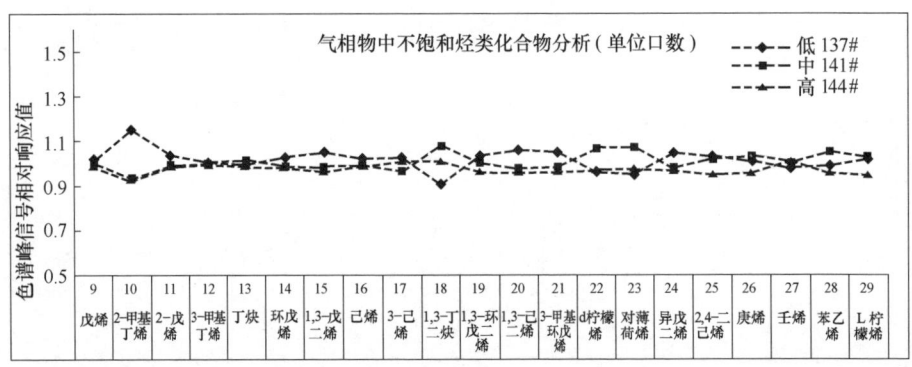

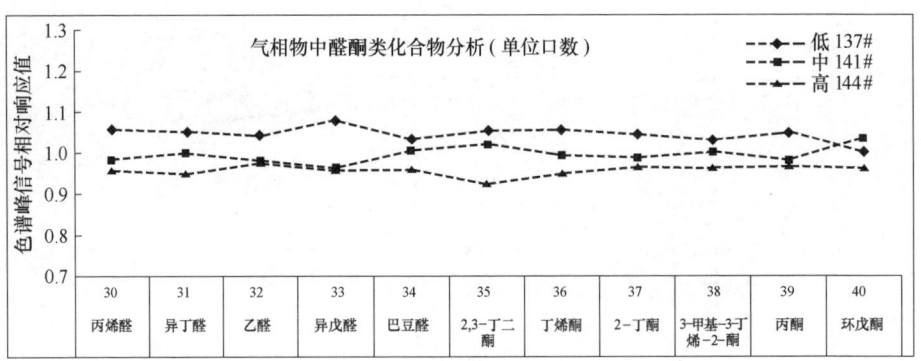

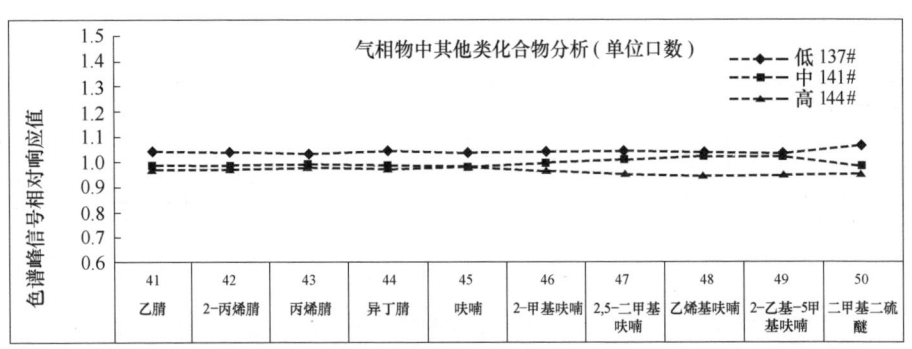

图 3-73　HDT 气流加工强度对中部烟卷烟样品单位口数气相物释放量的影响

　　注：纵坐标数值是化合物色谱峰信号数据与均值相除所得相对值。

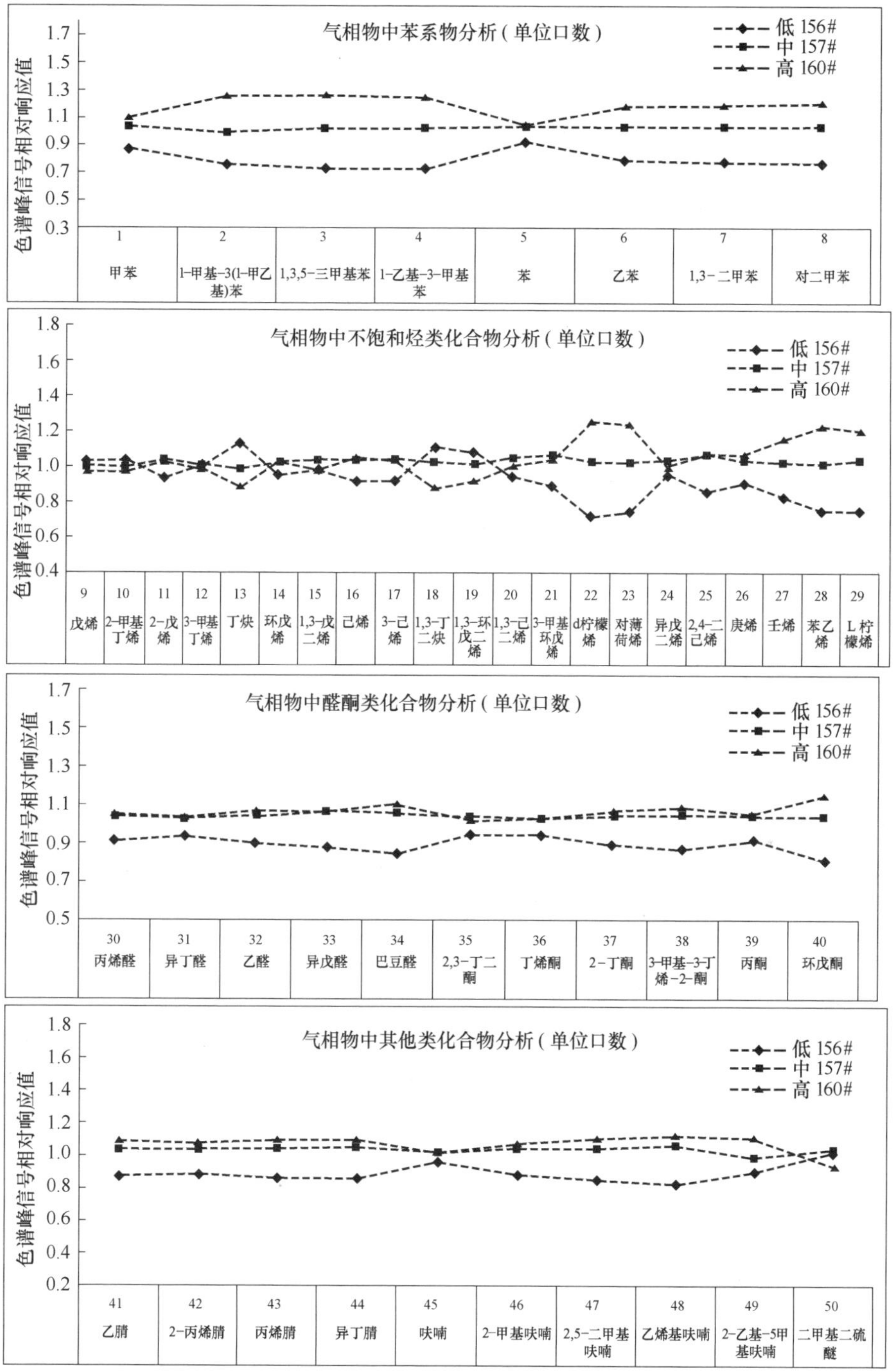

图 3-74 HDT气流加工强度对下部烟卷烟样品单位口数气相物释放量的影响

注:纵坐标数值是化合物色谱峰信号数据与均值相除所得相对值。

气流干燥不同加工强度下单位口数气相物释放量的变化率范围,如表 3-68 所示。根据表中结果可看出,各类型气相物单位口数的释放量与气流干燥加工强度有很大相关性。

表 3-68　气流干燥加工强度对卷烟样品单位口数气相物释放量变化率的影响

加工强度	变化率/%			
	苯系物	不饱和烃类	醛酮类	其他类
低-中-高(上部烟)	11.53~23.60	3.19~25.46	8.41~22.50	7.02~19.62
低-中-高(中部烟)	7.22~9.08	1.68~22.77	6.70~13.01	5.47~11.53
低-中-高(下部烟)	12.32~53.45	2.68~53.18	9.32~35.15	6.06~29.11

对于上部烟,不同加工强度下,卷烟中 8 种苯系物单位口数释放量的变化率均大于 5%,有 19 种不饱和烃类化合物单位口数释放量的变化率大于 5%,11 种醛酮类单位口数释放量变化率大于 5%,其他类化合物释放量变化率大于 5%的有 10 种,共计有 48 种气相物释放量的变化率大于 5%,占所测定气相物总数的 96%。

对于中部烟,不同加工强度下,卷烟样品中 8 种酚类化合物单位口数释放量的变化率均大于 5%,有 15 种不饱和烃类变化率大于 5%,11 种醛酮类气相物单位口数释放量变化率大于 5%,其他类化合物变化率大于 5%的有 10 种,共有 44 种气相物释放量的变化率大于 5%,占所测定气相物总数的 88%。

对于下部烟,不同加工强度下,卷烟中 8 种苯系物单位口数释放量的变化率均大于 5%,有 19 种不饱和烃类化合物单位口数释放量的变化率大于 5%,11 种醛酮类单位口数释放量变化率大于 5%,其他类化合物释放量变化率大于 5%的有 10 种,共计有 48 种气相物释放量的变化率大于 5%,占所测定气相物总数的 96%。

2. HDT 气流干燥工序中加工强度对单位口数粒相物释放量的影响

图 3-75、图 3-76、图 3-77 分别是气流干燥工序加工强度对上部、中部、下部烟卷烟样品单位口数粒相物释放量的影响结果。根据图中结果,可以看出,气流干燥高、中、低加工强度对单位口数释放的酚类化合物、含氮化合物、酮类酸类化合物、呋喃、吡喃、内酯类化合物以及粒相物中如烯类苯环类等其他化合物的含量无明显影响规律。

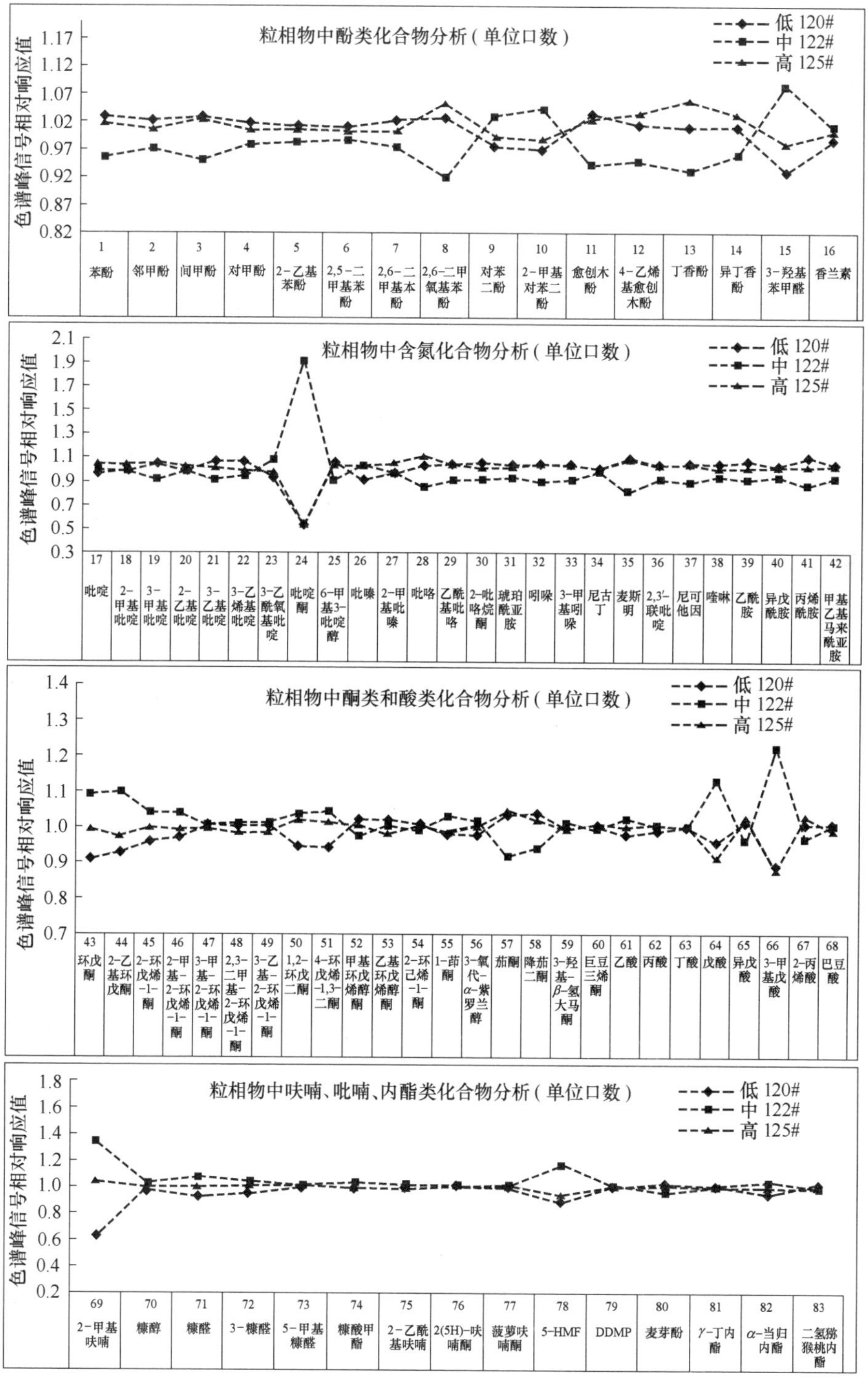

粒相物中酚类化合物分析（单位口数）
低 120#
中 122#
高 125#
色谱峰信号相对响应值
1.17
1.12
1.07
1.02
0.97
0.92
0.87
0.82
1 苯酚
2 邻甲酚
3 间甲酚
4 对甲酚
5 2-乙基苯酚
6 2,5-二甲基苯酚
7 2,6-二甲基苯酚
8 2,6-二甲氧基苯酚
9 对苯二酚
10 2-甲基对苯二酚
11 愈创木酚
12 4-乙烯基愈创木酚
13 丁香酚
14 异丁香酚
15 3-羟基苯甲醛
16 香兰素
粒相物中含氮化合物分析（单位口数）
低 120#
中 122#
高 125#
色谱峰信号相对响应值
2.1
1.9
1.7
1.5
1.3
1.1
0.9
0.7
0.5
0.3
17 吡啶
18 2-甲基吡啶
19 3-甲基吡啶
20 2-乙基吡啶
21 3-乙基吡啶
22 3-乙烯基吡啶
23 3-乙酰氧基吡啶
24 吡啶酮
25 6-甲基3-吡啶醇
26 吡嗪
27 2-甲基吡嗪
28 吡咯
29 乙酰基吡咯
30 2-吡咯烷酮
31 琥珀酰亚胺
32 吲哚
33 3-甲基吲哚
34 尼古丁
35 麦斯明
36 2,3'-联吡啶
37 尼可他因
38 喹啉
39 乙酰胺
40 异戊酰胺
41 丙烯酰胺
42 甲基乙基马来酰亚胺
粒相物中酮类和酸类化合物分析（单位口数）
低 120#
中 122#
高 125#
色谱峰信号相对响应值
1.4
1.3
1.2
1.1
1.0
0.9
0.8
0.7
43 环戊酮
44 2-乙基环戊酮
45 2-环戊烯-1-酮
46 2-甲基-2-环戊烯-1-酮
47 3-甲基-2-环戊烯-1-酮
48 2,3-二甲基-2-环戊烯-1-酮
49 3-乙基-2-环戊烯-1-酮
50 1,2-环戊二酮
51 4-环戊烯-1,3-二酮
52 甲基环戊烯醇酮
53 乙基环戊烯醇酮
54 2-环己烯-1-酮
55 1-茚酮
56 3-氧代-α-紫罗兰醇
57 茄酮
58 降茄二酮
59 3-羟基-β-氢大马酮
60 巨豆三烯酮
61 乙酸
62 丙酸
63 丁酸
64 戊酸
65 异戊酸
66 3-甲基戊酸
67 2-丙烯酸
68 巴豆酸
粒相物中呋喃、吡喃、内酯类化合物分析（单位口数）
低 120#
中 122#
高 125#
色谱峰信号相对响应值
1.8
1.6
1.4
1.2
1.0
0.8
0.6
0.4
0.2
69 2-甲基呋喃
70 糠醇
71 糠醛
72 3-糠醛
73 5-甲基糠醛
74 糠酸甲酯
75 2-乙酰基呋喃
76 2(5H)-呋喃酮
77 菠萝呋喃酮
78 5-HMF
79 DDMP
80 麦芽酚
81 γ-丁内酯
82 α-当归内酯
83 二氢猕猴桃内酯

图 3-75

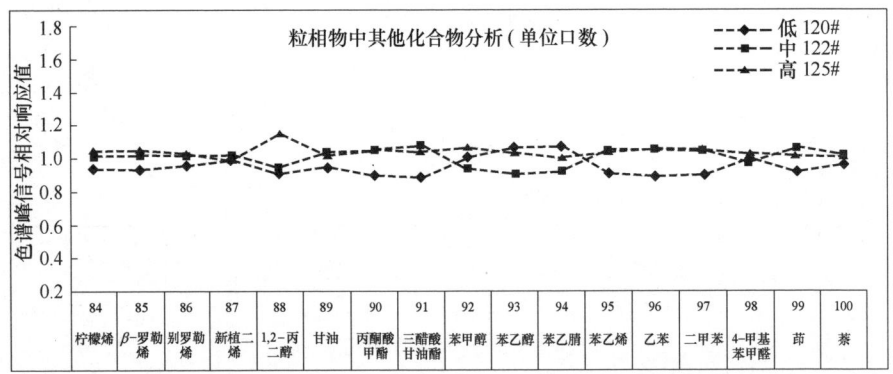

图 3-75　HDT 气流干燥加工强度对上部烟卷烟样品单位口数粒相物释放量的影响
注：纵坐标数值是化合物色谱峰信号数据与均值相除所得相对值。

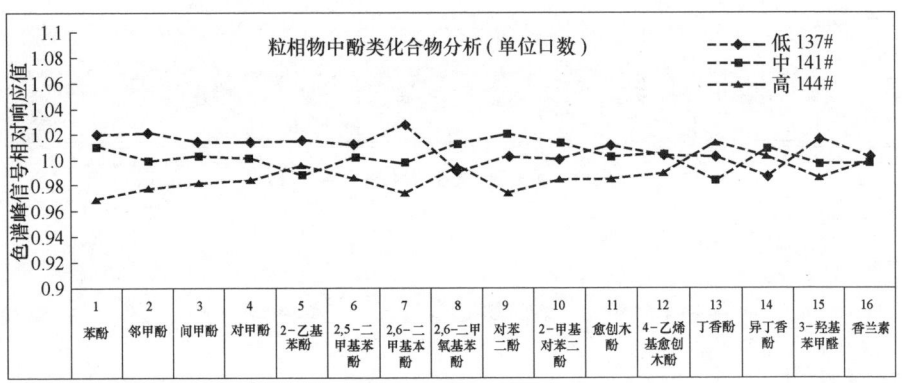

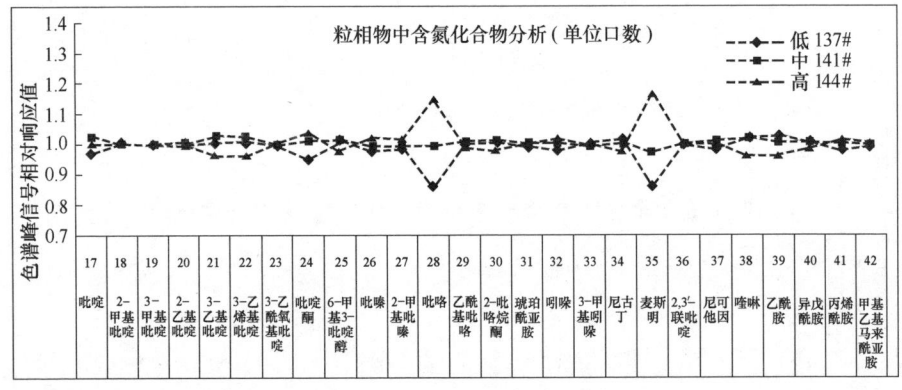

图 3-76

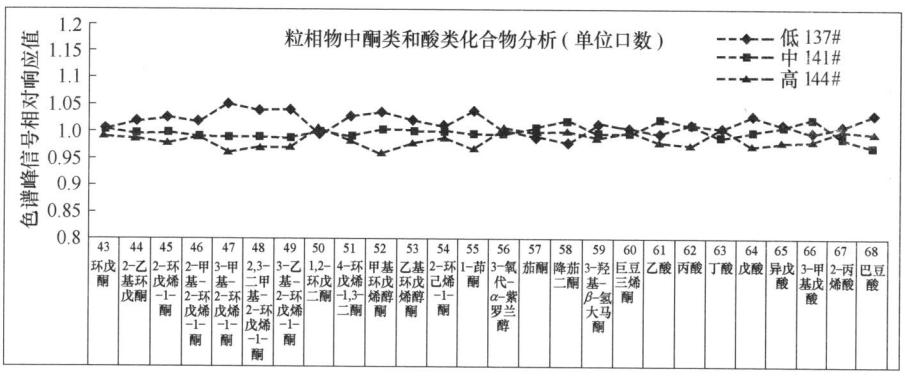
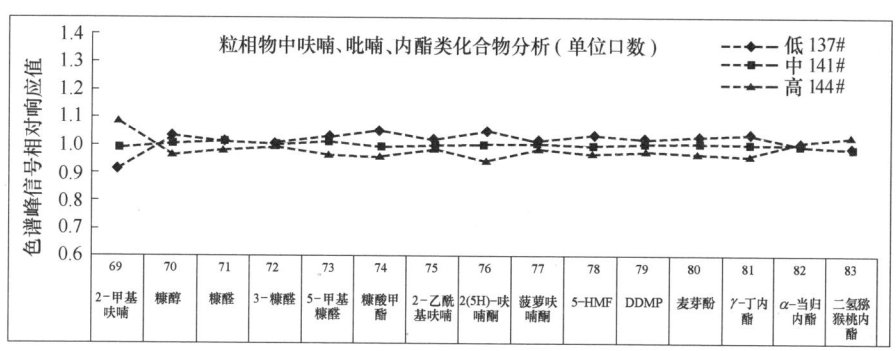
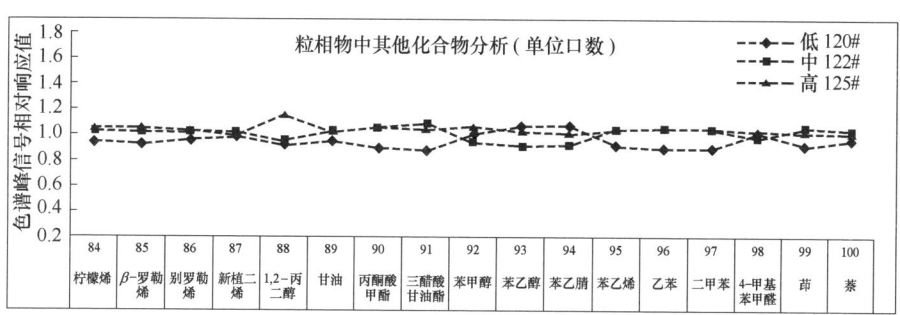

图 3-76 HDT 气流干燥加工强度对中部烟卷烟样品单位口数粒相物释放量的影响
注：纵坐标数值是化合物色谱峰信号数据与均值相除所得相对值。

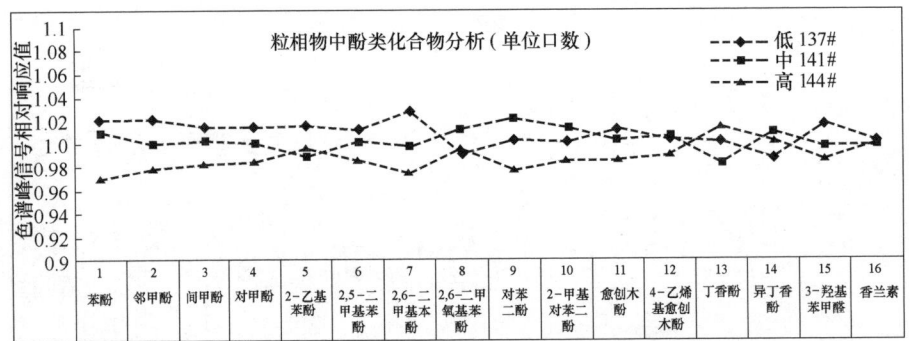
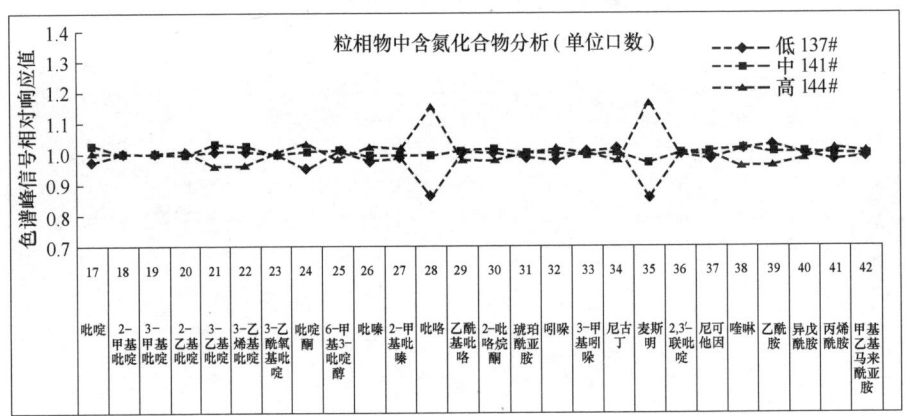
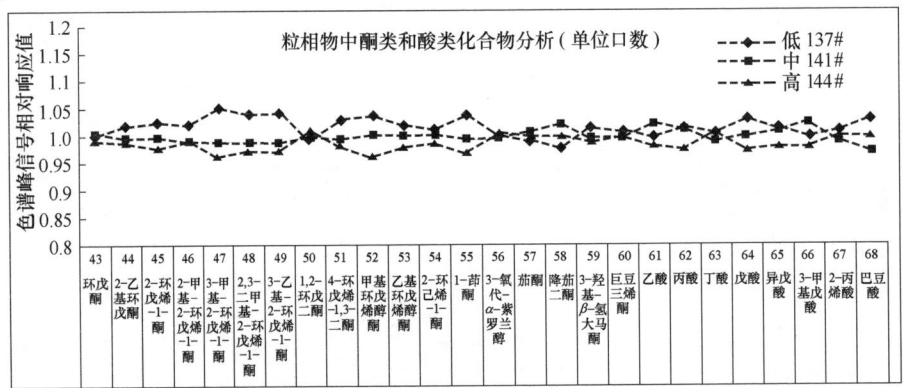

图 3-77

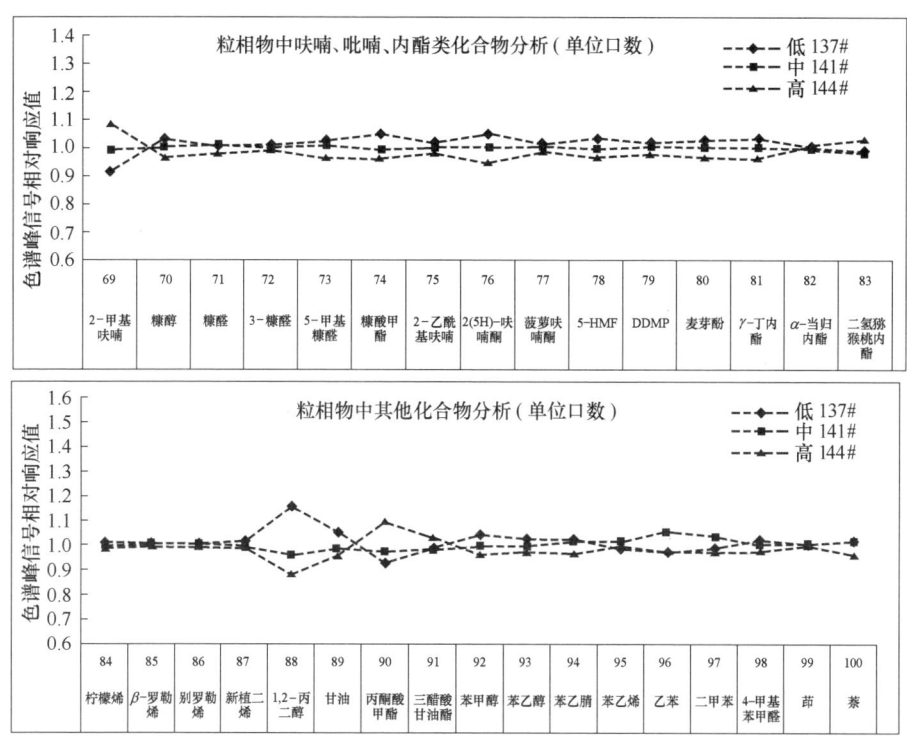

图3-77 HDT气流干燥加工强度对下部烟卷烟样品单位口数粒相物释放量的影响

注:纵坐标数值是化合物色谱峰信号数据与均值相除所得相对值。

气流干燥不同加工强度下单位口数各类粒相物释放量的变化率如表3-69所示。从表中结果可发现,多种粒相物单位口数释放量与气流干燥加工强度有很大相关性,根据变化率的大小可以看出,加工强度对上部烟和下部烟的影响大于中部烟。

表3-69 气流干燥不同加工强度下卷烟样品单位口数粒相物释放量变化率

加工强度	变化率/%				
	酚类	含氮化合物	酮类酸类	呋喃/吡喃/内酯类	其他类
低-中-高(上部烟)	2.01~15.75	2.81~140.64	0.12~34.30	0.57~72.52	6.96~24.52
低-中-高(中部烟)	0.44~5.32	0.13~31.00	1.01~9.14	1.42~18.01	1.22~27.91
低-中-高(下部烟)	2.83~24.04	1.96~30.44	0.66~34.19	0.72~28.39	8.32~28.53

对于上部烟样品,气流干燥加工强度对卷烟样品单位口数粒相物释放量有很大影响。卷烟中11种酚类化合物释放量的变化率均大于5%,有25种含氮化合物释放量的变化率大于5%,13种酮类酸类粒相物释放量变化率大于

5%，呋喃/吡喃/内酯类化合物和其他类化合物释放量变化率大于 5% 的分别有 7 种和 17 种，共有 73 种粒相物释放量的变化率大于 5%，占所测定粒相物总数的 89%。

对于中部烟样品，气流干燥加工强度对卷烟样品粒相物影响的种类不多。2 种酚类化合物释放量的变化率均大于 5%，有 8 种含氮化合物释放量的变化率大于 5%，8 种酮类酸类粒相物释放量变化率大于 5%，呋喃/吡喃/内酯类化合物和其他类化合物释放量变化率大于 5% 的分别有 8 种和 11 种，共有 37 种粒相物释放量的变化率大于 5%，占所测定粒相物总数的 37%。

对于下部烟样品，卷烟中 14 种酚类化合物释放量的变化率均大于 5%，有 22 种含氮化合物释放量的变化率大于 5%，17 种酮类酸类粒相物释放量变化率大于 5%，呋喃/吡喃/内酯类化合物和其他类化合物释放量变化率大于 5% 的分别有 12 种和 17 种，共有 82 种粒相物释放量的变化率大于 5%，占所测定粒相物总数的 82%。

四、HDT 气流干燥工艺加工强度对危害性指数的影响

图 3-78 显示 HDT 气流干燥 3 个强度处理后卷烟样品危害性指数的变化趋势，该指标综合了 7 种有害成分的全支释放量指标。从图中数据可以看出，3 种不同部位的卷烟样品经 HDT 气流干燥处理后，危害性指数存在一定差别。上部和中部烟样品显示高强度处理后的危害性指数均值均高于中低强度，而对于下部烟样品，低强度危害性指数最高。初步说明选择合适的 HDT 气流干燥条件，可以优化卷烟的危害性指数指标。

表 3-70 是 HDT 气流干燥 3 个强度处理后卷烟样品危害性指数的统计分

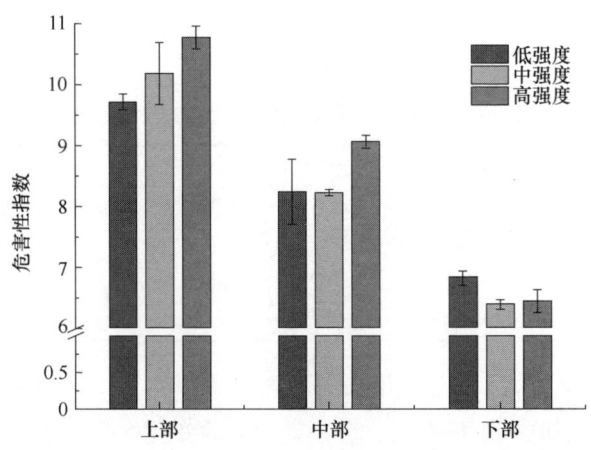

图 3-78　HDT 气流干燥 3 个强度处理后卷烟样品危害性指数的变化趋势

析结果。对于上部、中部、下部片烟样品，HDT 气流干燥处理强度对危害性指数均有显著影响。

表 3-70 HDT 气流干燥 3 个强度处理后卷烟样品危害性指数的统计分析结果

样品	危害性指数		
	低-中-高	均值	极差
上部	1	10.23	1.04
中部	1	8.51	0.83
下部	1	6.57	0.44

注：以 95%的置信度为检验标准，1 表示有影响，0 表示无影响。

五、HDT 气流干燥工序中加工强度对烟丝化学成分的影响

图 3-79 和表 3-71 是 HDT 气流干燥工序加工强度对处理前后化学成分的影响。从图中可以看出，气流干燥后，下部烟的水溶性总糖和还原糖有所增加，且随着加工强度的增加呈上升的趋势，上部烟和中部烟变化不明显；中部和下部烟的硝酸盐在干燥后降低，下部烟硝酸盐随加工强度增加呈降低趋势；中部烟总植物碱在加工强度增加时有降低的趋势；总氮、钾的含量变化不明显；下部烟的氯、钾硝酸盐加工后略降，随强度增加递减；中部和下部烟的石油醚含量在加工后略降，随强度增加逐渐降低；上部的淀粉加工后略有降低，下部烟淀粉加工后略有增加。

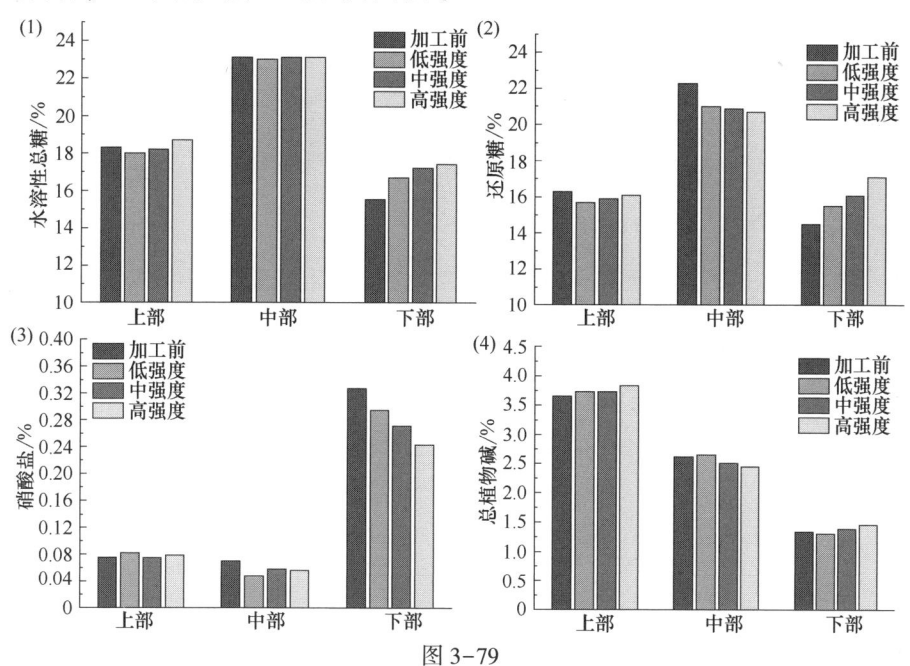

图 3-79

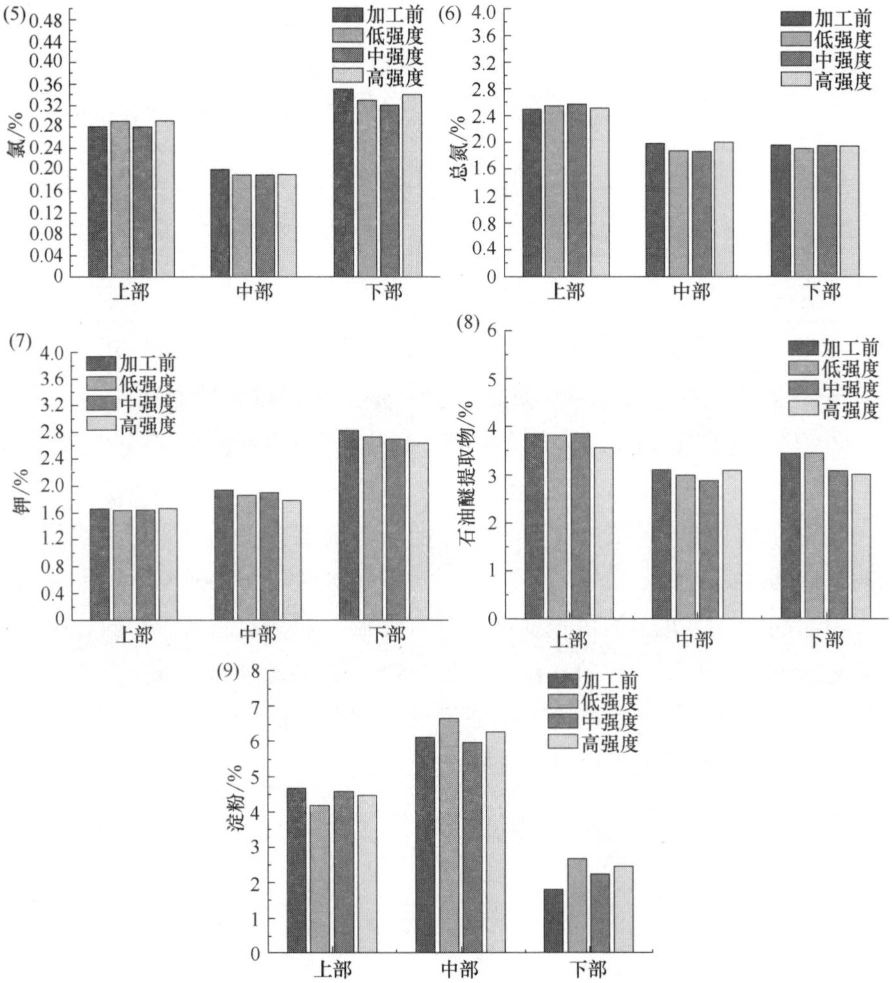

图 3-79 HDT 气流干燥工序加工强度对处理前后化学成分的影响

表 3-71 HDT 气流干燥工序不同加工强度卷烟样品化学成分均值假设检验数据

指标	上部		中部		下部	
	均值	极差	均值	极差	均值	极差
硝酸盐/%	0.08	0.01	0.05	0.01	0.27	0.05
水溶性总糖/%	18.29	0.68	23.08	0.09	17.09	0.65
总植物碱/%	3.77	0.11	2.54	0.20	1.39	0.15
氯/%	0.28	0.02	0.19	0.01	0.33	0.02
还原糖/%	15.91	0.40	20.89	0.30	16.24	1.55
总氮/%	2.55	0.06	1.92	0.14	1.93	0.04
钾/%	1.65	0.03	1.65	0.12	2.69	0.09
石油醚提取物/%	3.74	0.29	2.99	0.21	3.18	0.44
淀粉/%	4.42	0.39	6.3	0.65	2.46	0.45

六、HDT 气流干燥工序中加工强度对烟丝物理指标的影响

1. HDT 气流干燥工序中加工强度对烟丝填充值的影响

图 3-80 为 3 个 HDT 干燥强度下的烟丝填充值变化趋势。从图中可以看出，相同干燥强度下，中部烟烘后烟丝的填充值略低于其他部位烟叶；随滚筒干燥强度的增加，总体上不同部位烟叶烘后填充值呈现增加趋势。

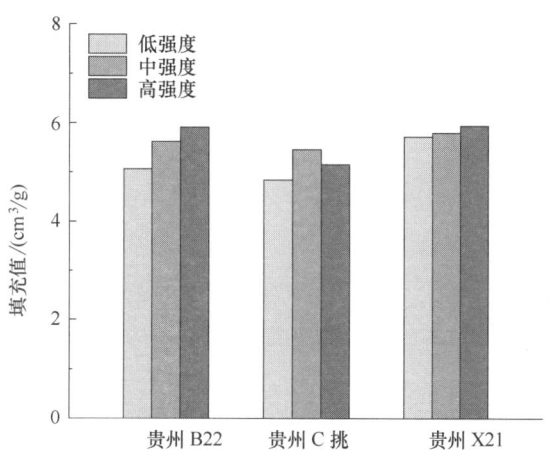

图 3-80 HDT 加工强度对烟丝填充值的影响

表 3-72 是 3 个干燥强度下烟丝填充值的均值、极差及变化率数据。由表可看出，HDT 干燥强度对不同部位烟叶填充值影响程度依次为上部烟>中部烟>下部烟。滚筒干燥强度对中部烟和上部烟烘后烟丝填充值有显著影响，而对下部烟填充值无明显影响。

表 3-72　　　　烟丝填充值均值、极差与变化率

样品	填充值		
	均值/(cm³/g)	极差/(cm³/g)	变化率/%
上部	5.5233	0.85	15.39
中部	5.1367	0.60	11.68
下部	5.8067	0.22	3.78

2. HDT 气流干燥工序中加工强度对烟丝结构的影响

图 3-81 为 3 个干燥强度条件下的烟丝结构变化趋势。从图 3-81（1）中可以看出，低强度和中等强度下，中部烟烟丝的特征尺寸高于其他部位烟叶，高加工强度下三种部位烟丝特征尺寸差异不大；随干燥强度增加，上部烟和

中部烟烟丝特征尺寸呈减小趋势。从图 3-81（2）中可以看出，相同干燥强度下，不同部位烟叶烘后烟丝尺寸分布均匀性系数差异不大；中等干燥强度下，烟丝尺寸分布均匀性系数略高。

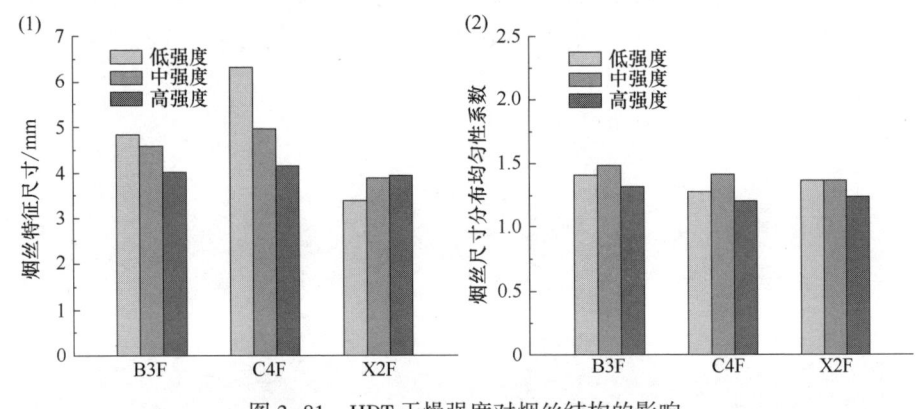

图 3-81　HDT 干燥强度对烟丝结构的影响

表 3-73、表 3-74 是 3 个干燥强度条件下烟丝特征尺寸和均匀性系数的均值、极差及变化率数据。由表 3-73 可看出，HDT 干燥强度对不同部位烟叶烘后烟丝的特征尺寸均有显著影响，影响程度为中部烟>上部烟>下部烟。由表 3-74 可看出，HDT 干燥强度对不同部位烟叶烘后烟丝尺寸均匀性系数均有显著影响，影响程度依次为中部烟>上部烟>下部烟。

表 3-73　烟丝特征尺寸均值、极差与变化率

样品	特征尺寸		
	均值/mm	极差/mm	变化率/%
上部	4.475	0.83	18.54
中部	5.14	2.17	42.24
下部	3.74	0.54	14.31

表 3-74　烟丝尺寸均匀性系数均值、极差与变化率

样品	均匀性系数		
	均值	极差	变化率/%
上部	1.406	0.167	11.87
中部	1.301	0.206	15.83
下部	1.325	0.134	10.07

图 3-82 为 3 个干燥强度条件下成品卷烟烟丝结构变化趋势。从图 3-82 (1) 中可以看出，相同加工强度下，中部烟烟丝的特征尺寸稍高于其他部位烟叶；随干燥强度增加，三个部位烟叶成品烟丝特征尺寸均呈减小趋势。从图 3-82 (2) 中可以看出，相同干燥强度下，中部烟烟丝尺寸均匀系数稍高于其他部位烟叶；随干燥强度增加，三个部位烟叶成品烟丝均匀性系数均呈减小趋势。

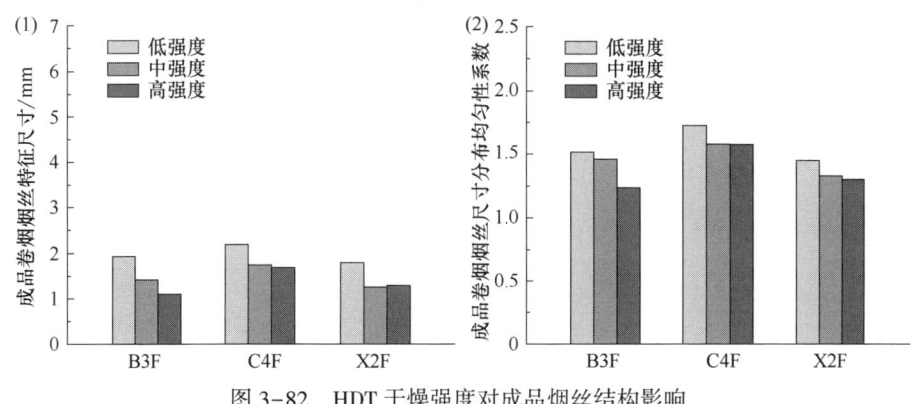

图 3-82 HDT 干燥强度对成品烟丝结构影响

表 3-75、表 3-76 是 3 个干燥强度条件下成品卷烟烟丝特征尺寸和均匀性系数的均值、极差及变化率数据。由表 3-75 可看出，HDT 干燥强度对不同部位烟叶成品烟丝的特征尺寸均有显著影响，影响程度为上部烟>下部烟>中部烟。由表 3-76 可以看出，滚筒干燥强度对上部烟和下部烟成品卷烟中烟丝尺寸均匀性系数均有显著影响，对中部烟有一定影响，影响程度依次为上部烟>下部烟>中部烟。

表 3-75　　成品卷烟烟丝特征尺寸均值、极差与变化率

样品	特征尺寸		
	均值/mm	极差/mm	变化率/%
上部	1.48	0.83	55.95
中部	1.88	0.51	27.17
下部	1.44	0.54	37.41

3. HDT 气流干燥工序中加工强度对烟丝内孔容积的影响

图 3-83 为 3 个烘丝强度下的烟丝内孔容积的变化趋势。从图中可以看出，低干燥强度下，上部烟叶烘后烟丝内孔容积较大，而中等干燥强度和高干燥强度下，中部烟叶烘后烟丝的内孔容积较高。随干燥强度的增加，不同部位烟叶烘后烟丝的内孔容积并无一致性变化规律。

表 3-76　成品卷烟烟丝尺寸均匀性系数均值、极差与变化率

样品	均匀性系数		
	均值	极差	变化率/%
上部	1.402	0.280	19.97
中部	1.628	0.150	9.21
下部	1.359	0.143	10.52

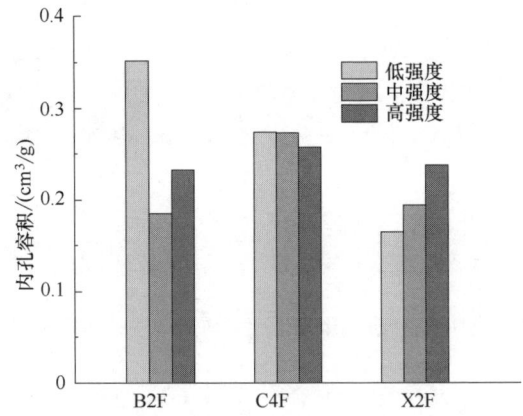

图 3-83　HDT 干燥强度对烘后烟丝内孔容积的影响

表 3-77 是 3 个烘丝强度下烟丝内孔容积的均值、极差及变化率数据。由表可看出，烘丝强度对不同部位烟叶烘后烟丝的内孔容积影响程度依次为上部烟>下部烟>中部烟，其中对上部烟和下部烟有显著影响，对中部烟有一定影响。

表 3-77　不同烘丝强度下内孔容积均值、极差与变化率

样品	内孔容积		
	均值/(cm³/g)	极差/(cm³/g)	变化率/%
上部	0.2562	0.1667	65.07
中部	0.2676	0.0166	6.20
下部	0.1983	0.0725	36.57

七、HDT 气流干燥工序中加工强度对卷烟烟支物理指标的影响

图 3-84 为 HDT 气流干燥工序 3 个强度处理后制备的卷烟样品物理指标的变化趋势。图中显示，上部、中部和下部烟的吸阻随加工强度增加呈上升趋势；中部和下部烟硬度随加工强度增加而增加。

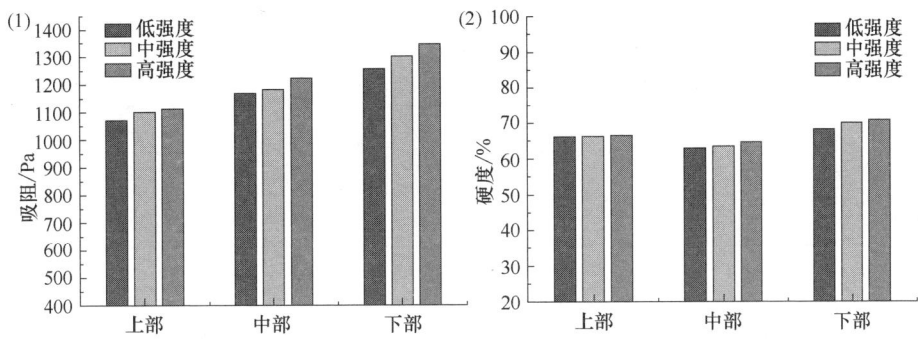

图 3-84 HDT气流干燥工序加工强度对卷烟样品吸阻与硬度的影响

表3-78是HDT气流干燥工序3个不同强度处理后卷烟样品物理质量的统计分析结果。表中显示，HDT气流干燥加工强度对上部、中部和下部烟的吸阻均有显著影响；对硬度无明显影响。

表3-78 滚筒干燥工序不同强度处理后卷烟样品物理指标的统计分析结果

样品		低-中-高	均值	极差
吸阻/Pa	上部	1	1094	43
	中部	1	1192	22
	下部	1	1302	90
硬度/%	上部	0	66.31	0.40
	中部	0	63.81	1.83
	下部	0	69.79	2.53

注：以95%的置信度为检验标准，1表示有影响，0表示无影响。

八、HDT干燥加工强度对叶丝加工感官指标影响

由表3-79可知，HDT干燥工序加工强度对杂气、细腻程度、刺激性和干燥感等指标影响显著，对其他指标影响不明显。

表3-79 HDT干燥加工强度对叶丝加工感官指标影响

感官指标		香气特性				烟气特性				口感特性				风格变化程度
		香气质	香气量	透发性	杂气	浓度	劲头	细腻程度	成团性	刺激性	干燥感	干净程度	回甜	
上部烟	0.8mm	=	=	=	↓	=	=	↓	=	=	↓	=	=	=
	1.0mm	=	=	=	=	=	=	=	=	=	=	=	=	=
	1.2mm	=	=	=	↓↓	=	=	↓↓	=	↓	↓	=	=	=
中部烟	0.8mm	=	=	=	↑	=	=	=	=	↑	=	=	=	=
	1.0mm	=	=	=	=	=	=	=	=	=	=	=	=	=
	1.2mm	=	=	=	=	↑	=	↓	=	=	↓	=	=	=

续表

感官指标		香气特性				烟气特性				口感特性				风格变化程度
		香气质	香气量	透发性	杂气	浓度	劲头	细腻程度	成团性	刺激性	干燥感	干净程度	回甜	
下部烟	0.8mm	=	=	=	=	=	=	=	=	↑	=	=	=	=
	1.0mm	=	=	=	=	=	=	=	=	=	=	=	=	=
	1.2mm	=	=	=	↓	=	=	↓	=	=	↓	=	=	=

注：1. 以正常生产中强度为对照样进行感官对比评价。
2. "↑"表示与对照样相比有正向变化，"="表示没有明显影响，"↓"表示与对照样相比有负向变化，"↓↓"表示与对照样相比有较大负向变化。

第五节 CTD气流干燥对卷烟质量及烟气指标的影响

一、CTD气流干燥工序中加工强度对常规烟气指标的影响

图3-85显示不同部位片烟样品在CTD气流干燥工序经3个不同强度

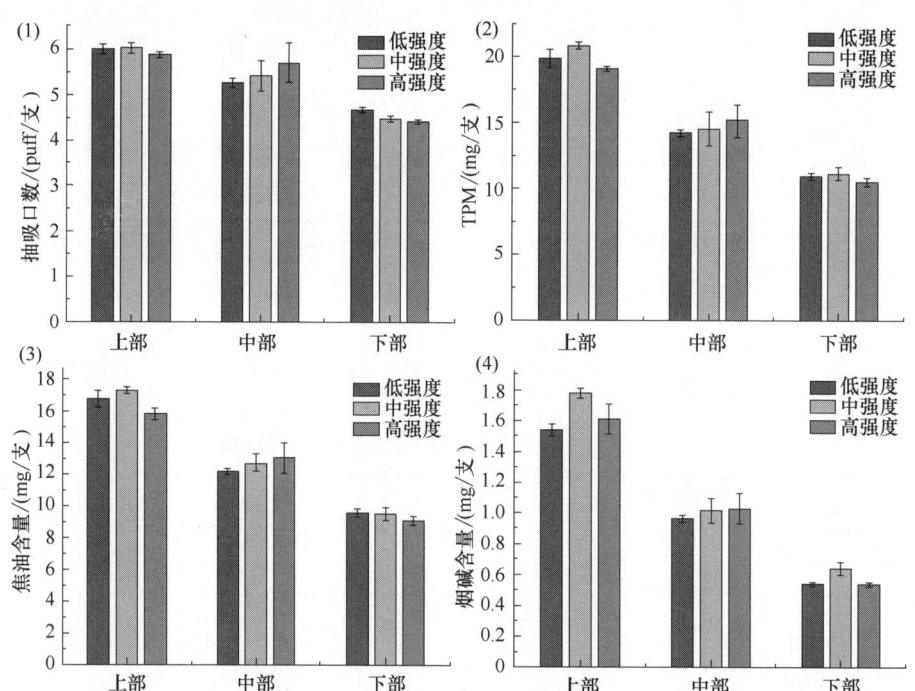

图3-85 不同部位烟样品在CTD气流干燥工序3个强度下制备的卷烟样品抽吸口数（1）和烟气中TPM（2）、焦油（3）和烟碱（4）含量的变化趋势

(低、中、高)下处理,同时经过相同的上游(松散回潮处理、切丝)、下游(卷制)等工艺过程,获得的卷烟样品抽吸口数、烟气中总粒相物、焦油和烟碱含量的变化趋势。由图3-85中数据可知,随着CTD气流干燥处理强度的增加,上部烟样品在抽吸口数、TPM、焦油和烟碱释放量等常规烟气指标方面呈现先增大后减小的趋势,中部烟样品在以上指标方面出现逐渐增大的趋势,下部烟样品各常规烟气指标变化无明显规律性。

表3-80显示不同部位烟样品在CTD气流干燥工序3个强度下制备的卷烟样品抽吸口数[图3-85(1)]和烟气中TPM[图3-85(2)]、焦油[图3-85(3)]和烟碱[图3-85(4)]含量的统计分析结果。由于每个条件的实验做了三批次的处理物料,所以利用统计分析可以确认该规律在统计意义上是否显著。由表3-80数据可知,除抽吸口数外,CTD气流干燥加工强度对上部烟样品TPM、焦油和烟碱释放量有显著影响;对中部烟在抽吸口数、TPM、焦油和烟碱等方面没有显著影响,均值略有差异;对下部烟样品的TPM和焦油方面未见显著影响,抽吸口数和烟碱释放量差异显著。

表3-80 不同部位烟样品在CTD气流干燥工序3个强度下制备的
卷烟样品抽吸口数和烟气中TPM、焦油和烟碱含量的统计分析结果

样品	抽吸口数/(puff/支)			TPM/(mg/支)			焦油/(mg/支)			烟碱/(mg/支)		
	低-中-高	均值	极差	低-中-高	均值	极差	低-中-高	均值	极差	低-中-高	均值	极差
上部	0	5.98	0.15	1	19.91	1.77	1	16.66	1.44	1	1.64	0.24
中部	0	5.47	0.43	0	14.67	1.03	0	12.67	0.87	0	1.00	0.06
下部	1	4.53	0.25	0	10.86	0.60	0	9.42	0.51	1	0.58	0.10

注:以95%的置信度为检验标准,1表示有影响,0表示无影响。

二、CTD气流干燥工序中加工强度对7种有害成分的影响

1. CTD气流干燥工艺加工强度对CO释放量的影响

图3-86为CTD气流干燥3个强度处理后制备的卷烟样品CO释放量的变化趋势。图3-86[(1)/(2)/(3)]中数据显示,随着加工强度的增加,上部烟样品全支、平均每口和单位支重CO释放量呈现先增加后减小的趋势;中部烟样品全支和单位支重CO释放量大体呈现增加趋势,而中部烟样品平均每口CO释放量无明显差异;下部烟样品全支和单位支重CO释放量呈现下降趋势,下部烟样品平均每口CO释放量无明显差异。随着加工强度的增加,上

部和中部烟样品单位 TPM［图 3-86（4）］、单位焦油［图 3-86（5）］与单位烟碱［图 3-86（6）］CO 释放量无明显变化，而下部烟在加工强度不断增加时，单位 TPM、单位焦油与单位烟碱的 CO 释放量呈现先减小后增大的趋势。根据上述相同或近似的变化趋势，说明 CTD 气流干燥加工强度对 CO 释放量无选择性。

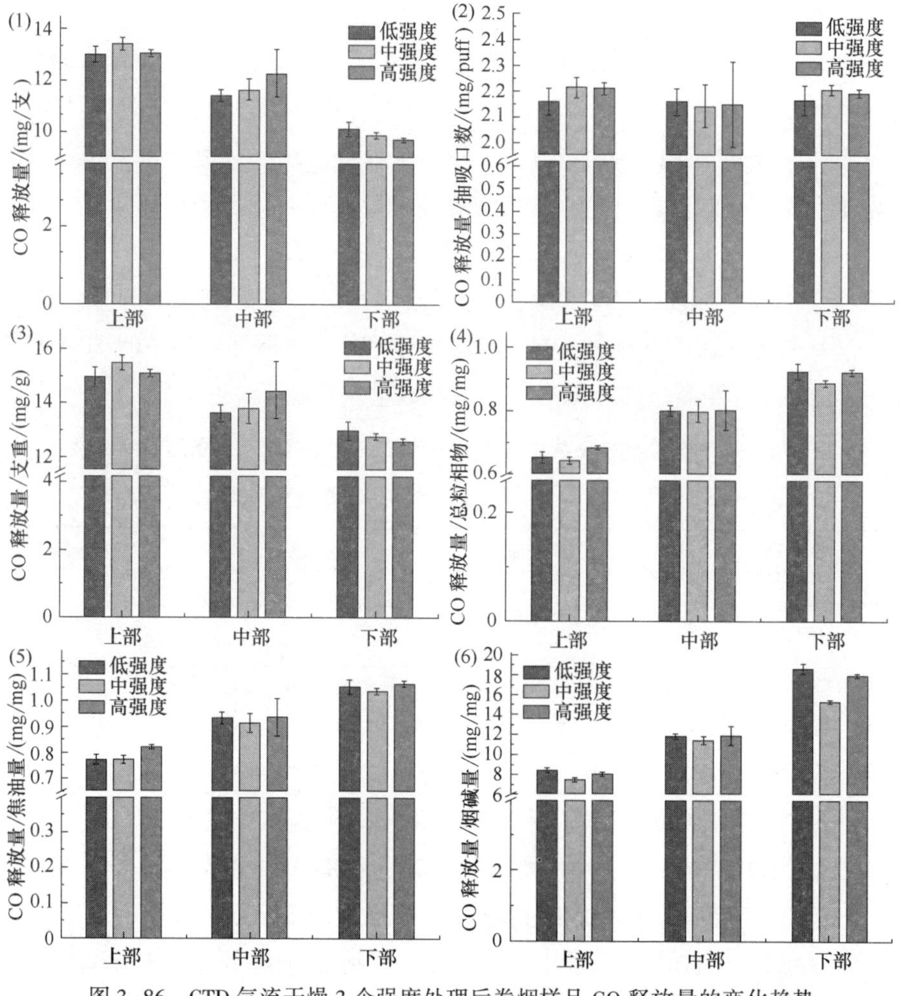

图 3-86　CTD 气流干燥 3 个强度处理后卷烟样品 CO 释放量的变化趋势

表 3-81 是 CTD 气流干燥 3 个强度处理后卷烟样品全支 CO 释放量的统计分析结果。虽然 3 种不同部位烟样品全支 CO 释放量均值有一定的差别，但统计分析结果显示，均值在统计上并无明显差别，即 CTD 气流干燥加工强度对上、中、下 3 种不同部位烟样品全支 CO 释放量无显著性影响。

第三章 加工工艺对卷烟质量及烟气指标的影响规律

表3-81 CTD气流干燥3个强度处理后卷烟样品CO释放量的统计分析结果

样品	CO释放量		
	低-中-高	均值/(mg/支)	极差/(mg/支)
上部	0	13.15	0.41
中部	0	11.76	0.85
下部	0	9.92	0.42

注：以95%的置信度为检验标准，1表示有影响，0表示无影响。

2. CTD气流干燥工艺加工强度对B[a]P释放量的影响

图3-87为CTD气流干燥3个强度处理后制备的卷烟样品B[a]P释放

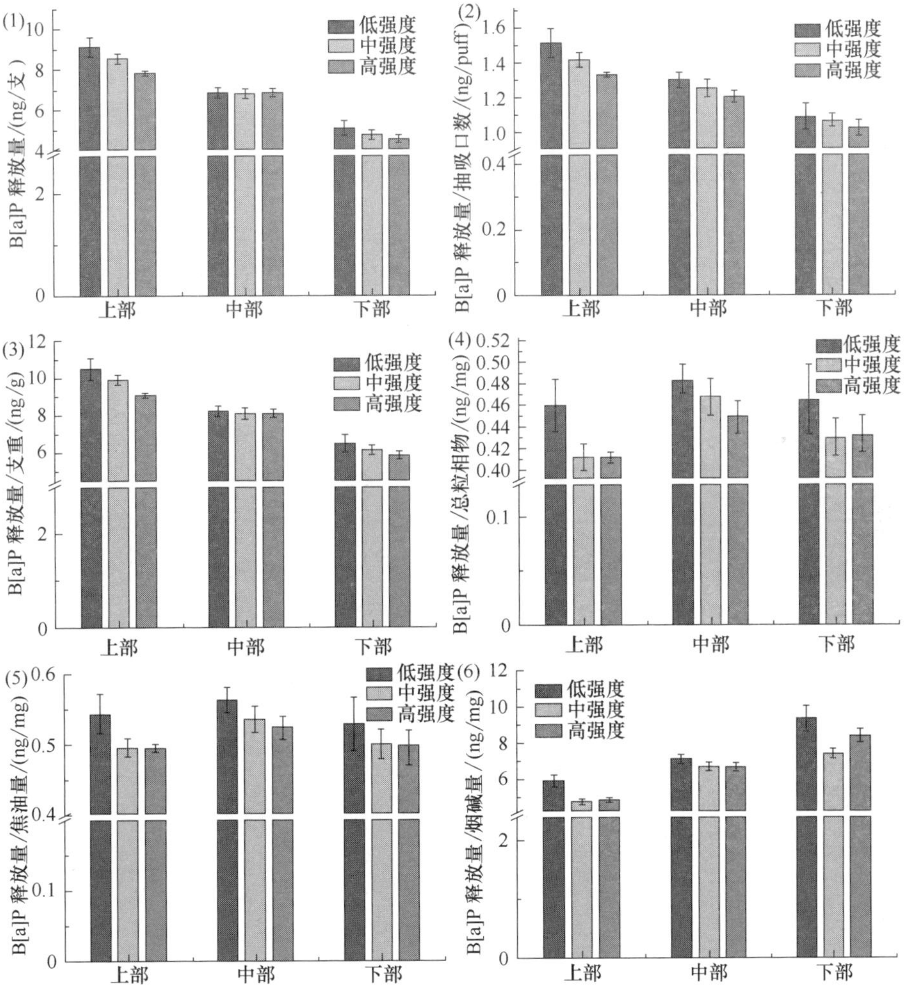

图3-87 CTD气流干燥3个强度处理后卷烟样品B[a]P释放量的变化趋势

量的变化趋势。从图3-87（1）中数据显示，上部和下部片烟样品全支B[a]P释放量随处理强度的增加而有所降低，而中部片烟样品全支B[a]P释放量无明显变化；上部、中部和下部烟样品平均每口［图3-87（2）］、单位支重［图3-87（3）］、单位TPM［图3-87（4）］、单位焦油［图3-87（5）］B[a]P释放量随处理强度的增加均呈现下降趋势；随处理强度的增加，上部和中部片烟样品单位烟碱［图3-87（6）］B[a]P释放量逐渐减少，下部片烟样品单位烟碱B[a]P释放量则出现先减少后增加的趋势。综合结果表明，CTD气流干燥加工强度对B[a]P释放量无明显选择性。

表3-82是CTD气流干燥3个强度处理后卷烟样品全支B[a]P释放量的统计分析结果。从表中可以看出，加工强度对中部和下部烟的卷烟样品全支B[a]P释放量的影响，虽然均值有一定的差别，但统计分析结果显示，均值在统计上并无明显差别，即CTD气流干燥加工强度对中部和下部烟全支B[a]P释放量无显著性影响；而对于上部烟样品，CTD气流干燥处理强度对其全支B[a]P释放量有显著性影响。

表3-82　CTD气流干燥3个强度处理后卷烟样品B[a]P释放量的统计分析结果

样品	B[a]P释放量		
	低-中-高	均值/(ng/支)	极差/(ng/支)
上部	1	8.52	1.27
中部	0	6.85	0.06
下部	0	4.80	0.55

注：以95%的置信度为检验标准，1表示有影响，0表示无影响。

3. CTD气流干燥工艺加工强度对NNK释放量的影响

图3-88为CTD气流干燥3个强度处理后制备的卷烟样品NNK释放量的变化趋势。图3-88（1）中数据显示，上部烟卷烟样品全支NNK释放量随加工强度的增加，呈现逐渐增加的趋势，而加工强度对中部烟卷烟样品全支NNK释放量的影响并不明显，下部烟卷烟样品全支NNK释放量随加工强度的增加则呈现先增加后降低的趋势；与此同时，随加工强度的增加，上部烟卷烟样品平均每口［图3-88（2）］、单位支重［图3-88（3）］、单位TPM［图3-88（4）］、单位焦油［图3-88（5）］和单位烟碱［图3-88（6）］NNK释放量随处理强度的增加，呈现逐渐增加的趋势；而中部烟卷烟样品平均每口、单位支重、单位TPM、单位焦油和单位烟碱NNK释放量随CTD气流干燥的处理强度的增加而略有下降，变化不明显；下部烟卷烟样品平均每口、单位支

重、单位 TPM 和单位焦油 NNK 释放量随处理强度的增加呈现先增加后减小的趋势，单位烟碱 NNK 释放量的变化规律正好相反，呈现先减小后增加的趋势。以上结果说明，CTD 气流干燥工艺加工强度对 NNK 释放量存在选择性变化的趋势。

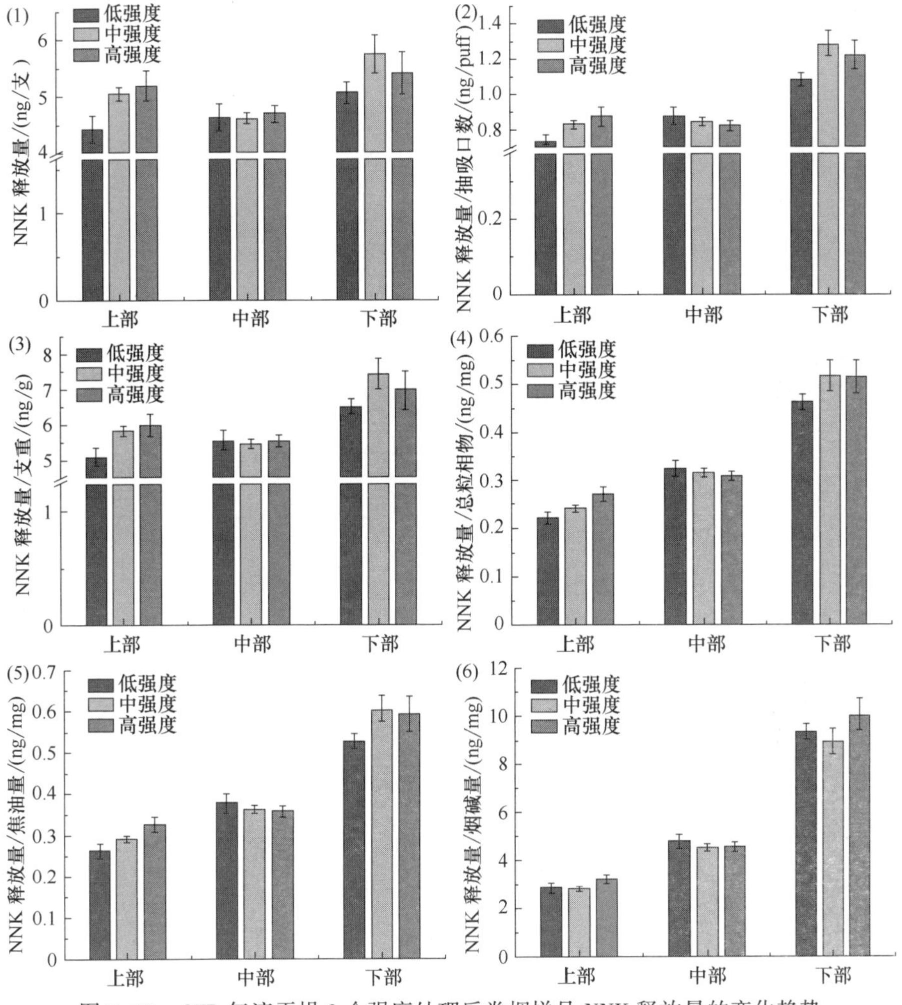

图 3-88　CTD 气流干燥 3 个强度处理后卷烟样品 NNK 释放量的变化趋势

表 3-83 是 CTD 干燥 3 个强度处理后卷烟样品全支 NNK 释放量的统计分析结果。结果显示加工强度对上部和中部烟样品全支 NNK 释放量有显著性影响；对下部烟卷烟样品，虽然均值略有差异，但统计分析结果表明，均值在统计上并无明显差别，即 CTD 气流干燥加工强度对下部烟卷烟样品全支 NNK 释放量无显著性影响。

表 3-83 CTD 气流干燥 3 个强度处理后卷烟样品 NNK 释放量的统计分析结果

样品	NNK 释放量/(ng/支)		
	低-中-高	均值/(ng/支)	极差/(ng/支)
上部	1	4.89	0.75
中部	1	4.65	0.11
下部	0	5.42	0.67

注：以 95% 的置信度为检验标准，1 表示有影响，0 表示无影响。

4. CTD 气流干燥工艺加工强度对氨释放量的影响

图 3-89 为 CTD 气流干燥 3 个强度处理后制备的卷烟样品氨释放量的变化

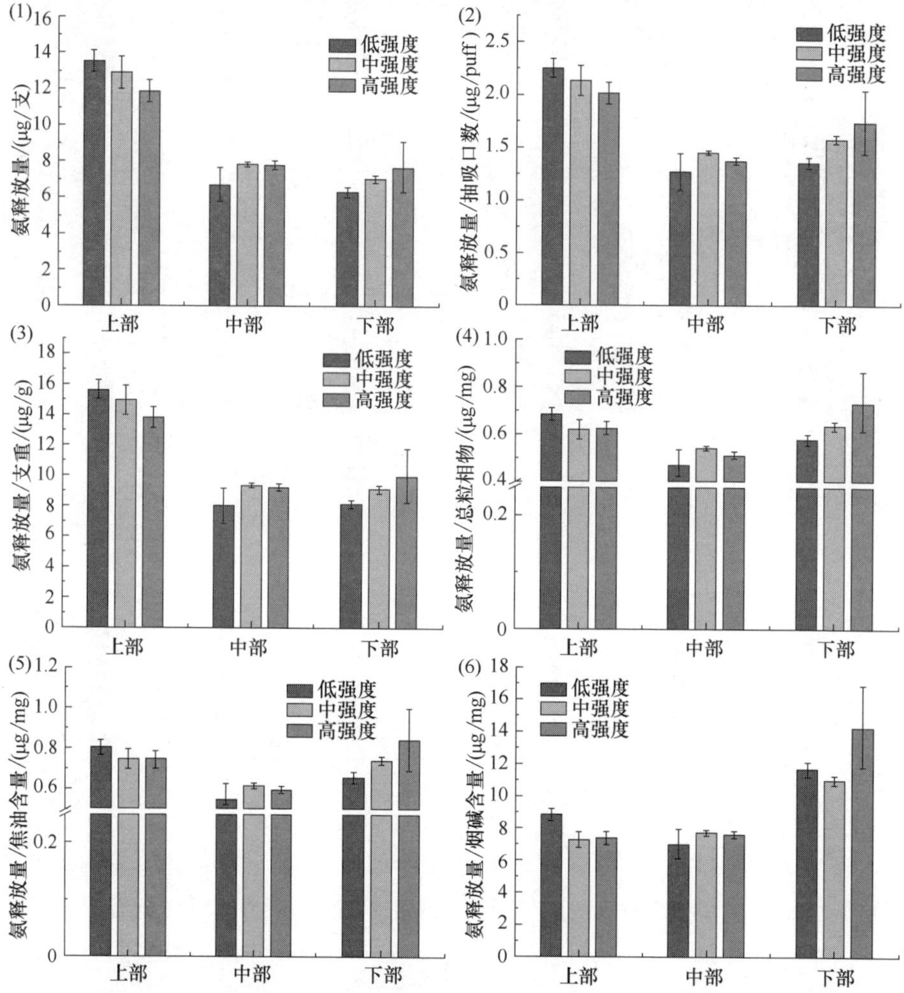

图 3-89 CTD 气流干燥 3 个强度处理后卷烟样品氨释放量的变化趋势

第三章 加工工艺对卷烟质量及烟气指标的影响规律

趋势。图3-89（1）中数据显示，上部烟卷烟样品经过CTD气流干燥处理后，全支氨释放量随强度的增加均值呈现逐步减小的趋势，而中部和下部烟样品全支氨释放量则随着处理强度的增加呈现逐渐增加的趋势；平均每口［图3-89（2）］和单位支重［图3-89（3）］、单位TPM［图3-89（4）］、单位焦油［图3-89（5）］、单位烟碱［图3-89（6）］与相应全支氨释放量［图3-89（1）］呈现相似的规律性。说明CTD气流干燥工艺加工强度对氨释放量具有选择性。

表3-84是CTD气流干燥3个强度处理后卷烟样品全支氨释放量的统计分析结果。从表中可以看出，CTD气流干燥强度对上部、中部、下部烟卷烟样品均无显著影响。

表3-84 CTD气流干燥3个强度处理后卷烟样品全支氨释放量的统计分析结果

样品	氨释放量		
	低-中-高	均值/(μg/支)	极差/(μg/支)
上部	0	12.79	1.66
中部	0	7.47	1.14
下部	0	7.04	1.35

注：以95%的置信度为检验标准，1表示有影响，0表示无影响。

5. CTD气流干燥工艺加工强度对苯酚释放量的影响

图3-90为CTD气流干燥3个强度处理后制备的卷烟样品苯酚释放量的变化趋势。从图3-90（1）中数据显示，上、中、下3个部位的卷烟样品全支苯酚释放量随处理强度的增加变化不一致。对上、中、下部烟卷烟样品，全支苯酚释放量基本无变化。下部烟卷烟样品平均每口［图3-90（2）］和单位支重［图3-90（3）］苯酚释放量与全支苯酚释放量均值基本无变化。单位TPM［图3-90（4）］、单位焦油［图3-90（5）］和单位烟碱［图3-90（6）］苯酚释放量随不同处理强度的变化规律亦并不明显。说明CTD气流干燥工艺加工强度对苯酚释放量无明显选择性。

表3-85是CTD气流干燥3个强度处理后卷烟样品全支苯酚释放量的统计分析结果。对于上、中、下部3种片烟卷烟样品，虽然全支释放量均值显示随强度变化上有一定的差别，但统计分析结果显示，其在统计上并无明显差别，即CTD气流干燥各强度对上、中、下部3种片烟卷烟样品全支苯酚释放量无显著性影响。

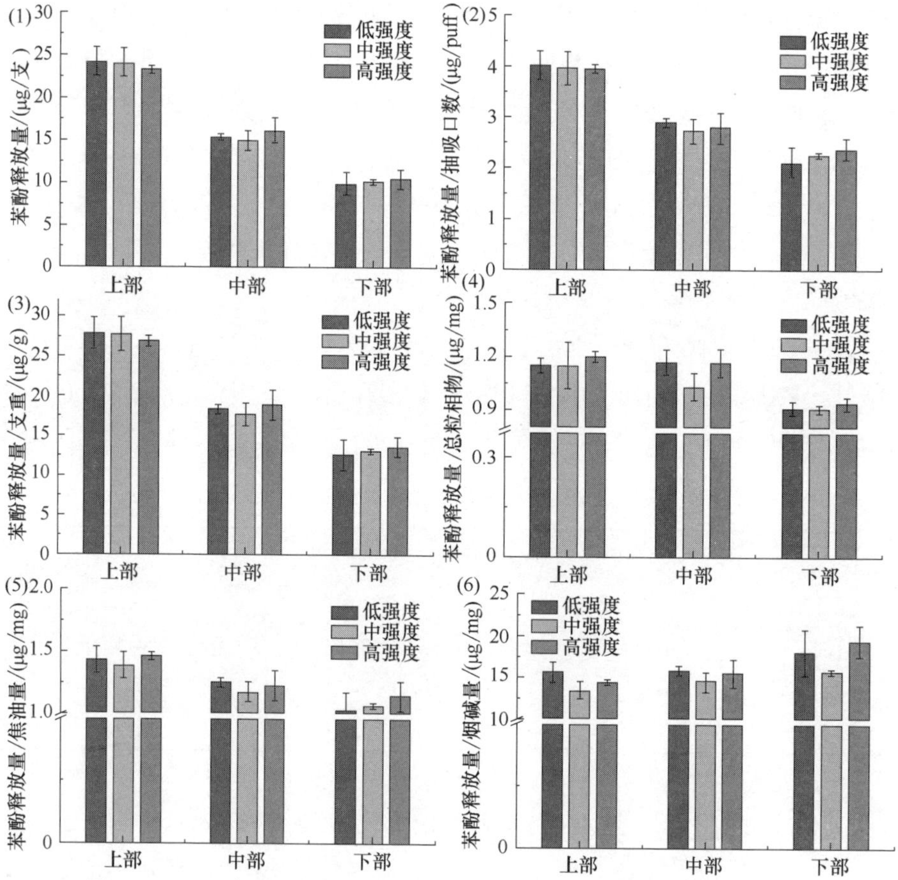

图 3-90 CTD 气流干燥 3 个强度处理后卷烟样品苯酚释放量的变化趋势

表 3-85 CTD 气流干燥 3 个强度处理后卷烟样品全支苯酚释放量的统计分析结果

样品	苯酚释放量		
	低-中-高	均值/(μg/支)	极差/(μg/支)
上部	0	23.82	0.90
中部	0	15.42	1.11
下部	0	10.17	0.60

注：以 95% 的置信度为检验标准，1 表示有影响，0 表示无影响。

6. CTD 气流干燥工艺加工强度对 HCN 释放量的影响

图 3-91 为 CTD 气流干燥 3 个强度处理后制备的卷烟样品 HCN 释放量的变化趋势。从图 3-91（1）中数据显示，上、中、下 3 个部位的烟样品全支 HCN 释放量随处理强度的增加变化不一致。上部和中部烟卷烟样品随处理强度的增加呈现逐渐下降趋势。下部烟卷烟样品在不同强度处理时，全支 HCN

释放量变化规律并不明显。上部和中部烟卷烟样品平均每口［图 3-91（2）］、单位支重［图 3-91（3）］、单位 TPM［图 3-91（4）］、单位焦油［图 3-91（5）］和单位烟碱［图 3-91（6）］HCN 释放量与相应全支卷烟 HCN 释放量呈现相似规律。下部烟卷烟样品 HCN 释放量变化规律有所不同，下部烟卷烟样品平均每口和单位支重 HCN 释放量在不同处理强度下的变化规律并不明显，而下部烟卷烟样品单位 TPM、单位焦油和单位烟碱 HCN 释放量随处理强度的增加均呈现先减小后增加的趋势。说明改变 CTD 气流干燥加工强度可适当改变 HCN 释放量。HCN 释放量对烟碱具有选择性。

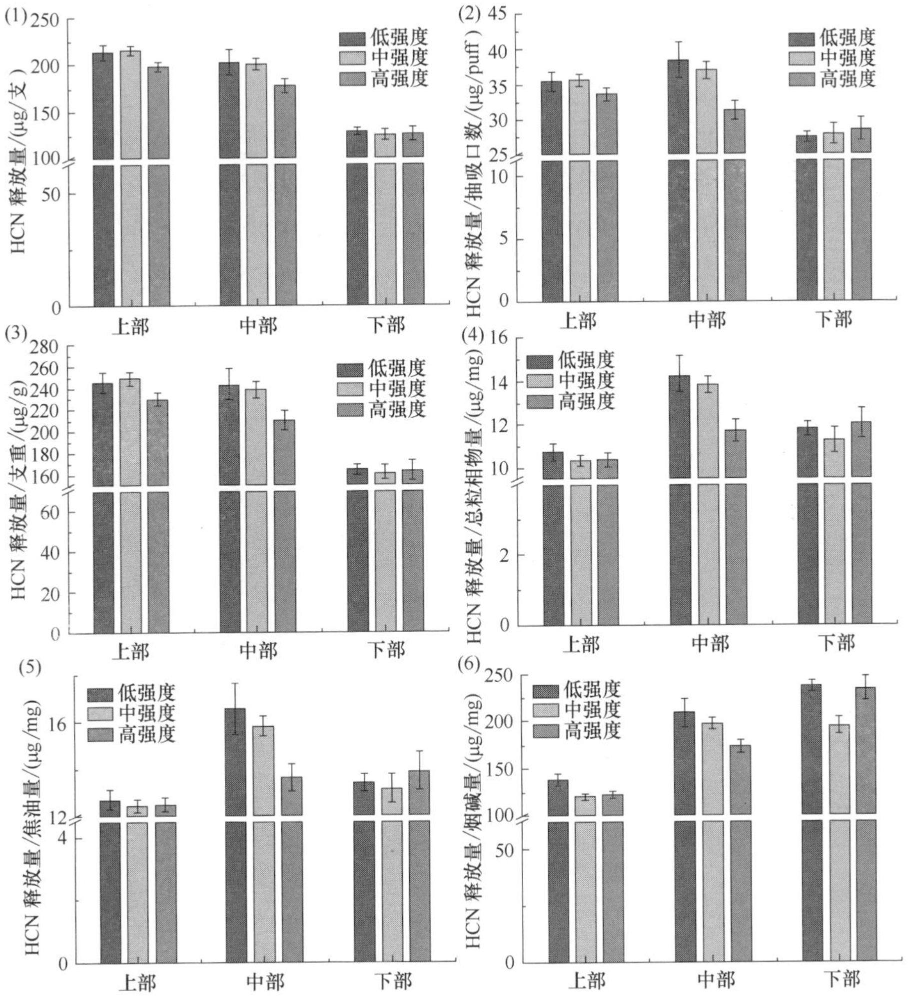

图 3-91 CTD 气流干燥 3 个强度处理后卷烟样品 HCN 释放量的变化趋势

表 3-86 是 CTD 气流干燥 3 个强度处理后卷烟样品全支 HCN 释放量的统计分析结果。对于下部烟卷烟样品，虽然全支 HCN 释放量均值随强度变化有一定的差别，但统计分析结果表明，均值在统计上并无明显差别，即 CTD 气流干燥处理强度的差异对下部烟卷烟样品全支 HCN 释放量无显著性影响；对上部和中部烟卷烟样品，处理强度对全支 HCN 释放量有显著影响。

表 3-86　CTD 气流干燥 3 个强度处理后卷烟样品全支 HCN 释放量的统计分析结果

样品	低-中-高	HCN 释放量	
		均值/(μg/支)	极差/(μg/支)
上部	1	209.37	17.40
中部	1	194.20	23.83
下部	0	127.10	3.87

注：以 95% 的置信度为检验标准，1 表示有影响，0 表示无影响。

7. CTD 气流干燥工艺加工强度对巴豆醛释放量的影响

图 3-92 为 CTD 气流干燥 3 个强度处理后制备的卷烟样品全支巴豆醛释放量的变化趋势。从图 3-92（1）中数据显示，上部烟卷烟样品全支巴豆醛释放量随处理强度的增加变化不大。中、下部烟卷烟样品，全支巴豆醛释放量

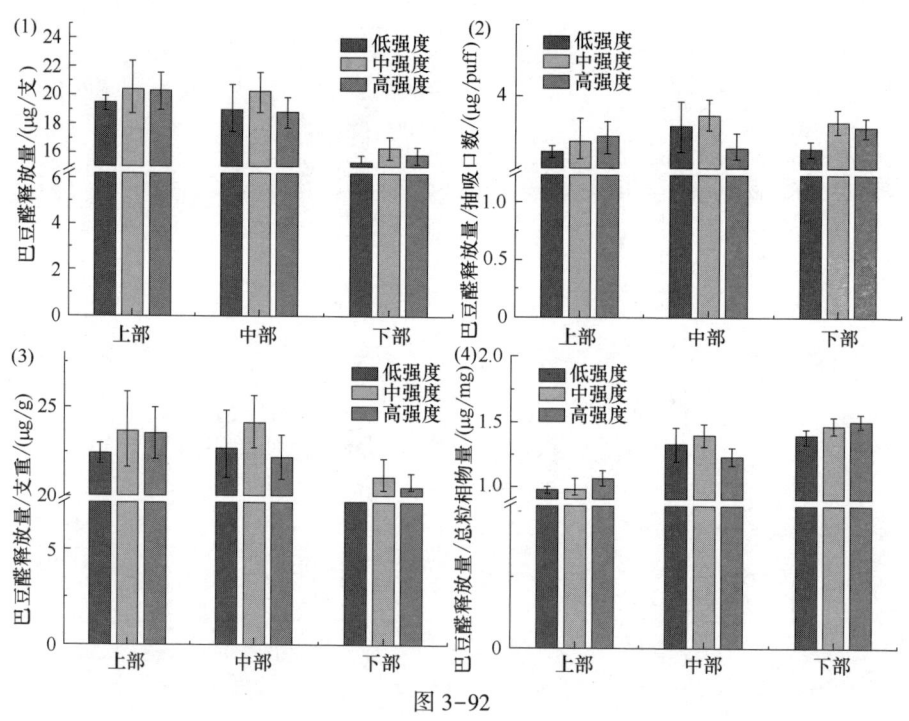

图 3-92

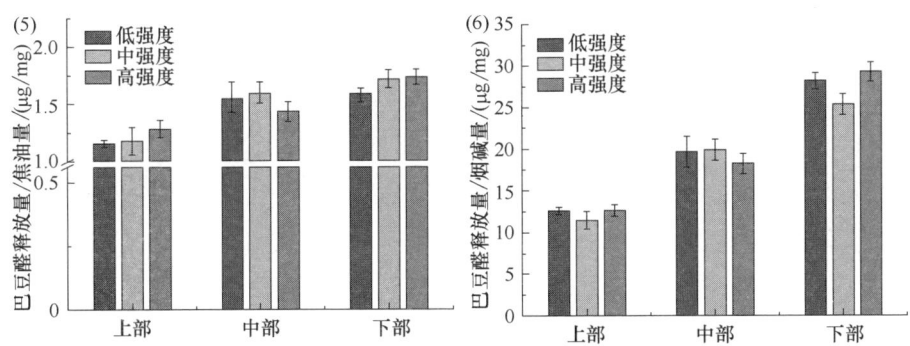

图 3-92 CTD 气流干燥不同强度处理后卷烟样品全支巴豆醛释放量的变化趋势

随处理强度的增加呈现先增加后减小趋势。对于上部和中部烟卷烟样品而言，平均每口 [图 3-92 (2)]、单位支重 [图 3-92 (3)]、单位 TPM [图 3-92 (4)]、单位焦油 [图 3-92 (5)] 和单位烟碱 [图 3-92 (6)] 释放量与全支巴豆醛释放量变化规律类似。对于下部片烟，平均每口和单位支重巴豆醛释放量全支巴豆醛释放量变化规律一致，单位 TPM、单位焦油巴豆醛释放量随处理强度的增加，大致呈现逐渐增加的趋势，单位烟碱巴豆醛释放量随处理强度先降低再增加。

表 3-87 是 CTD 气流干燥 3 个强度处理后卷烟样品全支巴豆醛释放量的统计分析结果。对于上、中、下 3 种不同部位卷烟样品，虽然全支巴豆醛释放量均值显示随强度变化有一定的差别，但统计分析结果显示，均值在统计上并无明显差别，即 CTD 气流干燥各强度对不同部位卷烟样品全支巴豆醛释放量无显著性影响。

表 3-87 CTD 气流干燥不同强度处理后卷烟样品全支巴豆醛释放量的统计分析结果

样品	巴豆醛释放量		
	低-中-高	均值/(μg/支)	极差/(μg/支)
上部	0	20.09	0.95
中部	0	19.37	1.50
下部	0	15.85	1.04

注：以 95% 的置信度为检验标准，1 表示有影响，0 表示无影响。

三、CTD 气流干燥工艺加工强度对危害性指数的影响

图 3-93 显示 CTD 气流干燥 3 个强度处理后卷烟样品危害性指数的变化趋势，该指标综合了 7 种有害成分的全支释放量指标。从图中数据可以看出，3

种不同部位的片烟样品危害性指数随 CTD 气流干燥处理强度的变化呈现较为一致的规律,即中强度处理后卷烟样品的危害性指数均值均大于低、高强度处理后的卷烟样品;上部烟卷烟样品经低强度处理后,其危害性指标均值大于高强度处理后的样品,而对于中部和下部烟样品,低强度处理后的危害性指数则小于高强度处理后的样品。初步说明选择合适的 CTD 气流干燥条件,可以优化卷烟的危害性指数指标。

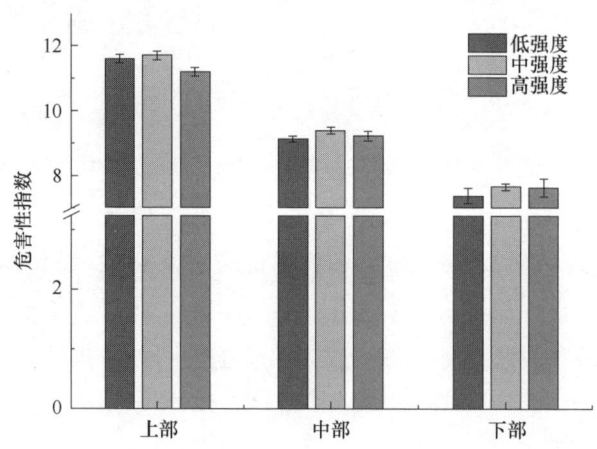

图 3-93 CTD 气流干燥不同强度处理后卷烟样品危害性指数的变化趋势

表 3-88 是 CTD 气流干燥 3 个强度处理后卷烟样品危害性指数的统计分析结果。对于中、下部烟样品,虽然危害性指数均值显示随强度变化上有一定的差别,但统计分析结果显示,均值在统计上并无明显差别,即 CTD 气流干燥各强度对下部和中部烟样品危害性指数无显著性影响;对上部烟样品,CTD 干燥加工强度对危害性指数有显著影响。

表 3-88 CTD 气流干燥不同强度处理后卷烟样品危害性指数的统计分析结果

样品	危害性指数		
	影响	均值	极差
上部	1	11.51	0.51
中部	0	9.26	0.27
下部	0	7.57	0.30

注:以 95% 的置信度为检验标准,1 表示有影响,0 表示无影响。

四、CTD 气流干燥工序中加工强度对处理前后化学成分的影响

图 3-94 和表 3-89 是 CDT 气流干燥加工强度对处理前后化学成分的影响

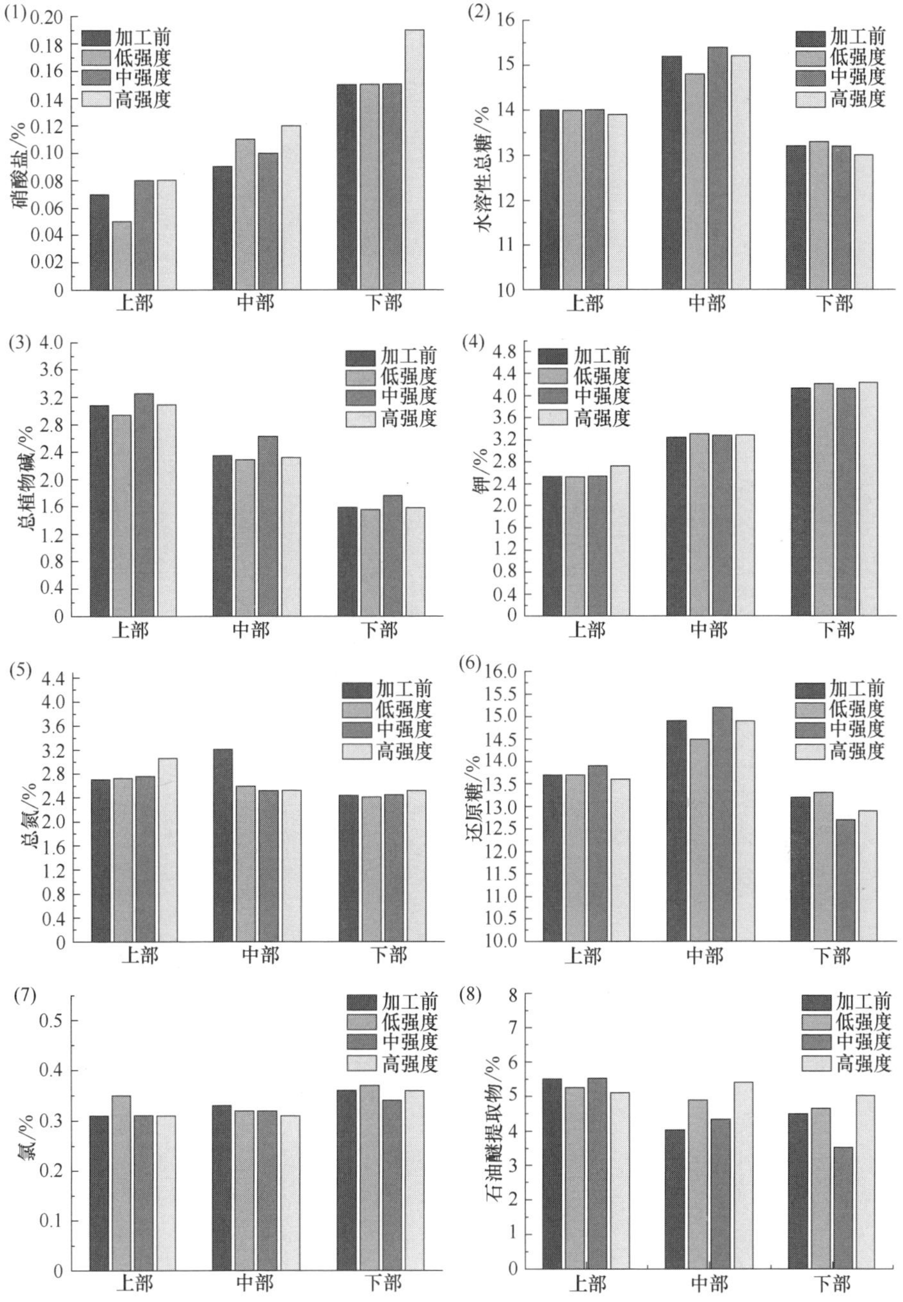

第三章 加工工艺对卷烟质量及烟气指标的影响规律

图 3-94

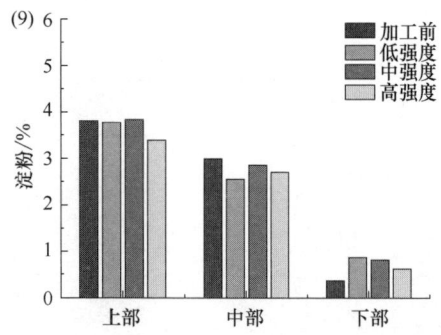

图 3-94　CDT 气流干燥加工强度对处理前后化学成分的影响

图。从图中可以看出，本工序对上部和中部烟的总糖和还原糖没有影响，略微降低了下部烟的还原糖和总糖含量，且强度越大越明显；上部烟的总植物碱略有降低，总氮、钾、氯变化不明显；加工后硝酸盐含量增加，且高强度下增加明显；加工后上部烟的石油醚含量略有降低，且随强度增加降幅加大，中部烟石油醚略有增加；中部烟的淀粉加工后降低，其中上部烟淀粉含量在强度较高时降低明显。

表 3-89　CTD 气流干燥工序不同加工强度卷烟样品化学成分测定结果

指标	上部		中部		下部	
	均值	极差	均值	极差	均值	极差
硝酸盐/%	0.07	0.03	0.11	0.02	0.16	0.04
水溶性总糖/%	13.97	0.10	15.13	0.60	13.17	0.30
总植物碱/%	3.08	0.32	2.40	0.35	1.62	0.20
氯/%	0.32	0.04	0.32	0.01	0.36	0.03
还原糖/%	13.73	0.30	14.87	0.70	12.97	0.60
总氮/%	2.85	0.33	2.54	0.08	2.46	0.11
钾/%	2.60	0.20	3.29	0.04	4.20	0.11
石油醚提取物/%	5.30	0.42	4.88	1.6	4.40	1.50
淀粉/%	3.67	0.45	2.71	0.30	0.77	0.24

五、CTD 气流干燥工序中加工强度对处理前后物理指标的影响

1. CTD 气流干燥工序中加工强度对处理前后填充值影响

图 3-95 为 3 个 CTD 干燥强度下的烟丝填充值变化趋势。从图中可以看出，相同干燥强度下，不同部位填充值大小依次为下部烟>中部烟>上部烟；随干燥强度的增加，上部烟填充值呈增加趋势，而中部烟和下部烟变化不明显。

表 3-90 是 3 个干燥强度下烟丝填充值的均值、极差及变化率数据。由表

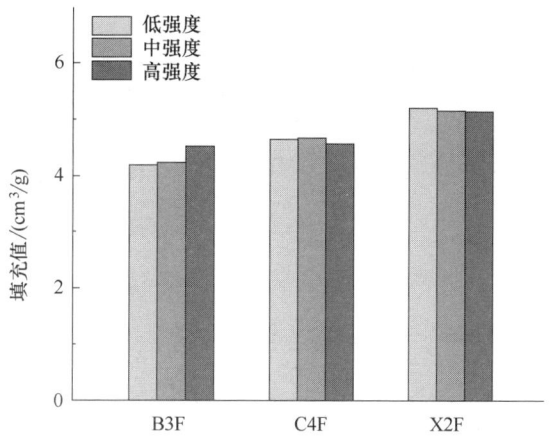

图 3-95 CTD 加工强度对烘后烟丝填充值影响

可以看出，CTD 干燥强度对不同部位烟叶填充值影响程度依次为上部烟>中部烟>下部烟。其中，干燥强度对上部烟烘后烟丝填充值有一定影响，而对中部烟和下部烟填充值无明显影响。

表 3-90　　　　　　　烟丝填充值均值、极差与变化率

样品	填充值		
	均值/(cm³/g)	极差/(cm³/g)	变化率/%
上部	4.31	0.34	7.89
中部	4.62	0.1	2.16
下部	5.16	0.06	1.16

2. CTD 气流干燥工序中加工强度对烟丝结构的影响

图 3-96 为 3 个干燥强度条件下的烟丝结构变化趋势。从图 3-96（1）中可以看出，相同加工强度下，下部烟卷制前烟丝的特征尺寸低于其他部位烟叶；随干燥强度增加，中部位烟叶卷制前烟丝特征尺寸变化不大。从图 3-96（2）中可以看出，CTD 干燥强度对不同部位烟叶卷制前烟丝尺寸分布均匀性系数影响不大，各部位烟叶卷制前烟丝尺寸分布均匀性系数差异也不大。

表 3-91、表 3-92 是 3 个干燥强度条件下烟丝特征尺寸和均匀性系数的均值、极差及变化率数据。由表 3-91 可看出，CTD 干燥强度对不同部位烟叶卷制前烟丝的特征尺寸影响程度为上部烟>下部烟>中部烟，其中对上部烟和下部烟有显著影响，对中部烟无明显影响。由表 3-92 可看出，CTD 干燥强度对不同部位烟叶卷制前烟丝的尺寸均匀性系数均无明显影响。

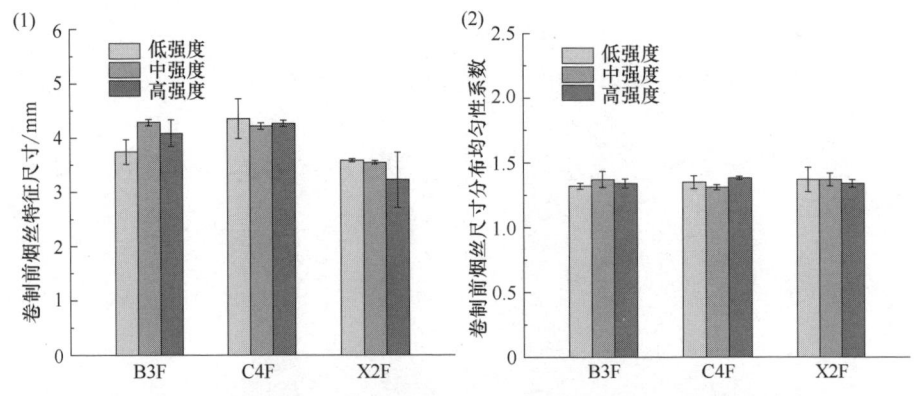

图 3-96　CTD 加工强度对卷制前烟丝结构影响

表 3-91　卷制前烟丝特征尺寸均值、极差与变化率

样品	特征尺寸		
	均值/mm	极差/mm	变化率/%
上部	4.03	0.54	13.39
中部	4.27	0.14	3.18
下部	3.45	0.36	10.44

表 3-92　卷制前烟丝尺寸均匀性系数均值、极差与变化率

样品	尺寸均匀性系数		
	均值	极差	变化率/%
上部	1.34	0.05	3.72
中部	1.35	0.07	5.20
下部	1.36	0.03	2.21

图 3-97 为 3 个干燥强度条件下的烟丝结构变化趋势。从图 3-97（1）中可以看出，相同加工强度下，不同部位烟叶成品烟丝的特征尺寸差异不大；随干燥强度增加，三个部位烟叶成品烟丝特征尺寸变化不大。从图 3-97（2）中可以看出，CTD 干燥强度对不同部位烟叶成品烟丝尺寸均匀性系数影响不大，各部位烟叶成品烟丝尺寸均匀性系数差异也不大。

表 3-93、表 3-94 是 3 个干燥强度条件下成品烟丝特征尺寸和均匀性系数的均值、极差及变化率数据。由表 3-93 可看出，CTD 干燥强度对下部烟叶成品烟丝的特征尺寸有一定影响，对上部烟和中部烟无明显影响。由表 3-94 可以看出，CTD 干燥强度对不同部位烟叶成品烟丝的尺寸均匀性系数均无明显影响。

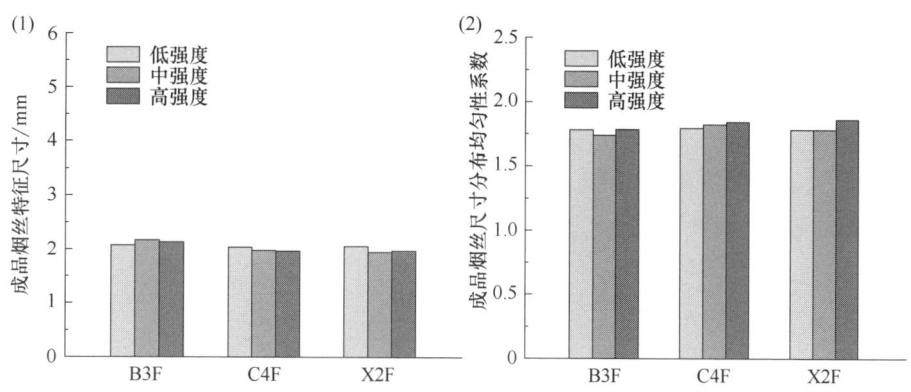

图 3-97 CTD 加工强度对成品烟丝结构影响

表 3-93 成品烟丝特征尺寸均值、极差与变化率

样品	特征尺寸		
	均值/mm	极差/mm	变化率/%
上部	2.13	0.09	4.22
中部	2.00	0.07	3.51
下部	1.99	0.1	5.02

表 3-94 成品烟丝尺寸均匀性系数均值、极差与变化率

样品	尺寸均匀性系数		
	均值	极差	变化率/%
上部	1.77	0.04	2.26
中部	1.82	0.05	2.75
下部	1.81	0.08	4.43

3. CTD 气流干燥工序中加工强度对处理前后内孔容积的影响

图 3-98 为 3 个烘丝强度下的烟丝内孔容积的变化趋势。由图中可知，相同干燥强度条件下，中部烟叶内孔容积稍高于上部烟和下部烟。与低干燥强度相比，中等加工强度和高强度不同部位烟叶烘后烟丝的内孔容积均呈增加趋势。

表 3-95 是 3 个烘丝强度下烟丝内孔容积的均值、极差及变化率数据。由表可看出，烘丝强度对不同部位烟叶烘后烟丝的内孔容积均有显著影响，影响程度依次为下部烟>上部烟>中部烟。

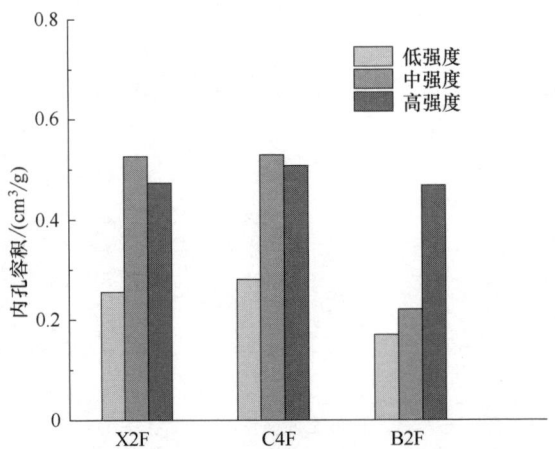

图 3-98　不同烘丝强度下的烟丝内孔容积

表 3-95　内孔容积均值、极差与变化率

样品	填充值		
	均值/(cm³/g)	极差/(cm³/g)	变化率/%
上部	0.418	0.271	64.83
中部	0.439	0.248	56.45
下部	0.287	0.297	103.60

六、CTD 气流干燥工序中加工强度对卷烟烟支物理指标的影响

图 3-99 为 CTD 气流干燥工序 3 个强度处理后制备的卷烟样品物理指标的变化趋势。从图 3-99 中数据显示，上部烟的吸阻随加工强度增加略有上升，下部烟吸阻变化随强度加大下降。

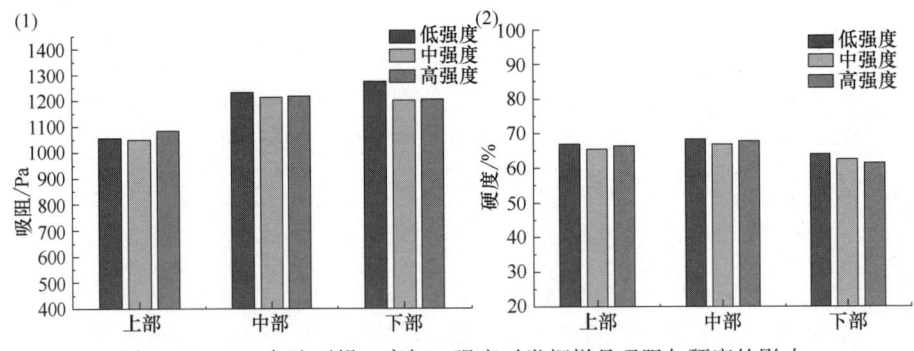

图 3-99　CTD 气流干燥工序加工强度对卷烟样品吸阻与硬度的影响

表 3-96 是 CTD 气流干燥工序 3 个不同强度处理后卷烟样品物理质量的统

计分析结果。表中显示，CTD气流干燥加工强度对上部烟和下部烟的吸阻影响显著，对下部烟的硬度影响显著。

表3-96 CTD气流干燥工序不同强度处理后卷烟样品物理指标的统计分析结果

物理指标	样品	低-中-高	均值	极差
吸阻/Pa	上部	1	1060	40
	中部	0	1220	20
	下部	1	1230	70
硬度/%	上部	0	66.4	1.53
	中部	0	67.7	1.33
	下部	1	62.8	2.43

注：以95%的置信度为检验标准，1表示有影响，0表示无影响。

七、CTD气流干燥工序不同加工强度对叶丝加工感官质量评价结果影响

表3-97 CTD气流干燥工序不同加工强度对叶丝加工感官质量评价结果影响

感官指标		香气特性				烟气特性				口感特性				风格变化程度
		香气质	香气量	透发性	杂气	浓度	劲头	细腻程度	成团性	刺激性	干燥感	干净程度	回甜	
上部烟	0.8mm	=	=	↓	=	↓	=	=	↓	↑	=	=	=	=
	1.0mm	=	=	=	=	=	=	=	=	=	=	=	=	=
	1.2mm	=	↓	↓	↑	=	=	=	=	↓	↓	=	=	=
中部烟	0.8mm	=	=	=	=	=	=	=	=	↑	=	=	=	=
	1.0mm	=	=	=	=	=	=	=	=	=	=	=	=	=
	1.2mm	=	=	=	↓	↓	=	=	=	=	↓	↓	=	=
下部烟	0.8mm	=	=	=	=	=	↑	=	=	↑	↑	=	=	=
	1.0mm	=	=	=	=	=	=	=	=	=	=	=	=	=
	1.2mm	=	=	=	↓	↑	=	↓	=	=	=	=	↓	=

注：1. 以正常生产中强度为对照样进行感官对比评价。
2. "↑"表示与对照样相比有正向变化，"="表示没有明显影响，"↓"表示与对照样相比有负向变化。

由表3-97可知，CTD干燥工序加工强度变化对杂气、浓度、刺激性和干燥感等指标影响显著，对透发性、细腻程度、干净程度等指标略有影响，对其他指标影响不明显。

第六节 风选对卷烟质量及烟气指标的影响

一、风选工序对常规烟气指标与7种有害成分的影响

图3-100显示不同档次配方烟丝在经过风选工序和不经过风选工序两种

条件下，且经过相同的上游（松散回潮处理）、下游（干燥、卷制）等工艺过程获得的卷烟样品抽吸口数、烟气中总粒相物、焦油和烟碱含量的变化趋势。由图3-100［(1)/(2)/(3)/(4)］可知，牌号A配方烟丝在风选工序处理前后，卷烟样品在抽吸口数、TPM、焦油和烟碱释放量方面差异性不明显；牌号B配方烟丝经风选工序处理后，抽吸口数、TPM、焦油和烟碱释放量略微增加；而牌号C配方烟丝经风选工序处理后，抽吸口数［图3-100（1）］和焦油含量［图3-100（3）］略有增加，而TPM［图3-100（2）］和烟碱含量方面无明显差异。

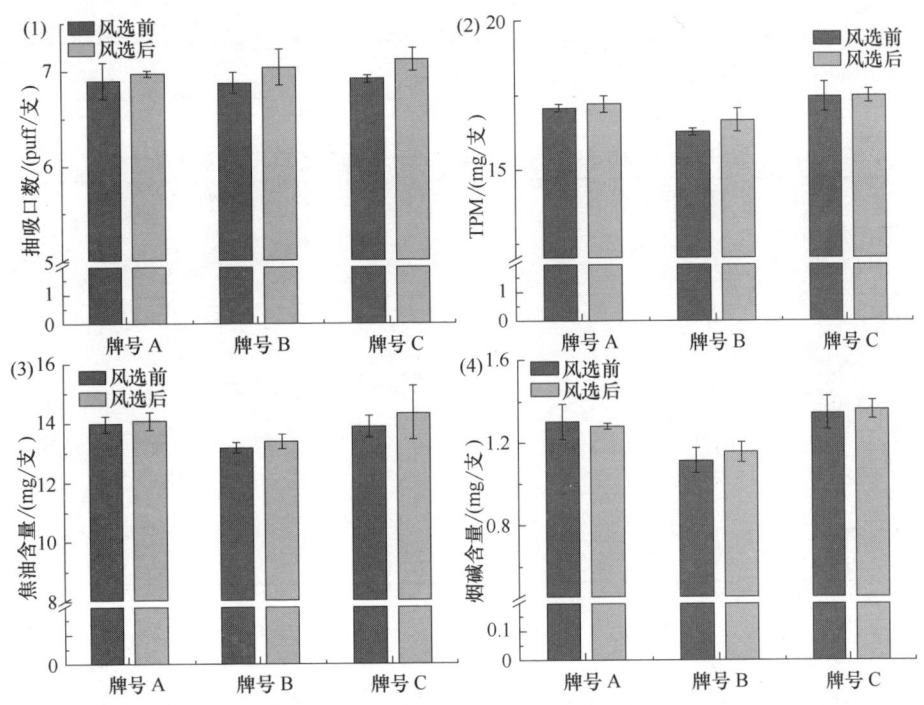

图3-100 不同档次配方烟丝在风选工序前后制备的卷烟样品
抽吸口数（1）和烟气中TPM（2）、焦油（3）和烟碱（4）含量的变化趋势

表3-98显示不同档次配方烟丝在风选工序前后制备的卷烟样品抽吸口数［图3-100（1）］和烟气中TPM［图3-100（2）］、焦油［图3-100（3）］和烟碱［图3-100（4）］含量的统计分析结果。由表3-98数据和风选前-风选后变化趋势可知，风选工序对牌号A样品在抽吸口数和TPM方面有显著影响，与均值也有差异；在焦油和烟碱释放量方面没有显著影响。风选工序对牌号B样品在TPM和焦油释放量方面有显著影响；抽吸口数和烟碱释放量统计分

析结果显示,均值在统计上并无明显差别,即风选对牌号 B 样品的抽吸口数和烟碱释放量无显著性影响。该工序对牌号 C 样品在抽吸口数上有显著影响;对 TPM、焦油和烟碱释放量等方面无显著性影响。

表3-98 不同档次配方烟丝在风选工序前后制备的卷烟样品抽吸口数
和烟气中 TPM、焦油和烟碱含量的统计分析结果

样品	抽吸口数/(puff/支)			TPM/(mg/支)			焦油/(mg/支)			烟碱/(mg/支)		
	风选前-风选后	均值	极差	风选前-风选后	均值	极差	风选前-风选后	均值	极差	风选前-风选后	均值	极差
牌号 A	1	6.94	0.08	1	17.15	0.12	0	14.05	0.09	0	1.29	0.02
牌号 B	0	6.96	0.17	1	16.48	0.38	1	13.28	0.20	0	1.14	0.04
牌号 C	1	7.02	0.20	0	17.49	0.03	0	14.13	0.43	0	1.35	0.02

注:以95%的置信度为检验标准,1表示有影响,0表示无影响。

二、风选工序对 7 种有害成分的影响

1. 风选工序对 CO 释放量的影响

图 3-101 为风选工序处理前后制备的卷烟样品 CO 释放量的变化趋势。图中数据显示,经风选工序处理后,牌号 A、牌号 B 和牌号 C 三个档次的烟样品的全支 [图 3-101 (1)]、平均口数 [图 3-101 (2)]、单位支重 [图 3-101 (3)]、单位 TPM [图 3-101 (4)]、单位焦油 [图 3-101 (5)] 与单位烟碱 [图 3-101 (6)] 的 CO 释放量均呈现出增加的趋势,其中牌号 B 烟样品在平均口数 [图 3-101 (2)] 和单位支重 [图 3-101 (3)] 经风选后增加较明显。

表 3-99 是风选处理前后卷烟样品 CO 释放量的统计分析结果。可以看出,风选工序对牌号 A 和牌号 B 有显著性影响;虽然牌号 C 样品风选前后数值有一定的差别,但假设检验结果显示,均值在统计上并无明显差别,即风选工序对牌号 C 样品全支 CO 释放量无显著性影响。

表3-99 风选工序处理前后卷烟样品 CO 释放量的统计分析结果

样品	CO 释放量		
	风选前-风选后	均值/(mg/支)	极差/(mg/支)
牌号 A	1	12.97	0.58
牌号 B	1	12.74	0.95
牌号 C	0	12.81	0.56

注:以95%的置信度为检验标准,1表示有影响,0表示无影响。

2. 风选工序对 B[a]P 释放量的影响

图 3-102 为风选工序处理前后制备的卷烟样品 B[a]P 释放量的变化趋

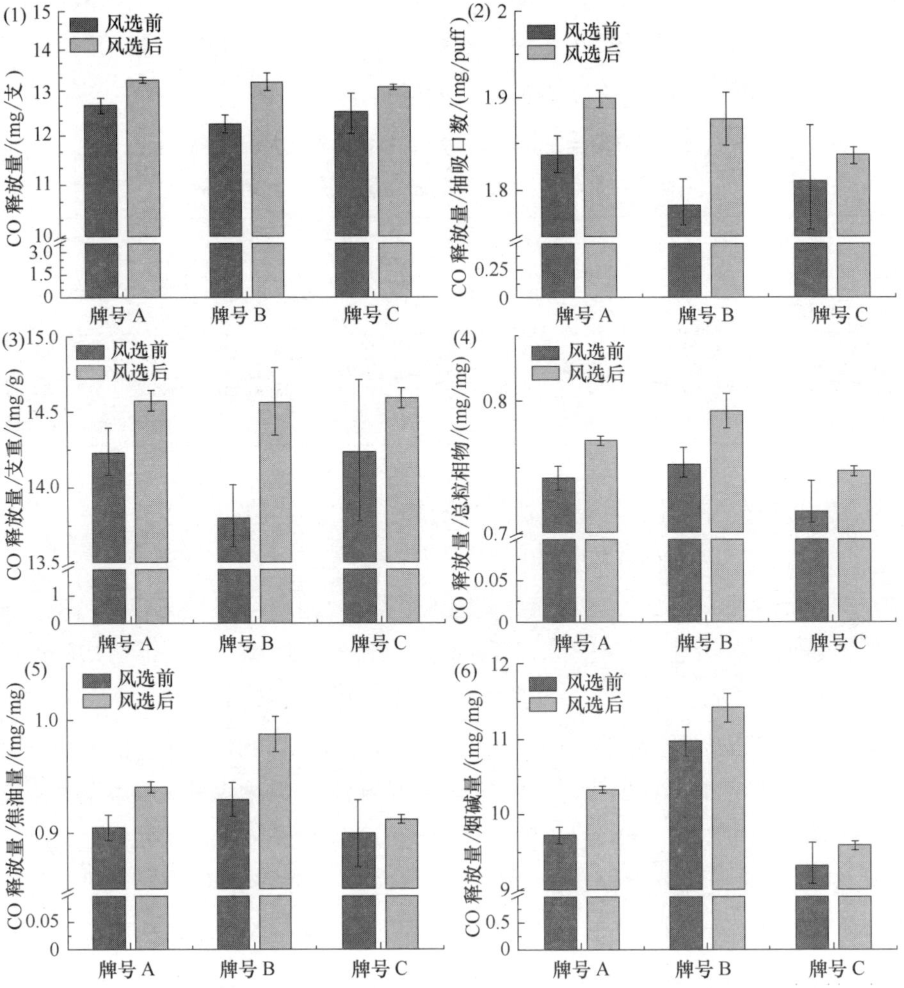

图 3-101 风选工序处理前后卷烟样品 CO 释放量的变化趋势

势。图 3-102（1）中数据显示，牌号 A、牌号 B 和牌号 C 三个档次卷烟样品的全支 B［a］P 释放量经风选工序处理后均有增加。牌号 A 和牌号 B 卷烟样品的平均每口［图 3-102（2）］、单位支重［图 3-102（3）］、单位 TPM［图 3-102（4）］、单位焦油［图 3-102（5）］和单位烟碱［图 3-102（6）］B［a］P 释放量经风选工序处理后均有增加；对于牌号 C 卷烟样品的单位支重［图 3-102（3）］、单位 TPM［图 3-102（4）］和单位烟碱［图 3-102（6）］B［a］P 释放量经风选处理后略有增加，而平均每口［图 3-102（2）］和单位焦油［图 3-102（5）］的 B［a］P 释放量无明显变化。

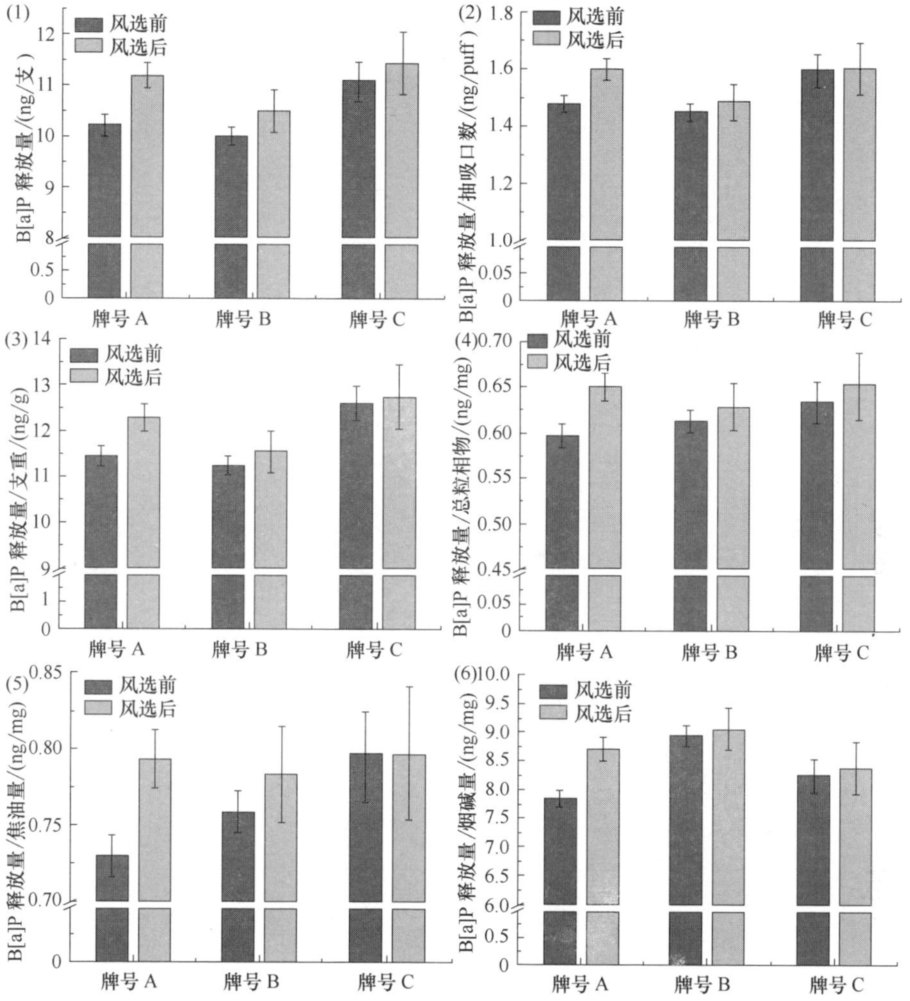

图 3-102 风选工序处理前后卷烟样品 B[a]P 释放量的变化趋势

表 3-100 是风选处理前后卷烟样品 B[a]P 释放量的统计分析结果。结果表明,风选工序对牌号 A 有显著性影响;虽然牌号 B 和牌号 C 样品均值有一定的差别,但均值在统计上并无明显差别,即风选工序对牌号 B 和牌号 C 样品全支 B[a]P 释放量无显著性影响。

表 3-100 风选工序处理前后卷烟样品 B[a]P 释放量的统计分析结果

样品	B[a]P 释放量		
	风选前-风选后	均值/(ng/支)	极差/(ng/支)
牌号 A	1	10.71	0.97

续表

样品	B[a]P 释放量		
	风选前-风选后	均值/(ng/支)	极差/(ng/支)
牌号 B	0	10.24	0.49
牌号 C	0	11.26	0.34

注：以95%的置信度为检验标准，1表示有影响，0表示无影响。

3. 风选工序对 NNK 释放量的影响

图 3-103 为风选处理前后制备的卷烟样品 NNK 释放量的变化趋势。从图 3-103 中数据显示，牌号 A 和牌号 C 烟样品经风选处理后，全支[图 3-103（1）]、平均每口[图 3-103（2）]、单位支重[图 3-103（3）]、单位 TPM

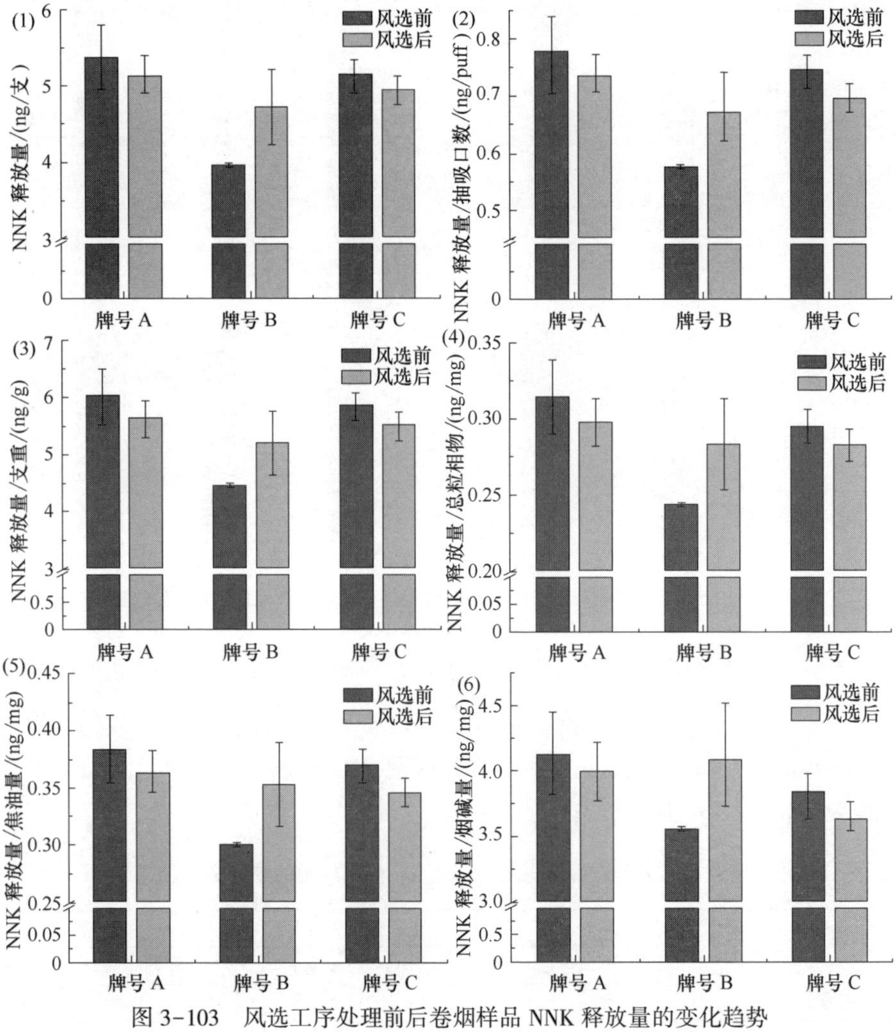

图 3-103 风选工序处理前后卷烟样品 NNK 释放量的变化趋势

[图3-103（4）]、单位焦油［图3-103（5）］和单位烟碱［图3-103（6）］NNK释放量均呈现出减小的趋势，而牌号B烟样品则呈现出相反的变化趋势，即经风选工序处理后，NNK释放量呈现出增加的趋势。

表3-101是风选处理前后卷烟样品NNK释放量的统计分析结果。该数据是对图3-103（1）中数据假设检验的结果，风选工序对牌号A、牌号B和牌号C三个样品的影响，虽然均值有一定的差别，但假设检验结果显示，均值在统计上并无明显差别，即风选工序对牌号A、牌号B和牌号C样品全支NNK释放量无显著性影响。

表3-101　风选工序处理前后卷烟样品NNK释放量的统计分析结果

样品	NNK释放量		
	风选前-风选后	均值/(ng/支)	极差/(ng/支)
牌号A	0	5.26	0.25
牌号B	0	4.35	0.75
牌号C	0	5.06	0.21

注：以95%的置信度为检验标准，1表示有影响，0表示无影响。

4. 风选工序对氨释放量的影响

图3-104为风选工序处理前后制备的卷烟样品氨释放量的变化趋势。图中数据显示，牌号A卷烟样品经过风选工序处理后，全支［图3-104（1）］、平均每口［图3-104（2）］和单位支重［图3-104（3）］、单位TPM［图3-104（4）］、单位焦油［图3-104（5）］、单位烟碱［图3-104（6）］氨释放量呈现下降趋势。对于牌号B烟样品经风选工序处理后，全支氨释放量［图3-104（1）］略有增加，而单位烟碱［图3-104（6）］氨释放量则表现出减小的趋势，其余指标平均每口［图3-104（2）］和单位支重［图3-104（3）］、单位TPM［图3-104（4）］、单位焦油［图3-104（5）］氨释放量变化不明显。对于牌号C烟样品经风选处理前后，全支氨释放量［图3-104（1）］变化不大，平均每口［图3-104（2）］和单位支重［图3-104（3）］、单位TPM［图3-104（4）］、单位焦油［图3-104（5）］、单位烟碱［图3-104（6）］氨释放量则略有下降。

表3-102是风选处理前后卷烟样品氨释放量的统计分析结果。结果发现，

表3-102　风选工序处理前后卷烟样品氨释放量的统计分析结果

样品	氨释放量		
	风选前-风选后	均值/(μg/支)	极差/(μg/支)
牌号A	0	9.04	0.61
牌号B	0	7.99	0.12
牌号C	0	9.97	0.08

注：以95%的置信度为检验标准，1表示有影响，0表示无影响。

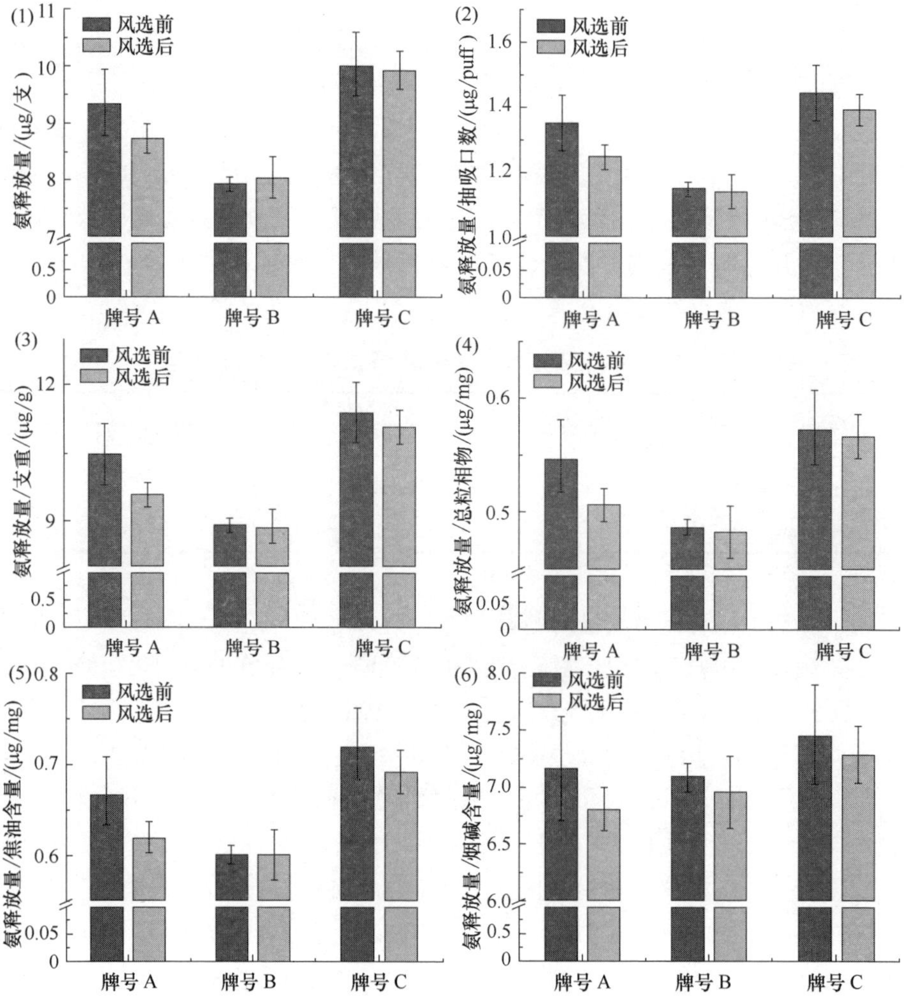

图 3-104 风选工序处理前后卷烟样品氨释放量的变化趋势

虽然牌号 A 和牌号 B 样品均值有一定的差别,但其均值在统计上并无明显差别,即风选工序对牌号 A 和牌号 B 样品无显著性影响;对于牌号 C 样品,风选工序对氨释放量无显著性差异。

5. 风选工序对苯酚释放量的影响

图 3-105 为风选工序处理前后制备的卷烟样品苯酚释放量的变化趋势。图 3-105(1)中数据显示,牌号 A 和牌号 C 烟样品经过风选工序处理后,全支苯酚释放量呈现明显增加趋势,且牌号 C 的变化较明显,牌号 B 变化不明显;经风选工序处理,除了单位支重[图 3-105(3)]牌号 A 卷烟样品苯酚

释放量无明显差异外，其余指标平均每口［图3-105（2）］、单位TPM［图3-105（4）］、单位焦油［图3-105（5）］和单位烟碱［图3-105（6）］氨释放量呈现与全支趋势相同，即经风选工序后呈增加趋势；对于牌号C烟样品，平均每口［图3-105（2）］、单位支重［图3-105（3）］、单位TPM［图3-105（4）］、单位焦油［图3-105（5）］和单位烟碱［图3-105（6）］氨释放量呈现与全支趋势相同，即经风选工序后呈增加趋势；对于牌号B烟样品，经风选工序处理后，变化没有统一的规律性，全支苯酚［图3-105（1）］释放量略有增加，而单位支重［图3-105（3）］和单位焦油［图3-105（5）］

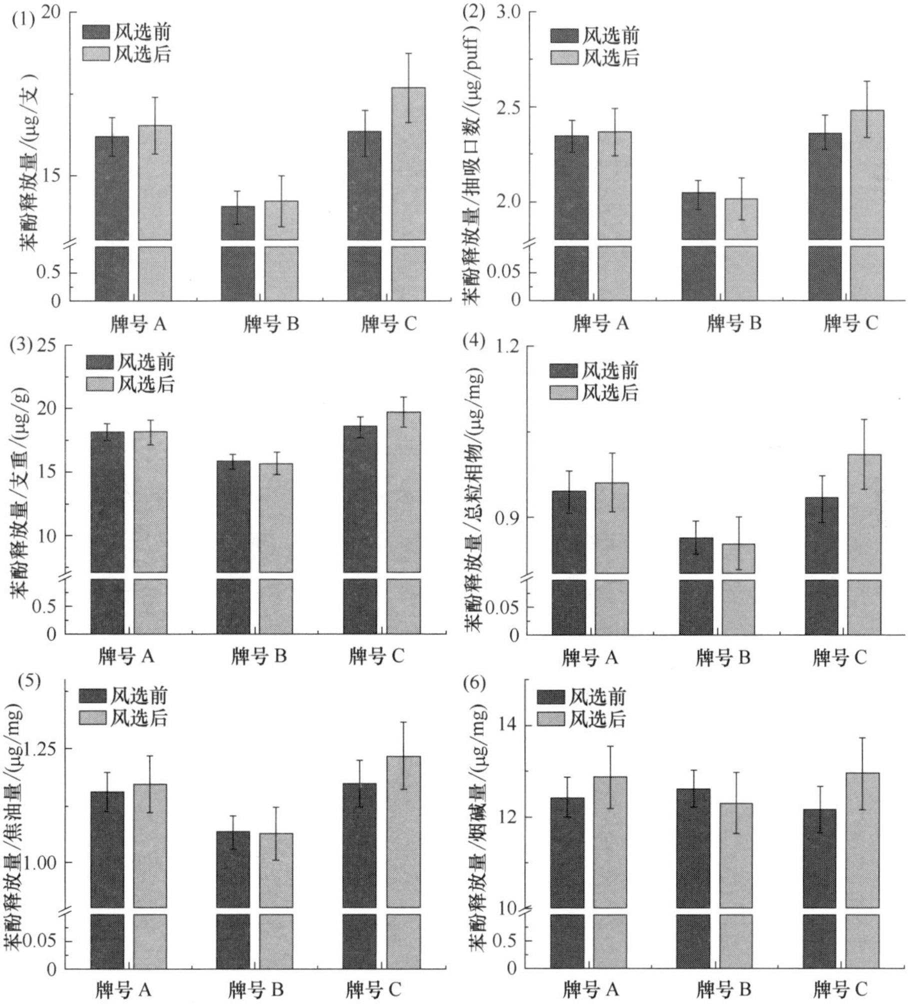

图3-105　风选工序处理前后卷烟样品苯酚释放量的变化趋势

的苯酚释放量无明显变化，平均每口［图3-105（2）］、单位TPM［图3-105（4）］和单位烟碱［图3-105（6）］苯酚释放量则呈现减小的趋势。以上结果说明，风选工序对牌号B卷烟样品苯酚释放量具有一定的选择性。

表3-103是风选处理前后卷烟样品苯酚释放量的统计分析结果。结果表明，牌号A、牌号B和牌号C三种样品均值在统计上并无明显差别，即风选工序对牌号A、牌号B和牌号C样品全支苯酚释放量无显著性影响。

表3-103　风选工序处理前后卷烟样品苯酚释放量的统计分析结果

样品	苯酚释放量		
	风选前-风选后	均值/（μg/支）	极差/（μg/支）
牌号A	0	16.36	0.34
牌号B	0	14.16	0.14
牌号C	0	17.02	1.34

注：以95%的置信度为检验标准，1表示有影响，0表示无影响。

6. 风选工序对HCN释放量的影响

图3-106为风选工序处理前后制备的卷烟样品HCN释放量的变化趋势。图中数据显示，经风选工序处理后，牌号A、牌号B和牌号C三个档次卷烟样品在全支［图3-106（1）］、平均口数［图3-106（2）］、单位支重［图3-106（3）］、单位TPM［图3-106（4）］、单位焦油［图3-106（5）］与单位烟碱［图3-106（6）］方面，HCN释放量均呈现出增加的趋势。

表3-104是风选处理前后卷烟样品HCN释放量的统计分析结果。牌号A、牌号B和牌号C三个样品，虽然均值有一定的差别，但统计结果无明显差别，说明风选工序对牌号A、牌号B和牌号C样品全支HCN释放量无显著性影响。

表3-104　风选工序处理前后卷烟样品HCN释放量的统计分析结果

样品	HCN释放量		
	风选前-风选后	均值/（μg/支）	极差/（μg/支）
牌号A	0	132.47	4.47
牌号B	0	121.95	9.57
牌号C	0	134.57	9.33

注：以95%的置信度为检验标准，1表示有影响，0表示无影响。

7. 风选工序对巴豆醛释放量的影响

图3-107为风选工序处理前后制备的卷烟样品巴豆醛释放量的变化趋势。

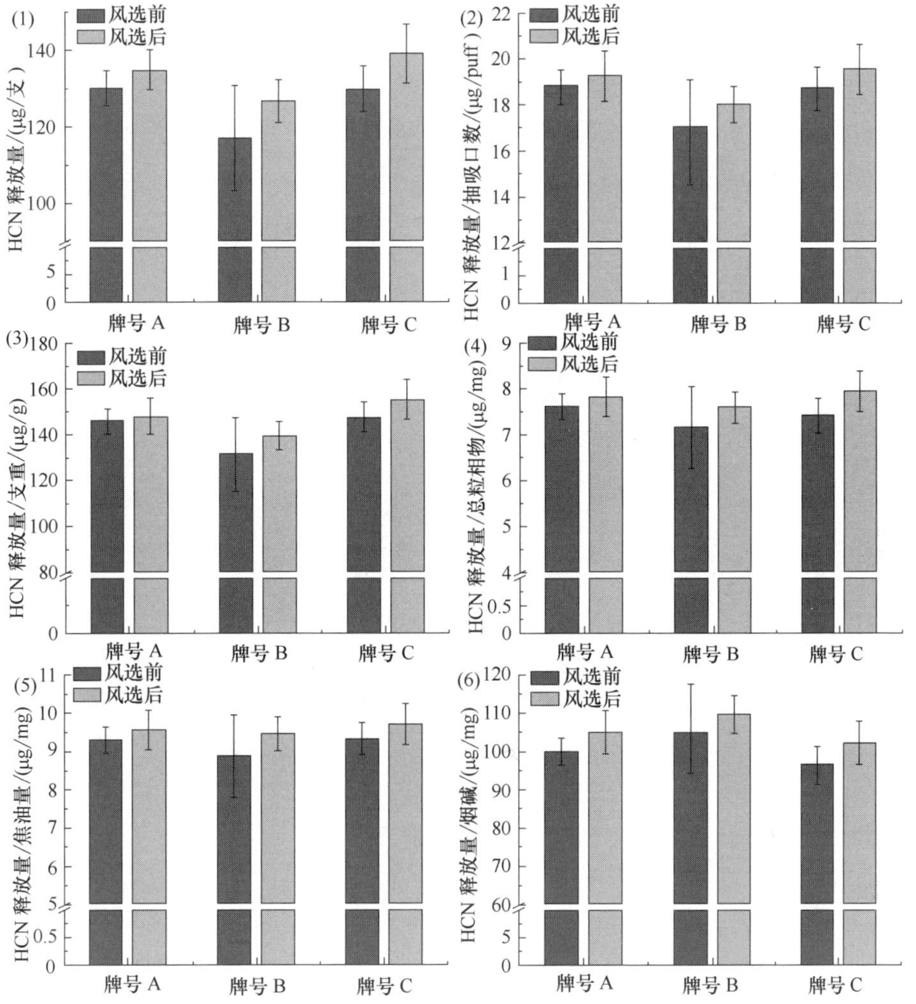

图 3-106 风选工序处理前后卷烟样品 HCN 释放量的变化趋势

其中，图（1）数据显示，经风选工序处理后，牌号 A 卷烟样品全支巴豆醛释放量无明显变化，牌号 B 卷烟样品全支巴豆醛释放量呈下降的趋势，而牌号 C 卷烟样品全支巴豆醛释放量则呈增加的趋势。牌号 A 卷烟样品平均口数 [图 3-107（2）]、单位支重 [图 3-107（3）]、单位 TPM [图 3-107（4）]、单位焦油 [图 3-107（5）] 和单位烟碱 [图 3-107（6）] 的巴豆醛释放量变化不明显。牌号 B、牌号 C 两种卷烟样品平均口数 [图 3-107（2）]、单位支重 [图 3-107（3）]、单位 TPM [图 3-107（4）]、单位焦油 [图 3-107

(5)]与单位烟碱[图3-107(6)]的巴豆醛释放量均呈现出与全支巴豆醛释放量相同的趋势,即经风选工序后,牌号 B 的烟样品呈现下降的趋势,牌号 C 烟样品呈现增加的趋势。

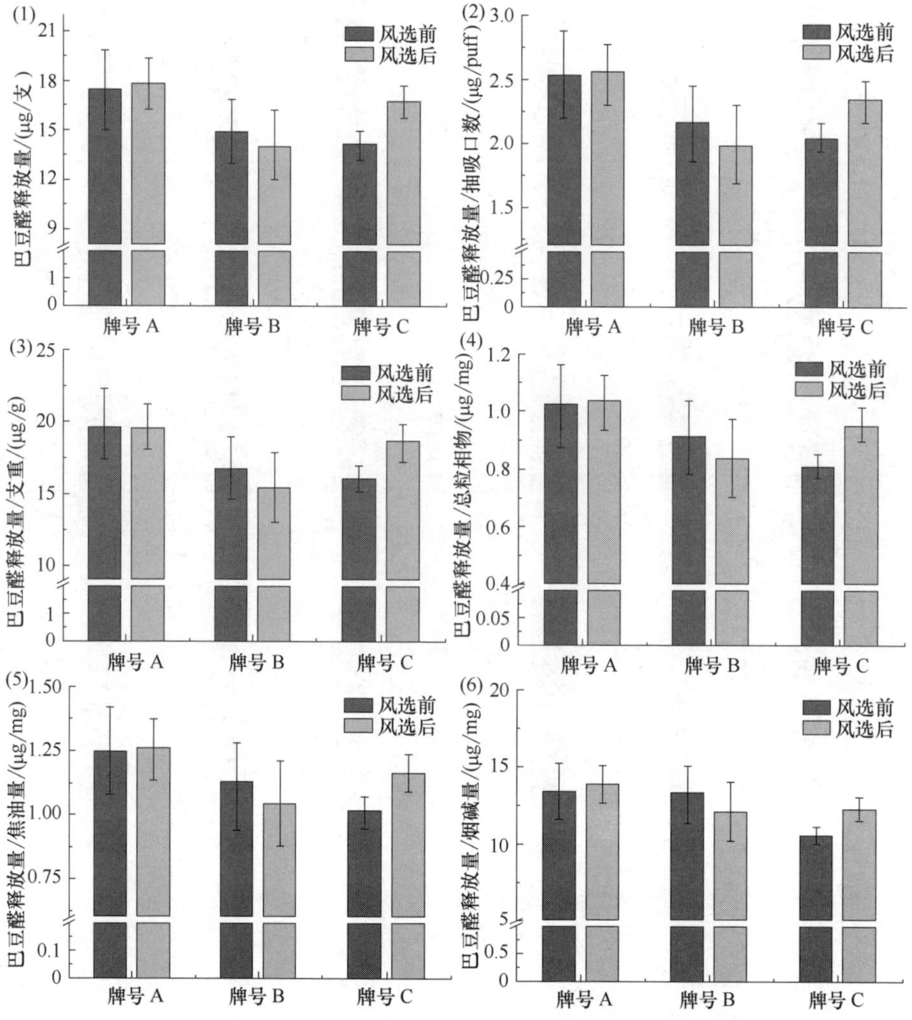

图3-107 风选工序处理前后卷烟样品巴豆醛释放量的变化趋势

表3-105是风选处理前后卷烟样品巴豆醛释放量的统计分析结果。牌号A、牌号B和牌号C三个样品均值有一定的差别,但均值在统计上并无明显差别,即风选工序对牌号A、牌号B和牌号C三个样品全支巴豆醛释放量无显著性影响。

表 3-105 风选工序处理前后卷烟样品巴豆醛释放量的统计分析结果

样品	巴豆醛释放量		
	风选前-风选后	均值/(μg/支)	极差/(μg/支)
牌号 A	0	17.66	0.33
牌号 B	0	14.46	0.92
牌号 C	0	15.45	2.55

注：以 95% 的置信度为检验标准，1 表示有影响，0 表示无影响。

三、风选工序对危害性指数的影响

图 3-108 显示风选工序处理前后卷烟样品危害性指数的变化趋势，该指标综合了 7 种有害成分的全支释放量指标。从图中数据可以看出，牌号 B、牌号 C、卷烟样品经风选工序处理后，危害性指数均呈现较为一致的规律，风选处理后均值高于处理前；牌号 A 卷烟样品，风选处理前后危害性指数变化较小。

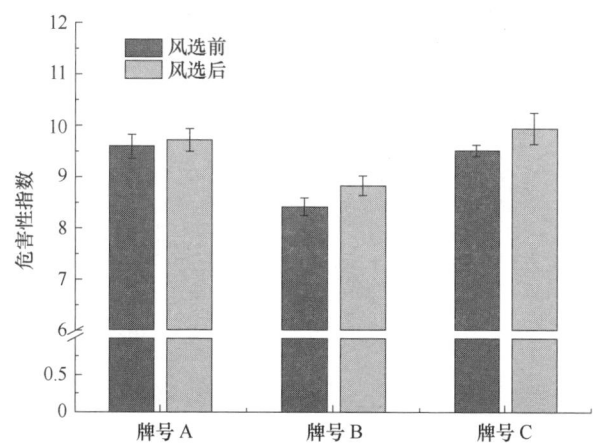

图 3-108 风选工序处理前后卷烟样品危害性指数的变化趋势

表 3-106 是风选处理前后卷烟样品危害性指数的统计分析结果。虽然牌号 B、牌号 C 样品均值有一定的差别，但均值在统计上并无明显差别，即风选工序对牌号 B 和牌号 C 样品的危害性指数无显著性影响。对于牌号 A 样品，风选工序对危害性指数亦无显著性差异。

表 3-106 风选工序处理前后卷烟样品危害性指数的统计分析结果

样品	危害性指数		
	风选前-风选后	均值	极差
牌号 A	0	9.66	0.11
牌号 B	0	8.63	0.41
牌号 C	0	9.73	0.43

注：以 95% 的置信度为检验标准，1 表示有影响，0 表示无影响。

四、风选工序处理对处理前后化学成分的影响

图 3-109 和表 3-107 是风选工序处理前后烟丝化学成分的变化情况。从

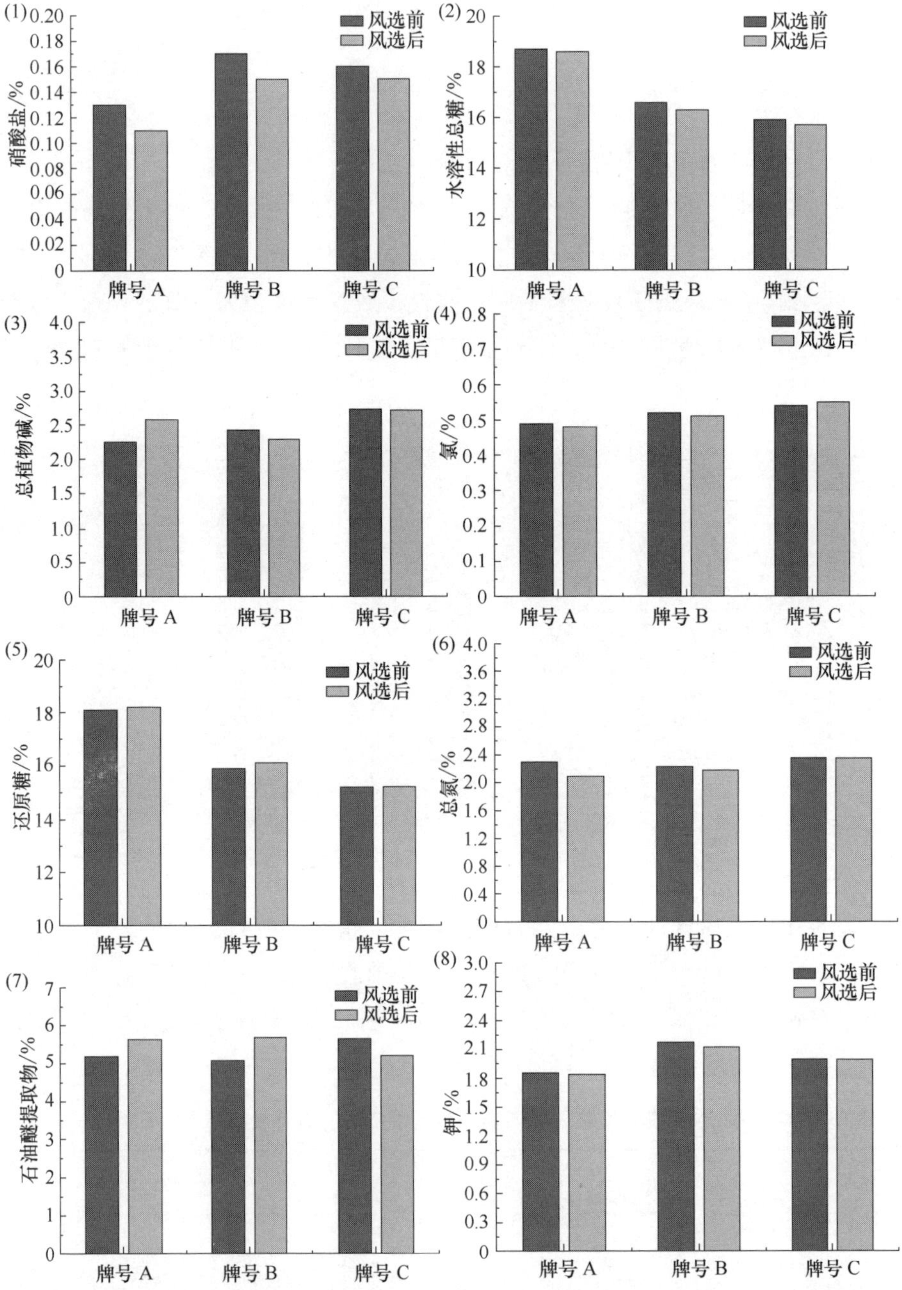

图 3-109

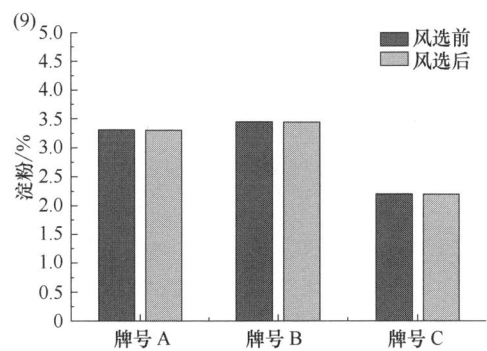

图 3-109　风选工序处理前后烟丝化学成分的变化

图中可以看出，风选工序后烟丝的硝酸盐和水溶性总糖略有降低，石油醚提取物含量略有变化，其余成分均没有变化。

表 3-107　　　　风选工序处理前后化学成分统计分析结果

指标	牌号 A		牌号 B		牌号 C	
	均值	极差	均值	极差	均值	极差
硝酸盐/%	0.12	0.01	0.16	0.02	0.15	0.01
水溶性总糖/%	18.66	0.08	16.42	0.29	15.77	0.21
总植物碱/%	2.42	0.32	2.35	0.13	2.72	0.02
氯/%	0.48	0.01	0.52	0.01	0.54	0.01
还原糖/%	18.16	0.15	15.99	0.23	15.18	0.06
总氮/%	2.19	0.20	2.20	0.05	2.35	0.00
钾/%	1.84	0.01	2.15	0.05	1.99	0.01
石油醚提取物/%	5.41	0.45	5.38	0.59	5.42	0.42
淀粉/%	3.31	0.01	3.45	0.0	2.20	0.0

五、风选工序处理对处理前后物理指标的影响

1. 风选工序处理前后填充值的变化

图 3-110 为风选对 3 个牌号卷烟烟丝填充值影响趋势。从图中可以看出，风选后 3 个牌号卷烟烟丝填充值均有一定程度增加。不同牌号烟丝填充值在风选前及风选后差异均不大。

表 3-108 是风选前后烟丝填充值的均值、极差及变化率数据。由表可看出，风选对牌号 C 烟丝填充值有显著影响，对牌号 B 和牌号 A 烟丝填充值有一定影响。

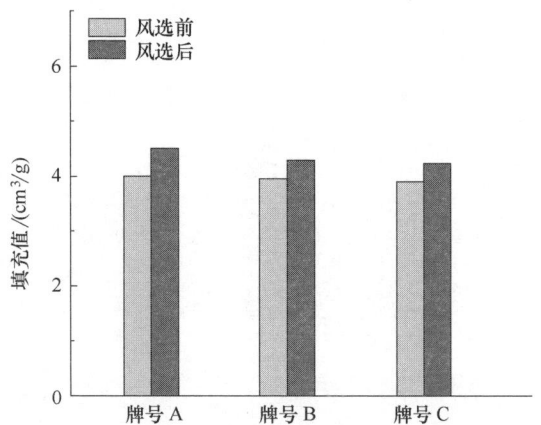

图 3-110　风选工序对烟丝填充值影响

表 3-108　烟丝填充值均值、极差与变化率

样品	填充值		
	均值/(cm³/g)	极差/(cm³/g)	变化率/%
牌号 A	4.07	0.33	8.12
牌号 B	4.12	0.33	8.02
牌号 C	4.25	0.51	12.01

2. 风选工序处理前后烟丝结构的变化

图 3-111 为风选对烟丝结构影响趋势。从图 3-111（1）中可以看出，风选后三个牌号烟丝特征尺寸均有降低趋势。从图 3-111（2）中可以看出，风选对烟丝尺寸均匀性系数影响不大，且无一致性变化规律。

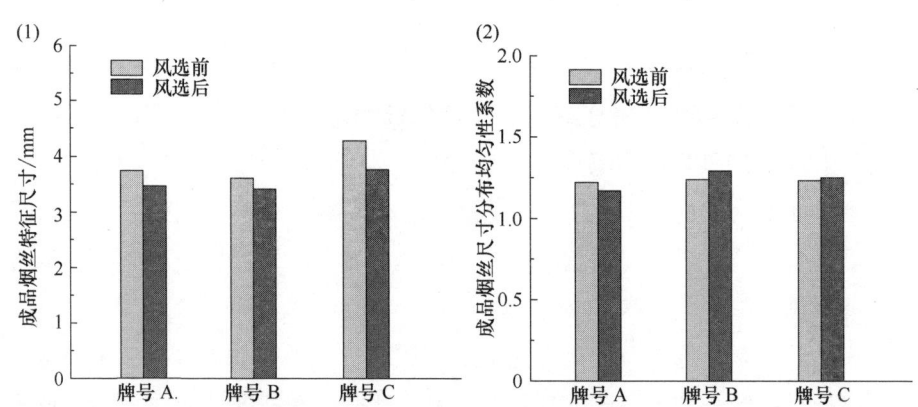

图 3-111　风选对烟丝结构影响

表 3-109、表 3-110 是风选对烟丝特征尺寸和均匀性系数的均值、极差及变化率数据。由表 3-109 可看出,风选对牌号 C 烟丝特征尺寸有显著影响,对牌号 B 和牌号 A 有一定影响。由表 3-110 可看出,风选对三个牌号烟丝尺寸均匀性系数均无明显影响。

表 3-109　　　　烟丝特征尺寸均值、极差与变化率

样品	特征尺寸		
	均值/mm	极差/mm	变化率/%
牌号 A	3.6	0.28	7.78
牌号 B	3.505	0.19	5.42
牌号 C	4.02	0.52	12.94

表 3-110　　　　烟丝尺寸均匀性系数均值、极差与变化率

样品	尺寸均匀性系数		
	均值	极差	变化率/%
牌号 A	1.195	0.05	4.18
牌号 B	1.265	0.05	3.95
牌号 C	1.24	0.02	1.61

3. 风选工序处理前后内孔容积的变化

图 3-112 为风选对烟丝内孔容积的影响趋势。从图中可以看出,风选后烟丝内孔容积均有增加趋势,三种牌号烟丝内孔容积在风选前和风选后差异均不大。

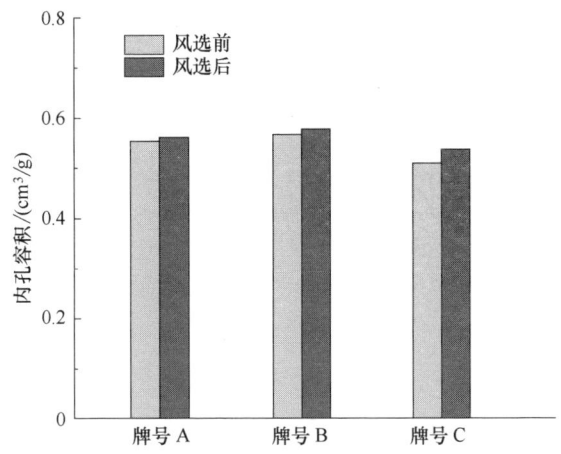

图 3-112　风选对烟丝内孔容积影响

表 3-111 是风选前后烟丝内孔容积的均值、极差及变化率数据。由表可看出,风选对牌号 C 烟丝内孔容积有一定影响,对牌号 B 和牌号 A 无明显影响。

表 3-111　　　　　　　　烟丝内孔容积均值与变化率

样品	内孔容积		
	均值/(cm³/g)	极差/(cm³/g)	变化率/%
牌号 A	0.5580	0.0080	1.43
牌号 B	0.5730	0.0120	2.09
牌号 C	0.5235	0.0290	5.54

六、风选工序处理对卷烟烟支物理指标的影响

图 3-113 为风选工序对 3 个牌号卷烟样品物理指标的变化趋势。图 3-113 中数据显示,风选使 3 个牌号卷烟的吸阻、硬度都有不同程度的增加。表 3-112 是风选工序对 3 个牌号卷烟样品物理指标的统计分析结果。表中显示风选工序对三个品牌烟的硬度影响显著,对牌号 A 的吸阻影响显著,对其他指标无显著影响。

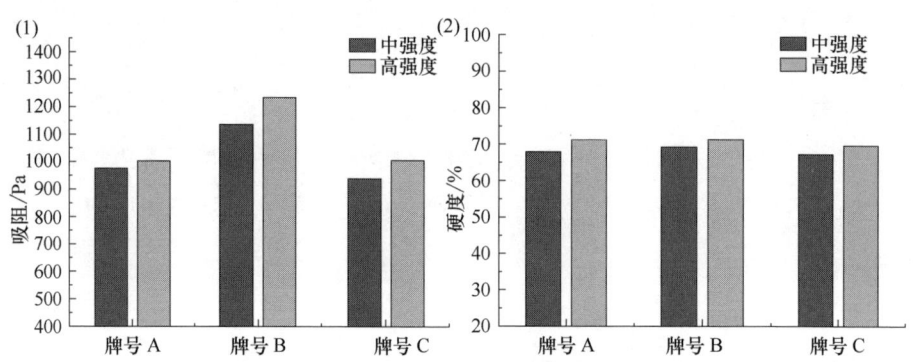

图 3-113　风选工序对 3 个牌号卷烟样品吸阻与硬度的影响

表 3-112　风选工序对 3 个牌号卷烟样品吸阻与硬度影响统计分析结果

样品		低-中-高	均值	极差
吸阻/Pa	牌号 A	1	970	10
	牌号 B	0	1000	20
	牌号 C	0	980	20
硬度/%	牌号 A	1	68.57	1.39
	牌号 B	1	69.32	0.34
	牌号 C	1	67.61	0.80

注:以 95%的置信度为检验标准,1 表示有影响,0 表示无影响。

七、风选工序对叶丝加工感官质量的影响

表 3-113　　　　　　　　风选工序对叶丝加工感官质量影响

样品		香气特性				烟气特性				口感特性				风格变化程度
		香气质	香气量	透发性	杂气	浓度	劲头	细腻程度	成团性	刺激性	干燥感	干净程度	回甜	
牌号 A	风选前	=	=	=	=	=	=	=	=	=	=	=	=	=
	风选后	↑	=	=	=	=	=	↑	=	=	=	=	=	=
牌号 B	风选前	=	=	=	=	=	=	=	=	=	=	=	=	=
	风选后	=	=	=	↑	=	=	=	=	↑	=	=	=	=
牌号 C	风选前	=	=	=	=	=	=	=	=	=	=	=	=	=
	风选后	=	=	=	=	=	=	↑	=	=	=	=	=	=

注：1. 以风选前样品为对照样进行感官对比评价。
　　2. "↑" 表示与对照样相比有正向变化，"=" 表示没有明显影响，"↓" 表示与对照样相比有负向变化。

由表 3-113 可知，风选工序加工强度变化对细腻程度影响显著，对其他指标影响不明显。

第七节　卷制对卷烟质量及烟气指标的影响

一、卷制工序中跑条次数对常规烟气指标的影响

图 3-114 显示不同部位卷烟样品在卷制工序中不同跑条次数（设计影响水平：未跑条、1 次跑条、2 次跑条、3 次跑条）下处理，该样品经过相同的上游（松散回潮处理、干燥、切丝等）工艺过程，获得的卷烟样品抽吸口数、烟气中总粒相物、焦油和烟碱含量的变化趋势。由图 3-114 [（1）/（2）/（3）/（4）] 中数据可知，对 3 个部位卷烟样品经不同跑条次数处理后，卷烟样品在抽吸口数、TPM、焦油和烟碱释放量均有一定的影响，具体变化描述如下。对于上部烟样品，随着跑条次数的增加，抽吸口数、TPM、焦油和烟碱释放量均呈现逐渐增加的趋势，经过跑条的样品均大于未跑条对照样。对于中部烟样品，随着跑条次数的增加，抽吸口数、TPM、焦油和烟碱释放量变化不明显，但均高于未跑条对照样，其中 1 次跑条对中部烟样品抽吸口数、TPM、焦油和烟碱释放量影响较大。对于下部烟样品，随着跑条次数的增加，抽吸口数呈现逐渐增加的趋势，但是 TPM、焦油和烟碱释放量则无明显规律性，对比未跑条对照样，差别不明显。

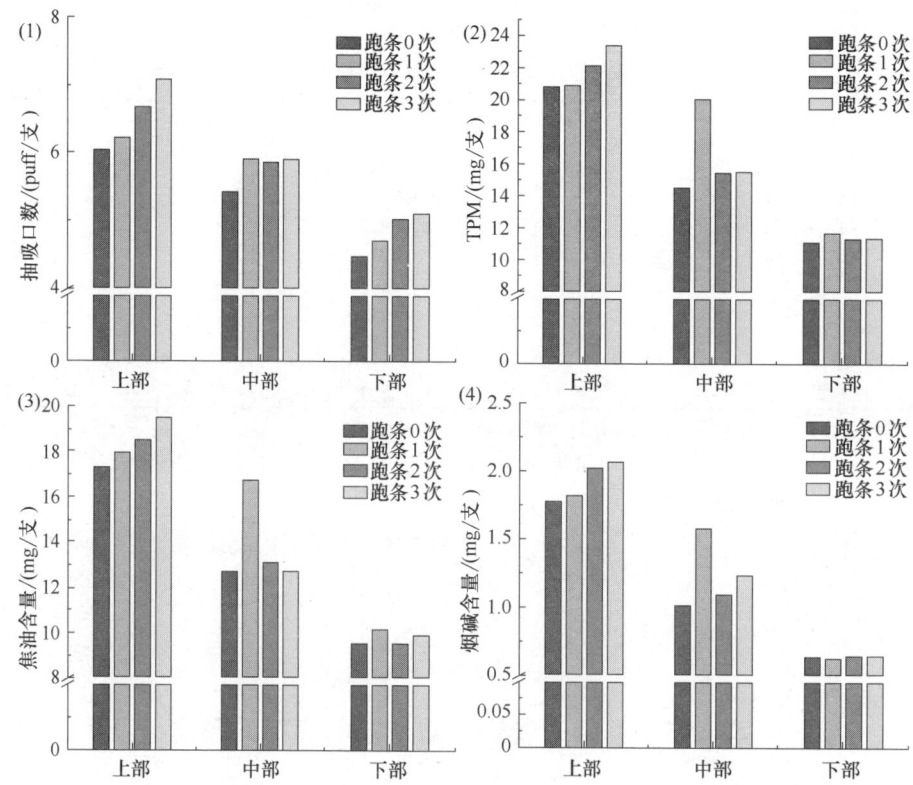

图 3-114　不同部位烟样品在卷制工序中不同跑条次数下制备的卷烟样品抽吸口数（1）和烟气中 TPM（2）、焦油（3）和烟碱（4）含量的变化趋势

二、卷制工序中跑条次数对 7 种有害成分的影响

1. 跑条次数对 CO 释放量的影响

图 3-115 为卷制工序中不同跑条次数卷烟样品 CO 释放量的变化趋势。图中数据显示，上部烟样品全支 CO 释放量随跑条次数的增加，呈现逐渐增加的趋势，二次跑条后，明显大于未跑条对照样，而中部和下部烟样品 CO 释放量随跑条次数的增加，则呈现逐渐降低的趋势，与未跑条对照样相比，均大于对照样；对于不同部位卷烟样品平均每口［图 3-115（2）］和单位支重［图 3-115（3）］CO 释放量随跑条次数的增加，中部和下部烟样品则呈现逐渐降低的趋势，三次跑条后，低于对照样。单位 TPM［图 3-115（4）］、单位焦油［图 3-115（5）］单位烟碱［图 3-115（6）］CO 释放量规律相似，上部和下部烟样品随跑条次数增加，CO 释放量没有显著差别，中部烟样品随跑条次数的增加呈现先降低后增加的趋势。

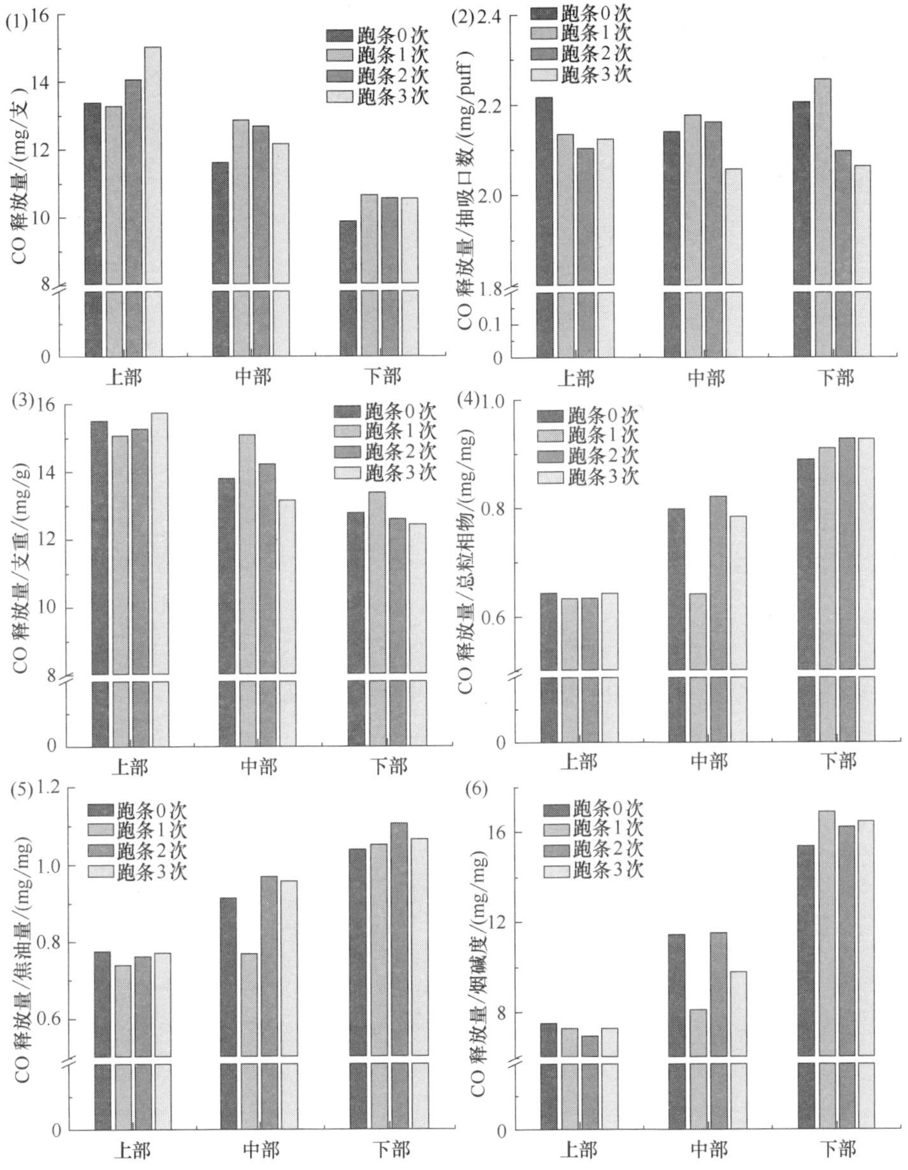

第三章 加工工艺对卷烟质量及烟气指标的影响规律

图 3-115 卷制工序中不同跑条次数卷烟样品 CO 释放量的变化趋势

2. 跑条次数对 B [a] P 释放量的影响

图 3-116 为卷制工序中不同跑条次数卷烟样品 B [a] P 释放量的变化趋势。图 3-116（1）中数据显示，上、中、下 3 个部位的烟样品 B [a] P 释放量全支随跑条次数的增加而逐渐增加，而中部烟样品增加幅度较大，且均大

于未跑条对照样。随着跑条次数的增加，平均每口［图3-116（2）］和单位支重［图3-116（3）］B［a］P释放量对于上、中、下3个部位的卷烟样品变化规律性不一致：上部烟样品呈现逐渐降低趋势，均低于未跑条对照样；中部烟样品则呈现逐渐增大的趋势，下部烟样品变化不显著。单位TPM［图3-116（4）］、单位焦油［图3-116（5）］、单位烟碱［图3-116（6）］同样

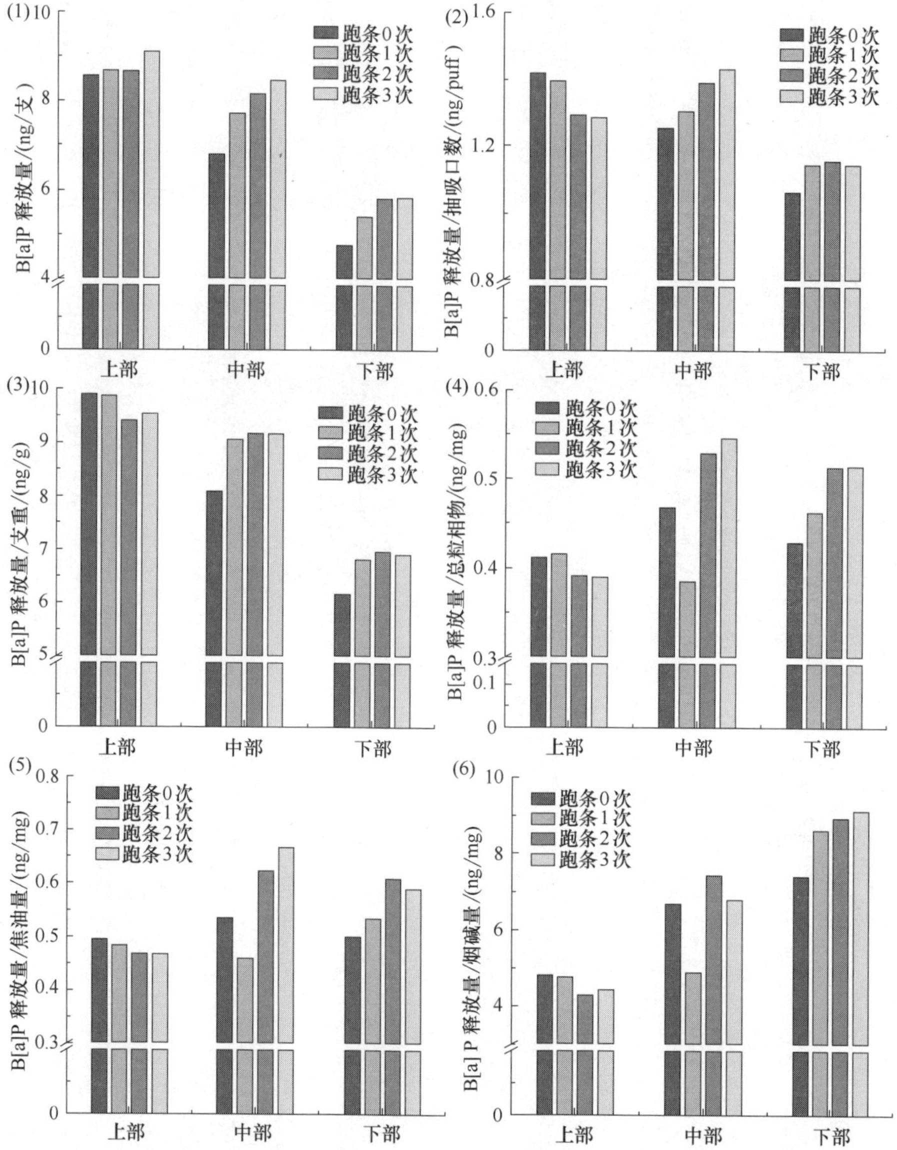

图3-116 卷制工序中不同跑条次数卷烟样品B［a］P释放量的变化趋势

呈现不同的规律性,跑条次数的增加,上部烟样品 B［a］P 释放量变化不明显,但均低于未跑条对照样;中部烟和下部烟样品,呈现逐渐增加的趋势。以上结果说明跑条次数对 B［a］P 释放量具有选择性。

3. 跑条次数对 NNK 释放量的影响

图 3-117 是卷制工序中不同跑条次数烟样品 NNK 释放量的变化趋势。从

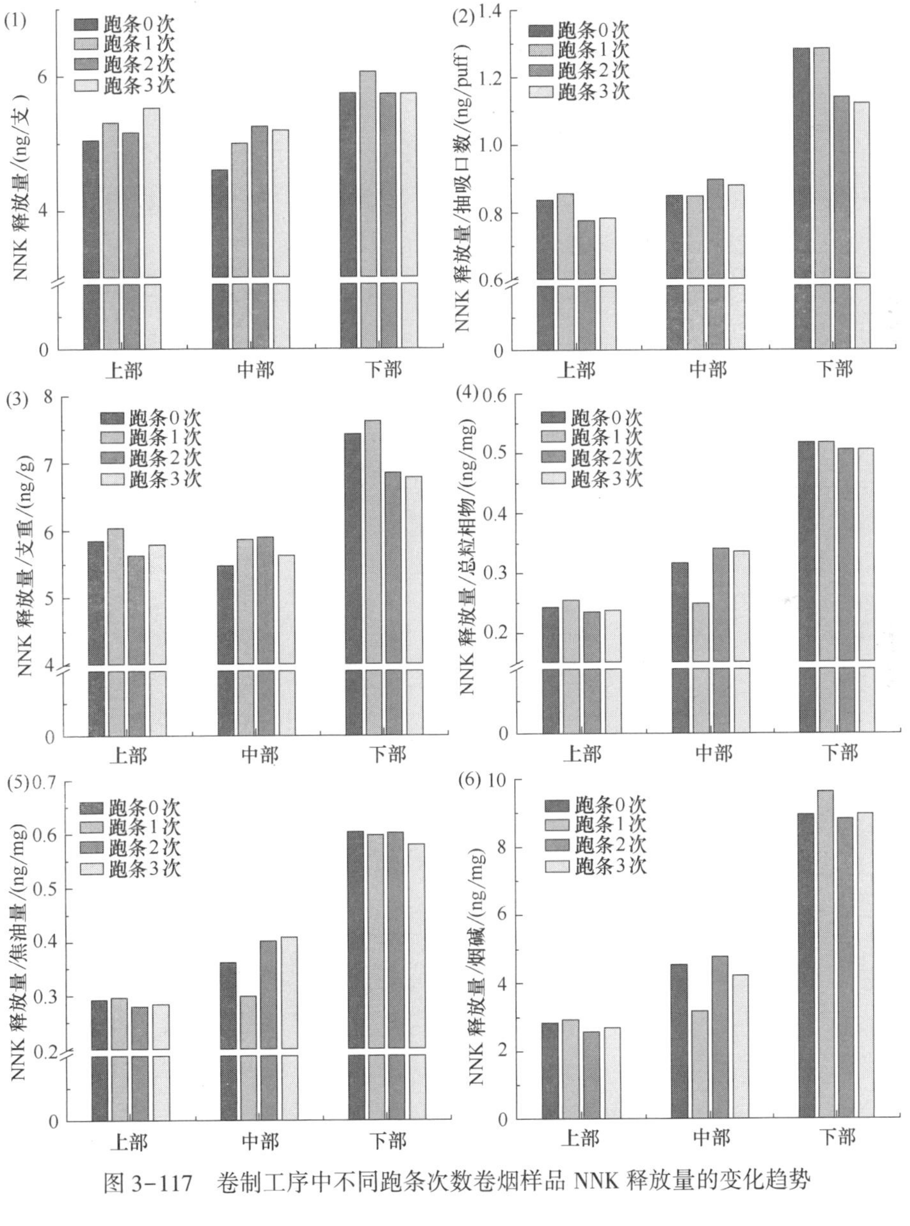

图 3-117 卷制工序中不同跑条次数卷烟样品 NNK 释放量的变化趋势

图 3-117（1）中数据可以看出，上部、中部和下部烟样品全支 NNK 释放量随跑条次数增加，无明显规律性，跑条后全支 NNK 释放量均高于未跑条对照样；对于上、中、下 3 个部位的烟样品，随着跑条次数的增加，平均每口［图 3-117（2）］和单位支重［图 3-117（3）］NNK 释放量变化不显著；单位 TPM［图 3-117（4）］、单位焦油［图 3-117（5）］和单位烟碱［图 3-117（6）］只有中部烟样品一次跑条的结果低于未跑条对照样，其他均高于或是无差别。

4. 跑条次数对氨释放量的影响

图 3-118 为卷制工序中不同跑条次数卷烟样品氨释放量的变化趋势。

图 3-118（1）中数据显示，上部烟样品氨释放量随跑条次数的增加呈现先增加而后降低的趋势，中部和下部烟样品不同跑条次数影响不大，均略低于未跑条对照样。平均每口［图 3-118（2）］和单位支重［图 3-118（3）］氨释放量变化情况具体为：上部烟样品随跑条次数的增加，氨释放量呈现略

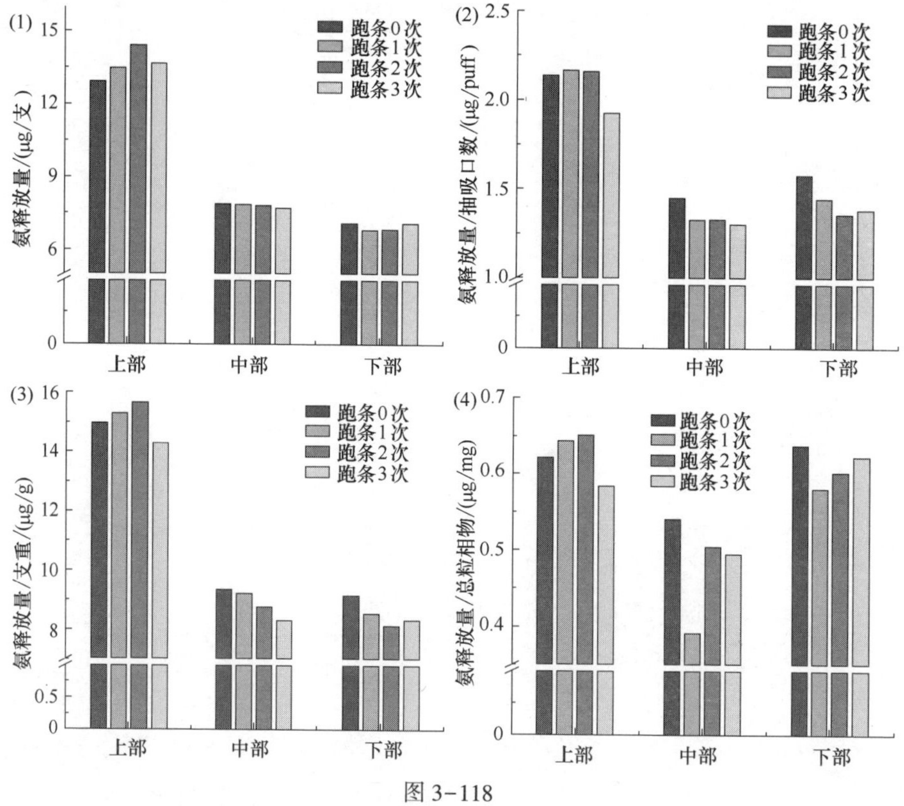

图 3-118

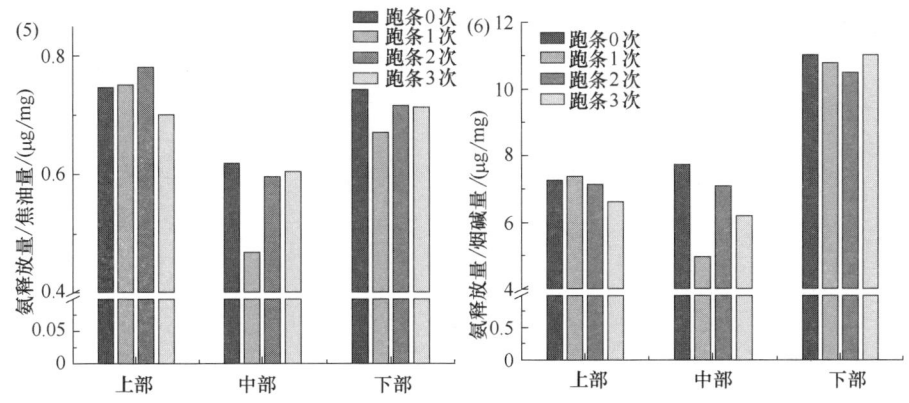

图3-118 卷制工序中不同跑条次数卷烟样品氨释放量的变化趋势

有增加而后降低的趋势;中部和下部烟样品略微降低的趋势。上、中、下3种不同部位卷烟样品单位TPM[图3-118(4)]、单位焦油[图3-118(5)]和单位烟碱[图3-118(6)]氨释放量变化规律为:上部和下部烟样品基本无差别;中部卷烟样品呈现先增加后降低的趋势,跑条1次释放量最低。综上,可以看出卷制工序不同跑条次数对氨释放量有选择性。

5. 跑条次数对苯酚释放量的影响

图3-119为卷制工序中不同跑条次数制备的卷烟样品苯酚释放量的变化趋势。图3-119(1)中数据显示,上部烟样品呈现先增加后降低的变化趋势,中部和下部卷烟样品苯酚释放量随跑条次数的增加呈现增加的趋势,其值均高于未跑条对照样。平均每口[图3-119(2)]和单位支重[图3-119(3)]呈现的规律为:上部烟样品苯酚释放量随跑条次数的增加,呈现先增加后降低的变化趋势,而中部和下部烟样品苯酚释放量变化不显著。单位TPM[图3-119(4)]、单位焦油[图3-119(5)]和单位烟碱[图3-119(6)]苯酚释放量与全支苯酚释放量呈现相同规律,对于上部烟样品苯酚释放量随跑条次数的增加呈现先增加后降低的变化趋势,中部烟样品则呈现先降低后增加变化趋势,下部烟样品苯酚释放量呈现逐步增加的趋势。综上结果,可以看出卷制工序不同跑条次数对苯酚释放量有选择性。

6. 跑条次数对HCN释放量的影响

图3-120为卷制工序中不同跑条次数制备的卷烟样品HCN释放量的变化趋势。图中数据显示,上部卷烟样品HCN释放量随跑条次数的增加呈现先增加而后降低的趋势,而中部、下部烟样品没有明显变化。对于中部烟样品,

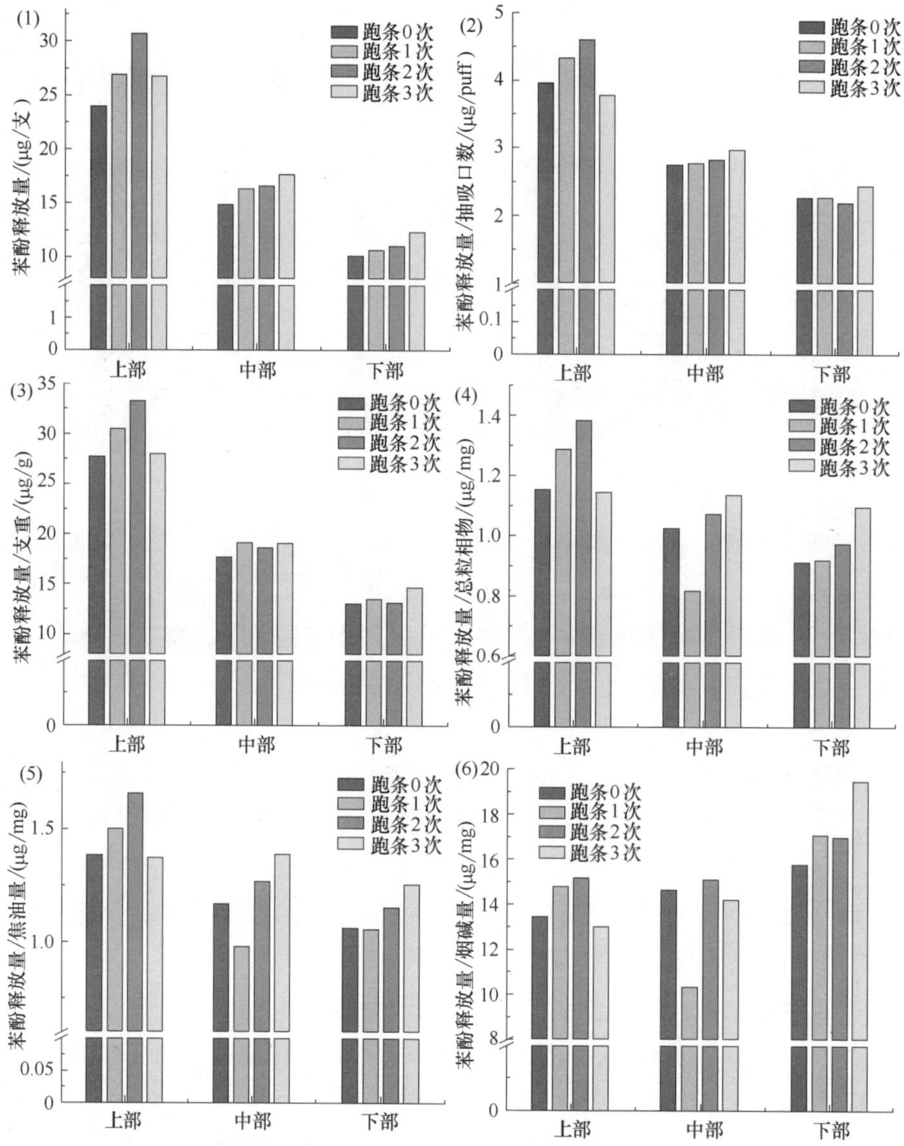

图 3-119 卷制工序中不同跑条次数卷烟样品苯酚释放量的变化趋势

平均每口 [图 3-120 (2)] 和单位支重 [图 3-120 (3)] HCN 释放量随跑条次数的增加呈现逐步降低的趋势,三次跑条的结果低于未跑条对照样,上部和下部烟样品没有显著性变化。单位 TPM [图 3-120 (4)]、单位焦油 [图 3-120 (5)] 和单位烟碱 [图 3-120 (6)] HCN 释放量呈现的规律为:上部烟样品呈现逐步下降趋势,三次跑条后其值小于未跑条对照样,中部烟样品跑条后其值均小于未跑条对照样，下部烟样品 HCN 释放量呈现先增加后降低的趋势。

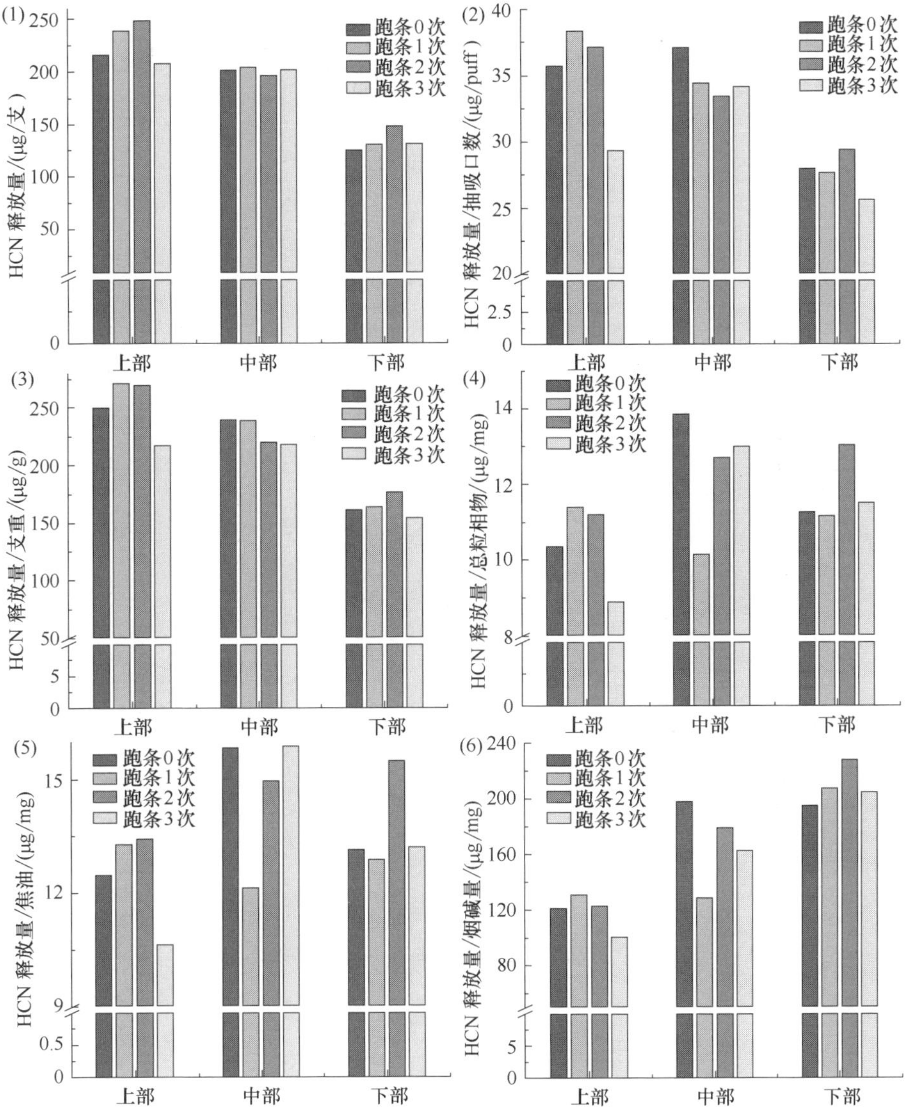

图 3-120　卷制工序中不同跑条次数卷烟样品 HCN 释放量的变化趋势

7. 跑条次数对巴豆醛释放量的影响

图 3-121 为卷制工序中经不同跑条次数制备的卷烟样品巴豆醛释放量的变化趋势。从图 3-121（1）中数据显示，上部烟样品巴豆醛释放量随跑条次

数的增加先降低再升高，中部烟样品则呈现逐渐增大而后降低的趋势，下部烟样品则随跑条次数的增加逐渐增大。平均每口［图3-121（2）］和单位支重［图3-121（3）］针对上部、中部、下部卷烟样品无明显变化规律。跑条次数对单位TPM［图3-121（4）］、单位焦油［图3-121（5）］和单位烟碱［图3-121（6）］巴豆醛释放量呈现相似变化规律，对上部卷烟样品巴豆醛释放量明显影

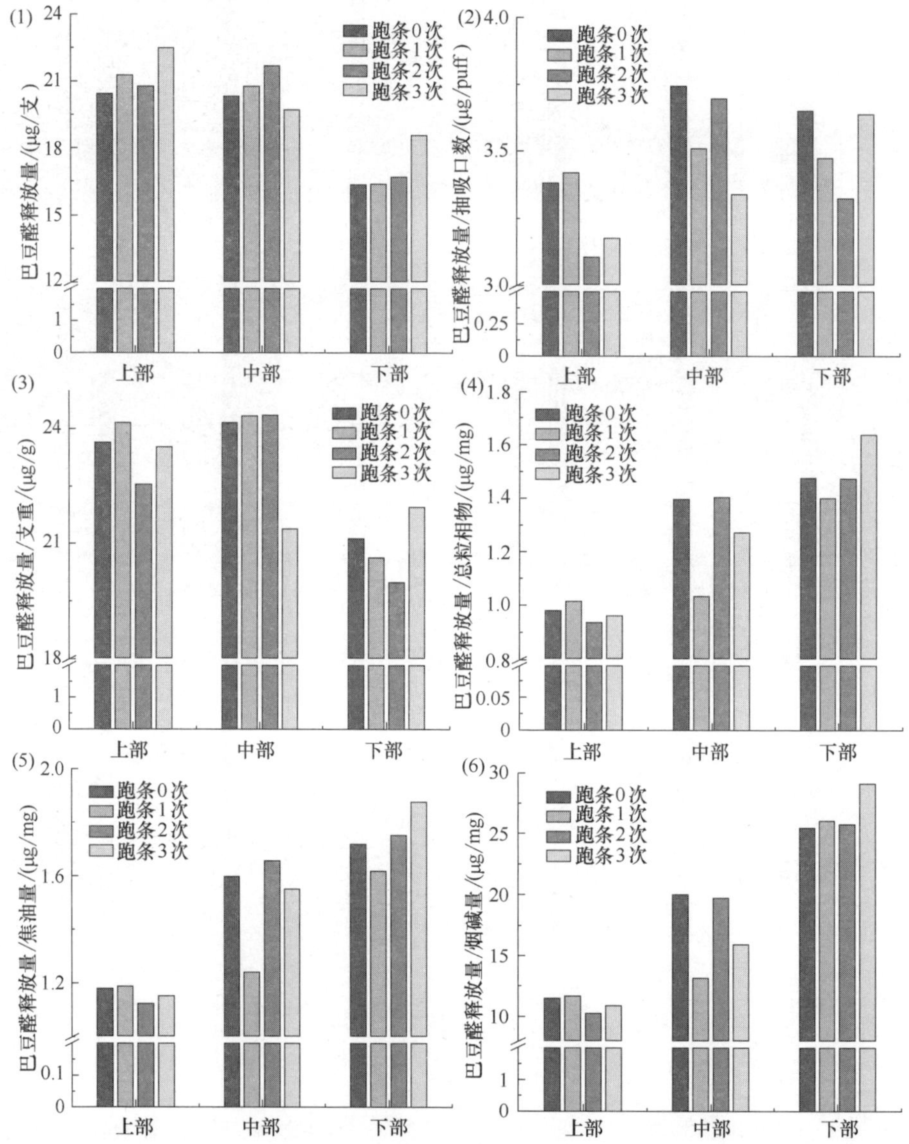

图3-121 卷制工序中不同跑条次数卷烟样品巴豆醛释放量的变化趋势

响；中部烟样品随跑条次数的增加，呈现先增加而后降低的趋势，最大值低于未跑条对照样品，说明跑条次数对中部卷烟样品单位 TPM、单位焦油和单位烟碱巴豆醛释放量的影响存在极限跑条次数值，即跑条超过两次后，巴豆醛释放量不再随之增加；下部卷烟样品则随跑条次数的增加逐渐增大。

三、跑条次数对危害性指数的影响

图 3-122 显示卷制工序中不同跑条次数制备的卷烟样品危害性指数的变化趋势，该指标综合了 7 种有害成分的全支释放量指标。从图中数据可以看出，3 种不同部位经不同跑条次数处理后，卷烟样品危害性指数随跑条次数呈现一定规律。三次跑条结果显示，对 3 种样品，随着跑条次数的增加，危害性指数呈现增加趋势，尽管上部烟样品在三次跑条时有所降低，但所有危害性指标均高于未跑条对照样，说明跑条次数的增加并不利于降低卷烟的危害性指数指标。

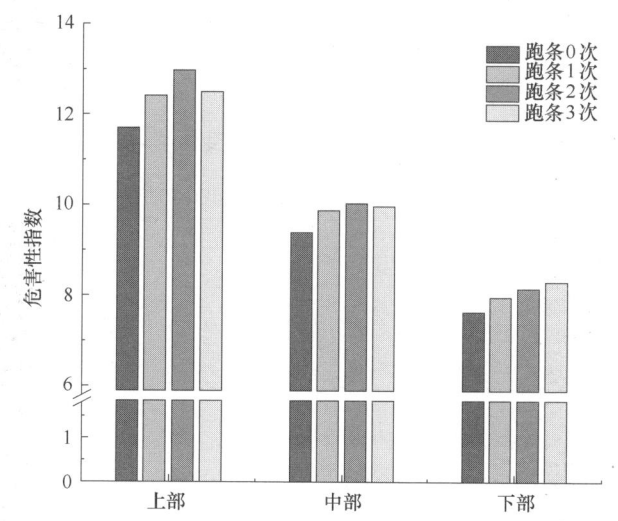

图 3-122　卷制工序中不同跑条次数卷烟样品危害性指数的变化趋势

四、卷制工序中跑条次数对处理前后物理指标的影响

1. 卷制工序中跑条次数对填充值的影响

图 3-123 为卷制对烟丝填充值影响趋势。从图中可以看出，相同卷制条件下，不同部位烟叶烟丝填充值大小依次为下部烟>中部烟>上部烟；随跑条次数增加，3 个部位烟叶烟丝填充值均有减小趋势。

表 3-114 是不同卷制条件下烟丝填充值的均值、极差及变化率数据。由

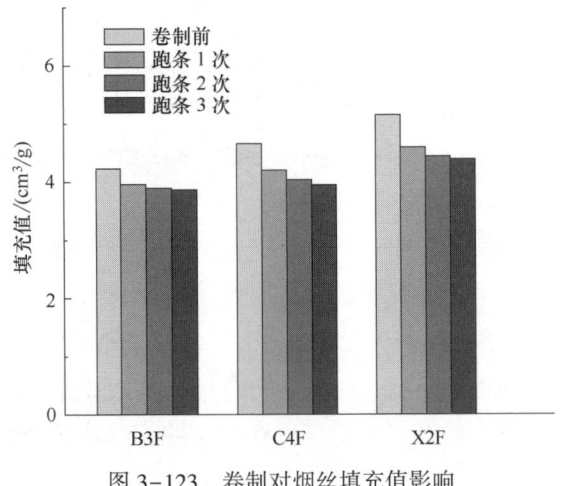

图 3-123 卷制对烟丝填充值影响

表可看出,卷制条件对不同部位烟叶烟丝填充值影响程度依次为中部烟>下部烟>上部烟。其中,卷制条件对上部烟烟丝填充值有一定影响,而对中部烟和下部烟填充值有显著影响。

表 3-114　　　　　　　烟丝填充值均值、极差与变化率

样品	填充值		
	均值/(cm^3/g)	极差/(cm^3/g)	变化率/%
上部烟	3.99	0.36	9.02
中部烟	4.215	0.7	16.61
下部烟	4.6425	0.76	16.37

2. 卷制工序中跑条次数对烟丝结构的影响

图 3-124 为不同卷制条件下的烟丝结构变化趋势。从图 3-124（1）中可以看出,相同卷制条件下,不同部位烟叶烟丝特征尺寸差异不大；随卷制跑条次数增加,3 个部位烟叶烟丝特征尺寸均呈降低趋势。从图 3-124（2）中可以看出,随卷制跑条次数增加,3 个部位烟叶烟丝尺寸均匀性系数均呈增加趋势。

表 3-115、表 3-116 是不同卷制条件下烟丝特征尺寸和均匀性系数的均值、极差及变化率数据。由表 3-115 可看出,卷制条件对不同部位烟叶烟丝的特征尺寸均有显著影响。由表 3-116 可看出,卷制条件对不同部位烟叶烟丝的尺寸均匀性系数均有显著影响。

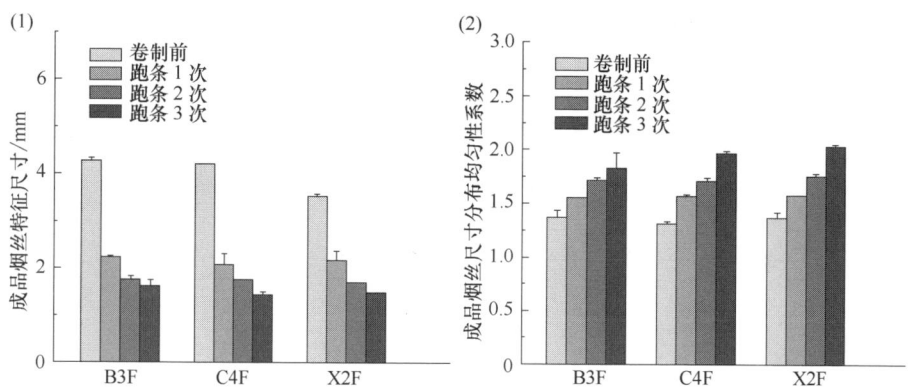

图 3-124 不同卷制条件下对烟丝结构的影响

表 3-115 烟丝特征尺寸均值、极差与变化率

样品	特征尺寸		
	均值/mm	极差/mm	变化率/%
上部烟	2.4750	2.66	107.47
中部烟	2.3675	2.77	117.00
下部烟	2.2275	2.04	91.58

表 3-116 烟丝尺寸均匀性系数均值、极差与变化率

样品	均匀性系数		
	均值	极差	变化率/%
上部烟	1.615	0.46	28.48
中部烟	1.64	0.66	40.24
下部烟	1.6875	0.67	39.70

五、卷制工序中跑条次数对卷烟烟支物理指标的影响

图 3-125 为卷制工序跑条 3 次卷烟样品物理指标的变化趋势。图中数据

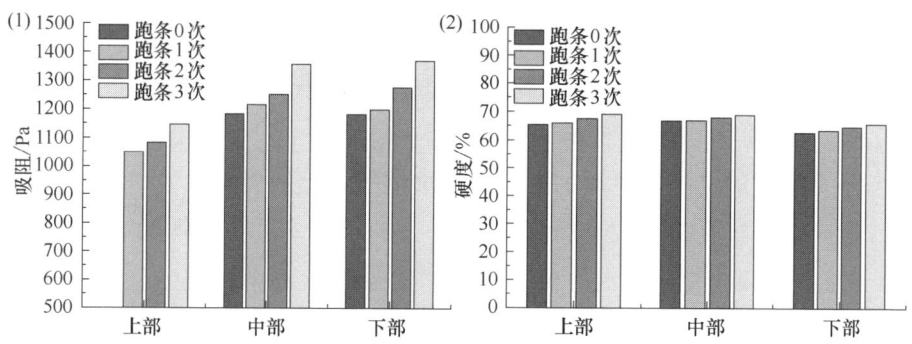

图 3-125 卷制工序跑条次数对卷烟样品吸阻与硬度物理指标的影响

显示,随着跑条次数增加,烟支硬度略有增加,吸阻有较大幅度增加。

六、卷制工序不同跑条次数对叶丝加工感官质量评价结果影响

表 3-117 卷制工序不同跑条次数对叶丝加工感官质量评价结果影响

跑条次数		香气特性				烟气特性				口感特性				风格变化程度
		香气质	香气量	透发性	杂气	浓度	劲头	细腻程度	成团性	刺激性	干燥感	干净程度	回甜	
上部烟	0次	=	=	=	=	=	=	=	=	=	=	=	=	=
	1次	=	=	↓	=	↓	=	↓	=	↑	=	=	=	=
	2次	=	=	↓	↓	↓	=	↓	=	=	=	=	=	=
	3次	=	=	↓	=	↓	=	↓	=	=	=	↓	=	=
中部烟	0次	=	=	=	=	=	=	=	=	=	=	=	=	=
	1次	=	=	↑	↓	=	=	↑	=	↑↑	=	=	=	=
	2次	=	=	=	↓	↓	=	=	=	=	↑	=	↓	=
	3次	=	=	=	↓	↓	=	↓	=	↑	↑	=	=	=
下部烟	0次	=	=	=	=	=	=	=	=	=	=	=	=	=
	1次	=	=	=	=	=	=	=	=	↑	↑	=	=	=
	2次	=	=	=	↓	=	=	↓	=	=	↑	=	=	=
	3次	=	=	=	↓	↑	=	=	=	=	↑	=	=	=

注: 1. 以正常生产卷制样品作为对照样进行感官对比评价。
2. "↑"表示与对照样相比有正向变化,"↑↑"表示与对照样相比有较大正向变化,"="表示没有明显影响,"↓"表示与对照样相比有负向变化。

由表 3-117 可知,卷制工序不同跑条次数对杂气、浓度、细腻程度、刺激性和干燥感等指标影响显著,对透发性指标略有影响,对其他指标影响不明显。

第八节 梗丝加工对卷烟质量及烟气指标的影响

一、梗丝加工工序中加工方式对常规烟气指标的影响

图 3-126 显示 3 个不同产地烟梗样品在梗丝加工工序 4 种不同加工方式[流化床、滚筒干燥、气流干燥(梗丝切丝厚度为 0.10mm)和气流干燥+(梗丝切丝厚度为 0.16mm)]下处理,经过相同下游(卷制)工艺过程,制备的卷烟样品抽吸口数、烟气中总粒相物、焦油和烟碱含量的对比关系。由

图中数据可知,由于梗丝加工方式不同,卷烟样品在抽吸口数、TPM、焦油和烟碱释放量等常规烟气指标方面呈现不同的变化趋势。产地的差异性对上述常规烟气指标均值的变化趋势未见明显影响规律。气流干燥加工方式下制备的卷烟样品抽吸口数均值达到最大;HT+流化床加工方式制备的卷烟样品TPM、焦油和烟碱释放量均值达到最低。

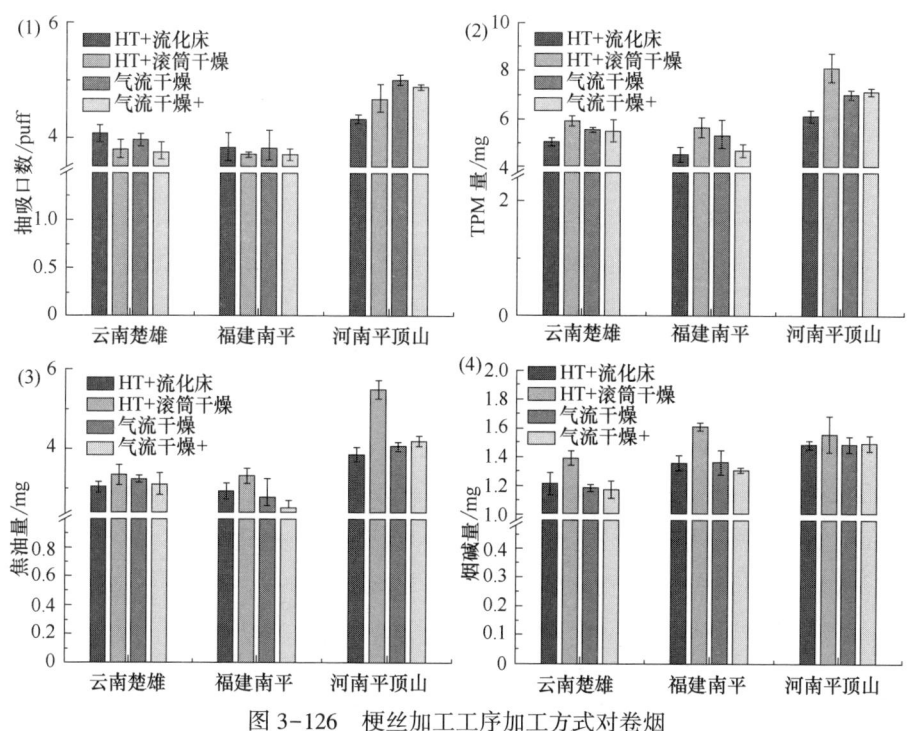

图3-126 梗丝加工工序加工方式对卷烟
抽吸口数(1)和烟气中TPM(2)、焦油(3)和烟碱(4)含量的影响

表3-118显示不同产地烟梗样品在梗丝加工工序4种加工方式下制备的卷烟样品抽吸口数[图3-126(1)]和烟气中TPM[图3-126(2)]、焦油[图3-126(3)]和烟碱[图3-126(4)]含量的统计分析结果。由于每个条件的实验做了三批次的处理物料,所以利用统计分析可以确认该规律在统计意义上的显著。由表3-118数据和不同加工方式的均值比较结果可知,在抽吸口数方面,除河南平顶山的烟梗外,梗丝加工工序中的加工方式对其他两种相同产地烟梗的卷烟样品抽吸口数未见明显影响,均值略有差异;在TPM、焦油和烟碱释放量方面,除云南楚雄卷烟样品焦油和河南平顶山卷烟样品烟碱释放量未见明显差异以外,梗丝加工方式对卷烟样品TPM、焦油和烟碱释放量有显著影响。

表 3-118　梗丝加工工序加工方式对卷烟抽吸口数和烟气中 TPM、焦油和烟碱含量的统计分析结果

样品	抽吸口数			TPM			焦油			烟碱		
	加工方式	均值 puff	极差 puff	加工方式	均值 mg	极差 mg	加工方式	均值 mg	极差 mg	加工方式	均值 mg	极差 mg
云南楚雄	0	3.91	0.33	1	5.52	0.87	0	3.20	0.29	1	1.24	0.21
福建南平	0	3.79	0.13	1	5.05	1.11	1	2.91	0.81	1	1.41	0.30
河南平顶山	1	4.74	0.67	1	7.11	1.97	1	4.41	1.62	0	1.51	0.07

注：以 95%的置信度为检验标准，1 表示有影响，0 表示无影响。

二、梗丝加工工序中加工方式对 7 种有害成分的影响

1. 梗丝加工工序中加工方式对 CO 释放量的影响

图 3-127 为 4 种不同梗丝加工方式制备的卷烟样品 CO 释放量对比关系。从图 3-127 [（1）／（2）／（3）] 中数据显示，3 个不同产地烟梗得到的卷烟样品全支、平均每口和单位支重 CO 释放量均在 HT+滚筒干燥加工方式下达到最大，在 HT+流化床加工方式下达到最小。梗丝加工方式对不同产地烟梗制备的卷烟样品单位 TPM [图 3-127（4）]、单位焦油 [图 3-127（5）] 与单位烟碱 [图 3-127（6）] CO 释放量影响未见明显规律，呈现出较大的产地差异性。

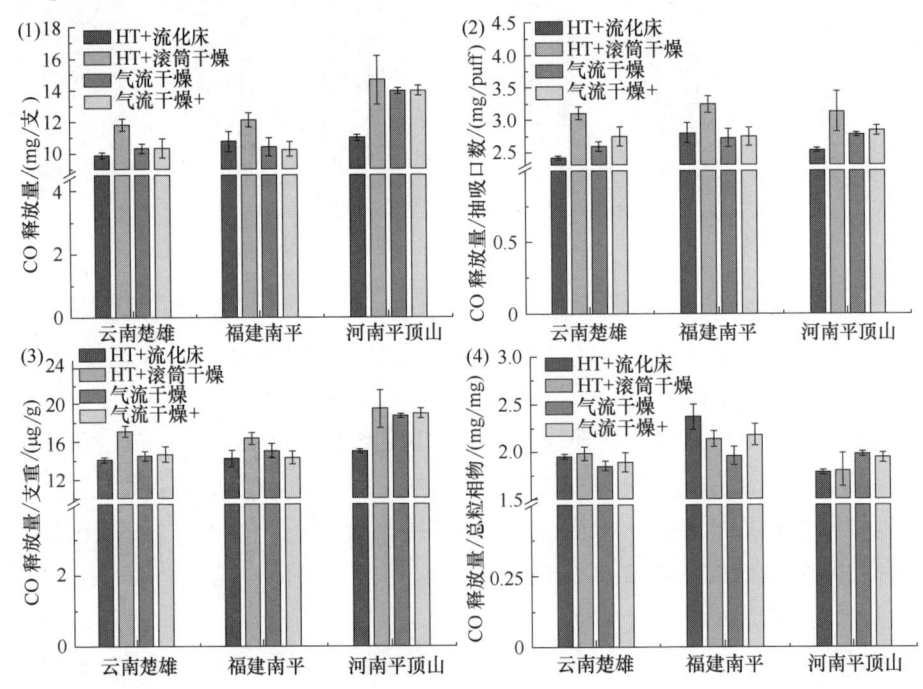

图 3-127

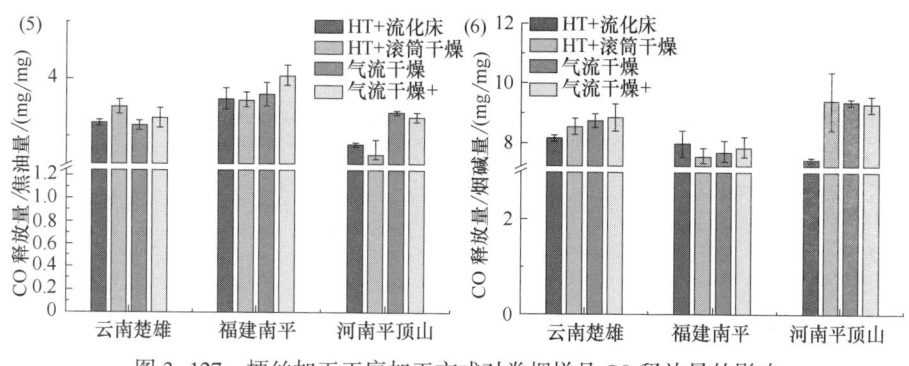

图3-127 梗丝加工工序加工方式对卷烟样品CO释放量的影响

表3-119是梗丝加工工序4种加工方式下制备的卷烟样品全支CO释放量的统计分析结果。该结果表明梗丝加工方式对3种不同产地烟梗制备的卷烟样品全支CO释放量具有显著影响。

表3-119 梗丝加工工序加工方式对卷烟样品全支CO释放量的影响的统计分析结果

样品	CO释放量		
	流化床-滚筒-气流-气流+	均值/(mg/支)	极差/(mg/支)
云南楚雄	1	10.62	1.92
福建南平	1	10.91	1.88
河南平顶山	1	13.41	3.62

注:以95%的置信度为检验标准,1表示有影响,0表示无影响。

2. 梗丝加工工序中加工方式对B[a]P释放量的影响

图3-128为梗丝加工工序中4种加工方式制备的卷烟样品B[a]P释放量的对比关系。图3-128(1)中数据显示,不同产地烟梗制备的卷烟样品全支B[a]P释放量随加工方式的变化未见明显规律,产地差异性较大。平均每口[图3-128(2)]、单位支重[图3-128(3)]、单位TPM[图3-128(4)]、单位焦油[图3-128(5)]B[a]P释放量随加工方式的变化规律与全支B[a]P释放量规律从总体上相一致。

表3-120是不同产地烟梗样品在梗丝加工工序4种加工方式下制备的卷烟样品全支B[a]P释放量的统计分析结果。加工方式对福建南平卷烟样品全支B[a]P释放量的影响,虽然均值有一定的差别,但统计分析结果显示,均值在统计上并无明显差别,即梗丝加工工序加工方式的不同对福建南平卷烟样品全支B[a]P释放量无显著性影响;而对于云南楚雄和河南平顶

山的卷烟样品，梗丝加工工序中加工方式对其全支 B［a］P 释放量有显著性影响。

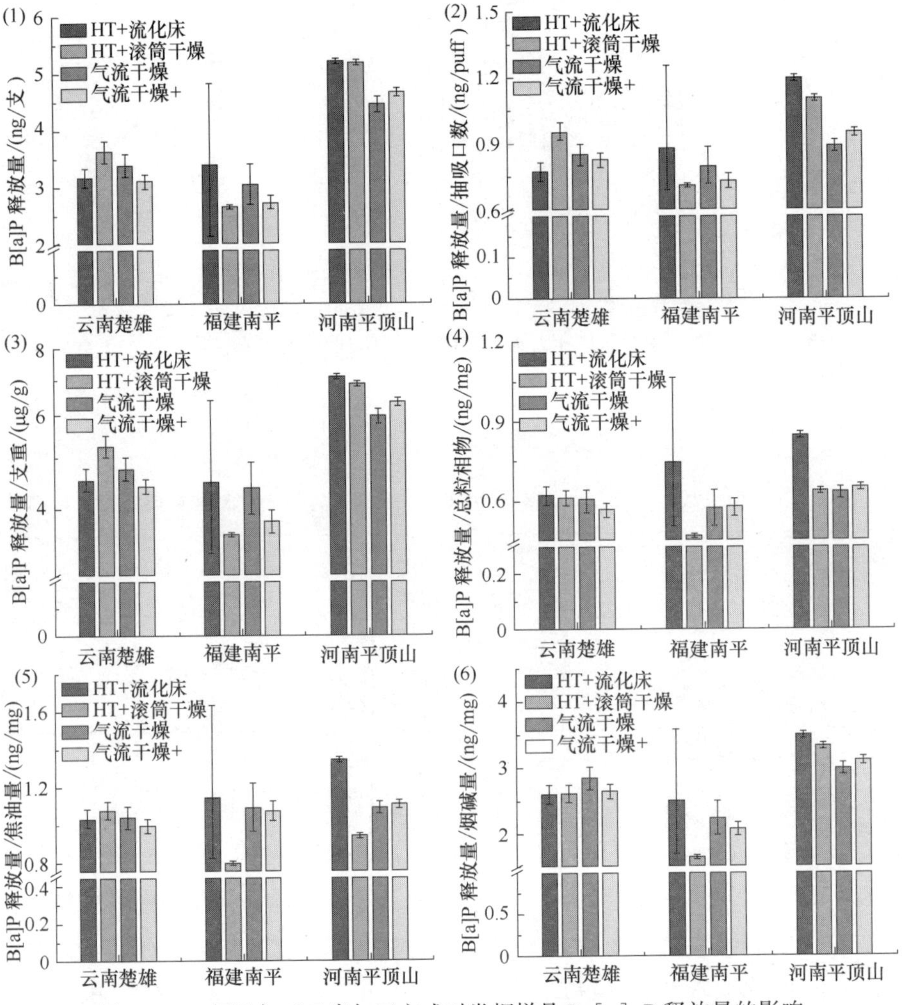

图 3-128　梗丝加工工序加工方式对卷烟样品 B［a］P 释放量的影响

表 3-120　梗丝加工工序加工方式对卷烟样品 B［a］P 释放量影响的统计分析结果

样品	B［a］P 释放量		
	流化床-滚筒-气流-气流+	均值/(ng/支)	极差/(ng/支)
云南楚雄	1	3.33	0.52
福建南平	0	2.96	0.73
河南平顶山	1	4.88	0.75

注：以 95% 的置信度为检验标准，1 表示有影响，0 表示无影响。

3. 梗丝加工工序中加工方式对 NNK 释放量的影响

图 3-129 为梗丝加工工序中 4 种加工方式制备的卷烟样品 NNK 释放量的变化趋势。图 3-129（1）中数据显示，不同产地烟梗制备的卷烟样品全支 NNK 释放量随加工方式的变化未见明显规律，产地差异性较大。平均每口［图 3-129（2）］、单位支重［图 3-129（3）］、单位 TPM［图 3-129（4）］、单位焦油［图 3-129（5）］NNK 释放量随加工方式的变化规律与全支 NNK 释放量规律从总体上相一致。

表 3-121 是不同产地烟梗样品在梗丝加工工序 4 种加工方式下制备的卷

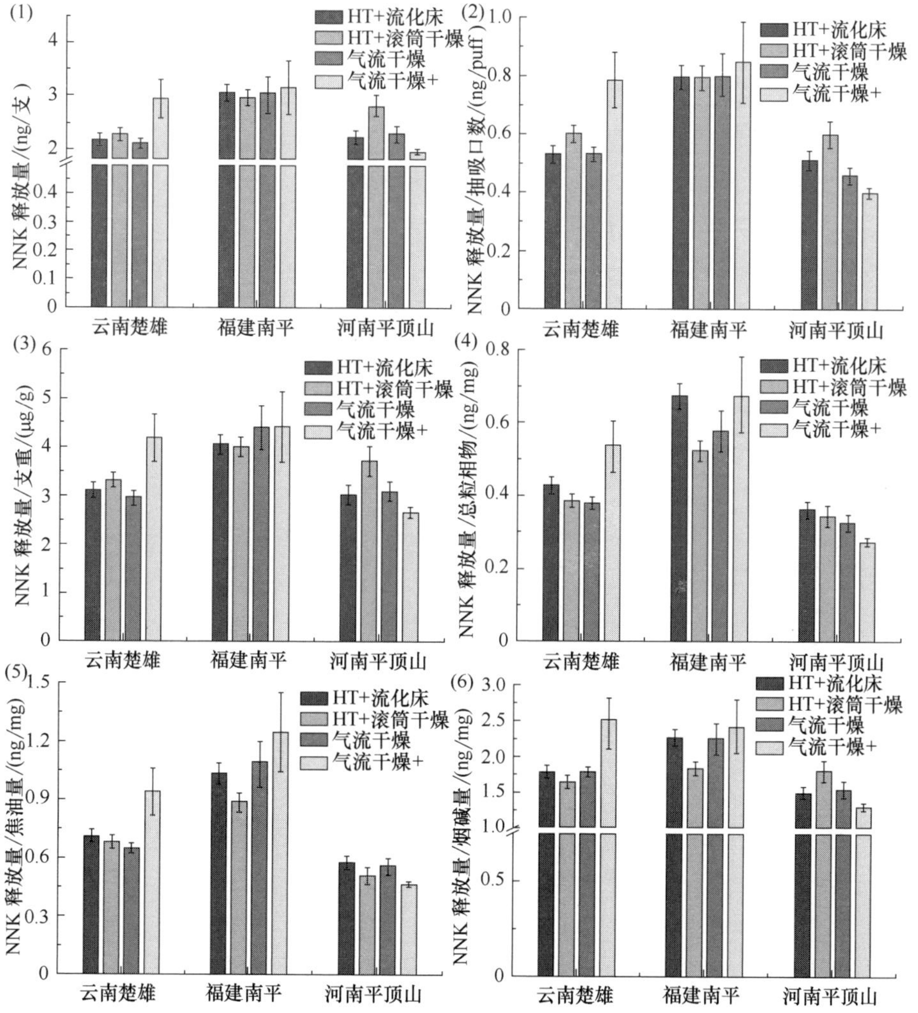

图 3-129 梗丝加工工序加工方式对卷烟样品 NNK 释放量的影响

烟样品全支 NNK 释放量的统计分析结果。结果显示加工方式对云南楚雄和河南平顶山卷烟样品全支 NNK 释放量有显著性影响。不同加工方式对全支 NNK 释放量的影响趋势呈现出较大的产地差异性；对福建南平卷烟样品而言，虽然均值略有差异，但统计分析结果表明，均值在统计上并无明显差别，即梗丝加工工序中加工方式对卷烟样品全支 NNK 释放量无显著性影响。

表 3-121 梗丝加工工序加工方式对卷烟样品 NNK 释放量影响的统计分析结果

样品	NNK 释放量		
	流化床-滚筒-气流-气流+	均值/(ng/支)	极差/(ng/支)
云南楚雄	1	2.39	0.83
福建南平	0	3.07	0.19
河南平顶山	1	2.33	0.85

注：以 95%的置信度为检验标准，1 表示有影响，0 表示无影响。

4. 梗丝加工工序中加工方式对氨释放量的影响

图 3-130 为不同产地烟梗样品在梗丝加工工序 4 种加工方式下制备的卷烟样品氨释放量的变化趋势。从图 3-130（1）中数据显示，不同产地烟梗制备的卷烟样品全支氨释放量随不同加工方式的变化规律未见明显规律，呈现

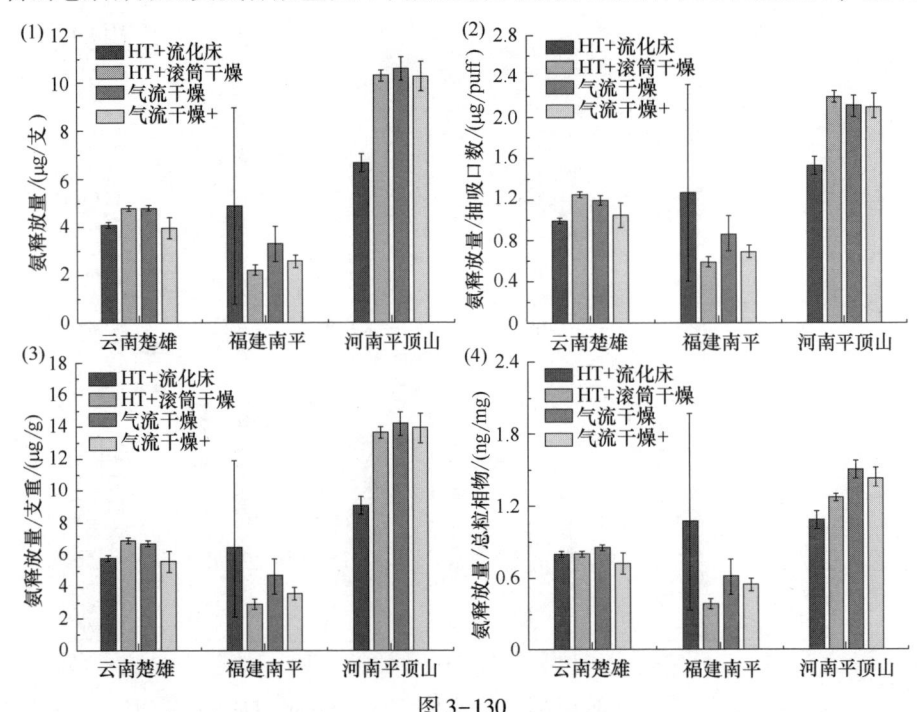

图 3-130

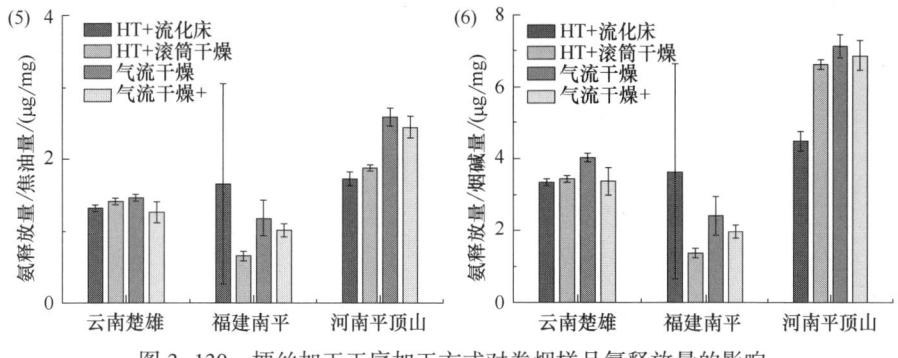

图3-130 梗丝加工工序加工方式对卷烟样品氨释放量的影响

出较大的产地差异性。经过梗丝加工工序处理后,以平均每口[图3-130(2)]和单位支重[图3-130(3)]、单位TPM[图3-130(4)]、单位焦油[图3-130(5)]、单位烟碱[图3-130(6)]的氨释放量为基准时,与相应全支氨释放量[图3-130(1)]在不同加工方式下的对比关系呈现相似的规律性。

表3-122是不同产地烟梗样品在梗丝加工工序4种加工方式下制备的卷烟样品全支氨释放量的统计分析结果。该结果显示,对于福建南平的卷烟样品,虽然全支氨释放量均值在不同加工方式下有一定的差别,但均值在统计上并无明显差别,即梗丝加工工序加工方式的差异对福建南平的卷烟样品全支氨释放量无显著性影响。对云南楚雄和河南平顶山的卷烟样品,加工方式对全支氨释放量有显著影响。

表3-122 不同产地烟梗样品在梗丝加工工序4种加工方式下制备的卷烟样品全支氨释放量的统计分析结果

样品	氨释放量		
	流化床-滚筒-气流-气流+	均值/(μg/支)	极差/(μg/支)
云南楚雄	1	4.39	0.83
福建南平	0	3.24	2.71
河南平顶山	1	9.47	3.95

注:以95%的置信度为检验标准,1表示有影响,0表示无影响。

5. 梗丝加工工序中加工方式对苯酚释放量的影响

图3-131为CTD气流干燥3个强度处理后制备的卷烟样品苯酚释放量的变化趋势。图3-131(1)中数据显示,不同产地烟梗制备的卷烟样品全支苯酚释放量随加工方式的变化未见明显规律,产地差异性较大。总体来讲,平

均每口［图 3-131（2）］、单位支重［图 3-131（3）］、单位 TPM［图 3-131（4）］、单位焦油［图 3-131（5）］和单位烟碱［图 3-131（6）］苯酚释放量与全支苯酚释放量均值随加工方式的变化规律呈现相似规律。

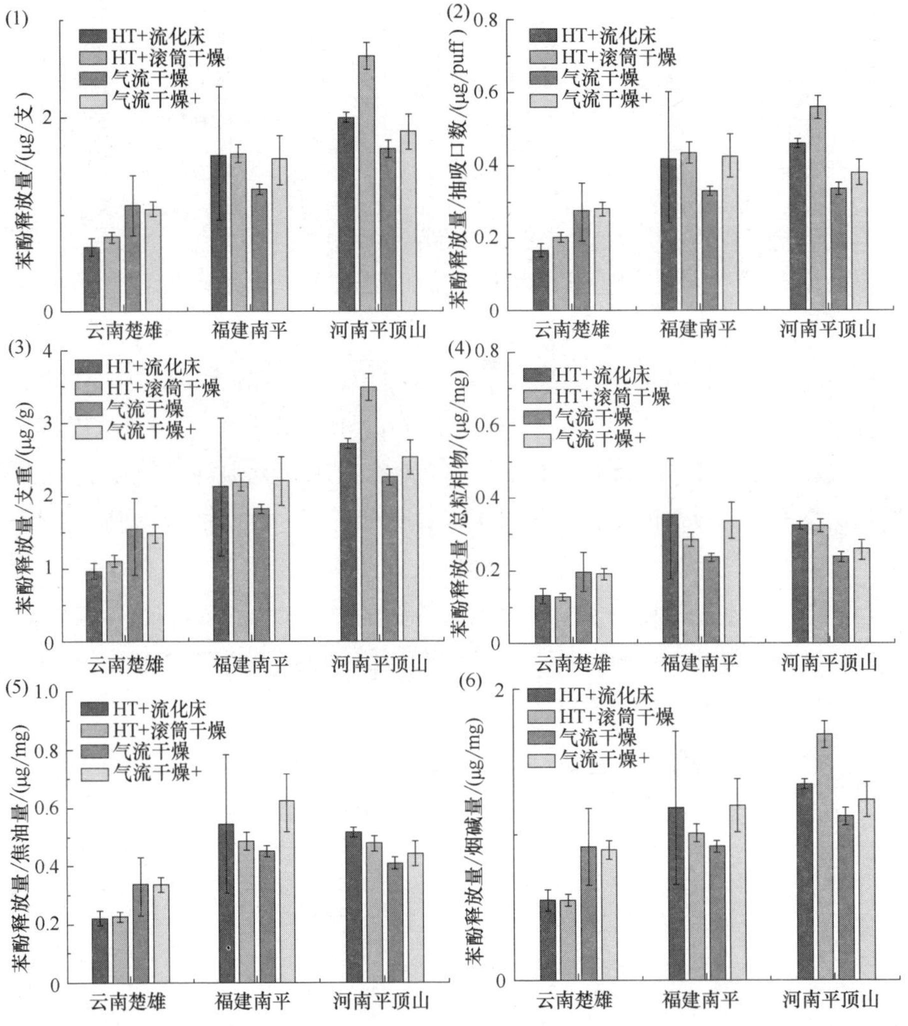

图 3-131 梗丝加工工序加工方式对卷烟样品苯酚释放量的影响

表 3-123 是不同产地烟梗样品在梗丝加工工序 4 种加工方式下卷烟样品全支苯酚释放量的统计分析结果。该表结果显示，不同加工方式对云南楚雄和河南平顶山两个产地的卷烟样品中全支苯酚释放量均值有显著性影响，但对福建南平卷烟样品内全支苯酚释放量无明显影响。

表3-123　不同产地烟梗样品在梗丝加工工序4种加工方式下
　　　　制备的卷烟样品全支苯酚释放量的统计分析结果

样品	苯酚释放量		
	流化床-滚筒-气流-气流+	均值/($\mu g/$支)	极差/($\mu g/$支)
云南楚雄	1	0.90	0.42
福建南平	0	1.52	0.36
河南平顶山	1	2.04	0.95

注：以95%的置信度为检验标准，1表示有影响，0表示无影响。

6. 梗丝加工工序中加工方式对HCN释放量的影响

图3-132为梗丝加工工序中4种加工方式制备的卷烟样品HCN释放量的

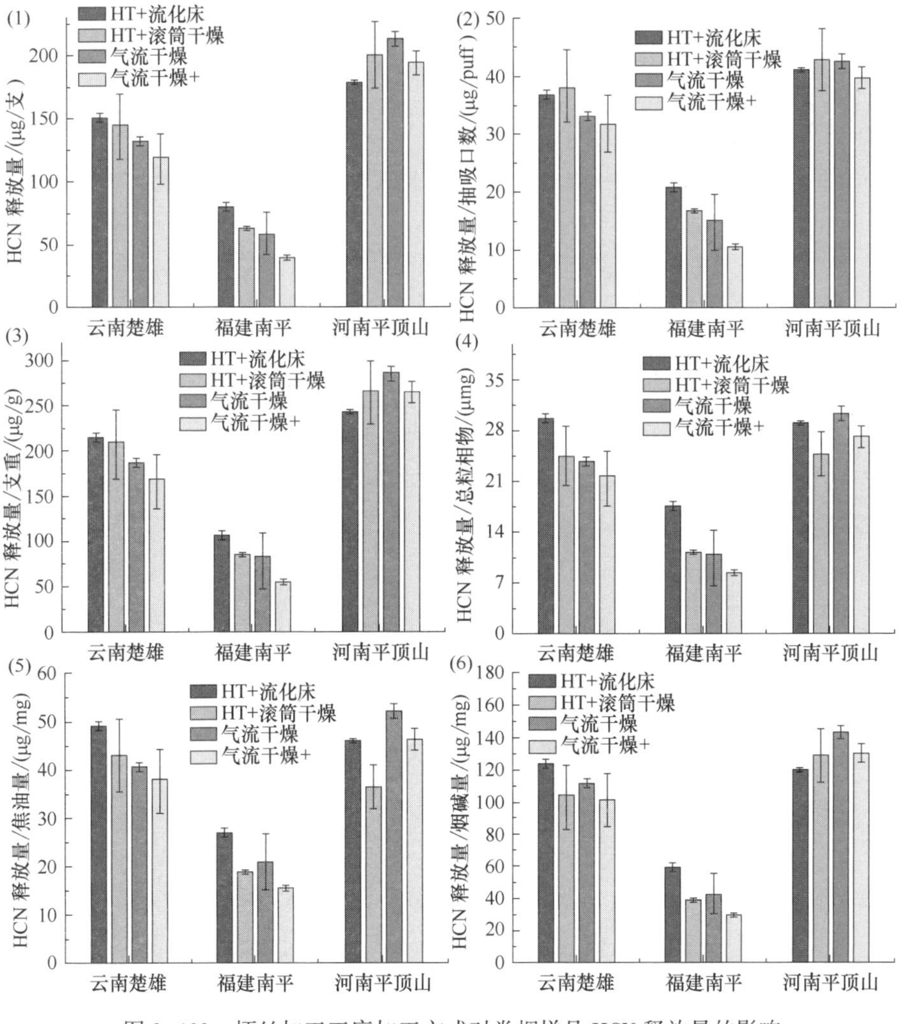

图3-132　梗丝加工工序加工方式对卷烟样品HCN释放量的影响

对比关系。图3-132（1）中数据显示，云南楚雄和福建南平的卷烟样品全支HCN释放量大小按照加工方式的不同呈现出HT+流化床>HT+滚筒干燥>气流干燥的规律，而河南平顶山的卷烟样品全支HCN释放量的变化规律则正好相反，呈现出气流干燥>HT+滚筒干燥>HT+流化床的规律，总体上来说具有一定的产地差异性。3个产地卷烟样品平均每口［图3-132（2）］、单位支重［图3-132（3）］、单位TPM［图3-132（4）］、单位焦油［图3-132（5）］和单位烟碱［图3-132（6）］HCN释放量与相应全支卷烟HCN释放量均值规律相似。

表3-124是不同产地烟梗样品在梗丝加工工序4种加工方式下制备的卷烟样品全支HCN释放量的统计分析结果。表中结果表明梗丝加工工序中加工方式的不同对福建南平烟样品中全支HCN释放量有显著性影响；对云南楚雄与河南平顶山样品影响较小。

表3-124 梗丝加工工序加工方式对卷烟样品全支HCN释放量影响的统计分析结果

样品	HCN释放量		
	流化床-滚筒-气流-气流+	均值/(μg/支)	极差/(μg/支)
云南楚雄	0	136.94	31.73
福建南平	1	60.41	40.77
河南平顶山	0	197.03	34.63

注：以95%的置信度为检验标准，1表示有影响，0表示无影响。

7. 梗丝加工工序中加工方式对巴豆醛释放量的影响

图3-133为不同产地烟梗样品在梗丝加工工序4种加工方式下制备的卷烟样品全支巴豆醛释放量的变化趋势。图［图3-133（1）］中数据显示，不同产地烟梗制备的卷烟样品全支巴豆醛释放量随不同加工方式的变化未见明显规律，产地差异性较大。平均每口［图3-133（2）］、单位支重［图3-133（3）］、单位TPM［图3-133（4）］、单位焦油［图3-133（5）］和单位烟碱［图3-133（6）］变化规律不明显。

表3-125是不同产地烟梗样品在梗丝加工工序4种加工方式下制备的卷烟样品全支巴豆醛释放量的统计分析结果。结果表明对云南楚雄和河南平顶山卷烟样品，虽然全支巴豆醛释放量均值有一定的差别，但统计分析结果显示，均值在统计上并无明显差别，即梗丝加工工序中加工方式和梗丝厚度对卷烟样品全支巴豆醛释放量无显著性影响；对于福建南平卷烟样品而言，梗丝加工方式和梗丝厚度对其释放量有显著影响。

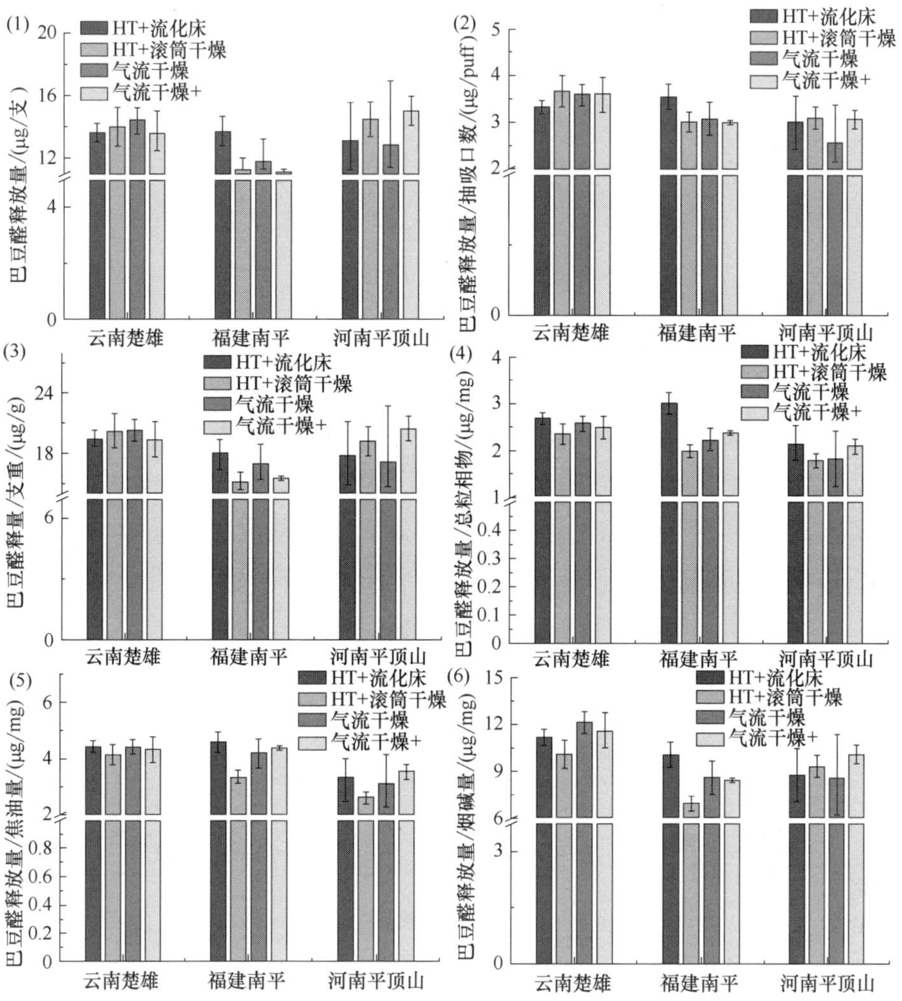

图 3-133　不同产地烟梗样品在梗丝加工工序 4 种加工方式下
制备的卷烟样品全支巴豆醛释放量

表 3-125　不同产地烟梗样品在梗丝加工工序 4 种加工方式下制备的
卷烟样品全支巴豆醛释放量的统计分析结果

样品	巴豆醛释放量		
	流化床-滚筒-气流-气流+	均值/(μg/支)	极差/(μg/支)
云南楚雄	0	13.91	0.83
福建南平	1	11.96	2.54
河南平顶山	0	13.86	2.18

注：以 95% 的置信度为检验标准，1 表示有影响，0 表示无影响。

三、梗丝加工工序中加工方式对单位口数气相物与粒相物成分释放量的影响

1. 梗丝加工工序中加工方式对单位口数气相物成分释放量的影响

梗丝加工在气流干燥条件下，不同切丝厚度对卷烟样品单位口数气相物释放量的影响如图 3-134 所示。根据该图可看出，梗丝加工工序中，0.10mm 与 0.16mm 两种切丝厚度对单位口数释放的苯系物、不饱和烃类化合物、醛

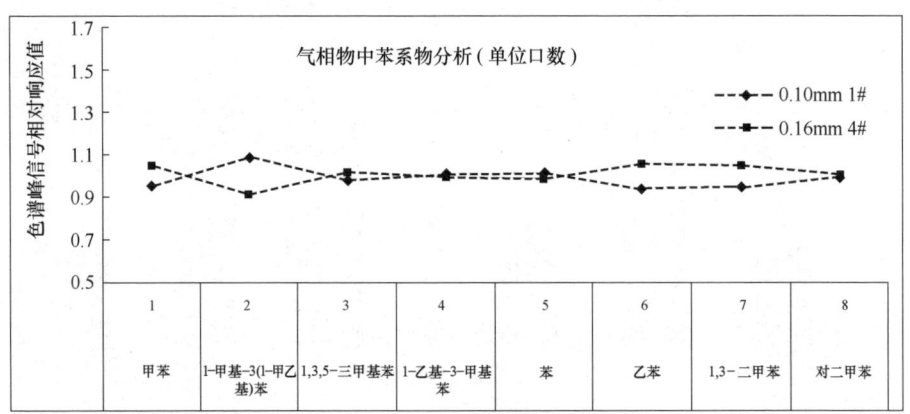

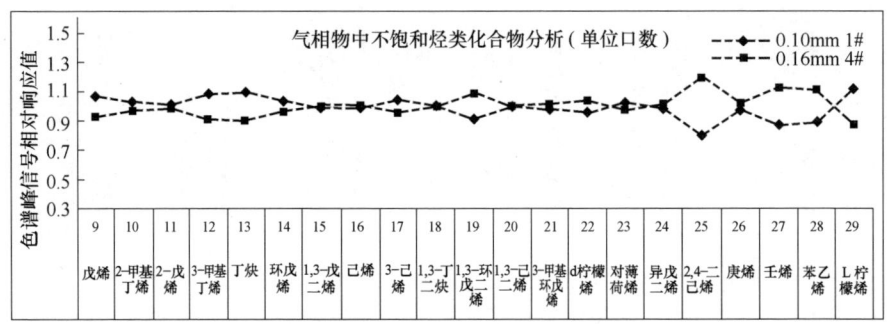

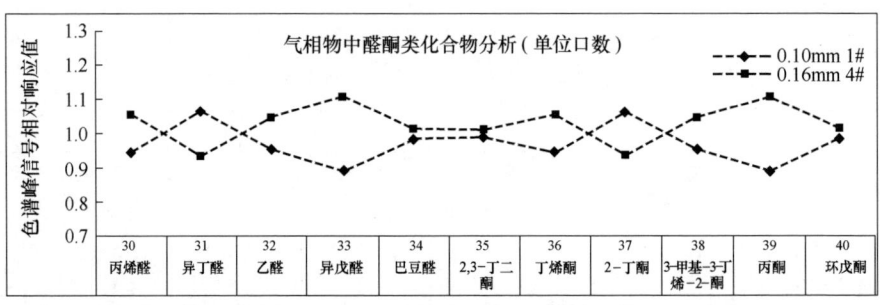

图 3-134

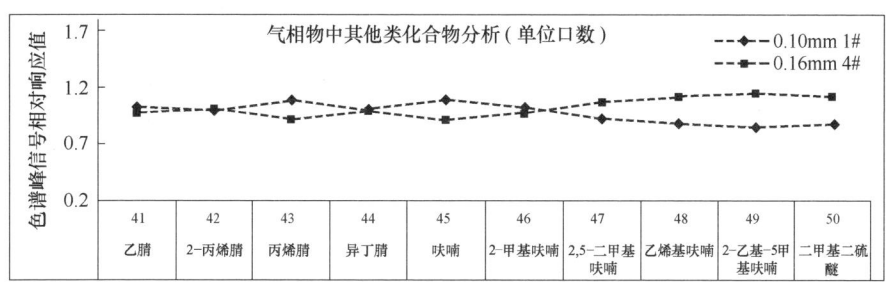

图 3-134 梗丝加工气流干燥条件下不同切丝厚度对
卷烟样品单位口数气相物释放量的影响

注：纵坐标数值是化合物色谱峰信号数据与均值相除所得相对值。

酮类化合物及含氧氮硫等杂环化合物含量无明显影响规律。

图 3-135 表示梗丝加工在 0.10mm 切丝厚度条件下，不同加工方式对卷烟样品单位口数气相物释放量的影响结果。图中显示，在相同切丝厚度条件下，滚筒干燥和流化床干燥两种加工方式所释放的苯系物、不饱和烃类化合物、醛酮类化合物及含氧氮硫等杂环化合物的含量亦无明显变化规律。

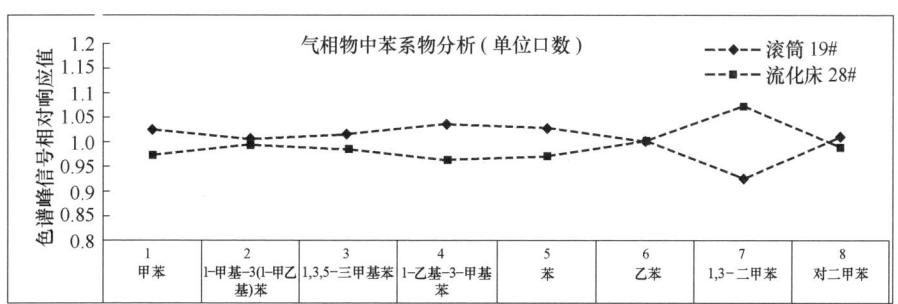

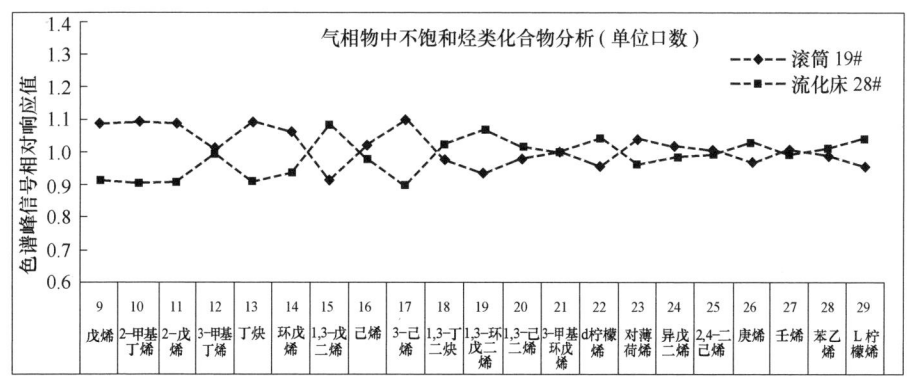

图 3-135

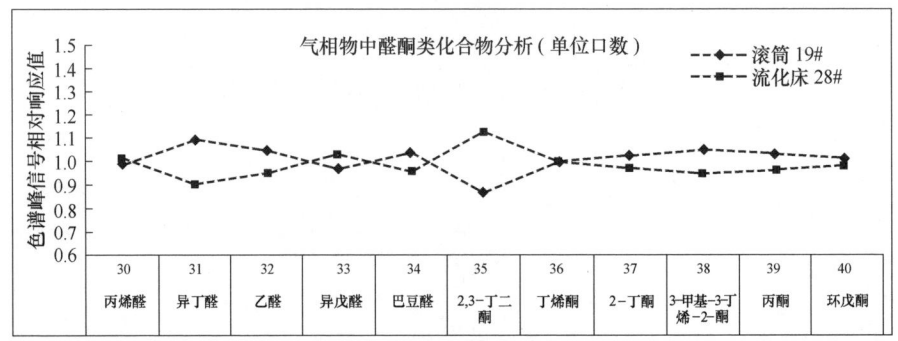

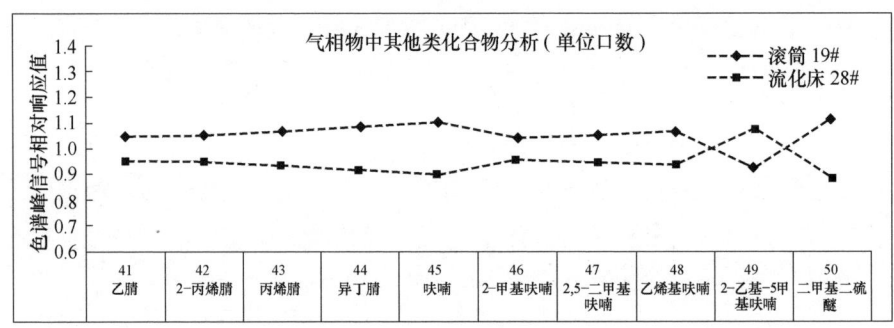

图 3-135　梗丝加工工序加工方式对卷烟样品单位口数气相物释放量的影响

注：纵坐标数值是化合物色谱峰信号数据与均值相除所得相对值。

根据梗丝加工方式对卷烟样品单位口数气相物释放量的影响结果可获得相应条件下单位口数气相物释放量的变化率范围，如表 3-126 所示。在两种切丝厚度条件下，卷烟中 4 种苯系物单位口数释放量的变化率均大于 5%，有 14 种不饱和烃类化合物单位口数释放量的变化率大于 5%，8 种醛酮类单位口数释放量变化率大于 5%，其他类化合物释放量变化率大于 5% 的有 7 种，共计有 33 种气相物释放量的变化率大于 5%，占所测定气相物总数的 66%。

表 3-126　梗丝加工工序不同加工方式对卷烟样品单位口数气相物释放量的影响

加工方式	变化率/%			
	苯系物	不饱和烃类	醛酮类	其他类
0.10mm-0.16mm（气流干燥）	1.11~17.38	0.58~39.74	1.01~40.34	1.2~30.17
流化床-滚筒（0.10mm 切丝厚度）	0.06~14.80	0.31~20.05	0.02~25.97	8.51~23.64

此外，在 0.10mm 切丝厚度条件下，流化床与滚筒不同加工方式对多种气相物的释放量也有一定相关性。根据图表结果可知，卷烟样品中 4 种酚类

化合物单位口数释放量的变化率均大于5%，有12种不饱和烃类变化率大于5%，8种醛酮类气相物单位口数释放量变化率大于5%，其他类化合物释放量变化率大于5%的有10种，共有34种气相物释放量的变化率大于5%，占所测定气相物总数的68%。根据以上结果可看出，多种气相物单位口数的释放量与梗丝加工切丝厚度有较大相关性。

2. 梗丝加工工序中加工方式对单位口数粒相物成分释放量的影响

图3-136表示梗丝加工在相同气流干燥条件下，0.10mm与0.16mm两种切丝厚度对卷烟样品单位口数粒相物释放量的影响。可以看出，梗丝加工工序在相同气流干燥条件下，0.16mm切丝厚度条件所制备的样品，其单位口数释放的酚类化合物、含氮化合物、酮类酸类化合物、呋喃、吡喃、内酯类化合物以及粒相物中其他化合物的含量均明显高于0.10mm切丝厚度条件下相

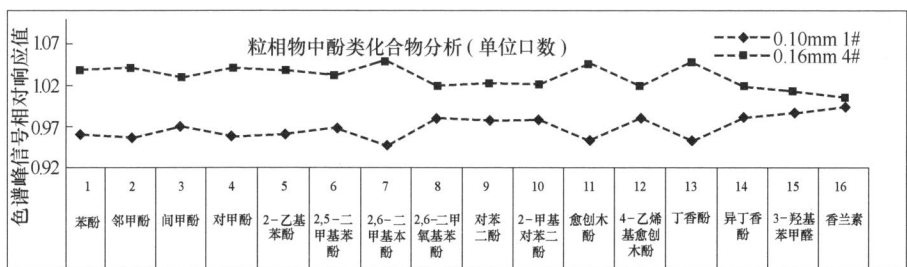

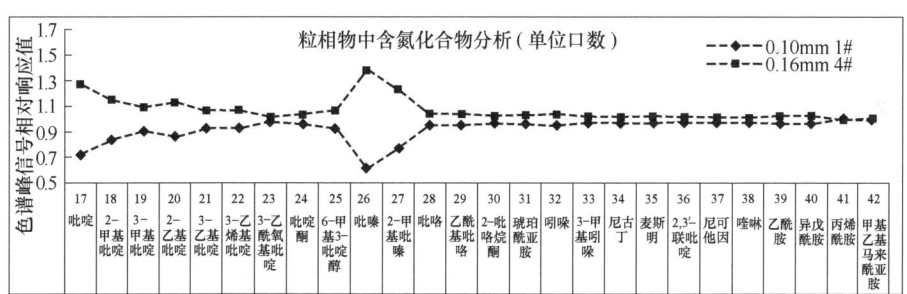

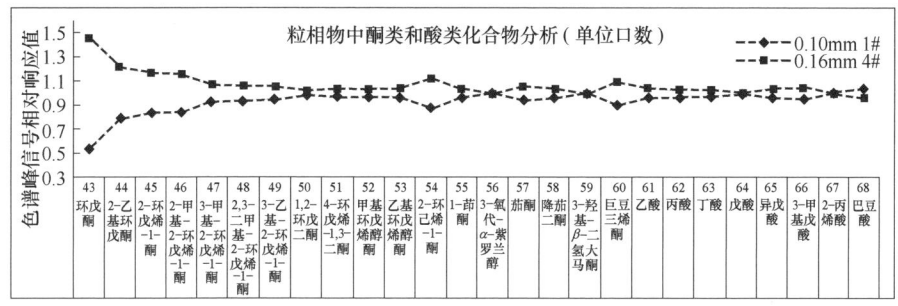

图3-136

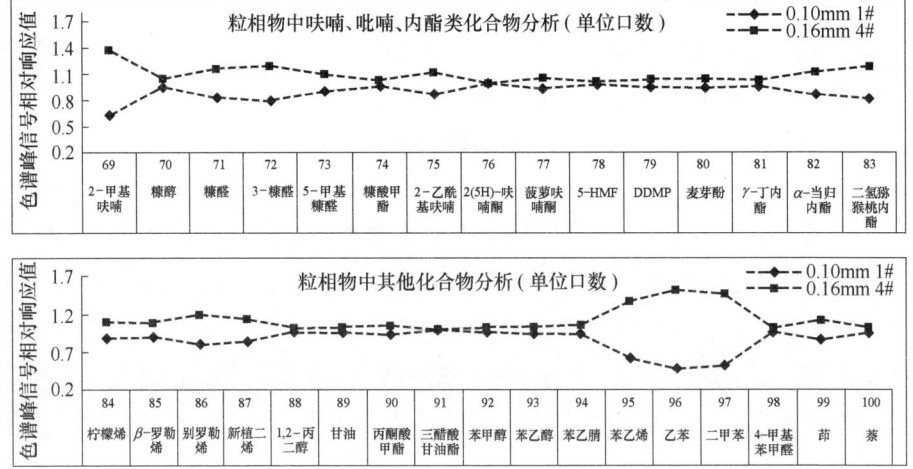

图 3-136 梗丝加工气流干燥条件下不同切丝厚度对卷烟样品单位口数粒相物释放量的影响

注：纵坐标数值是化合物色谱峰信号数据与均值相除所得相对值。

应粒相成分的释放量。图 3-137 表示梗丝加工在 0.10mm 切丝厚度条件下，流化床与滚筒加工方式对卷烟样品单位口数粒相物释放量的影响。在相同切丝厚度条件（0.1mm）下，滚筒和流化床加工条件单位口数所释放的粒相物含量无明显规律。

根据梗丝加工方式对卷烟样品单位口数粒相物释放量的影响结果可获得相应条件下单位口数粒相物释放量的变化率，如表 3-127 所示。从表中结果可发现，多种粒相物单位口数的释放量与梗丝加工切丝厚度有很大相关性。在两种切丝厚度条件下，卷烟中 9 种酚类化合物释放量的变化率均大于 5%，有 18 种含氮化合物释放量的变化率大于 5%，21 种酮类酸类粒相物释放量变化率大于 5%，呋喃/吡喃/内酯类化合物和其他类化合物释放量变化率大于 5% 的分别有 13 种和 14 种，共有 75 种粒相物释放量的变化率大于 5%，占所测定粒相物总数的 75.00%。

此外，在 0.10mm 切丝厚度条件下，流化床与滚筒不同加工方式对多种粒相物的释放量也有一定相关性。根据图表结果可知，卷烟样品中 8 种酚类化合物释放量的变化率均大于 5%，有 12 种含氮化合物释放量的变化率大于 5%，11 种酮类酸类粒相物释放量变化率大于 5%，呋喃/吡喃/内酯类化合物和其他类化合物释放量变化率大于 5% 的分别有 8 种和 11 种，共有 50 种粒相物释放量的变化率大于 5%，占所测定粒相物总数的 50%。

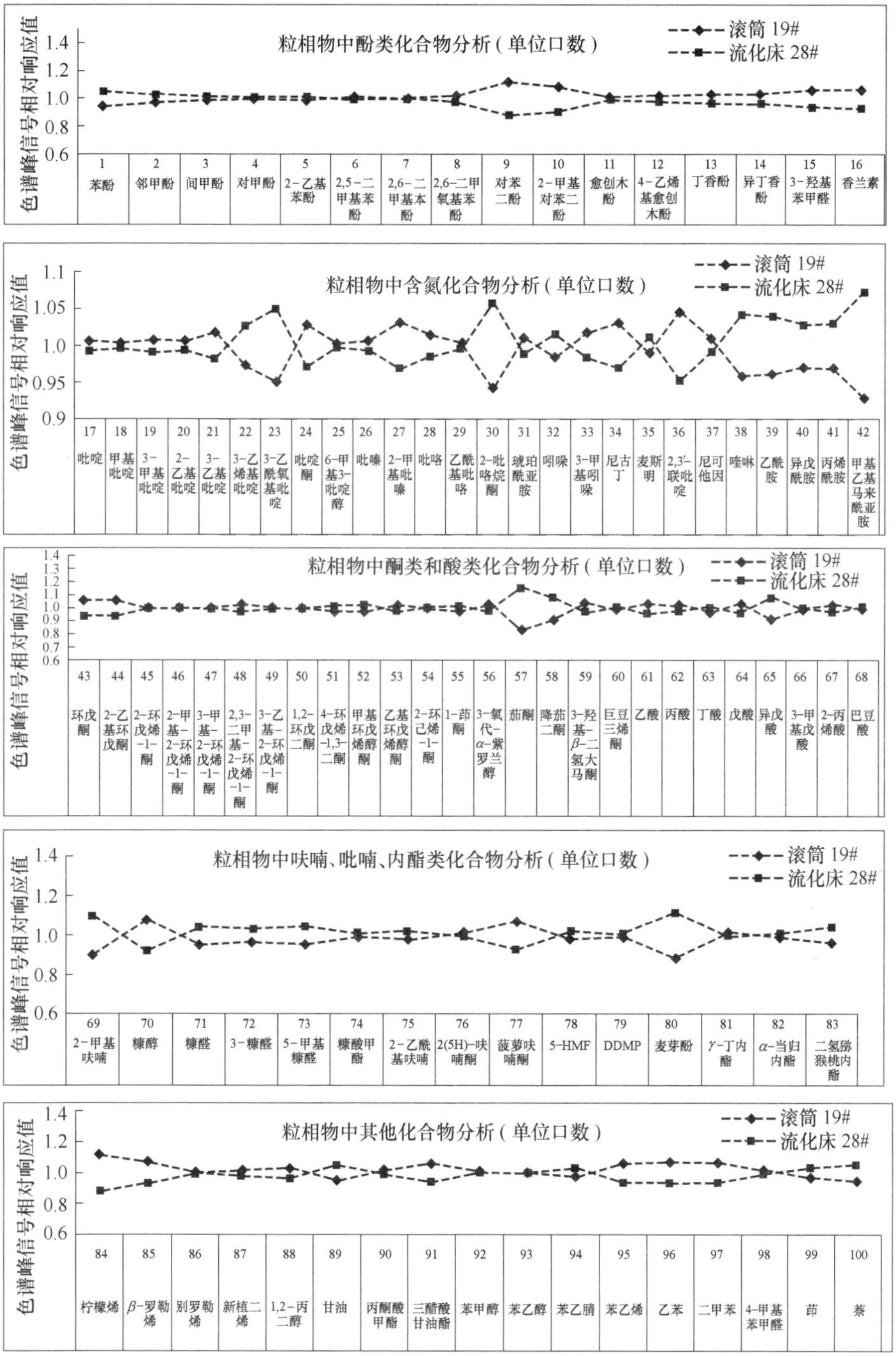

第三章 加工工艺对卷烟质量及烟气指标的影响规律

图 3-137 梗丝不同加工方式对卷烟样品单位口数粒相物释放量的影响

注：纵坐标数值是化合物色谱峰信号数据与均值相除所得相对值。

表 3-127 梗丝加工工序加工方式对卷烟样品单位口数粒相物释放量的影响

加工方式	变化率/%				
	酚类	含氮化合物	酮类酸类	呋喃/吡喃/内酯类	其他类
0.10mm-0.16mm（气流干燥）	1.14~10.34	0.53~78.05	0.59~91.91	0.64~75.12	0.73~104.72
流化床-滚筒（0.10mm 切丝厚度）	1.56~24.24	0.45~14.36	0.09~33.92	0.70~23.25	0.26~23.70

四、梗丝加工工序中加工方式对危害性指数的影响

图 3-138 显示梗丝加工工序中 4 种加工方式制备的卷烟样品危害性指数的变化趋势，该指标综合了 7 种有害成分的全支释放量指标，从图中数据可以看出，经不同梗丝加工方式处理后获得的卷烟样品，云南楚雄和河南平顶山卷烟样品危害性指数随加工方式的变化呈现较为一致性规律，即卷烟样品危害性指数根据加工方式的不同按照从大到小的顺序为 HT+滚筒干燥>气流干燥>HT+流化床，气流干燥加工方式中较大的梗丝厚度制备的卷烟样品危害性指数较低。福建南平的卷烟样品危害性指数根据加工方式的不同按照从大到小的顺序正好相反，即 HT+流化床>气流干燥>HT+滚筒干燥，气流干燥加工方式中较大的梗丝厚度制备的卷烟样品危害性指数同样较低。上述结果初步说明选择合适的梗丝加工方式和梗丝厚度，可以优化卷烟的危害性指数指标。

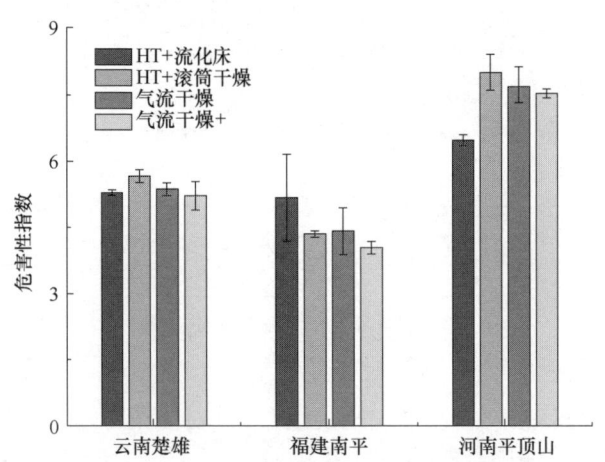

图 3-138 不同产地烟梗样品在梗丝加工工序 4 种加工方式下制备的卷烟样品危害性指数

表 3-128 是不同产地烟梗样品在梗丝加工工序 4 种加工方式下制备的卷

烟样品危害性指数的统计分析结果。结果表明不同的加工方式和梗丝厚度对河南平顶山卷烟样品危害性指数的影响显著。

表 3-128　　不同产地烟梗样品在梗丝加工工序 4 种加工

方式下制备的卷烟样品危害性指数的统计分析结果

样品	危害性指数		
	流化床-滚筒-气流-气流+	均值	极差
云南楚雄	0	5.38	0.45
福建南平	0	4.49	1.13
河南平顶山	1	7.42	1.52

注：以 95% 的置信度为检验标准，1 表示有影响，0 表示无影响。

五、梗丝加工工序中加工方式对梗丝化学成分的影响

图 3-139 是不同梗丝加工方式处理后梗丝的化学成分变化。从图中可以看出，水溶性总糖和还原糖含量变化在几种加工方式下呈现相似的规律，处理后含量以流化床、滚筒干燥、气流干燥、气流干燥+的顺序依次增加；气流干燥方式硝酸盐的含量比较高，滚筒干燥方式硝酸盐的含量比较低；滚筒干燥方式总植物碱含量较高，气流（气流+）干燥方式总植物碱和总氮较低；氯

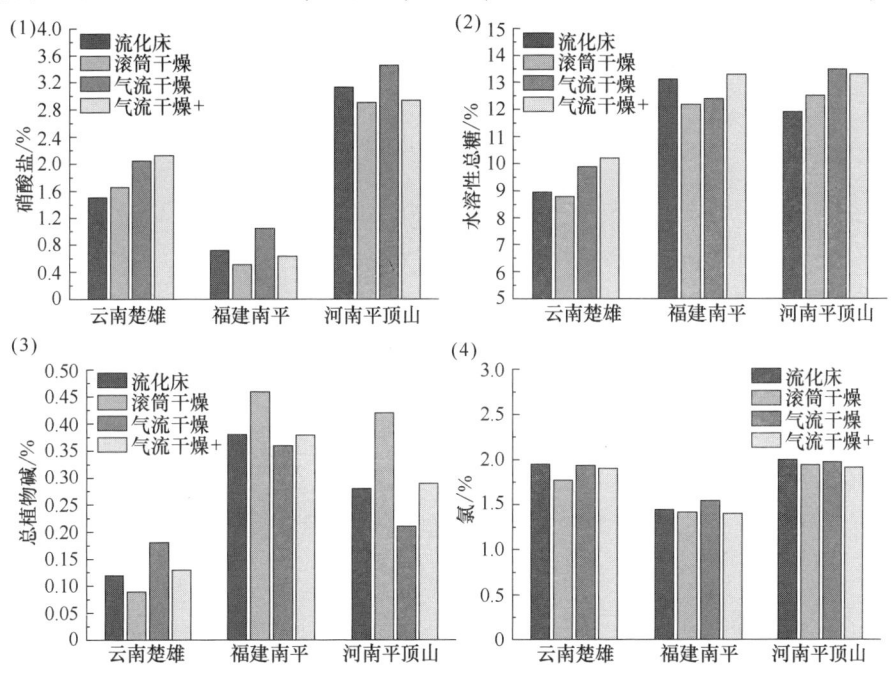

图 3-139

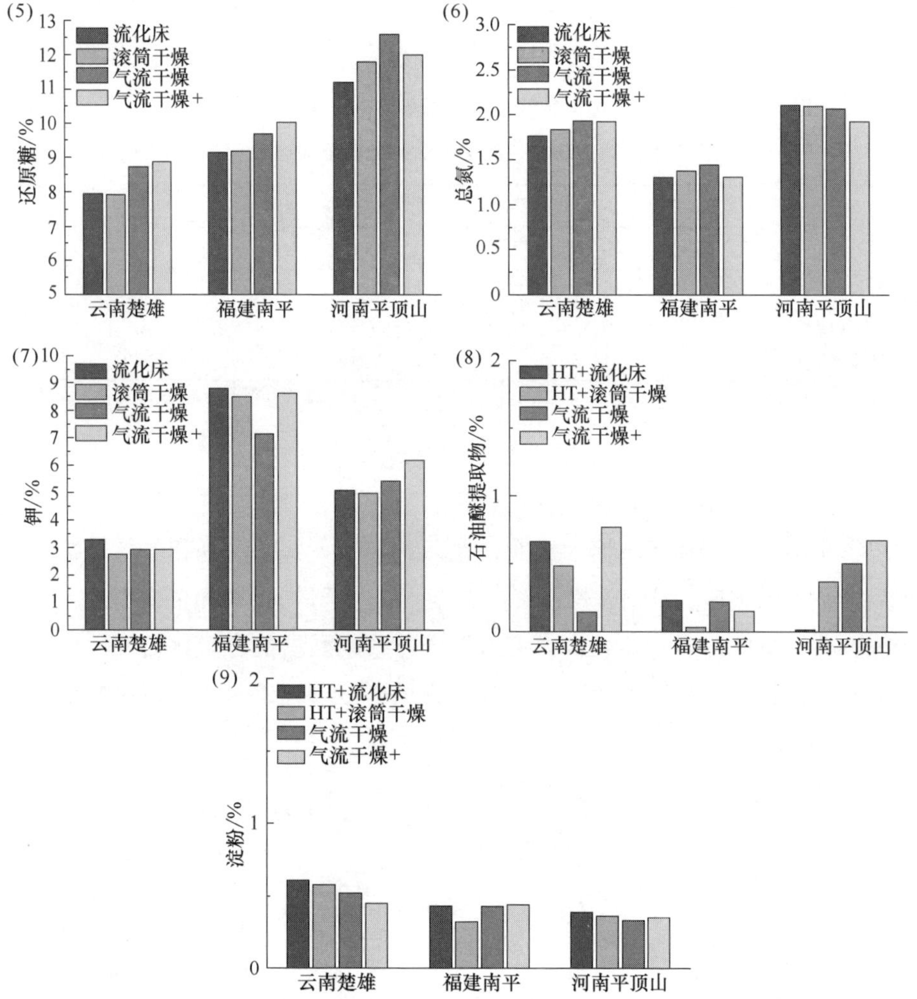

图 3-139 梗丝加工工序中加工方式对化学成分的影响

和钾在几种处理方式下的变化不明显；石油醚由于在梗丝中的含量很低，其变化规律也不明显；淀粉含量以流化床、滚筒干燥、气流干燥、气流干燥+的顺序依次降低。

六、梗丝加工工序中加工方式对梗丝物理指标的影响

1. 梗丝加工工序中加工方式对填充值的影响

图 3-140 和表 3-129 为梗丝加工方式对填充值影响趋势。从图中可以看出，相同加工方式下，不同烟梗加工后烘丝填充值差异不大；不同加工方式对三种产地梗丝的填充值也未有一致性的影响规律。

表 3-129　　梗丝加工方式对梗丝化学成分的检测结果

指标	云南楚雄		福建南平		河南平顶山	
	均值	极差	均值	极差	均值	极差
硝酸盐/%	1.83	0.60	0.73	0.54	3.10	0.56
水溶性总糖/%	9.44	1.37	12.75	1.03	12.77	1.59
总植物碱/%	0.13	0.10	0.39	0.10	0.30	0.22
氯/%	1.89	0.18	1.45	0.15	1.95	0.09
还原糖/%	8.36	0.96	9.73	0.86	11.91	1.33
总氮/%	1.86	0.17	1.35	0.15	2.04	0.18
钾/%	2.98	0.53	8.32	1.67	5.43	1.19
石油醚提取物/%	0.51	0.63	0.16	0.20	0.39	0.66
淀粉/%	0.54	0.16	0.41	0.12	0.36	0.06

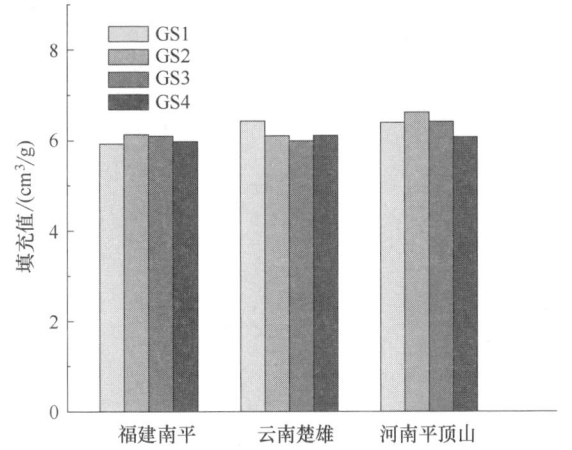

图 3-140　加工方式对梗丝填充值的影响

表 3-130 是不同加工方式下梗丝填充值的均值、极差及变化率数据。由表可看出，加工方式对三种梗丝填充值影响程度依次为河南平顶山>云南楚雄>福建南平，其中加工方式对河南平顶山、云南楚雄梗丝填充值有一定影响，对福建南平梗丝填充值无明显影响。

表 3-130　　梗丝填充值均值、极差与变化率

梗丝	填充值		
	均值/(cm³/g)	极差/(cm³/g)	变化率/%
福建南平	6.0250	0.2	3.31
云南楚雄	6.1525	0.44	7.15
河南平顶山	6.365	0.54	8.48

2. 梗丝加工工序中加工方式对梗丝物理结构的影响

图 3-141 为不同梗丝加工方式对梗丝周长的影响。可以看出，梗丝加工方式对不同产地梗丝周长（沿梗丝一周的长度）的影响趋势不同，云南楚雄梗丝和河南平顶山梗丝均以 HT+流化床方式下的周长最大，而福建南平梗丝以气流床干燥方式下较大的梗丝厚度的周长最大。

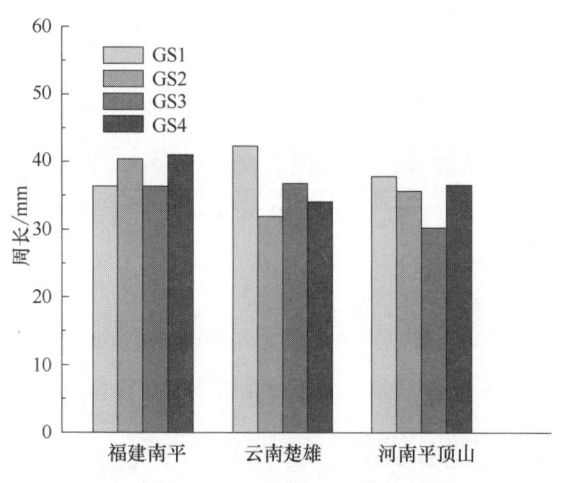

图 3-141　加工方式对梗丝周长的影响

表 3-131 是不同加工方式下梗丝周长的均值、极差及变化率数据。由表可看出，加工方式对三个产地的梗丝周长均有显著影响，影响程度为云南楚雄>河南平顶山>福建南平。

表 3-131　　　　　　　梗丝周长均值、极差与变化率

梗丝	周长		
	均值/mm	极差/mm	变化率/%
福建南平	38.54	4.67	12.12
云南楚雄	36.31	10.48	28.86
河南平顶山	35.10	7.55	21.51

图 3-142 为不同梗丝加工方式对梗丝长度的影响。可以看出，梗丝加工方式对不同产地梗丝长度的影响趋势不同，云南楚雄梗丝和河南平顶山梗丝均以 HT+流化床方式下的长度最大，而福建南平梗丝以 HT+滚筒干燥方式下的长度最大。

表 3-132 是不同加工方式下梗丝长度的均值、极差及变化率数据。由表

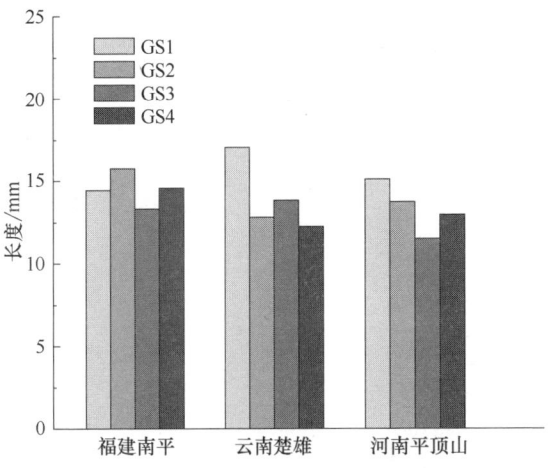

图 3-142 加工方式对梗丝长度影响

可看出,加工方式对三个产地的梗丝长度均有显著影响,影响程度为云南楚雄>河南平顶山>福建南平。

表 3-132 梗丝长度均值、极差与变化率

梗丝	长度		
	均值/mm	极差/mm	变化率/%
福建南平	14.54	2.4	16.51
云南楚雄	14.01	4.76	33.97
河南平顶山	13.36	3.62	27.10

图 3-143 为不同梗丝加工方式对梗丝厚度的影响。可以看出,不同产地梗丝均以 HT+流化床加工方式下的厚度最大,而以 HT+滚筒烘丝加工方式下的厚度最小。

表 3-133 是不同加工方式下梗丝厚度的均值、极差及变化率数据。由表可看出,加工方式对三个产地的梗丝厚度均有显著影响,影响程度为云南楚雄>河南平顶山>福建南平。

表 3-133 梗丝厚度均值、极差与变化率

梗丝	厚度		
	均值/mm	极差/mm	变化率/%
福建南平	0.258	0.07	27.18
云南楚雄	0.245	0.14	57.14
河南平顶山	0.235	0.08	34.04

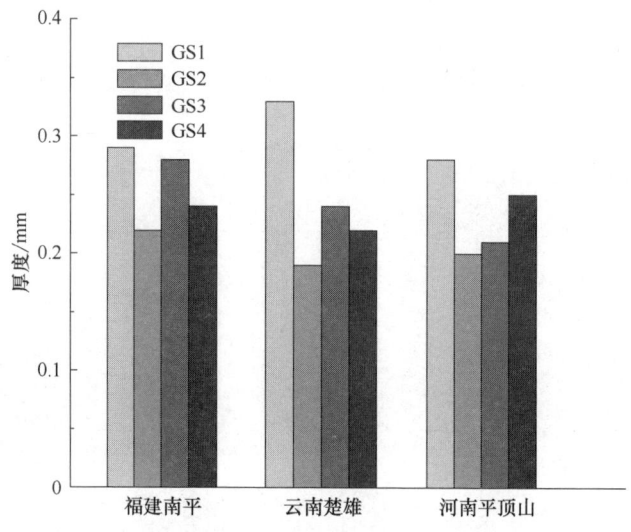

图 3-143　加工方式对梗丝厚度的影响

3. 梗丝加工工序中加工方式对内孔容积的影响

图 3-144 为不同加工方式对梗丝内孔容积的影响。可以看出，不同产地梗丝均以 HT+流化床加工方式下的内孔容积最小。福建南平梗丝 0.10mm 切片厚度以 HT+气流干燥加工方式下的内孔容积最大，云南楚雄梗丝以 0.16mm 切片厚度的气流干燥内孔容积最大，而河南平顶山以 HT+滚筒烘丝内孔容积最大。

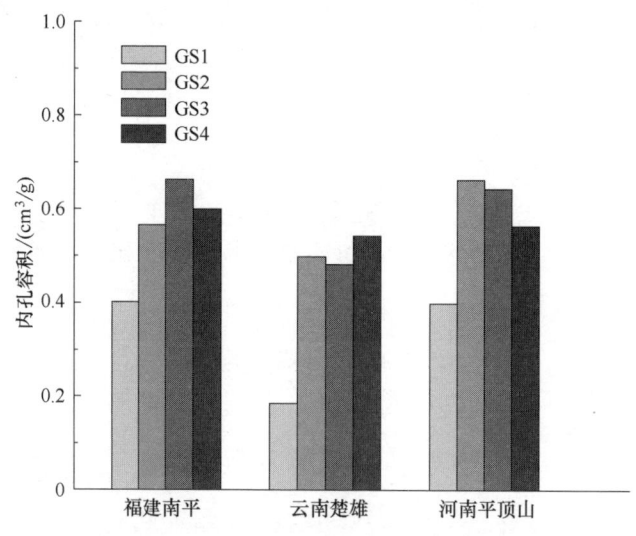

图 3-144　加工方式对梗丝内孔容积的影响

表3-134是不同加工方式下梗丝内孔容积的均值、极差及变化率数据。由表可看出,加工方式对三个产地的梗丝内孔容积均有显著影响,影响程度为云南楚雄>福建南平>河南平顶山。

表3-134　　　　　梗丝内孔容积均值、极差与变化率

梗丝	内孔容积		
	均值/(cm³/g)	极差/(cm³/g)	变化率/%
福建南平	0.5577	0.261	46.79
云南楚雄	0.4272	0.358	83.79
河南平顶山	0.5677	0.264	46.49

七、梗丝加工工序中加工方式对卷烟烟支物理指标的影响

图3-145为4种不同的加工方式对不同产区梗丝处理后制备的卷烟样品物理指标的变化趋势。图3-145中数据显示,流化床和滚筒干燥方式对云南和河南的梗丝影响较大,对吸阻的影响也比较明显。对于云南和福建梗丝,流化床干燥方式的烟支吸阻较大,滚筒和气流干燥方式烟支吸阻略小。对于云南和福建梗丝烟支硬度,流化床干燥方式的烟支吸阻较大,滚筒干燥方式次之,气流干燥方式烟支吸阻最小,且增加梗丝厚度后的气流干燥梗丝硬度进一步降低。

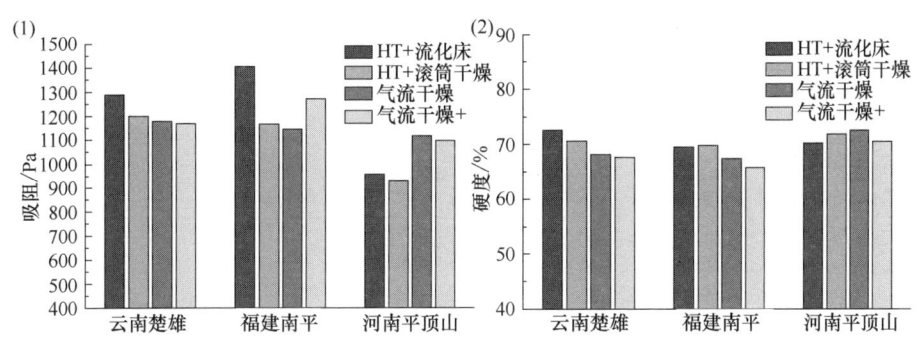

图3-145　梗丝加工工序中加工方式对烟支物理指标的影响

表3-135是不同梗丝工序处理后卷烟样品物理质量的统计分析结果。该表结果显示,不同梗丝加工方式对所有卷烟样品的吸阻有显著影响,对云南楚雄卷烟样品的硬度有显著影响。

八、制梗丝工序不同制梗模式对叶丝加工感官质量影响

由表3-136可知,制梗丝工序不同制梗模式对杂气、刺激性和干燥感等指标影响显著,对浓度指标略有影响,对干净程度影响不明显。

表 3-135 不同梗丝加工方式处理后卷烟样品物理指标的统计分析结果

物理指标	样品	流化床-滚筒-气流-气流+	均值	极差
吸阻/Pa	云南楚雄	1	1210	12
	福建南平	1	1247	26
	河南平顶山	1	1025	19
硬度/%	云南楚雄	1	67.70	4.86
	福建南平	0	68.07	0.07
	河南平顶山	0	71.26	2.35

注：以95%的置信度为检验标准，1表示有影响，0表示无影响。

表 3-136 制梗丝工序不同制梗模式对叶丝加工感官质量的影响

制梗模式		香气特性				烟气特性				口感特性				风格变化程度
		香气质	香气量	透发性	杂气	浓度	劲头	细腻程度	成团性	刺激性	干燥感	干净程度	回甜	
云南楚雄	气流	/	/	/	=	=	/	/	/	=	/	/	/	=
	气流+	/	/	/	↑	=	/	/	/	↑	=	/	/	=
	滚筒	/	/	/	↑	↓	/	/	/	=	↓	/	/	=
	流化床	/	/	/	=	=	/	/	/	↓	=	/	/	=
福建南平	气流	/	/	/	=	=	/	/	/	=	=	/	/	=
	气流+	/	/	/	↑	=	/	/	/	=	=	/	/	=
	滚筒	/	/	/	=	=	/	/	/	↓	↓	/	/	=
	流化床	/	/	/	↓	↓	/	/	/	=	↓	/	/	=
河南平顶山	气流	/	/	/	=	=	/	/	/	=	=	/	/	=
	气流+	/	/	/	=	=	/	/	/	↓	↓	/	/	=
	滚筒	/	/	/	↓	=	/	/	/	↓	=	/	/	=
	流化床	/	/	/	↓	=	/	/	/	=	↓	/	/	=

注：1. 以气流干燥模式烟丝样品作为对照样进行感官对比评价。

2. "↑"表示与对照样相比有正向变化，"="表示没有明显影响，"↓"表示与对照样相比有负向变化，"/"表示这些项目没有参与评价。

第四章
加工工艺对卷烟燃吸过程的影响及有害成分影响机制分析

本章将不同的工艺处理方法分为三类,讨论其对有害成分释放量的影响机制。一是物理结构类(切丝工序、风选工序、卷制工序),二是热湿处理类(松散回潮工序、滚筒干燥工序、HDT气流干燥工序、CTD干燥工序),三是梗丝处理类(梗处理工序),并结合卷烟的燃烧状态,根据7种有害成分的形成机理,展开分析加工工艺对有害成分释放量的影响机制。

第一节 物理结构对有害成分释放量影响机制

一、切丝工序

1. 切丝宽度对卷烟燃吸过程的影响

第三章中详细论述了切丝工序中3种烟丝宽度对抽吸口数、卷烟烟气指标(常规烟气指标、7种有害成分、气相与粒相全成分)、卷烟危害性指数、卷烟物理指标、化学成分及物理特性的影响规律。切丝工序中不同切丝宽度对化学成分及物理特性影响显著的是硝酸盐和烟丝尺寸分布及内孔容积等指标。本小结针对下部烟3种切丝宽度(0.8mm、1.0mm和1.2mm)所制备的卷烟样品,分析了3种宽度下的样品燃吸过程温度分布信息,即在燃吸过程分析中,选择抽吸1s时(此时瞬时气体流速最大)卷烟燃吸温度分布及升温速率分布图,以及卷烟燃吸过程(在燃吸前2s,燃吸中2s和燃吸后2s)中卷烟燃烧锥体积(V_0)[①]、特征温度($T_{0.5}$)[②]、温度分布宽度($T_{0.1}\sim T_{0.9}$)[③] 和

[①] 卷烟燃烧锥体积(V_0):表征超过200℃的燃烧锥的总面积。
[②] 特征温度($T_{0.5}$):表征燃烧锥体积占总燃烧体积的50%时对应的温度。
[③] 温度分布宽度($T_{0.1}\sim T_{0.9}$):表征燃烧锥温度分布宽度。

最高温度（T_{max}）① 变化情况等信息，对比分析不同烟丝宽度对燃烧状态的影响。

图4-1表示切丝工序3种宽度下卷烟样品抽吸1s时燃烧锥温度分布［图4-1（1）］与升温速率分布图［图4-1（2）］。图4-2表示切丝工序3种宽度下卷烟样品在燃吸过程中V_0、$T_{0.5}$、$T_{0.1} \sim T_{0.9}$和T_{max}变化情况。从图4-1和图4-2中可以看出，在抽吸过程中（燃吸中2s），最高抽吸流速时刻（抽吸1s），相比烟丝宽度为0.8mm的样品，较宽的烟丝宽度（1.0mm和1.2mm）具有更大的燃烧锥体积和整体更快的升温速率（1.2mm），同时，还可以看到，宽度1.0mm和1.2mm的样品在燃吸过程中燃烧锥的体积有着较为同步的变化。随着切丝宽度的逐渐增加，T_{max}下降，$T_{0.5}$逐渐上升。$T_{0.1} \sim T_{0.9}$在较大时间范围内随切丝宽度的增加呈现增大趋势。

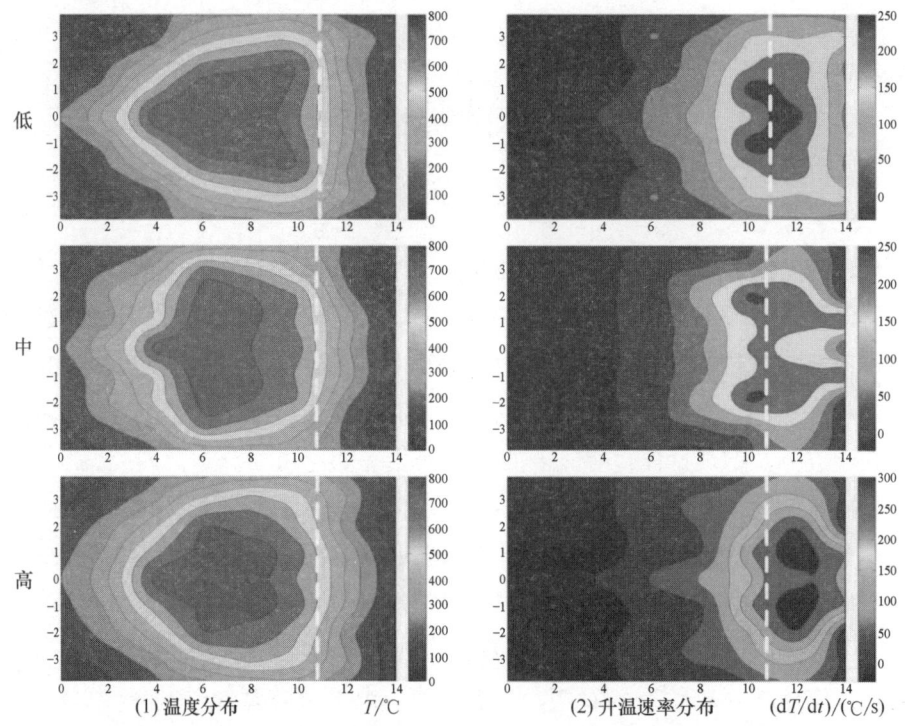

图4-1 切丝工序3种切丝宽度下卷烟样品抽吸1s时燃烧锥温度分布与升温速率分布图（下部烟）

---

① 最高温度（T_{max}）：表征燃烧锥所能达到的最高温度。

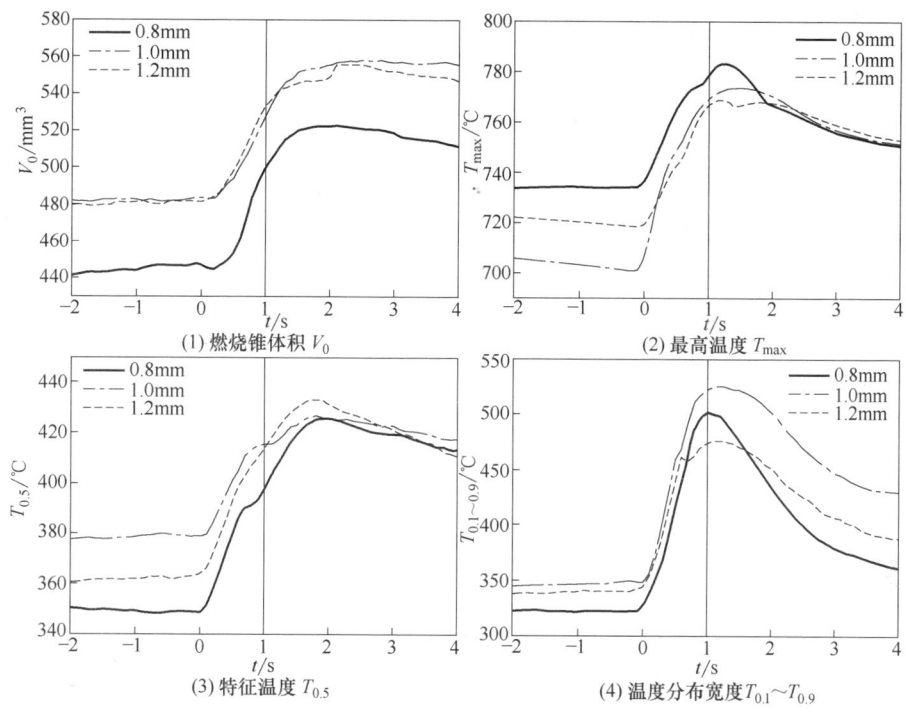

图 4-2 切丝工序 3 种切丝宽度下卷烟样品在燃吸过程四项指标变化情况（下部烟）

表 4-1 是 3 种切丝宽度影响下卷烟抽吸过程中不同温度区间的平均体积数据。数据表明，三者抽吸过程中燃烧锥平均体积总体差别较大。0.8mm 切丝宽度样品的燃烧锥体积明显小于 1.0mm 和 1.2mm 燃烧锥体积，宽度 1.0mm 样品和宽度 1.2mm 样品燃烧锥体积区别不明显，且变化趋势较为一致（图 4-2）。但从表中可以发现不同温度的体积大小存在一定区别，即在 300~400℃ 区间内，两者体积基本相同，在 400~500℃ 区间内宽度 1.0mm 样品所占体积小于宽度 1.2mm 样品的体积，而高于 500℃ 以上区域，宽度 1.0mm 所占体积明显高于宽度 1.2mm 样品的体积，即 400℃ 以上的燃烧状态的差别，很可能是造成宽度 1.0mm 与 1.2mm 有害成分释放量差别的重要原因。

表 4-1 切丝工序 3 种切丝宽度下燃烧锥各区间平均体积（下部烟）

烟丝宽度	燃烧锥总体积/mm³	燃烧锥各区间平均体积/mm³		
		300~400℃	400~500℃	500℃以上
0.8mm	495.5	127.4	84.6	152.1
1.0mm	528.9	121.3	85.1	183.7
1.2mm	521.2	122.3	91.7	168.8

2. 切丝宽度对有害成分释放量影响

不同部位片烟在切丝工序 3 个不同烟丝宽度（设计值：0.8mm、1.0mm、1.2mm）下处理，该样品经相同的上游（松散回潮处理）、下游（干燥、卷制等）工艺处理，获得的卷烟样品主流烟气中有害成分释放量如表 4-2 所示。

表 4-2 切丝工序 3 种切丝宽度对有害成分释放量影响结果

样品	切丝宽度	CO/(mg/支)	B[a]P/(ng/支)	NNK/(ng/支)	氨/(μg/支)	苯酚/(μg/支)	HCN/(μg/支)	巴豆醛/(μg/支)	危害性指数
上部	0.8mm	14.31	6.21	2.13	4.86	17.51	153.85	18.86	8.05
上部	1.0mm	12.90	6.66	2.79	4.94	16.50	149.07	17.19	7.90
上部	1.2mm	12.94	6.55	4.26	5.14	15.35	143.93	16.71	8.12
中部	0.8mm	14.00	7.45	2.22	5.03	8.33	103.96	19.95	7.08
中部	1.0mm	14.41	7.81	2.77	4.74	7.76	100.62	19.60	7.15
中部	1.2mm	13.60	8.05	2.04	5.15	8.22	98.74	20.00	7.04
下部	0.8mm	12.14	8.01	1.98	4.22	8.10	100.81	17.26	6.51
下部	1.0mm	11.66	8.19	3.46	4.18	7.09	99.82	17.00	6.74
下部	1.2mm	10.78	8.19	3.35	4.20	6.83	91.45	16.95	6.52

CO：随切丝宽度增加，CO 释放量呈显著降低趋势，该实验结果也与文献研究结果较为吻合。以下部叶为例，结合烟丝燃烧状态进一步分析，切丝宽度 0.8mm 时，总燃烧锥体积（表 4-2）最小，燃烧特征温度 $T_{0.5}$（图 4-2）也最低，但所能达到的燃烧最高温度 T_{max}（图 4-2）却较高，充分说了切丝宽度 0.8mm 时燃烧均匀性差、充分性差，导致 CO 释放量较高。

B[a]P：切丝宽度在 1.0-1.2mm 附近时，B[a]P 释放量较高。选择合适的切丝宽度可适当降低主流烟气中 B[a]P 释放量，但不同部位烟叶的 B[a]P 释放量规律并不一致。以下部叶为例，切丝宽度 0.8mm 时，高温区域体积较小，特征温度（图 4-2）较低，较低的燃烧特征温度导致 B[a]P 生成量相对较少，使其 B[a]P 释放量较切丝 1.0-1.2mm 时略低。

NNK：切丝宽度在 1.0-1.2mm 附近时，NNK 释放量最高。选择合适的切丝宽度可适当降低主流烟气中 NNK 释放量。以下部叶为例，高温有利于 NNK 生成，切丝宽度 1.0-1.2mm 的特征温度（图 4-2）明显高于切丝宽度 0.8mm，导致下部叶在切丝宽度 1.0-1.2mm 时 NNK 释放量较高。

氨：切丝宽度对氨释放量没有显著影响。切丝宽度 0.8mm 特征温度（图 4-2）较低，但在此切丝宽度下，最高温度（图 4-2）却较高，总体上切丝宽度对氨释放量影响甚微。

苯酚：切丝宽度增加，总体上苯酚释放量呈降低趋势。以下部叶为例，更高温度有利于苯酚生成，更高温度有利于前体物（蛋白质、纤维素、葡萄糖、绿原酸）生成苯酚。比较3种切丝宽度的最高温 T_{max}（图4-2），可发现随切丝宽度增加，卷烟抽吸过程中，最高温呈逐渐降低趋势。此外随切丝宽度增加，造碎减少，进而影响到烟丝尺寸结构分布。且随切丝宽度增加，烟丝间空隙增加，氧气可能增加，部分抑制了燃吸时苯酚的形成。

HCN：切丝宽度对HCN释放量没有显著影响。HCN主要由蛋白质、氨基酸裂解或燃烧生成。比较不同切丝宽度的总燃烧锥体积（表4-2），切丝0.8mm时最小，切丝1.0mm与1.2mm较接近。从燃烧状态上看，切丝加宽略有利于HCN形成。但随切丝宽度增加，烟丝间空隙率增加，更多氧气气氛存在，略有可能抑制HCN的生成。整体上看，切丝宽度对HCN释放量无显著影响。

巴豆醛：切丝宽度对巴豆醛释放量没有显著影响。对于下部叶，切丝宽度0.8mm时，虽然总燃烧锥体积（表4-1）最小，但燃烧锥300~400℃燃烧区间体积（表4-1）却最大，而300~400℃有利于巴豆醛的生成。因此下部叶切丝宽度0.8mm的巴豆醛释放量，略高于切丝宽度1.0-1.2mm的巴豆醛释放量。

危害性指数（H）：对于切丝宽度0.8mm，燃烧锥总体积相对较小，但300~400℃区间范围内体积较大，燃吸所能达到的燃烧最高温度也最高。而对于切丝宽度1.0-1.2mm的卷烟样品，400℃以上的燃烧状态存在较复杂的差异，是造成宽度1.0mm与1.2mm有害成分释放量规律并不一致的重要原因。整体上，切丝宽度对卷烟危害性指数（H）没有显著影响。

3. 切丝宽度对单位质量有害成分释放量影响

如表4-3所示，换算为单位质量后，有害成分释放量规律如下。

CO：切丝宽度增加，单位质量CO释放量呈降低趋势。规律同CO总释放量。

B［a］P：切丝宽度增加，单位质量B［a］P释放量呈增加趋势，在1.0-1.2mm区间达到最高，规律同B［a］P总释放量。

NNK：切丝宽度在1.0-1.2mm区间，单位质量NNK释放量达到最高。规律同NNK总释放量。

苯酚：切丝宽度增加，单位质量苯酚释放量呈降低趋势。规律同苯酚总释放量。

表 4-3　不同切丝宽度对单位质量有害成分释放量影响结果

样品	切丝宽度	CO/ (mg/g)	B[a]P/ (ng/g)	NNK/ (ng/g)	氨/ (μg/g)	苯酚/ (μg/g)	HCN/ (μg/g)	巴豆醛/ (μg/g)	危害性 指数
上部	0.8mm	16.47	7.14	2.45	5.59	20.15	177.11	21.72	9.27
上部	1.0mm	14.85	7.67	3.22	5.69	19.00	171.68	19.80	9.09
上部	1.2mm	14.90	7.53	4.91	5.92	17.67	165.69	19.23	9.35
中部	0.8mm	15.85	8.44	2.51	5.70	9.43	117.74	22.60	8.02
中部	1.0mm	16.42	8.90	3.16	5.40	8.84	114.65	22.33	8.15
中部	1.2mm	15.58	9.23	2.34	5.90	9.42	113.15	22.92	8.06
下部	0.8mm	14.18	9.35	2.32	4.93	9.47	117.77	20.16	7.60
下部	1.0mm	13.61	9.57	4.04	4.88	8.28	116.57	19.85	7.88
下部	1.2mm	12.68	9.63	3.94	4.93	8.03	107.50	19.93	7.67

HCN：切丝宽度对单位质量 HCN 释放量没有显著影响。

巴豆醛：切丝宽度对单位质量巴豆醛释放量没有显著影响。

危害性指数（H）：随切丝宽度增加，单位质量 CO 释放量降低，单位质量 B[a]P 增加。整体上，切丝宽度对单位质量 H 没有显著影响。

4. 切丝宽度对单位口数有害成分释放量影响

表 4-4　不同切丝宽度对单位口数有害成分释放量影响结果

样品	切丝宽度	CO/ (mg/口)	B[a]P/ (ng/口)	NNK/ (ng/口)	氨/ (μg/口)	苯酚/ (μg/口)	HCN/ (μg/口)	巴豆醛/ (μg/口)	危害性 指数
上部	0.8mm	2.09	0.91	0.31	0.71	2.56	22.52	2.76	1.18
上部	1.0mm	1.86	0.96	0.40	0.71	2.38	21.52	2.48	1.14
上部	1.2mm	1.84	0.93	0.60	0.73	2.18	20.42	2.37	1.15
中部	0.8mm	2.20	1.17	0.35	0.79	1.31	16.32	3.13	1.11
中部	1.0mm	2.18	1.18	0.42	0.72	1.17	15.21	2.96	1.08
中部	1.2mm	2.10	1.24	0.32	0.79	1.27	15.23	3.08	1.09
下部	0.8mm	2.02	1.33	0.33	0.70	1.35	16.80	2.88	1.08
下部	1.0mm	1.90	1.33	0.56	0.68	1.15	16.26	2.77	1.10
下部	1.2mm	1.70	1.29	0.53	0.66	1.08	14.42	2.67	1.03

如表 4-4 所示，换算为单位口数后，有害成分释放量规律如下。

CO：切丝宽度增加，单位口数 CO 释放量呈降低趋势。

B[a]P：切丝宽度对单位口数 B[a]P 释放量没有显著影响。

NNK：切丝宽度在 1.0-1.2mm，单位口数 NNK 释放量达到最高。

氨：切丝宽度对单位口数氨释放量没有显著影响。

苯酚：切丝宽度增加，单位口数苯酚释放量呈降低趋势。
HCN：切丝宽度增加，单位口数 HCN 释放量呈降低趋势。
巴豆醛：切丝宽度增加，单位口数巴豆醛释放量呈降低趋势。
危害性指数（H）：切丝宽度对单位口数 H 整体上没有显著影响。

二、风选工序

1. 风选工序对卷烟燃吸过程的影响

第三章详细论述了风选工序中风选对抽吸口数、卷烟烟气指标（常规烟气指标、7 种有害成分、气相与粒相全成分）、卷烟危害性指数、卷烟物理指标、化学成分及物理特性的影响规律，结果表明风选工序中风选前后对烟丝化学成分及物理特性无显著性影响。初步说明风选工序中风选前后对烟草的物理特性及自身含有的化学成分影响不大，仅是改变了梗签含量及烟丝纯净度。本小结针对某种配方烟丝进行风选前后的样品卷制，分析了风选工序中风选前后的卷烟燃吸过程温度分布信息，即在燃吸过程中，选择抽吸 1s 时（此时瞬时气体流速最大）卷烟燃吸温度分布及升温速率分布图，以及卷烟燃吸过程（在燃吸前 2s，燃吸中 2s 和燃吸后 2s）中卷烟燃烧锥体积 V_0、特征温度 $T_{0.5}$、温度分布宽度 $T_{0.1} \sim T_{0.9}$ 和最高温度 T_{max} 变化情况等信息，对比分析风选前后对卷烟燃烧状态的影响。

图 4-3 表示风选工序中风选前后卷烟样品（以 A 牌号为例）抽吸 1s 时燃

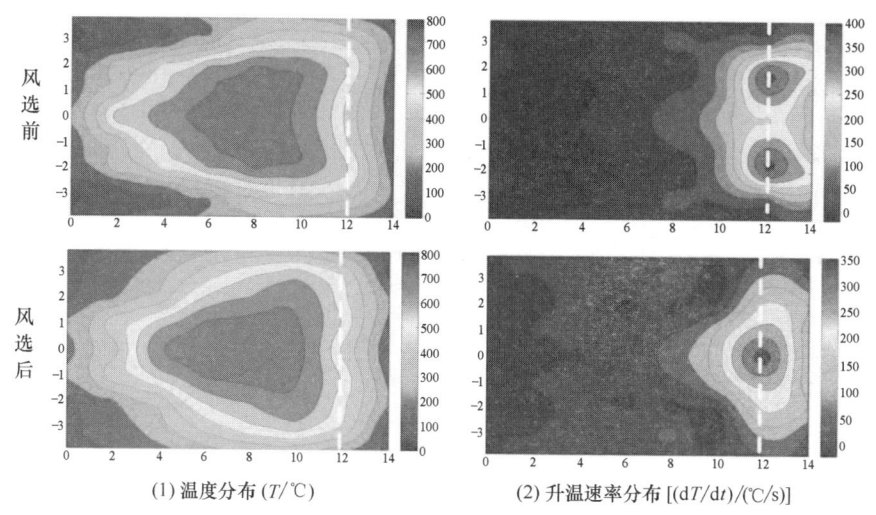

(1) 温度分布（$T/\mathrm{℃}$）   (2) 升温速率分布 [$(\mathrm{d}T/\mathrm{d}t)/(\mathrm{℃/s})$]

图 4-3　风选工序中风选前后的卷烟样品抽吸 1s 时燃烧锥温度分布与升温速率分布图（A 牌号）

烧锥温度分布［图4-3（1）］与升温速率分布图［图4-3（2）］。图4-4表示风选工序中风选前后卷烟样品（以A牌号为例）在燃吸过程中四个特征参数的变化情况。从图4-3和图4-4中可以看出，在最大流量抽吸时刻，风选前的样品具有较大的整体升温速率，且其温度分布宽度较大，但在抽吸过程中，风选后的卷烟样品的V_0、T_{max}、$T_{0.5}$均高于风选前的卷烟样品。从表4-5中可以看出，在抽吸过程中，风选前的卷烟样品在较低温度区间内燃烧锥体积较大，而风选后样品的燃烧锥体积在高温区分布较大。

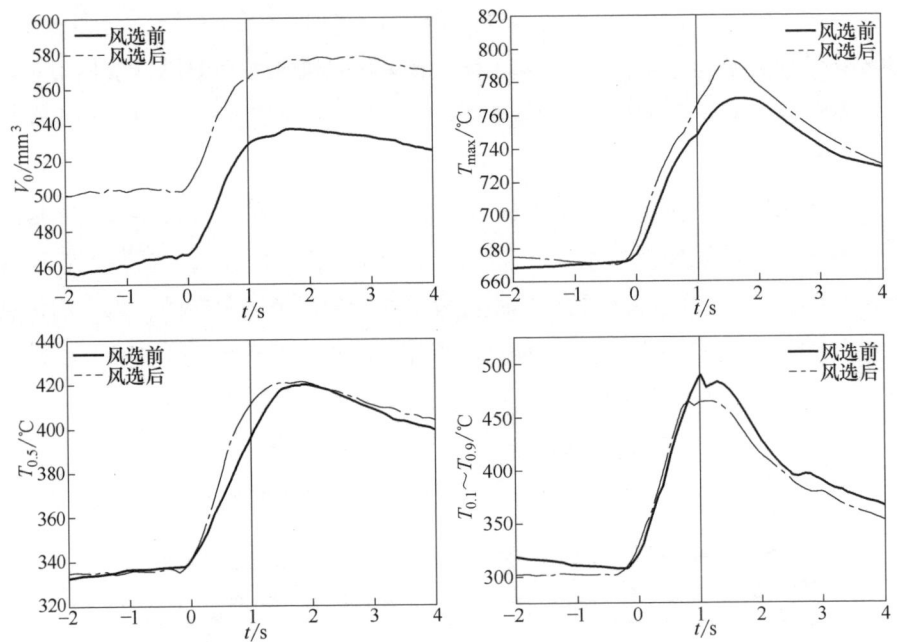

图4-4 风选前后卷烟样品在燃吸过程燃烧锥体积V_0、特征温度$T_{0.5}$、温度分布宽度$T_{0.1}\sim T_{0.9}$和最高温度T_{max}变化情况（A牌号）

表4-5 风选工序中风选前后卷烟样品燃烧锥各温度区间平均体积（某配方）

风选工序	燃烧锥总体积/mm³	燃烧锥各温度区间平均体积/mm³		
		300~400℃	400~500℃	500℃以上
风选前	511.3	140.9	77.8	150.3
风选后	547.4	133.0	93.1	163.9

2. 风选工序对有害成分释放量影响

经风选工序处理后，烟丝中梗签含量下降，烟丝纯净度得到提高，在烟气特性上表现为：燃吸性下降，抽吸口数呈增加趋势。以A牌号样品为例进行分析,如表4-6所示。

表4-6　　风选工序对有害成分释放量影响结果(A牌号)

样品	取样位点	CO/ (mg/支)	B[a]P/ (ng/支)	NNK/ (ng/支)	氨/ (μg/支)	苯酚/ (μg/支)	HCN/ (μg/支)	巴豆醛/ (μg/支)	危害性 指数
A牌号	风选前	12.68	10.22	5.38	9.34	16.19	130.23	17.49	9.60
A牌号	风选后	13.26	11.19	5.13	8.73	16.53	134.70	17.83	9.72
B牌号	风选前	12.26	10.00	3.97	7.93	14.08	117.17	14.92	8.42
B牌号	风选后	13.21	10.49	4.73	8.05	14.23	126.73	14.00	8.83
C牌号	风选前	12.53	11.09	5.16	10.01	16.35	129.90	14.17	9.52
C牌号	风选后	13.08	11.43	4.95	9.93	17.69	139.23	16.72	9.95

CO:风选后CO释放量呈增加趋势。结合燃烧状态,风选后300℃燃烧锥总体积(表4-5)较高,导致风选后CO释放量明显增加。此外,风选后抽吸口数增加,也进一步影响CO释放量升高。

B[a]P:风选后B[a]P释放量呈增加趋势。结合燃烧状态分析,风选后300℃以上温度区域燃烧锥总体积(表4-5)较高,风选后燃烧锥最高温及特征温度也相对较高。燃烧锥体积大且燃烧温度高,使风选后B[a]P释放量较高。

NNK:风选工序对NNK释放量无显著影响。风选工序对于NNK的释放存在相反两个方面作用:从燃烧状态分析,风选后燃烧锥体积大且燃烧温度高,高温条件有利于NNK形成,因此风选后应趋向于NNK释放增加。但从风选工序特点考虑,风选工序去除了部分梗签(梗签或梗丝中,硝酸根含量通常比烟丝高,而硝酸根是NNK重要前体物),也去除了部分湿团烟丝(高湿也是形成NNK的有利因素之一),因此从风选工序特点来说,风选后应趋向于NNK释放减少。因此,两方面作用使风选工序对NNK释放量影响无明显规律。不同烟丝风选后NNK释放规律也不尽相同。

氨:风选工序对氨释放量无显著影响。

HCN:风选后HCN释放量呈增加趋势。结合燃烧状态分析,风选后总燃烧锥体积(表4-5)较高,且风选后500℃以上燃烧锥体积也较高,这都有利于HCN前体物(例如:蛋白质、脯氨酸、天冬酰胺等)燃烧裂解为HCN,导致风选后HCN释放量呈增加趋势。

苯酚:风选后苯酚释放量呈增加趋势。结合燃烧状态分析,风选后总燃烧锥体积(表4-5)较高,且风选后500℃以上燃烧锥体积也较大,这都有利于苯酚前体物（如：葡萄糖、纤维素、蛋白质、绿原酸等）燃烧裂解为苯酚，且风选后燃烧最高温度及特征温度（图4-4）大于风选前，这些因素使风选后苯酚释放量呈增加趋势。

巴豆醛：风选工序对巴豆醛没有显著影响。葡萄糖等前体物在400℃左右裂解生成巴豆醛即达到相对稳定，燃烧终温的差异，对巴豆醛释放影响相对较小。

危害性指数（H）：风选后梗签率下降，烟丝含水率下降，剔除了烟丝湿团。但在燃烧状态上，风选后燃烧锥体积大且燃烧锥温度高，部分有害成分释放量呈增加趋势，整体上卷烟危害性指数 H 呈一定增加趋势（表4-6）。

3. 风选工序对单位质量有害成分释放量影响

如表4-7所示，换算为单位质量后，有害成分释放量规律如下：

CO：风选后，单位质量 CO 释放量仍然呈增加趋势。

B[a]P：风选后，单位质量 B[a]P 释放量仍然呈增加趋势。风选后的特征温度更高（图4-4）则单位质量 B[a]P 释放量也更高。

NNK：风选后，单位质量 NNK 释放量变化趋势不明显，略呈下降趋势，很可能是风选可去除部分梗签（梗签梗丝中 NNK 的前体物硝酸盐含量相对较高）所造成的。

氨：风选后，单位质量氨释放量变化趋势不明显。

苯酚：风选后，单位质量苯酚释放量变化趋势不明显。

HCN：风选后，单位质量 HCN 释放量变化趋势不明显。

巴豆醛：风选后，单位质量巴豆醛释放量变化趋势不明显。

危害性指数（H）：风选后，单位质量危害性指数 H 略有升高趋势。

表4-7　　　　风选工序对单位质量有害成分释放量影响结果

样品	工序	CO/(mg/g)	B[a]P/(ng/g)	NNK/(ng/g)	氨/(μg/g)	苯酚/(μg/g)	HCN/(μg/g)	巴豆醛/(μg/g)	危害性指数
A牌号	风选前	14.23	11.47	6.04	10.48	18.16	146.14	19.63	10.78
A牌号	风选后	14.57	12.30	5.64	9.60	18.17	148.04	19.59	10.68
B牌号	风选前	13.80	11.25	4.47	8.92	15.85	131.87	16.79	9.48
B牌号	风选后	14.56	11.55	5.21	8.87	15.68	139.64	15.42	9.73
C牌号	风选前	14.24	12.61	5.86	11.38	18.58	147.64	16.11	10.82
C牌号	风选后	14.59	12.75	5.52	11.07	19.73	155.28	18.65	11.09

整体来说，经风选工序后，烟丝纯净度提高，单位质量 CO 释放质量、单

位质量 B[a]P 释放量呈增加趋势，单位质量危害性指数 H 略有升高趋势。

4. 风选工序对单位口数有害成分释放量影响

如表 4-8 所示，换算为单位口数后，有害成分释放量规律如下。

CO：按单位口数计算，CO 释放量没有变化。这说明风选后，抽吸口数增加，但单位口数 CO 释放量无显著影响。

B[a]P：风选对单位口数 B[a]P 释放量无显著影响。

NNK：风选对单位口数 NNK 释放量无显著影响。

氨：风选后，单位口数氨释放量呈降低趋势。

苯酚：风选对单位口数苯酚释放量无显著影响。

HCN：风选后，单位口数 HCN 释放量呈增加趋势。

巴豆醛：风选对单位口数巴豆醛释放量无显著影响。

危害性指数（H）：风选对单位口数 H 无显著影响，具体体现在单位口数氨释放量有一定差异。

整体来说，风选后主要影响抽吸口数的增加，进而造成卷烟烟气 H 呈增加趋势，但具体到单位口数释放量，差异无显著影响。

表 4-8　　风选工序对单位口数有害成分释放量影响结果

样品	工序	CO/(mg/g)	B[a]P/(ng/g)	NNK/(ng/g)	氨/(μg/g)	苯酚/(μg/g)	HCN/(μg/g)	巴豆醛/(μg/g)	危害性指数
A 牌号	风选前	1.84	1.48	0.78	1.35	2.34	18.87	2.53	1.39
A 牌号	风选后	1.90	1.60	0.74	1.25	2.37	19.30	2.55	1.39
B 牌号	风选前	1.78	1.45	0.58	1.15	2.05	17.05	2.17	1.22
B 牌号	风选后	1.88	1.49	0.67	1.14	2.02	17.99	1.99	1.25
C 牌号	风选前	1.81	1.60	0.75	1.45	2.36	18.76	2.05	1.37
C 牌号	风选后	1.84	1.61	0.70	1.39	2.48	19.56	2.35	1.40

三、卷制工序

1. 卷制工序中跑条次数对卷烟燃吸过程的影响

第三章详细论述了卷制工序中跑条次数对抽吸口数、卷烟烟气指标（常规烟气指标、7 种有害成分、气相与粒相全成分）、卷烟危害性指数、卷烟物理指标及物理特性的影响规律。由于卷制环节是终端环节，认为卷制跑条次数对化学成分是没有影响的，只是通过卷烟机不断增加跑条来改变卷烟中烟丝尺寸分布状态。跑条次数增加改变烟丝尺寸分布状态，进而影响卷烟燃烧状态以及烟气中有害成分释放量。本小结针对中部烟样品，经过卷烟机 3 次跑条所制备的样品，对比正常卷制的样品，测试分析了4种样品的卷烟燃吸过程温度分布信息，即在燃吸过程分析中，选择抽吸1s时（此时瞬时气体流速最大）卷烟燃吸温度分布［图4-5（1）］及升温速度分布图［图4-5（2）］，以及卷烟燃吸过程（在燃吸前2s，燃吸中2s和燃吸后2s）中卷烟燃烧锥体积 V_0、特征温度 $T_{0.5}$、温度分布宽度 $T_{0.1}$-$T_{0.9}$ 和最高温度 T_{max} 变化情况等信息，对比分析不同跑条次数对燃烧状态的影响。

图4-5表示卷制工序中4种样品抽吸1s时燃烧锥温度分布［图4-5

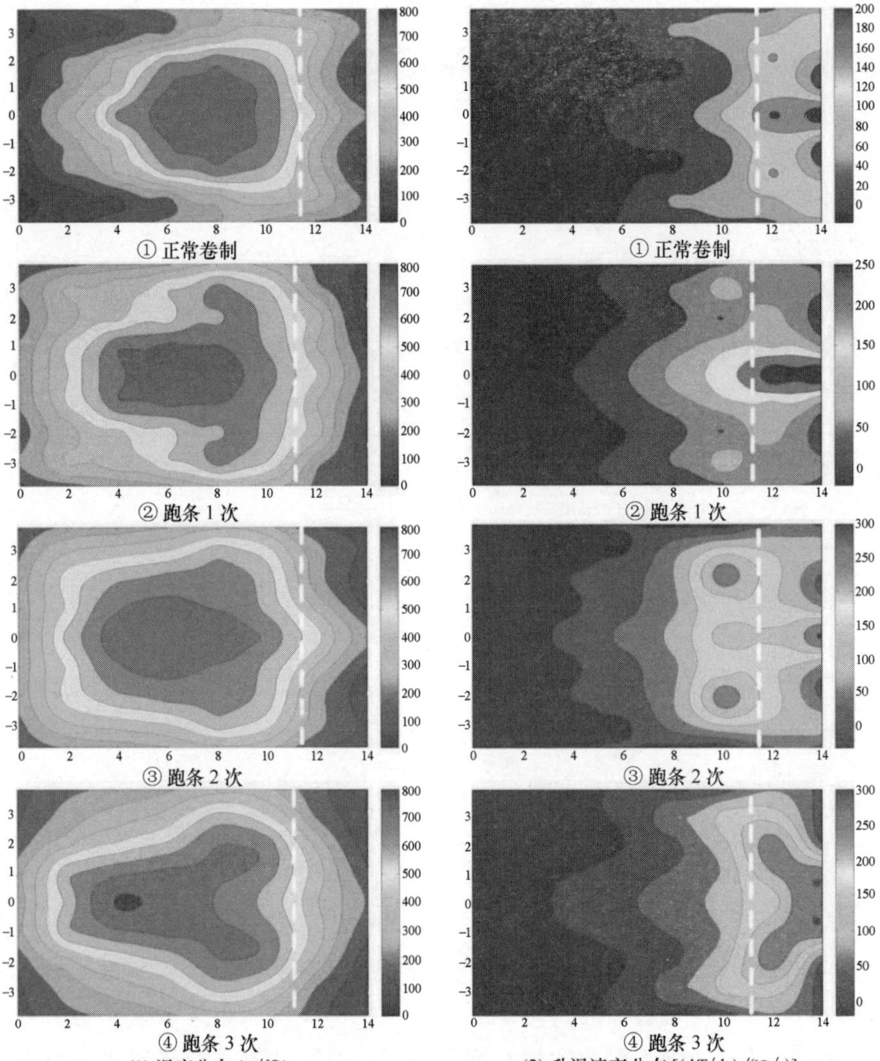

(1) 温度分布 (T/℃)　　　(2) 升温速率分布 [(dT/dt)/(℃/s)]

图4-5　卷制工序中四种卷烟样品抽吸1s时燃烧锥温度分布与升温速率分布图（下部烟）

(1)] 与升温速率分布图 [图 4-5 (2)]。图 4-6 表示卷制工序中 4 种卷烟样品在燃吸过程（在燃吸前 2s，燃吸中 2s 和燃吸后 2s）中 V_0、$T_{0.5}$、$T_{0.1}$-$T_{0.9}$ 和 T_{max} 变化情况。从图 4-5 和图 4-6 中可以看出，在抽吸中的最大流量抽吸时刻，与正常卷制卷烟相比，随着卷制跑条次数的增加，即更多的对卷制烟丝进行造碎操作后，卷烟样品的升温速率（对比图 4-5 右侧的坐标范围，程序计算获得最高升温速率接近 300℃/s）依次增加。从图 4-6 可以看出，跑条 1 次燃烧锥的体积明显高于正常卷烟样品，而跑条 2 次和 3 次燃烧锥体积依次下降；特征温度则随着跑条次数的增加，在第 3 次跑条呈现下降趋势；最高温度同样呈现一定的规律性，即在跑条 1 次时，呈现下降，随后逐渐上升。燃烧锥体积、特征温度和最高温度变化的原因来源于烟丝尺寸分布对燃烧状态的影响。四种样品的区别可以从表 4-9 温度区间分布平均数据获知，卷制跑条 1 次样品具有较高的平均体积，随后逐渐下降，而在高于 500℃ 以上，平均体积随跑条次数增加后，在跑条 3 次时下降。

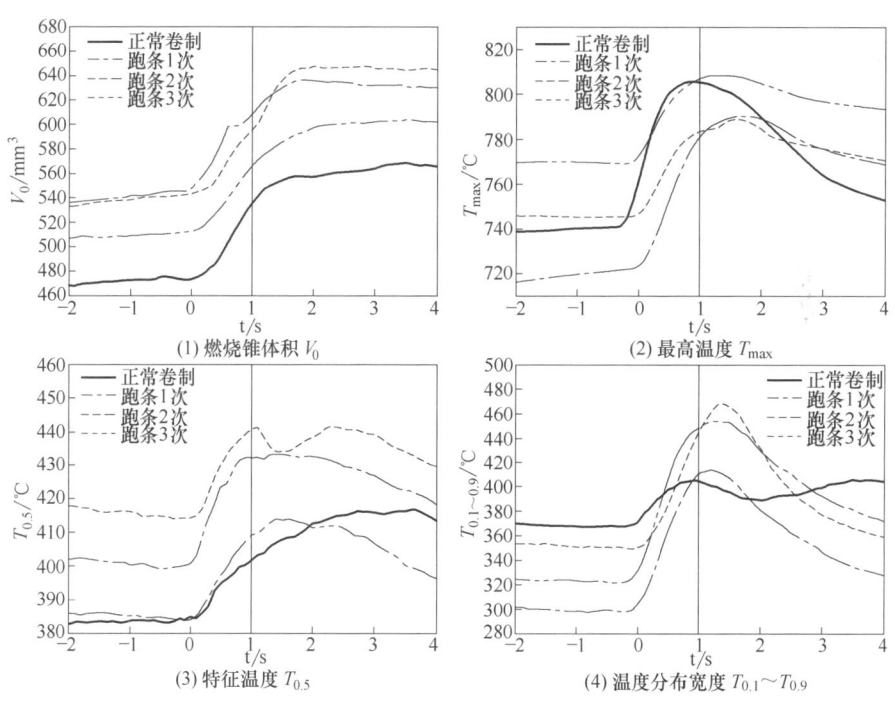

图 4-6 卷制工序中 4 种卷烟在燃吸过程 4 项指标变化情况（上部烟）

2. 卷制工序中跑条次数对有害成分释放量的影响

卷制工序对有害成分释放量影响结果如表 4-10 所示。

表 4-9　卷制工序中 4 种卷烟燃烧锥各温度区间平均体积（下部烟）

跑条次数	燃烧锥总体积/mm³	燃烧锥各温度区间平均体积/mm³		
		300~400℃	400~500℃	500℃以上
正常卷制	519.0	129.0	101.4	158.6
跑条 1 次	588.9	140.6	138.4	194.8
跑条 2 次	579.6	144.4	116.6	209.1
跑条 3 次	545.5	147.0	98.0	165.1

表 4-10　跑条次数对有害成分释放量影响结果

样品	跑条次数	CO/(mg/支)	B[a]P/(ng/支)	NNK/(ng/支)	氨/(μg/支)	苯酚/(μg/支)	HCN/(μg/支)	巴豆醛/(μg/支)	危害性指数
上部	正常卷制	13.40	8.57	5.05	12.93	23.98	215.93	20.44	11.71
上部	跑条 1 次	13.28	8.69	5.32	13.46	26.92	238.60	21.27	12.40
上部	跑条 2 次	14.06	8.66	5.18	14.42	30.69	248.20	20.76	12.98
上部	跑条 3 次	15.04	9.11	5.54	13.65	26.77	207.60	22.48	12.51
中部	正常卷制	11.62	6.81	4.61	7.87	14.91	201.37	20.32	9.40
中部	跑条 1 次	12.87	7.72	5.00	7.85	16.36	203.50	20.75	9.91
中部	跑条 2 次	12.69	8.17	5.26	7.80	16.61	196.20	21.70	10.04
中部	跑条 3 次	12.16	8.47	5.20	7.68	17.64	201.70	19.74	9.97
下部	正常卷制	9.90	4.77	5.75	7.08	10.14	125.37	16.37	7.68
下部	跑条 1 次	10.65	5.42	6.06	6.80	10.74	130.60	16.40	7.97
下部	跑条 2 次	10.55	5.82	5.74	6.83	11.04	147.80	16.72	8.15
下部	跑条 3 次	10.54	5.85	5.74	7.06	12.46	130.90	18.59	8.29

CO：总体上，随跑条次数增加，烟支紧密度增加，烟支燃烧不充分性增加，CO 释放量呈增高趋势。结合燃烧状态分析，必须考虑跑条次数对烟丝造碎带来的重要影响。以中部叶为例结合燃烧状态进行分析，正常跑条的总燃烧锥体积（表 4-9）最小，且正常跑条的燃烧温度分布宽度最窄（图 4-6），正常跑条的燃烧充分性相对较好，对应 CO 释放量最低。考虑到 CO 形成机理 3 条路径：烟草组分热解，烟草不完全燃烧，CO_2 碳还原，具体燃烧状态对 3 条路径均有重要影响，当烟丝结构形态发生较大改变时，影响规律相对更为复杂。简化比较出发，跑条 1 次的总燃烧锥体积（表 4-9）最大，跑条 2 次的特征温度（图 4-6）最高，跑条 3 次的最高温度（图 4-6）最高。3 种多次跑条情况下，CO 释放量均高于正常跑条。

B[a]P：随跑条次数增加，烟支造碎增加，紧密度增加，烟支燃烧不充分性增加，造成 B[a]P 释放量增加。燃烧温度下降，且燃烧不充分性增

第四章 加工工艺对卷烟燃吸过程的影响及有害成分影响机制分析

加,导致了 B[a]P 释放量随跑条次数增加呈显著增加趋势。结合燃烧状态进行分析,以中部叶为例,正常跑条的总燃烧锥体积(表 4-9)最小,且正常跑条的燃烧温度分布宽度最窄(图 4-6),导致正常跑条的 B[a]P 释放量最低。对比最高温度(图 4-6):跑条 1 次的最高温度略高于正常跑条,且跑条 2 次和跑条 3 次的最高温度明显高于跑条 1 次,这说明随造碎程度增加到一定程度,可达到的燃烧温度会出现"跳跃性"增加,相应 B[a]P 释放量也有显著增加。尤其是跑条 3 次的燃烧状态较为极端,对应的卷烟燃烧锥的部分区域出现了"极高温度"(图 4-5),燃吸后达到最高温度(图 4-6)后降温速率较慢,而且跑条 3 次的特征温度[图 4-6(3)]相对较低仅仅略高于正常跑条,跑条 3 次后燃烧不充分现象较为突出。上述各因素导致了,随跑条次数增加,B[a]P 释放量呈显著增加趋势。

NNK:跑条 1-2 次,NNK 释放量呈增加趋势。但多次跑条后,NNK 释放量影响不大。烟气 NNK 形成与烟丝中硝酸根正相关,燃烧温度越高越易生成 NNK。以中部叶结合烟丝燃烧状态进行分析(图 4-6),跑条次数基本不会影响到烟丝中硝酸根含量变化,因此应主要考察跑条对特征温度 $T_{0.5}$ 的影响,可以发现:$T_{0.5}$(图 4-6)跑条 2 次>跑条 1 次>跑条 3 次>正常跑条,再考虑到跑条 3 次对应的最高温度 T_{max}[图 4-6(2)]最高且降温速率较慢。最终导致该中部叶随跑条次数增加 NNK 释放量规律为:跑条 2 次>跑条 3 次>跑条 1 次>正常跑条,与该烟丝燃烧状态较为一致。

苯酚:随跑条次数增加,苯酚呈增加趋势。蛋白质裂解产生苯酚的峰值温度在 900℃,纤维素裂解产生苯酚的峰值温度在 600℃,葡萄糖裂解产生苯酚的峰值温度在 800℃,温度对苯酚生成影响较为复杂。以中部叶结合烟丝燃烧状态进行分析,正常跑条的总燃烧锥体积(表 4-9)最小,对应苯酚释放量最低;而跑条 2 次的总燃烧锥体积略大于跑条 3 次,但其中对苯酚生成影响较为关键的 500℃以上区域体积(跑条 3 次>跑条 2 次),跑条 3 次的最高温度 T_{max}(图 4-6)也显著高于跑条 2 次。因此导致随跑条次数增加,苯酚释放量呈逐渐增加趋势。

HCN:跑条次数增加,HCN 略呈逐渐增加趋势,但随跑条次数进一步增加,HCN 释放量不再增加。因 HCN 主要源于烟丝中蛋白质的裂解,而蛋白质裂解生成 HCN 在约 700℃达到峰值,多次跑条后,造成燃烧性下降,也有可能导致 HCN 释放量降低。以中部叶结合烟丝燃烧状态进行分析,不同跑条次

数的特征温度 $T_{0.5}$ [图 4-6 (3)] 尽管有高低区别，但均高于 700℃，各前体物燃烧裂解生成 HCN 的影响较小。总体来说，随跑条次数增加，HCN 呈略有增加趋势，且随跑条次数进一步增加，HCN 释放量趋于稳定。

巴豆醛：随跑条次数增加，巴豆醛释放量呈轻微增加趋势。以中部叶结合烟丝燃烧状态进行分析，最高温度 T_{max}（图 4-6）和特征温度 $T_{0.5}$（图 4-6）均高于 400℃，因此比较总燃烧锥体积（表 4-9），正常跑条的总燃烧锥体积相对最小，跑条 3 次的 400-500℃ 的燃烧锥体积最小，两者的巴豆醛释放量相对较低。

危害性指数（H）：总的来说，随跑条次数增加，卷烟危害性指数 H 呈显著增加趋势，但跑条 2~3 次后，增加趋势不再显著。从降低卷烟危害性指数考虑，应尽量杜绝烟丝跑条。

3. 卷制工序中跑条次数对单位质量有害成分释放量的影响

如表 4-11 所示，换算为单位质量后，有害成分释放量规律如下。

CO：换算为单位质量后，CO 释放量与总燃烧锥体积（表 4-9）几乎是对应关系，燃烧锥总体积 mm^3：跑条 1 次（588.9）>跑条 2 次（579.6）>跑条 3 次（545.5）>正常跑条（519.0），基本与中部叶单位质量 CO 释放量（表 4-11）一致。进一步考虑到温度分布宽度 $T_{0.1}$-$T_{0.9}$（图 4-6），跑条 3 次的温度分布范围较宽，燃烧充分性相对较差，导致跑条 3 次的单位质量 CO 释放量略高于正常跑条。

B[a]P：随跑条次数增加，烟丝造碎增加，燃烧不充分性提高，随跑条次数增加，对应单位质量 B[a]P 释放量呈显著增加趋势。结合燃烧状态分析，单位质量 B[a]P 释放量主要与总燃烧锥体积（表 4-9）、特征温度 $T_{0.5}$（图 4-5）相关。总燃烧锥体积越大则单位质量 B[a]P 释放量越高，特征温度 $T_{0.5}$ 越高则单位质量 B[a]P 释放量越高。

NNK：跑条次数对单位质量 NNK 释放量没有显著影响，造碎和烟支紧密度对于单位质量 NNK 影响较小。结合燃烧状态分析，单位质量 B[a]P 释放量主要与特征温度 $T_{0.5}$ [图 4-6 (3)] 相关。特征温度 $T_{0.5}$ 越高则单位质量 NNK 释放量越高。

氨：随跑条次数增加，单位质量氨释放量呈降低趋势。结合燃烧状态分析，温度分布宽度 $T_{0.1}$-$T_{0.9}$（图 4-6）越小，燃烧均匀性越好，单位质量氨释放量则越高。

苯酚：跑条次数对单位质量苯酚释放量影响较小，结合燃烧状态分析，单位质量苯酚释放量主要与总燃烧锥体积（表4-9）相关，总燃烧锥体积越大，则单位质量苯酚释放量越高。

HCN：跑条次数对单位质量苯酚释放量影响较小。烟丝造碎及燃烧状态，对单位质量HCN释放量几乎没有影响。

巴豆醛：跑条次数对单位质量巴豆醛释放量影响微弱，烟丝造碎及燃烧状态，对单位质量巴豆醛释放量几乎没有影响。但是当多次跑条后可能会有突降现象。以中部叶为例，跑条3次后总燃烧锥体积相对较小，且400~500℃的燃烧锥体积最小。这直接导致了跑条3次后单位质量巴豆醛释放量出现突降现象。同时也印证了，巴豆醛确实在400~500℃生成量达到峰值（参考《卷烟烟气巴豆醛形成机理研究》课题组成果，详见引言部分）。

危害性指数（H）：随跑条次数增加，单位质量危害性指数H，不同部位烟叶均呈现先上升再下降趋势。

表4-11   跑条次数对单位质量有害成分释放量影响结果

样品	跑条次数	CO/(mg/g)	B[a]P/(ng/g)	NNK/(ng/g)	氨/(μg/g)	苯酚/(μg/g)	HCN/(μg/g)	巴豆醛/(μg/g)	危害性指数
上部	正常卷制	15.50	9.92	5.84	14.95	27.74	249.73	23.64	13.55
上部	跑条1次	15.07	9.86	6.04	15.28	30.56	270.83	24.14	14.08
上部	跑条2次	15.27	9.40	5.62	15.66	33.32	269.49	22.54	14.09
上部	跑条3次	15.73	9.53	5.79	14.28	28.00	217.15	23.51	13.08
中部	正常卷制	13.81	8.09	5.47	9.35	17.71	239.25	24.14	11.16
中部	跑条1次	15.09	9.05	5.86	9.20	19.18	238.57	24.33	11.62
中部	跑条2次	14.24	9.17	5.90	8.75	18.64	220.20	24.35	11.26
中部	跑条3次	13.16	9.17	5.63	8.31	19.09	218.29	21.36	10.79
下部	正常卷制	12.77	6.16	7.42	9.14	13.09	161.76	21.13	9.91
下部	跑条1次	13.40	6.82	7.62	8.55	13.51	164.28	20.63	10.03
下部	跑条2次	12.60	6.95	6.86	8.16	13.19	176.58	19.98	9.74
下部	跑条3次	12.44	6.91	6.78	8.34	14.71	154.55	21.95	9.79

4. 对单位口数有害成分释放量影响

如表4-12所示，换算为单位口数后，有害成分释放量规律如下。

CO：跑条次数对单位口数CO没有显著影响。

B[a]P：跑条次数对单位口数B[a]P没有显著影响。

NNK：跑条次数对单位口数NNK没有显著影响。

卷烟加工对产品质量及烟气成分的影响

氨：跑条次数对单位口数氨没有显著影响。

苯酚：跑条次数对单位口数苯酚没有显著影响。

HCN：跑条次数对单位口数 HCN 没有显著影响。

巴豆醛：跑条次数对单位口数巴豆醛没有显著影响。

危害性指数（H）：换算为单位口数后，卷烟危害性指数 H 几乎不受跑条次数影响。

表 4-12　卷制工序跑条次数对单位口数有害成分释放量影响结果

样品	跑条次数	CO/ （mg/口）	B[a]P/ （ng/口）	NNK/ （ng/口）	氨/ （μg/口）	苯酚/ （μg/口）	HCN/ （μg/口）	巴豆醛/ （μg/口）	危害性 指数
上部	正常卷制	2.22	1.42	0.84	2.14	3.97	35.73	3.38	1.94
上部	跑条1次	2.14	1.40	0.86	2.16	4.33	38.36	3.42	1.99
上部	跑条2次	2.10	1.30	0.78	2.16	4.59	37.16	3.11	1.94
上部	跑条3次	2.12	1.29	0.78	1.93	3.78	29.32	3.18	1.77
中部	正常卷制	2.14	1.25	0.85	1.45	2.75	37.11	3.74	1.73
中部	跑条1次	2.18	1.31	0.85	1.33	2.77	34.43	3.51	1.68
中部	跑条2次	2.16	1.39	0.90	1.33	2.83	33.42	3.70	1.71
中部	跑条3次	2.06	1.43	0.88	1.30	2.98	34.13	3.34	1.69
下部	正常卷制	2.21	1.06	1.28	1.58	2.26	27.96	3.65	1.71
下部	跑条1次	2.26	1.15	1.28	1.44	2.28	27.67	3.47	1.69
下部	跑条2次	2.10	1.16	1.14	1.36	2.19	29.38	3.32	1.62
下部	跑条3次	2.06	1.14	1.12	1.38	2.44	25.62	3.64	1.62

第二节　热湿处理工艺对有害成分释放量影响机制

一、松散回潮工序

1. 松散回潮工序加工强度对卷烟燃吸过程的影响

第三章详细论述了松散回潮工序中加工强度对抽吸口数、卷烟烟气指标（常规烟气指标、7 种有害成分、气相与粒相全成分）、卷烟危害性指数、卷烟物理指标、化学成分及物理特性的影响规律。松散回潮对化学成分及物理特性的影响主要表现在具有显著性影响的总糖、还原糖、石油醚提取物等化学成分指标和烟丝尺寸分布（处理后的片烟影响了后续工艺加工的耐加工程度）。本小结针对中部烟经过三种强度松散回潮工艺所制备的卷烟样品，分析了三种强度下的样品燃吸过程温度分布信息,即在燃吸过程分析中,选择抽吸 1s 时(此时瞬时气体流速最大)卷烟燃吸温度分布及升温速度分布图,以及卷烟燃吸过程(在燃吸前 2s,燃吸中 2s 和燃吸后 2s)中卷烟燃烧锥体积(V_0)、特征温度($T_{0.5}$)、温度分布宽度($T_{0.1} \sim T_{0.9}$)和最高温度(T_{max})变化情况等信息,对比分析不同加工强度对燃烧状态的影响。

图 4-7 表示松散回潮工序三种强度下卷烟样品抽吸 1s 时燃烧锥温度分布[图 4-7(1)]与升温速度分布图[图 4-7(2)]。图 4-8 表示松散回潮工序三种强度下卷烟样品在燃吸过程(在燃吸前 2s,燃吸中 2s 和燃吸后 2s)中 V_0、$T_{0.5}$、$T_{0.1} \sim T_{0.9}$、T_{max} 变化情况。从图 4-7 和图 4-8 中可以看出,在抽吸中的最大流量抽吸时刻,相比低强度处理样品,中高强度有着更大高温区的面积和更快的升温速率。表 4-13 是三种强度影响下卷烟抽吸过程中特性温度区间的平均体积数据,数据表明,尽管三者的燃烧锥抽吸过程中平均体积差别不大,但体积区间却存在较大差别,这是可能造成某些有害成分释放量多

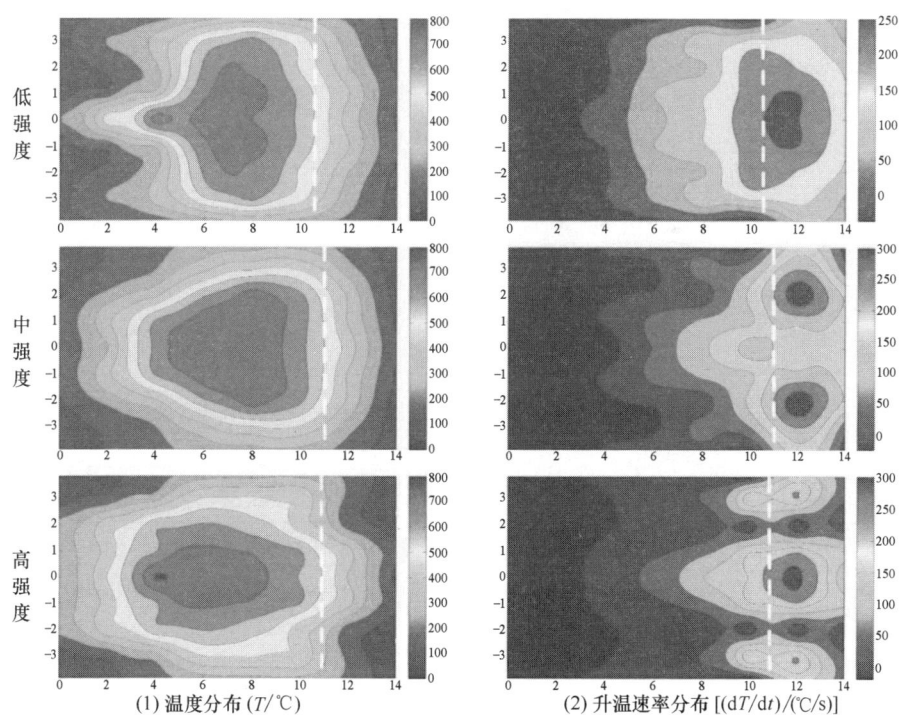

图 4-7 松散回潮工序三种强度下卷烟样品抽吸 1s 时燃烧锥温度分布与升温速率分布图(中部烟)

少的重要原因。从图 4-8 中发现在抽吸流量最大时刻（燃吸 1s 时），高强度下的卷烟燃烧锥体积和最高温明显高于低强度下卷烟样品，而中强度下的特征温度明显高于低强度和高强度样品，这些特性信息共同决定了烟气化学成分的生成。通过对表 3-140 数据的分析，是否可以推测特征尺寸越长，有助于增加燃烧锥的体积呢？由于其他物理指标没有显著性的影响，烟丝尺寸分布特性可能影响了燃烧锥体积，但同是燃烧锥的体积综合作用的结果。

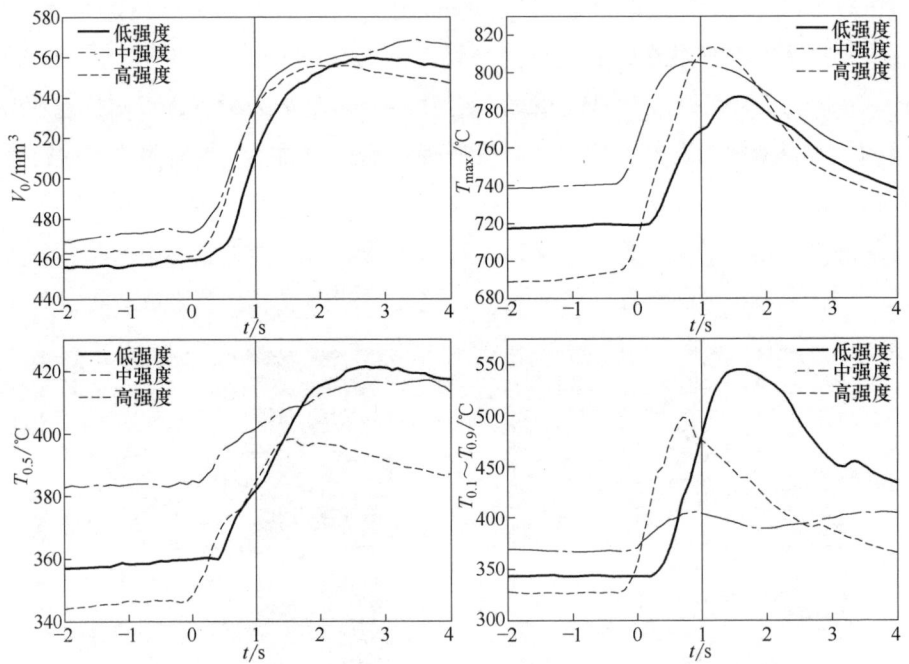

图 4-8　松散回潮工序三种强度下卷烟样品燃烧锥体积 V_0、特征温度 $T_{0.5}$、温度分布宽度 $T_{0.1}$-$T_{0.9}$ 和最高温度 T_{max} 变化情况（中部烟）

表 4-13　松散回潮工序三种强度下燃烧锥各温度区间平均体积（中部烟）

处理强度	燃烧锥总体积/ mm³	燃烧锥各温度区间平均体积/mm³		
		300℃~400℃	400℃~500℃	500℃以上
低强度	508.3	107.6	75.4	155.8
中强度	523.2	129.9	103.0	150.6
高强度	517.6	129.7	77.3	145.6

2. 松散回潮工序加工强度对有害成分释放量影响

松散回潮工序对有害成分释放量影响如表 4-14 所示。

第四章 加工工艺对卷烟燃吸过程的影响及有害成分影响机制分析

表4-14　松散回潮工序加工强度对有害成分释放量影响结果

样品	强度	CO/(mg/支)	B[a]P/(ng/支)	NNK/(ng/支)	氨/(μg/支)	苯酚/(μg/支)	HCN/(μg/支)	巴豆醛/(μg/支)	危害性指数
上部	低	13.10	9.54	4.45	14.47	23.46	224.03	20.93	12.00
上部	中	13.40	8.57	5.05	12.93	23.98	215.93	20.44	11.83
上部	高	12.99	8.84	4.39	12.33	24.45	211.87	20.37	11.73
中部	低	11.44	6.95	4.37	6.75	16.90	177.80	20.81	9.11
中部	中	11.62	6.81	4.61	7.87	14.91	201.37	20.32	9.40
中部	高	11.35	6.70	4.51	6.22	16.14	176.80	18.88	8.79
下部	低	10.22	5.01	5.44	6.77	10.14	132.23	17.95	7.79
下部	中	9.90	4.77	5.75	7.08	10.14	125.37	16.37	7.68
下部	高	10.09	4.81	5.39	6.61	9.84	126.00	16.90	7.55

CO：松散回潮强度对CO释放量影响较小。以中部叶为例，结合燃烧状态进行分析，不同松散回潮强度对总燃烧锥体积（表4-13）影响较小，导致CO释放量差异较小。松散回潮中强度的800℃以上高温区域的燃烧区域面积更大（见图4-7），相对来说松散回潮中强度的CO释放量相对较高。

B[a]P：随松散回潮强度增加，B[a]P释放量呈轻微下降趋势。以中部叶为例，结合燃烧状态进行分析，3种不同强度处理的总燃烧锥体积（表4-13）差异不大，且3种强度处理的特征温度（图4-8）较为接近。因此总的B[a]P释放量差异不大。进一步，低强度的总燃烧锥体积（508.3mm³）相对较小，但低强度处理的500℃以上区域燃烧锥体积（155.8mm³）却最大。此外，松散回潮低强度的燃烧升温速率（图4-7）虽然更快，但其所能达到燃烧最高温度T_{max}却最低（图4-8），且燃烧锥温度分布范围最宽（图4-8）。升温速率最快且最高温度最低，说明了烟丝在较大范围内进行了热裂解而非燃烧；燃烧温度分布更宽进一步说明了热裂解对更大范围烟丝的传热影响。这充分说明松散回潮低强度处理，在燃吸时的燃烧不充分性最高，最终导致松散回潮低强度处理时的B[a]P释放量相对较高。而高强度处理，在温度分布宽度（图4-8）显著较中低强度窄很多，燃烧锥的温度分布均匀，说明燃烧充分性相对较好。相应的B[a]P释放量较低。总体上，随松散回潮强度提高，B[a]P释放量呈一定降低趋势。该规律对于上部叶、下部叶亦有参考价值；对于不同部位烟叶，在松散回潮中高强度之间可能存在一个适宜的范围，即：燃烧锥体积、升温速率、最高温度、温度分布宽度之间达到一个合理平衡时，B[a]P释放量则较低。

NNK：高温高湿条件有利于 NNK 的形成。以中部叶为例，松散回潮中强度的 800℃以上高温区域的燃烧区域面积更大（图 4-7），有利于 NNK 的生成。松散回潮高强度处理可达到的最高温度（图 4-8）最高，且松散回潮高强度下湿度也较高，也有利于 NNK 的生成。总体上，松散回潮中强度处理时，NNK 释放量达到最高。因此，从降低主流烟气中 NNK 释放量考虑，应尽量避免选择松散回潮中强度处理。

氨：对于上部叶，随松散回潮强度增加，氨释放量呈逐渐降低趋势。而对于中下部叶松散回潮中强度处理时氨释放量达到最高。不同部位烟叶受松散回潮处理强度不同对氨释放量影响规律并不一致。以中部叶为例，松散回潮中强度的 800℃以上高温区域的燃烧区域面积更大（图 4-7），对于氨主要前体物（蛋白质、铵盐、脯氨酸、天冬酰胺等）裂解生成氨的作用更强，导致氨释放量最高。

苯酚：松散回潮强度对苯酚释放量影响较小。以中部叶为例，中强度处理虽然高温燃烧区域更大，但中强度处理的 500℃以上燃烧锥体积（表 4-13）并不大。反而是总燃烧锥体积最小的低强度处理，500℃以上燃烧锥体积却是最大，导致中部叶低强度处理的苯酚释放量最高。

HCN：松散回潮强度对 HCN 释放量影响较小。以中部叶为例，结合燃烧状态进行分析，800℃以上高温区域的燃烧区域体积在松散回潮中强度处理条件下更大（图 4-7），HCN 释放量相对较高。

巴豆醛：松散回潮强度对巴豆醛释放量影响较小。高温区域燃烧体积大小对巴豆醛影响不大。

危害性指数（H）：随松散回潮强度增加，氨、B［a］P 呈降低趋势。总体上，卷烟危害性指数 H 呈逐渐降低趋势。从降低卷烟危害性指数考虑，松散回潮处理采用高强度处理是适宜的。

3. 松散回潮工序加工强度对单位质量有害成分释放量影响

如表 4-15 所示，换算为单位质量后，有害成分释放量规律如下。

CO：松散回潮强度对单位质量 CO 释放量影响较小。

B［a］P：随松散回潮强度提高，单位 B［a］P 释放量呈降低趋势。但该规律对下部叶影响不明显。

NNK：松散回潮中强度处理时，单位质量 NNK 释放量达到最高。

氨：对于上部烟，随松散回潮强度增加则单位质量氨释放量减少。对于中下部叶，松散回潮中强度处理时单位质量氨释放量达到最高。

苯酚：松散回潮强度对单位质量苯酚释放量影响较小。

HCN：松散回潮强度对单位质量 HCN 释放量影响较小。

巴豆醛：松散回潮强度对单位质量巴豆醛释放量影响较小。

危害性指数（H）：换算为单位质量后，随松散回潮强度增加，单位质量 B[a]P、氨均呈下降趋势，总体上，单位质量卷烟危害性指数 H 呈一定降低趋势。

表4-15　松散回潮工序加工强度对单位质量有害成分释放量影响结果

样品	强度	CO/ (mg/g)	B[a]P/ (ng/g)	NNK/ (ng/g)	氨/ (μg/g)	苯酚/ (μg/g)	HCN/ (μg/g)	巴豆醛/ (μg/g)	危害性 指数
上部	低	15.25	11.11	5.19	16.85	27.32	260.91	24.38	13.97
上部	中	15.50	9.92	5.84	14.95	27.74	249.73	23.64	13.55
上部	高	15.09	10.27	5.11	14.34	28.42	246.26	23.67	13.28
中部	低	13.48	8.19	5.15	7.95	19.90	209.42	24.51	10.73
中部	中	13.81	8.09	5.47	9.35	17.71	239.25	24.14	11.16
中部	高	13.53	7.98	5.37	7.41	19.23	210.64	22.49	10.47
下部	低	12.73	6.24	6.77	8.43	12.62	164.67	22.35	9.71
下部	中	12.77	6.16	7.42	9.14	13.09	161.76	21.13	9.91
下部	高	13.07	6.22	6.98	8.56	12.74	163.14	21.89	9.77

4. 松散回潮工序加工强度对单位口数有害成分释放量影响

如表4-16所示，换算为单位口数后，有害成分释放量规律如下。

CO：松散回潮处理强度，对单位口数 CO 释放量影响不显著。

B[a]P：松散回潮处理强度，对单位口数 B[a]P 释放量影响不显著。

NNK：松散回潮中强度处理时，单位口数 NNK 释放量达到最高。

氨：松散回潮处理强度，对单位口数氨释放量影响较显著。但不同部位烟叶影响规律不一致。蛋白质在500℃附近时裂解生成氨的量达到局部极小值，不同部位烟叶燃烧状态差异较大，相应单位口数氨释放量规律并不一致。

苯酚：松散回潮处理强度，对单位口数苯酚释放量影响不显著。

HCN：松散回潮处理强度，对单位口数 HCN 释放量影响不显著。

巴豆醛：松散回潮处理强度，对单位口数巴豆醛释放量影响不显著。

危害性指数（H）：整体上，松散回潮处理强度，对单位口数危害性指数 H 影响不显著。

表 4-16 松散回潮工序对单位口数有害成分释放量影响结果

样品	强度	CO/(mg/口)	B[a]P/(ng/口)	NNK/(ng/口)	氨/(μg/口)	苯酚/(μg/口)	HCN/(μg/口)	巴豆醛/(μg/口)	危害性指数
上部	低	2.18	1.59	0.74	2.41	3.90	37.26	3.48	2.00
上部	中	2.22	1.42	0.84	2.14	3.97	35.73	3.38	1.94
上部	高	2.18	1.48	0.74	2.07	4.11	35.59	3.42	1.92
中部	低	2.08	1.26	0.80	1.23	3.07	32.35	3.79	1.66
中部	中	2.14	1.25	0.85	1.45	2.75	37.11	3.74	1.73
中部	高	2.11	1.24	0.84	1.15	2.99	32.78	3.50	1.63
下部	低	2.10	1.03	1.12	1.39	2.08	27.19	3.69	1.60
下部	中	2.21	1.06	1.28	1.58	2.26	27.96	3.65	1.71
下部	高	2.18	1.04	1.16	1.43	2.12	27.16	3.64	1.63

二、滚筒干燥工序

1. 滚筒干燥工序加工强度对卷烟燃吸过程的影响

第三章详细论述了滚筒干燥工序中三种加工强度对抽吸口数、卷烟烟气指标（常规烟气指标、7 种有害成分、气相与粒相全成分）、卷烟危害性指数、卷烟物理指标、化学成分及物理特性的影响规律。滚筒干燥工序中不同加工强度对化学成分及物理特性的影响主要表现在以下指标：具有显著性影响的化学成分是总糖、还原糖和石油醚提取物，具有显著性影响的物理特性有烟丝填充值、烟丝特征尺寸及分布、内孔容积等指标。本小结针对下部烟三种加工强度下所制备的卷烟样品，分析了三种加工强度下的卷烟燃吸过程温度分布信息，即在燃吸过程分析中，选择抽吸 1s 时（此时瞬时气体流速最大）卷烟燃吸温度分布及升温速度分布图，以及卷烟燃吸过程（在燃吸前 2s，燃吸中 2s 和燃吸后 2s）中卷烟燃烧锥体积（V_0）、特征温度（$T_{0.5}$）、温度分布宽度（$T_{0.1} \sim T_{0.9}$）和最高温度（T_{max}）变化情况等信息，对比分析不同加工强度对燃烧状态的影响。

图 4-9 表示滚筒干燥工序三种强度下卷烟样品抽吸 1s 时燃烧锥温度分布[图 4-9（1）]与升温速度分布图[图 4-9（2）]。图 4-10 表示滚筒干燥工序三种加工强度下卷烟样品在燃吸过程（在燃吸前 2s，燃吸中 2s 和燃吸后 2s）中 V_0、$T_{0.5}$、$T_{0.1}$-$T_{0.9}$、T_{max} 变化情况。从图 4-9 和图 4-10 中可以看出，在抽吸中的最大流量抽吸时，相比低强度滚筒干燥过程，强度增加，可以增加更快的整体升温速率（对比图 4-9 右侧的坐标范围图），同时，中强度对比低强度和高强度加工过程，具有较低的燃烧锥体积（表 4-17 抽吸中平均燃烧

锥的体积)。中强度与高强度的归类对比较为明显,没有明显的交叉现象。中强度加工条件下特征温度明显低于高强度的数据,与最高温度的变化规律较为一致。结合温度与升温速率变化,高强度具有比中强度更大体积的高温区间(表4-17)对热解产物有更重复的燃烧区间。

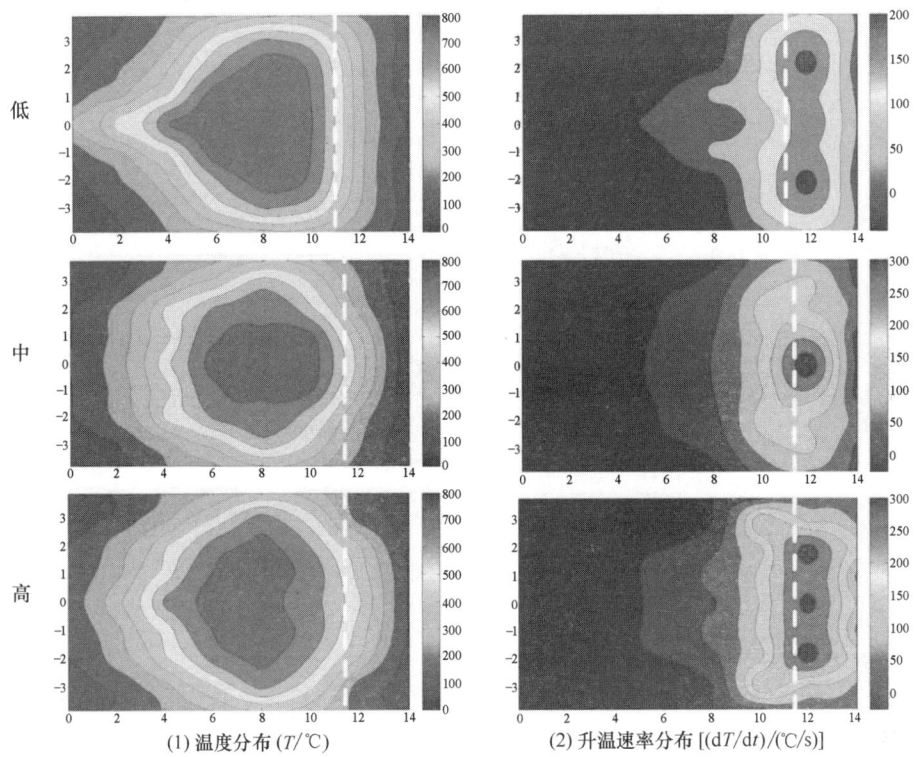

(1) 温度分布 (T/℃)　　　　　(2) 升温速率分布 [(dT/dt)/(℃/s)]

图4-9　滚筒干燥工序3种加工强度下卷烟样品抽吸1s时
燃烧锥温度分布与升温速率分布图(下部烟)

表4-17　滚筒干燥工序3种加工强度下燃烧锥各温度区间平均体积(下部烟)

加工强度	燃烧锥总体积/mm³	燃烧锥各温度区间平均体积/mm³		
		300℃~400℃	400℃~500℃	500℃以上
低	500.9	103.9	83.8	185.8
中	488.7	113.9	89.7	159.1
高	504.6	106.4	88.2	182.9

2. 滚筒干燥工序加工强度对有害成分释放量影响

滚筒干燥工序对有害成分释放量影响结果如表4-18所示。

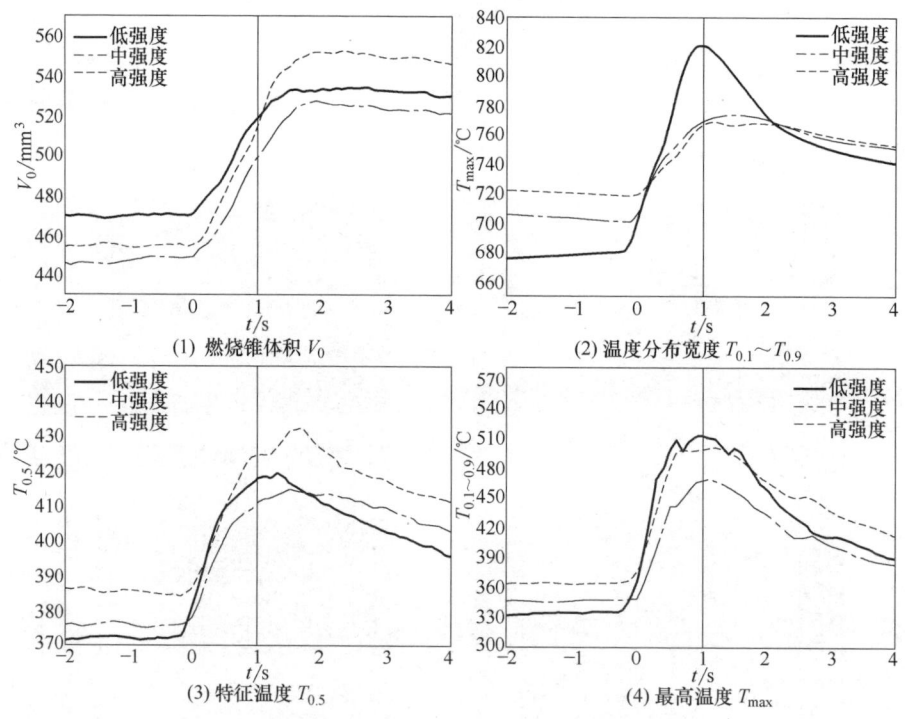

图 4-10 滚筒干燥工序 3 种加工强度下卷烟样品在
燃吸过程中 4 项指标变化情况（下部烟）

表 4-18　滚筒干燥工序加工强度对有害成分释放量影响结果

样品	强度	CO/ (mg/支)	B[a]P/ (ng/支)	NNK/ (ng/支)	氨/ (μg/支)	苯酚/ (μg/支)	HCN/ (μg/支)	巴豆醛/ (μg/支)	危害性 指数
上部	低	13.20	9.11	4.55	9.44	23.98	135.80	21.29	10.30
上部	中	13.20	8.74	5.44	8.89	24.25	139.83	21.98	10.50
上部	高	13.71	8.57	3.95	8.87	22.84	148.40	20.11	9.96
中部	低	13.93	9.54	0.84	7.38	13.56	107.37	21.68	8.00
中部	中	14.67	9.43	1.15	7.81	14.43	112.07	21.45	8.32
中部	高	14.58	9.27	0.79	8.47	12.44	107.30	23.09	8.22
下部	低	14.47	6.29	3.56	9.35	9.04	103.80	16.30	7.86
下部	中	13.34	6.37	3.84	9.57	8.29	100.60	16.86	7.82
下部	高	13.12	6.10	2.24	9.88	8.59	100.69	16.59	7.41

CO：随滚筒干燥强度增加，CO 释放量略呈增加趋势，但规律并不显著。以下部叶为例，三种不同处理强度的燃烧锥总体积（表 4-17）几乎一致，但中强度处理条件的燃烧锥低温区域体积相对略大些。而低强度的燃烧最高温

度 T_{max}（图 4-10）显著高于中高强度处理，相应滚筒干燥低强度处理 CO 释放量最高。

B［a］P：随滚筒干燥强度增加，整体上 B［a］P 释放量均呈降低趋势，但不同部位烟叶的规律略有差异。以下部烟叶为例，燃烧时，中强度处理的燃烧锥总体积（表 4-17）最小，特征温度 $T_{0.5}$（图 4-10）最低，所能达到的最高温度 T_{max}（图 4-10）较低，因此不完全燃烧程度相对较高，导致中强度处理的 B［a］P 略高。低强度处理的最高温度 T_{max}（图 4-10）显著较高，且升温速率较低（图 4-9），500℃ 以上的燃烧锥体积也是最高（表 4-17），烟丝燃烧充分性相对较好，导致 B［a］P 释放量略低于中强度处理。而高强度处理条件，特征温度 $T_{0.5}$（图 4-10）最高，但燃烧所能达到的最高温度 T_{max}［图 4-10（2）］却最低，对应的燃烧锥温度分布宽度 $T_{0.1}$-$T_{0.9}$（图 4-10）最窄。这充分证实了：滚筒干燥高强度处理时，烟丝的燃烧性更充分，相应高强度处理条件下，B［a］P 释放量最低。

NNK：滚筒干燥中强度处理的 NNK 释放量相对较高。硝酸根是 NNK 重要的前体物，对比滚筒干燥处理时硝酸根（图 3-58-硝酸盐%-下部）含量及变化，可以发现，NNK 释放量变化规律与硝酸根含量变化规律完全一致。滚筒干燥工序对 NNK 释放量的影响更为复杂，除考虑燃烧状态的影响外，更应进一步考察滚筒干燥工序对硝酸根量的影响。总体上，滚筒干燥中强度处理下，NNK 释放量最高。

氨：滚筒干燥对氨释放量影响较小。三种不同处理强度的燃烧锥总体积（表 4-17）几乎一致，500℃ 以上燃烧锥体积较为接近，导致滚筒干燥对氨释放量影响微弱。

苯酚：滚筒干燥对苯酚释放量影响较小。不同滚筒干燥对燃烧锥总体积（表 4-17）变化影响较小，燃烧锥高温区域体积变化不大，对苯酚释放量影响较小。

HCN：滚筒干燥对 HCN 释放量影响较小。

巴豆醛：滚筒干燥对巴豆醛释放量影响较小。

危害性指数（H）：滚筒干燥工序，对 B［a］P、NNK 影响较大，对 CO 有一定影响。而对其他有害成分影响较为微弱，因此不同滚筒干燥强度对整体危害性指数 H 影响不大。

3. 滚筒干燥工序加工强度对单位质量有害成分释放量影响

如表4-19所示，换算为单位质量后，有害成分释放量规律如下。

CO：滚筒干燥对单位质量CO释放量影响较小。换算为单位重量后，单位质量CO释放量，应着重考察最高温度T_{max}（图4-10），低强度滚筒干燥的最高温度T_{max}最高，相应单位质量CO释放量最少。

B[a]P：滚筒干燥对单位质量B[a]P释放量影响较小。三种不同处理强度的燃烧锥总体积（表4-17）几乎一致，500℃以上燃烧锥体积较为接近，导致滚筒干燥对单位质量B[a]P释放量影响较小。

NNK：滚筒干燥对单位质量NNK释放量具有显著性影响，但无规律性。除燃烧状态不同外，滚筒干燥处理可能对烟丝中硝酸根含量有较大影响，进而对单位质量NNK释放量造成较大影响，总体上无显著规律。

氨：随滚筒干燥强度增加，单位质量氨释放量呈增加趋势，单位质量氨释放量与燃烧状态中的特征温度$T_{0.5}$（图4-10）有一定相关性，说明重量一致条件下，温度越高氨的生成量越大。

苯酚：滚筒干燥对单位质量苯酚释放量影响较小。

HCN：滚筒干燥对单位质量HCN释放量影响较小。

巴豆醛：滚筒干燥对单位质量巴豆醛释放量影响较小。

危害性指数（H）：滚筒干燥对单位质量危害性指数H影响较小。

表4-19 滚筒干燥工序加工强度对单位质量有害成分释放量影响结果

样品	加工强度	CO/(mg/g)	B[a]P/(ng/g)	NNK/(ng/g)	氨/(μg/g)	苯酚/(μg/g)	HCN/(μg/g)	巴豆醛/(μg/g)	危害性指数
上部	低	14.36	9.91	4.95	10.28	26.09	147.77	23.17	11.21
上部	中	14.33	9.50	5.91	9.65	26.34	151.88	23.87	11.40
上部	高	15.06	9.42	4.34	9.75	25.08	163.02	22.09	10.94
中部	低	15.23	10.43	0.92	8.07	14.82	117.34	23.70	8.74
中部	中	15.92	10.24	1.25	8.47	15.66	121.59	23.28	9.02
中部	高	15.73	10.00	0.85	9.14	13.42	115.79	24.91	8.87
下部	低	16.96	7.38	4.17	10.96	10.60	121.68	19.11	9.22
下部	中	15.65	7.47	4.51	11.22	9.73	118.03	19.78	9.17
下部	高	15.43	7.17	2.63	11.62	10.09	118.36	19.51	8.71

4. 滚筒干燥工序加工强度对单位口数有害成分释放量影响

如表4-20所示，换算为单位口数后，有害成分释放量规律如下。

CO：滚筒干燥对单位口数CO释放量无影响。

B[a]P：滚筒干燥对单位口数B[a]P释放量影响较小。

表 4-20　滚筒干燥工序加工强度对单位口数有害成分释放量影响结果

样品	加工强度	CO/ (mg/口)	B[a]P/ (ng/口)	NNK/ (ng/口)	氨/ (μg/口)	苯酚/ (μg/口)	HCN/ (μg/口)	巴豆醛/ (μg/口)	危害性 指数
上部	低	1.79	1.24	0.62	1.28	3.26	18.45	2.89	1.40
上部	中	1.79	1.19	0.74	1.20	3.29	18.96	2.98	1.42
上部	高	1.86	1.16	0.53	1.20	3.09	20.10	2.72	1.35
中部	低	1.98	1.35	0.12	1.05	1.92	15.24	3.08	1.14
中部	中	2.11	1.36	0.17	1.12	2.08	16.14	3.09	1.20
中部	高	2.08	1.32	0.11	1.21	1.77	15.29	3.29	1.17
下部	低	2.00	0.87	0.49	1.29	1.25	14.35	2.25	1.09
下部	中	2.00	0.95	0.57	1.43	1.24	15.05	2.52	1.17
下部	高	2.02	0.94	0.34	1.52	1.32	15.48	2.55	1.14

NNK：滚筒干燥对单位口数 NNK 释放量有显著影响，但规律较复杂。

氨：随滚筒干燥强度增加，单位口数氨释放量呈显著增加趋势。单位口数氨释放量与燃烧状态中的特征温度 $T_{0.5}$ [图 4-10（3）] 有一定相关性，说明重量一致条件下，温度越高氨的生成量越大。

苯酚：滚筒干燥对单位口数苯酚释放量影响较小。单位口数苯酚释放量，与燃烧状态中的 燃烧锥总体积和特征温度有一定相关性。

HCN：滚筒干燥对单位口数 HCN 释放量无影响。

巴豆醛：滚筒干燥对单位口数巴豆醛释放量无影响。

危害性指数（H）：整体上，滚筒干燥对单位口数危害性指数 H 无影响。

三、HDT 气流干燥工序

1. HDT 气流干燥工序加工强度对卷烟燃吸过程的影响

第三章详细论述了 HDT 气流干燥工序中 3 种加工强度对抽吸口数、卷烟烟气指标（常规烟气指标、7 种有害成分、气相与粒相全成分）、卷烟危害性指数、卷烟物理指标、化学成分及物理特性的影响规律。HDT 气流干燥工序中不同加工强度对化学成分及物理特性的影响主要表现在以下指标：具有显著性影响的化学成分无，显著性影响的物理特性有烟丝填充值、烟丝特征尺寸及分布、内孔容积等指标，初步说明 HDT 气流干燥工序对烟草自身含有的化学成分影响不大，但显著影响其物理特性，物理特性的变化可能改变燃烧状态，进而影响了烟气中有害成分释放量。本小结针对下部烟 3 种加工强度下所制备的卷烟样品，分析了 HDT 气流干燥工序中 3 种加工强度下的卷烟燃吸过程温度分布信息，即在燃吸过程分析中，选择抽吸 1s 时（此时瞬时气体流速最大)卷烟燃吸温度分布及升温速度分布图,以及卷烟燃吸过程(在燃吸前 2s,燃吸中 2s 和燃吸后 2s)中卷烟燃烧锥体积(V_0)、特征温度($T_{0.5}$)、温度分布宽度($T_{0.1}\sim T_{0.9}$)和最高温度(T_{max})变化情况等信息,对比分析不同加工强度对燃烧状态的影响。

图 4-11 表示 HDT 气流干燥工序中 3 种强度下卷烟样品抽吸 1s 时燃烧锥温度分布[图 4-11(1)]与升温速度分布图[图 4-11(2)],图 4-12 表示 HDT 气流干燥工序中 3 种加工强度下卷烟样品在燃吸过程(在燃吸前 2s,燃吸中 2s 和燃吸后 2s)中 V_0、$T_{0.5}$、$T_{0.1}\sim T_{0.9}$、T_{max} 变化情况。从图 4-11 和图 4-12 中可以看出,在抽吸中的最大流量抽吸时刻,相比低与高强度 HDT 气流干燥过程,中强度处理后样品具有较快的整体升温速率(对比图 4-11 右侧的坐标范围图),同时,中强度对比低强度和高强度加工过程,具有较高的燃烧锥体积(表 4-21 抽吸中平均燃烧锥的体积)。低强度与高强度对比差别

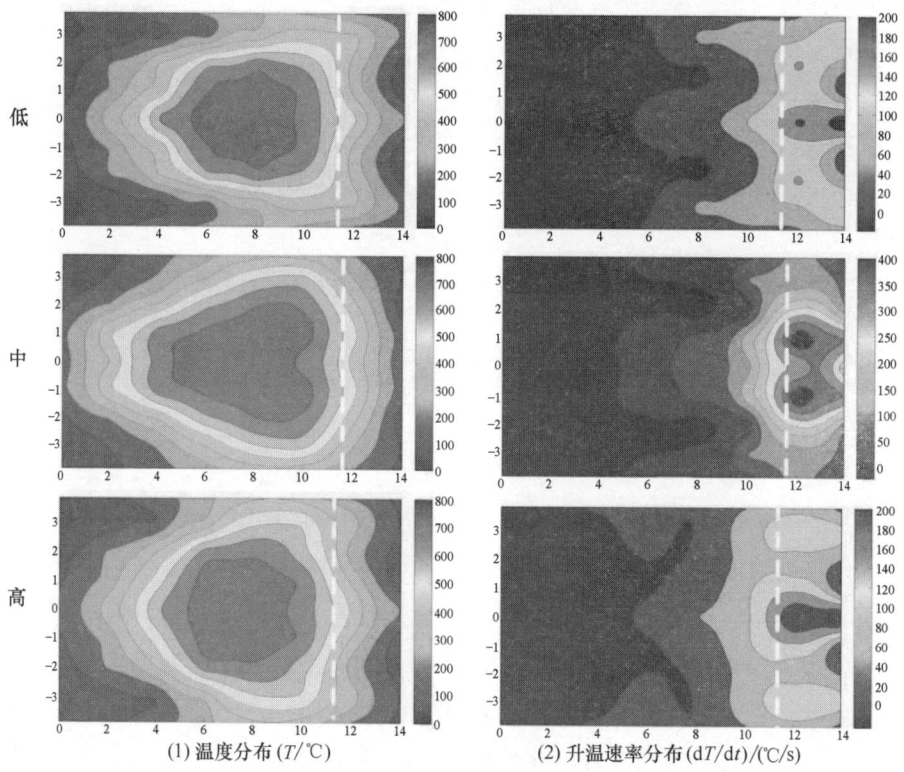

(1) 温度分布(T/℃)   (2) 升温速率分布(dT/dt)/(℃/s)

图 4-11 HDT 气流干燥工序 3 种加工强度下卷烟样品抽吸 1s 时燃烧锥温度分布与升温速率分布图(下部烟)

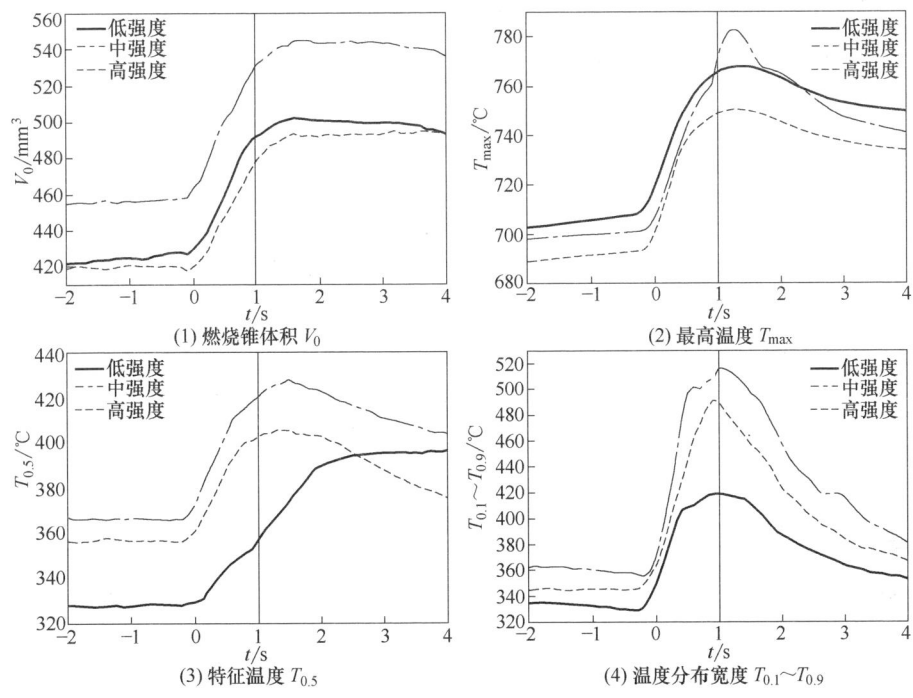

图 4-12 HDT 气流干燥工序 3 种加工强度下卷烟样品在燃吸过程中 4 项指标燃烧锥变化情况（下部烟）

非常明显，低强度具有较高的燃烧锥体积，在关注的燃烧过程中均略高于高强度处理的样品，但在特征温度 $T_{0.5}$、最高温度 T_{max} 两个指标上相反，即低强度具有较高的最高温，但特征温度明显低于高强度处理，从表 4-21 抽吸中平均燃烧锥的体积可见，低强度在较低温度区间内平均体积略高，而在 400℃ 以上的温度区间内均低于高强度处理的样品。

表 4-21　HDT 气流干燥工序中 3 种加工强度下燃烧锥各温度区间平均体积（下部烟）

加工强度	燃烧锥总体积/ mm^3	燃烧锥各区间平均体积/mm^3		
		300~400℃	400~500℃	500℃以上
低强度	471.4	126.7	66.1	108.3
中强度	509.2	119.0	84.4	173.4
高强度	459.7	111.6	80.6	136.5

2. HDT 气流干燥工序加工强度对有害成分释放量影响

HDT 气流干燥工序对有害成分释放量影响结果如表 4-22 所示。

表 4-22　HDT 气流干燥工序加工强度对有害成分释放量影响结果

样品	加工强度	CO/ (mg/支)	B[a]P/ (ng/支)	NNK/ (ng/支)	氨/ (μg/支)	苯酚/ (μg/支)	HCN/ (μg/支)	巴豆醛/ (μg/支)	危害性指数
上部	低	13.83	8.14	3.77	9.04	21.62	144.30	19.68	9.73
上部	中	14.46	9.09	4.70	8.43	19.98	154.87	21.83	10.18
上部	高	14.54	9.44	4.43	9.49	23.28	160.93	22.96	10.77
中部	低	14.54	9.02	1.62	9.84	12.19	111.07	17.77	8.25
中部	中	15.22	9.21	1.14	9.57	13.60	113.73	16.64	8.23
中部	高	15.17	9.34	1.05	10.11	14.04	118.13	25.37	9.06
下部	低	10.98	6.80	4.60	4.28	8.24	97.46	16.50	6.84
下部	中	11.90	7.11	2.48	4.59	6.74	100.03	16.76	6.40
下部	高	11.74	6.63	2.72	4.78	7.67	102.79	15.93	6.46

CO：随 HDT 处理强度增加，CO 释放量呈增加趋势。以下部叶为例，结合燃烧状态进行分析，随 HDT 气流干燥强度增加，燃烧锥总体积（表 4-21）呈先上升后下降的趋势，其中 HDT 中强度处理的燃烧锥总体积最大，且 HDT 中强度处理的特征温度 $T_{0.5}$（图 4-12）和最高温度 T_{max}（图 4-12）均较高，相应 HDT 中强度处理 CO 释放量较大。

B[a]P：随 HDT 处理强度增加，B[a]P 释放量呈增加趋势。以下部叶为例，结合燃烧状态进行分析，随 HDT 气流干燥强度，燃烧锥总体积（表 4-21）呈先上升后下降的趋势，其中 HDT 中强度处理的燃烧锥总体积最大。HDT 中强度处理的特征温度 $T_{0.5}$（图 4-12）和最高温度 T_{max}（图 4-12）均为最高，高温有利于 B[a]P 的生成，导致 HDT 气流干燥中强度的 B[a]P 释放量最高。进一步分析，对 HDT 低强度和 HDT 高强度进行比较，如温度分布宽度 $T_{0.1} \sim T_{0.9}$（图 4-12），HDT 低强度处理的温度分布范围显著较窄，燃烧相对更均匀，不完全燃烧现象相对较弱，相对有利于减少 B[a]P 释放。但 HDT 低强度处理的特征温度（图 4-12）显著低于 HDT 高强度，而且 HDT 低强度处理的最高温度（图 4-12）却又显著高于 HDT 高强度。考虑到 B[a]P 形成机理（周环反应机理，自由基机理，高温热解和高温热合成共同作用）非常复杂，尽管 HDT 低高强度处理 B[a]P 的释放量较为接近，但从显著差异的燃烧状态判断，两者的 B[a]P 形成路径方式显著不同，尚有待进一步研究。

NNK：HDT 处理对 NNK 释放量影响较大，但规律不显著。HDT 低强度处理时 NNK 释放量较大，但 HDT 中高强度处理时 NNK 释放量"突然"下降后趋于稳定。不同部位烟叶变化趋势也不一致。以下部叶为例，结合燃烧状态及硝酸盐变化趋势方面进行分析：①随 HDT 加工强度增加，导致 NNK 重要前体物-硝酸盐含量（图 4-13）呈规律性下降趋势，有利于 NNK 释放量的减少。②从燃烧状态看，HDT 中高强度处理的特征温度 $T_{0.5}$（图 4-12）较高，在燃烧时有利于 NNK 的生成。因此 HDT 处理对 NNK 释放量影响是显著的，但变化规律并不一致，随 HDT 处理强度增加，起初是硝酸盐减少导致 NNK 释放量出现"突降"，然后随 HDT 处理强度进一步增加，燃烧状态的特征温度 $T_{0.5}$ 上升较快，NNK 释放量出现"稳定且有回升"的趋势。

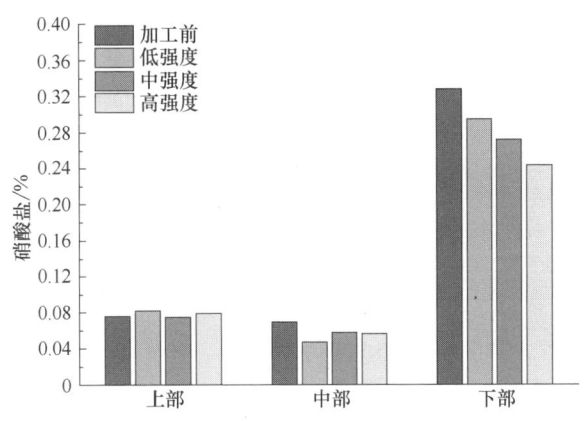

图 4-13 HDT 对烟丝中硝酸盐含量影响

氨：随 HDT 处理强度增加，氨释放量呈增加趋势。烟丝中氨的主要前体物-蛋白质在 HDT 处理工序中，总量变化不会太大。但不同 HDT 强度处理后，对于烟丝燃烧状态影响较大。以下部叶为例，随 HDT 处理强度增加，特征温度（图 4-12）呈增加趋势。导致了氨释放量呈增加趋势。

苯酚：HDT 处理强度对苯酚影响较为复杂，苯酚释放量基本呈现先下降再上升的趋势。这可能是因为 HDT 工序的处理强度较大，影响到了苯酚主要前体物（蛋白质、纤维素、葡萄糖和绿原酸）的化学组成变化，进一步导致了 HDT 处理对苯酚释放量的影响较大且影响规律复杂。HDT 处理强度对苯酚释放量影响尚需进一步研究。

HCN：HDT 处理强度对 HCN 释放量影响较小。

巴豆醛：随 HDT 处理强度增加，巴豆醛释放量呈降低趋势，但对下部叶影响不明显。

危害性指数（H）：随 HDT 处理强度增加，危害性指数（H）呈增加趋势，但对下部叶影响不明显。从降低卷烟危害性指数考虑，上部叶、中部叶宜采用 HDT 高强度工艺处理。进一步，HDT 工序对烟丝的处理强度，显著高于其他工序，因此 HDT 加工强度对于烟丝的化学成分变化影响较大，直接影响到了 NNK 和苯酚的前体物变化，且 HDT 不同强度处理对于燃烧状态影响也较大。整体上导致了 HDT 加工强度对于单位口数危害性指数（H）影响较大，但不同部位烟叶影响规律并不一致。

3. 对单位质量有害成分释放量影响

如表 4-23 所示，换算为单位质量后，有害成分释放量规律如下。

表 4-23　　HDT 气流干燥工序对单位质量有害成分释放量影响结果

样品	强度	CO/(mg/g)	B[a]P/(ng/g)	NNK/(ng/g)	氨/(μg/g)	苯酚/(μg/g)	HCN/(μg/g)	巴豆醛/(μg/g)	危害性指数
上部	低	1.87	1.10	0.51	1.23	2.93	19.55	2.67	1.32
上部	中	1.94	1.22	0.63	1.13	2.68	20.79	2.93	1.37
上部	高	1.91	1.24	0.58	1.25	3.06	21.18	3.02	1.42
中部	低	2.09	1.29	0.23	1.41	1.75	15.94	2.55	1.18
中部	中	2.21	1.34	0.17	1.39	1.97	16.52	2.42	1.19
中部	高	2.22	1.37	0.15	1.48	2.06	17.29	3.71	1.33
下部	低	1.80	1.11	0.75	0.70	1.35	15.99	2.71	1.12
下部	中	2.04	1.22	0.42	0.79	1.15	17.13	2.87	1.10
下部	高	2.01	1.13	0.47	0.82	1.31	17.57	2.72	1.10

CO：HDT 处理强度对单位质量 CO 释放量有一定影响。换算为单位质量，CO 释放量主要与燃烧温度相关，以下部叶为例，结合燃烧状态进行分析，随 HDT 气流干燥强度增加，HDT 中高强度处理的特征温度 $T_{0.5}$（图 4-12）显著高于 HDT 低强度处理，导致 HDT 低强度处理的单位质量 CO 释放量较小。

B[a]P：HDT 处理强度对单位质量 B[a]P 释放量有一定影响，换算为单位质量，B[a]P 释放量主要与燃烧状态相关。以下部叶为例，HDT 低强度处理的特征温度 $T_{0.5}$（图 4-12）最低，温度分布宽度 $T_{0.1} \sim T_{0.9}$（图 4-12）仍是 HDT 低强度处理的温度分布范围较窄，相应单位质量 B[a]P 释放量最低。

NNK：HDT 处理强度对单位质量 B[a]P 释放量有较大影响，但对不同部位烟叶影响规律并不一致。以下部叶为例，HDT 低强度处理时单位质量 NNK 释放量较大，HDT 中高强度处理时单位质量 NNK 释放量"突然"下降。

该影响规律与烟支总 NNK 释放量规律是一致的。

氨：随 HDT 处理强度增加，单位质量氨释放量略呈一定增加趋势。

苯酚：HDT 处理强度对单位质量苯酚释放量影响较大，但影响规律较为复杂，尚待进一步研究。

HCN：随 HDT 处理强度增加，单位质量 HCN 释放量略呈逐渐增加趋势，但影响并不显著。随着 HDT 处理强度增加，相应特征温度 $T_{0.5}$（图 4-12）逐渐增加，较高的燃烧锥特征温度，有利于 HCN 的生成。

巴豆醛：HDT 处理强度对单位质量巴豆醛释放量影响微弱，巴豆醛释放量在 400℃ 后生成趋于稳定，该结果也证实了巴豆醛对燃烧温度并不敏感。

危害性指数（H）：随 HDT 处理强度增加，单位质量危害性指数（H）呈增加趋势，但对下部叶影响不显著。

4. HDT 气流干燥工序加工强度对单位口数有害成分释放量影响

如表 4-24 所示，换算为单位口数后，有害成分释放量规律如下。

CO：HDT 处理强度对单位口数 CO 释放量有一定影响。同样 CO 释放量主要与燃烧温度相关，以下部叶为例，结合燃烧状态进行分析，随 HDT 气流干燥强度增加，HDT 中高强度处理的特征温度 $T_{0.5}$（图 4-12）显著高于 HDT 低强度处理，导致 HDT 低强度处理的单位口数 CO 释放量较小。

B［a］P：HDT 处理强度对单位口数 B［a］P 释放量有一定影响，换算为单位口数，B［a］P 释放量主要与燃烧状态相关。以下部叶为例，HDT 低强度处理的特征温度（图 4-12）最低，温度分布宽度（图 4-12）仍是 HDT 低强度处理的温度分布范围较窄，相应单位口数 B［a］P 释放量较低。与单位质量 B［a］P 释放量结果不同的是，HDT 高强度的单位口数 B［a］P 释放量也相对较低。比较两者燃烧锥总体积（表 4-21），HDT 高强度的总燃烧锥体积略小，拉低了单位口数的 B［a］P 释放量。但整支烟的 B［a］P 释放量（表 4-22），HDT 高强度处理则略高。

NNK：HDT 处理强度对单位口数 NNK 释放量影响较大，但规律不显著。HDT 低强度处理时 NNK 释放量较大，但 HDT 中高强度处理时 NNK 释放量"突然"下降后趋于稳定，不同部位烟叶变化趋势也不一致。该影响规律与烟支总 NNK 释放量规律是一致的。

氨：随 HDT 处理强度增加，单位口数氨释放量呈逐渐增加趋势。

苯酚：HDT 处理强度对单位口数苯酚影响较大，且影响规律较为复杂，苯酚释放量基本呈现先下降再上升的趋势。

HCN：HDT 处理强度对单位口数 HCN 释放量影响较小。

巴豆醛：HDT 处理强度对单位口数 HCN 释放量影响较小。

危害性指数（H）：HDT 工序对烟丝的处理强度，显著高于其他工序，因此 HDT 加工强度对于烟丝的化学成分变化影响较大，直接影响到了 NNK 和苯酚的前体物变化，且 HDT 不同强度处理对于燃烧状态影响也较大。整体上导致了 HDT 加工强度对于单位口数危害性指数（H）影响较大，但不同部位烟叶影响规律并不一致。

表 4-24　HDT 气流干燥工序对单位口数有害成分释放量影响结果

样品	强度	CO/(mg/口)	B[a]P/(ng/口)	NNK/(ng/口)	氨/(μg/口)	苯酚/(μg/口)	HCN/(μg/口)	巴豆醛/(μg/口)	危害性指数
上部	低	15.14	8.91	4.12	9.90	23.67	157.94	21.54	10.65
上部	中	15.62	9.82	5.08	9.10	21.58	167.24	23.58	11.00
上部	高	15.67	10.18	4.77	10.23	25.09	173.42	24.74	11.61
中部	低	15.87	9.84	1.77	10.75	13.31	121.25	19.40	9.01
中部	中	16.66	10.08	1.25	10.47	14.88	124.43	18.21	9.00
中部	高	16.52	10.17	1.14	11.01	15.29	128.64	27.62	9.87
下部	低	12.93	8.00	5.41	5.04	9.69	114.70	19.42	8.05
下部	中	14.20	8.49	2.96	5.48	8.04	119.36	20.00	7.64
下部	高	14.03	7.92	3.25	5.71	9.16	122.80	19.04	7.72

四、CTD 气流干燥工序

1. CTD 气流干燥工序加工强度对卷烟燃吸过程的影响

前章详细论述了 CTD 气流干燥工序中 3 种加工强度对抽吸口数、卷烟烟气指标（常规烟气指标、7 种有害成分、气相与粒相全成分）、卷烟危害性指数、卷烟物理指标、化学成分及物理特性的影响规律。CTD 气流干燥工序中不同加工强度对化学成分及物理特性的影响主要表现在以下指标：具有显著性影响的化学成分是硝酸盐、石油醚提取物和淀粉，具有显著性影响的物理特性有内孔容积。本小结针对上部烟在 CTD 气流干燥工序中 3 种加工强度下所制备的卷烟样品，分析了 3 种加工强度下的卷烟燃吸过程温度分布信息，即在燃吸过程分析中，选择抽吸 1s 时（此时瞬时气体流速最大）卷烟燃吸温度分布 [图 4-14（1）] 及升温速率分布 [图 4-14（2）]，以及卷烟燃烧锥体积（V_0）、特征温度（$T_{0.5}$）、温度分布宽度（$T_{0.1} \sim T_{0.9}$）和最高温度（T_{max}）变化情况等信息，对比分析不同加工强度对燃烧状态的影响。

图4-14表示CTD气流干燥工序3种强度下卷烟样品抽吸1s时燃烧锥温度分布［图4-14（1）］与升温速度分布图［图4-14（2）］，图4-15表示CTD气流干燥工序3种加工强度下卷烟样品在燃吸过程（在燃吸前2s，燃吸中2s和燃吸后2s）中V_0、$T_{0.5}$、$T_{0.1}\sim T_{0.9}$、T_{max}变化情况。从图4-14和图4-15中可以看出，在抽吸中的最大流量抽吸时刻，相比中与低强度CTD气流干燥过程，高强度样品具有较高的整体升温速率（对比图4-14右侧的坐标范围，程序计算获得最高升温速率接近500℃/s），同时，高强度样品燃烧锥的体积在抽吸前后均明显高于中低强度处理的样品。在燃烧锥的体积变化方面，中低强度样品表现出无差别的变化规律，但二者的区别在于，中强度具有较高的特征温度$T_{0.5}$和较低的最高温T_{max}，即温度区间分布呈现较大的差异（表4-25），中强度样品高于500℃以上的体积显著高于低强度样品，而高强度样品尽管有着较大的燃烧锥体积，但由于具有较低的特征温度$T_{0.5}$，所以，在高于500℃以上，其体积低于中低强度处理后样品。

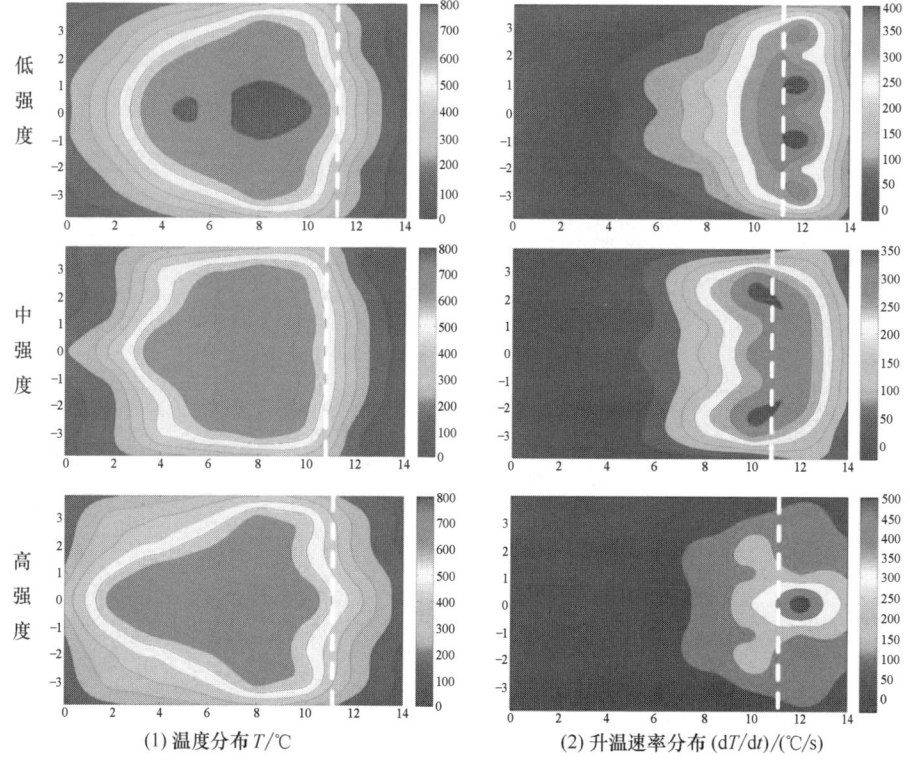

(1) 温度分布$T/℃$　　　　(2) 升温速率分布$(dT/dt)/(℃/s)$

图4-14　CTD气流干燥工序3种加工强度下卷烟样品抽吸1s时燃烧锥温度分布与升温速率分布图（上部烟）

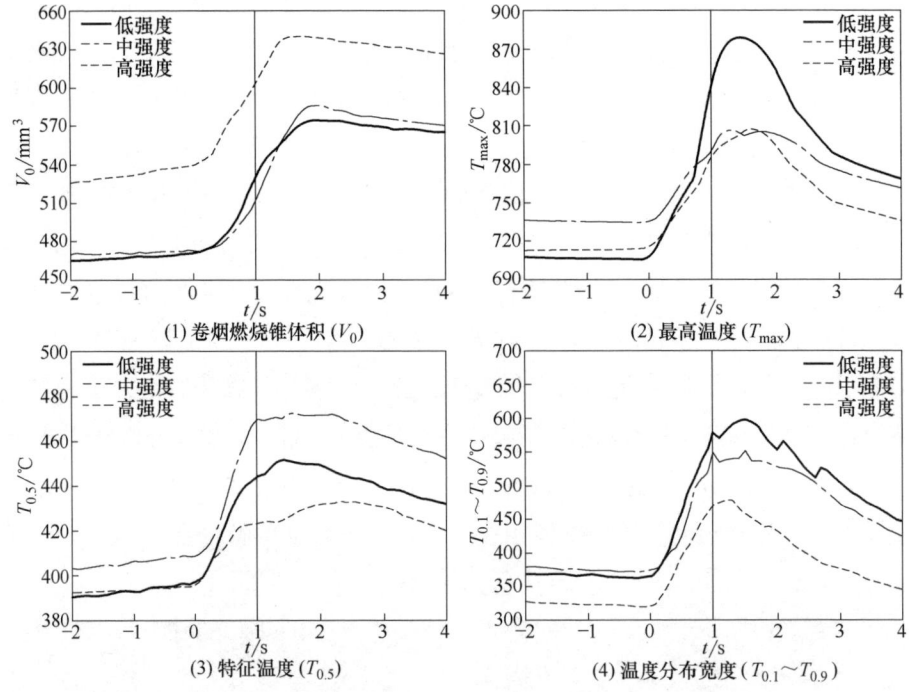

图 4-15 CTD 气流干燥工序 3 种加工强度下卷烟在燃吸过程中 4 项指标变化情况（上部烟）

表 4-25 CTD 气流干燥工序 3 种加工强度下燃烧锥各温度区间平均体积（上部烟）

加工强度	燃烧锥总体积/mm^3	燃烧锥各温度区间平均体积/mm^3		
		300~400℃	400~500℃	500℃以上
低	517.4	102.1	85.4	206.7
中	519.9	97.1	87.1	227.3
高	592.3	150.0	114.9	199.6

2. CTD 气流干燥工序加工强度对有害成分释放量影响

CTD 气流干燥工序对有害成分释放量影响如表 4-26 所示。

CO：随 CTD 处理强度增加，CO 释放量略呈降低趋势，但影响不够显著。

B[a]P：随 CTD 处理强度增加，B[a]P 释放量呈较显著的降低趋势。以上部叶为例，CTD 高强度处理的燃烧锥总体积 V_0（表 4-26）显著较大，燃烧充分性较好，相应的 B[a]P 释放量显著较低。CTD 低强度处理的燃烧锥总体积 V_0 较为接近中强度处理，但 CTD 中强度 500℃以上的燃烧区域面积略高于低强度，CTD 中强度燃烧充分性相对较好，对应 CTD 中强度 B[a]P 释放量略低于 CTD 低强度。

第四章 加工工艺对卷烟燃吸过程的影响及有害成分影响机制分析

表 4-26　CTD 气流干燥工序加工强度对有害成分释放量影响结果

样品	强度	CO/(mg/支)	B[a]P/(ng/支)	NNK/(ng/支)	氨/(μg/支)	苯酚/(μg/支)	HCN/(μg/支)	巴豆醛/(μg/支)	危害性指数
上部	低	12.99	9.12	4.43	13.55	24.18	213.63	19.49	9.73
上部	中	13.40	8.57	5.05	12.93	23.98	215.93	20.44	10.18
上部	高	13.04	7.85	5.19	11.89	23.28	198.53	20.34	10.77
中部	低	11.41	6.87	4.63	6.73	15.33	202.53	18.97	8.25
中部	中	11.62	6.81	4.61	7.87	14.91	201.37	20.32	8.23
中部	高	12.26	6.86	4.71	7.81	16.02	178.70	18.81	9.06
下部	低	10.14	5.09	5.08	6.35	9.88	129.23	15.33	6.84
下部	中	9.90	4.77	5.75	7.08	10.14	125.37	16.37	6.40
下部	高	9.72	4.54	5.41	7.69	10.48	126.70	15.84	6.46

NNK：随 CTD 处理强度增加，NNK 释放量呈增加趋势。CTD 的高温高湿条件，有利于 NNK 的生成。以下部叶为例，中强度的特征温度 $T_{0.5}$>高强度的特征温度 $T_{0.5}$>低强度的特征温度 $T_{0.5}$（图 4-15），与上部叶的 NNK 释放量规律完全一致。

氨：整体上，不同 CTD 处理强度对于氨释放量没有显著影响。氨的生成与烟支的具体燃烧状态密切相关，规律较为复杂，可释放氨的主要前提物（蛋白质、脯氨酸和天冬酰胺），均为高温裂解生成氨，而较高的裂解温度有利于氨的生成。以上部叶为例，低强度 CTD 处理的最高温度 T_{max}（图 4-15）最高，且低强度 CTD 处理的温度分布宽度（图 4-15）最宽，说明上部叶低强度 CTD 处理燃烧温度很不均匀且中心温度最高，相应裂解形成氨释放量最高。同理，CTD 高强度处理形成氨释放量最低。

苯酚：整体上，不同 CTD 处理强度对于苯酚释放量没有显著影响。更大的燃烧面积、更高的燃烧温度有利于前体物（蛋白质、纤维素、葡萄糖、绿原酸）生成苯酚，因此应结合具体燃烧状态考察苯酚的释放量关系。以上部叶为例，比较不同 CTD 处理强度的燃烧锥总体积 V_0（表 4-26），高强度>>低强度≈中强度；特征温度 $T_{0.5}$，中强度>高强度>低强度 [图 4-15（3）]；最高温度 T_{max}，低强度的>高强度>≈中强度。因此，三种 CTD 在苯酚生成上各有优势点，导致不同 CTD 处理强度对于苯酚释放量没有显著影响。

HCN：CTD 处理达一定强度后，部分 HCN 重要的前体物（如：蛋白质、脯氨酸和天冬酰胺等）可能发生了一定化学反应，造成了一定的消耗。总之

CTD 低中强度处理对 HCN 释放量影响较小,但 CTD 中高强度处理 HCN 呈显著下降趋势。这可能是由于 CTD 高强度的燃烧锥面积显著较大造成的。

巴豆醛:CTD 处理对巴豆醛释放量没有显著影响。巴豆醛生成峰值主要在 400℃ 区间,且着温度继续升高巴豆醛释放量变化不大。燃烧锥体积的差异对巴豆醛释放量影响较小。

危害性指数(H):总的来说,随 CTD 处理强度提高,上部叶、中部叶的危害性指数(H)呈增加趋势;而下部叶的危害性指数(H)呈下降趋势。不同部位烟叶规律上的差异,很可能是由于不同部位烟叶的燃烧状态差异造成的。

3. CTD 气流干燥工序加工强度对单位质量有害成分释放量影响

如表 4-27 所示,换算为单位质量后,有害成分释放量规律如下。

表 4-27 CTD 气流干燥工序加工强度对单位质量有害成分释放量影响结果

样品	强度	CO/(mg/g)	B[a]P/(ng/g)	NNK/(ng/g)	氨/(μg/g)	苯酚/(μg/g)	HCN/(μg/g)	巴豆醛/(μg/g)	危害性指数
上部	低	14.97	10.51	5.11	15.61	27.86	246.12	22.45	9.73
上部	中	15.50	9.92	5.84	14.95	27.74	249.73	23.64	10.18
上部	高	15.10	9.09	6.01	13.77	26.95	229.87	23.55	10.77
中部	低	13.66	8.23	5.55	8.06	18.36	242.55	22.71	8.25
中部	中	13.81	8.09	5.47	9.35	17.71	239.25	24.14	8.23
中部	高	14.45	8.09	5.56	9.21	18.89	210.73	22.19	9.06
下部	低	12.99	6.51	6.50	8.13	12.65	165.47	19.63	6.84
下部	中	12.77	6.16	7.42	9.14	13.09	161.76	21.13	6.40
下部	高	12.58	5.88	7.01	9.96	13.57	163.98	20.50	6.46

CO:CTD 处理对单位质量 CO 释放量没有显著影响。

B[a]P:随 CTD 处理强度增加,单位质量 B[a]P 释放量呈降低趋势。单位质量 B[a]P 释放量规律与总释放量规律一致,可进一步说明,B[a]P 的生成与烟丝燃烧状态密切相关,CTD 高强度处理的燃烧锥总体积 V_0 (表 4-26) 最大,并且温度分布宽度 (图 4-15) 最窄进一步说明了燃烧均匀性最好。以单位质量计,单位质量 B[a]P 显著低于 CTD 低中强度处理。

NNK:单位质量 NNK 释放量规律与总释放量规律一致。中强度的特征温度>高强度的特征温度>低强度的特征温度 (图 4-15),与下部叶的 NNK 释放量规律完全一致。

氨:随 CTD 处理强度增加,单位质量氨释放量呈增加趋势。单位质量氨释放量,与燃烧锥总体积密切相关。CTD 高强度处理的燃烧锥总体积 V_0 (表

4-26）显著高于低中强度处理，单位质量氨释放量显著较高。

苯酚：随 CTD 处理强度增加，单位质量苯酚释放量呈增加趋势。同样是与燃烧锥总体积、500℃以上区间燃烧锥体积密切相关。

HCN：CTD 处理强度对单位质量 HCN 释放量几乎没有影响，燃烧锥体积变化，不同温度燃烧区间变化对 HCN 释放量影响较小。

巴豆醛：CTD 处理强度对单位质量巴豆醛释放量几乎没有影响，燃烧锥体积变化，不同温度燃烧区间变化对巴豆醛释放量影响较小。

危害性指数（H）：总的来说，随 CTD 处理强度提高，上部叶中部叶的单位重量危害性指数（H）呈增加趋势；而下部叶的单位重量危害性指数（H）呈下降趋势。该规律与总有害成分释放量规律是一致的。

4. CTD 气流干燥工序加工强度对单位口数有害成分释放量影响

如表 4-28 所示，换算为单位口数后，有害成分释放量规律如下。

表 4-28　CTD 气流干燥工序对单位口数有害成分释放量影响结果

样品	强度	CO/ (mg/口)	B[a]P/ (ng/口)	NNK/ (ng/口)	氨/ (μg/口)	苯酚/ (μg/口)	HCN/ (μg/口)	巴豆醛/ (μg/口)	危害性指数
上部	低	2.16	1.52	0.74	2.25	4.02	35.53	3.24	9.73
上部	中	2.22	1.42	0.84	2.14	3.97	35.73	3.38	10.18
上部	高	2.21	1.33	0.88	2.02	3.95	33.69	3.45	10.77
中部	低	2.16	1.30	0.88	1.28	2.91	38.41	3.60	8.25
中部	中	2.14	1.25	0.85	1.45	2.75	37.11	3.74	8.23
中部	高	2.15	1.20	0.83	1.37	2.81	31.35	3.30	9.06
下部	低	2.17	1.09	1.09	1.36	2.11	27.61	3.28	6.84
下部	中	2.21	1.06	1.28	1.58	2.26	27.96	3.65	6.40
下部	高	2.19	1.02	1.22	1.74	2.36	28.58	3.57	6.46

CO：CTD 处理对单位口数 CO 释放量没有显著影响。

B[a]P：随 CTD 处理强度增加，单位口数 B[a]P 释放量呈降低趋势。

NNK：随 CTD 处理强度增加，单位口数 NNK 释放量呈增加趋势，与总 NNK 释放量规律较为一致。低强度 CTD 处理，相应单位口数 NNK 释放量较低。

氨：随 CTD 处理强度增加，单位口数氨释放量呈略降低趋势。不同部位烟叶标线规律并不一致。

苯酚：CTD 处理对单位口数苯酚释放量没有显著影响。

HCN：CTD 处理对单位口数 HCN 释放量没有显著影响。

巴豆醛：CTD 处理对单位口数 HCN 释放量没有显著影响。

危害性指数（H）：总的来说，随 CTD 处理强度提高，上部叶、中部叶的单位口数危害性指数（H）呈增加趋势；而下部叶的单位口数危害性指数（H）呈下降趋势。该规律与总有害成分释放量规律是一致的。

第三节 梗处理工艺对有害成分释放量影响机制

一、梗处理工序加工强度对卷烟燃吸过程的影响

第三章中详细论述了梗丝加工工序中加工方法对抽吸口数、卷烟烟气指标（常规烟气指标、7 种有害成分、气相与粒相全成分）、卷烟危害性指数、卷烟物理指标、化学成分及物理特性的影响规律。梗丝加工工序中加工方法，对烟丝中还原糖、总糖、硝酸盐、总植物碱、总氮、钾、氯、石油醚、淀粉，对烟支的吸阻和含末率均有显著性影响。初步说明梗丝加工工序中加工方法对烟草自身含有的化学成分影响较大。推测其对燃吸过程的影响较大。本小结分析了梗丝加工工序中不同加工方法和梗丝厚度的卷烟燃吸过程温度分布信息，即在燃吸过程分析中，选择抽吸 1s 时（此时瞬时气体流速最大）卷烟燃吸温度分布及升温速度分布图，以及卷烟燃吸过程（在燃吸前 2s，燃吸中 2s 和燃吸后 2s）中卷烟燃烧锥体积（V_0）、特征温度（$T_{0.5}$）、温度分布宽度（$T_{0.1} \sim T_{0.9}$）和最高温度（T_{max}）变化情况等信息，对比分析加工方法对卷烟燃烧状态的影响。

图 4-16 表示梗丝加工工序中不同加工方法和梗丝厚度的卷烟样品抽吸 1s 时燃烧锥温度分布［图 4-16（1）］与升温速率分布图［图 4-16（2）］，图 4-17 表示梗丝加工工序中不同加工方法和梗丝厚度的卷烟样品在燃吸过程（在燃吸前 2s，燃吸中 2s 和燃吸后 2s）中 V_0、$T_{0.5}$、$T_{0.1} \sim T_{0.9}$、T_{max} 变化情况。从图 4-16 和图 4-17 中可以看出，在抽吸中的最大流量抽吸时刻，相比于气流干燥处理后的压梗厚度为 0.16mm 的样品，压梗厚度为 0.1mm 的样品具有较大的整体升温速率，且其燃烧锥体积 V_0 较大，但是其燃烧锥特征温度 $T_{0.5}$ 则略低于前者；从表 4-29 可以看出气流干燥处理后的压梗厚度为 0.10mm 的样品的总燃烧锥体积及高温区体积均显著高于 0.16mm 的样品。而对于不同的梗丝加工方法，在抽吸流量最大的时刻，流化床处理后的样品具

有较大的整体升温速率，且燃烧锥体积显著高于气流干燥和滚筒干燥，但是相对于流化床和滚筒干燥，气流干燥处理后的样品具有较高的特征温度 $T_{0.5}$，且燃烧锥中高温区域的体积显著高于前两者（表4-21 抽吸中平均燃烧锥的体积）。

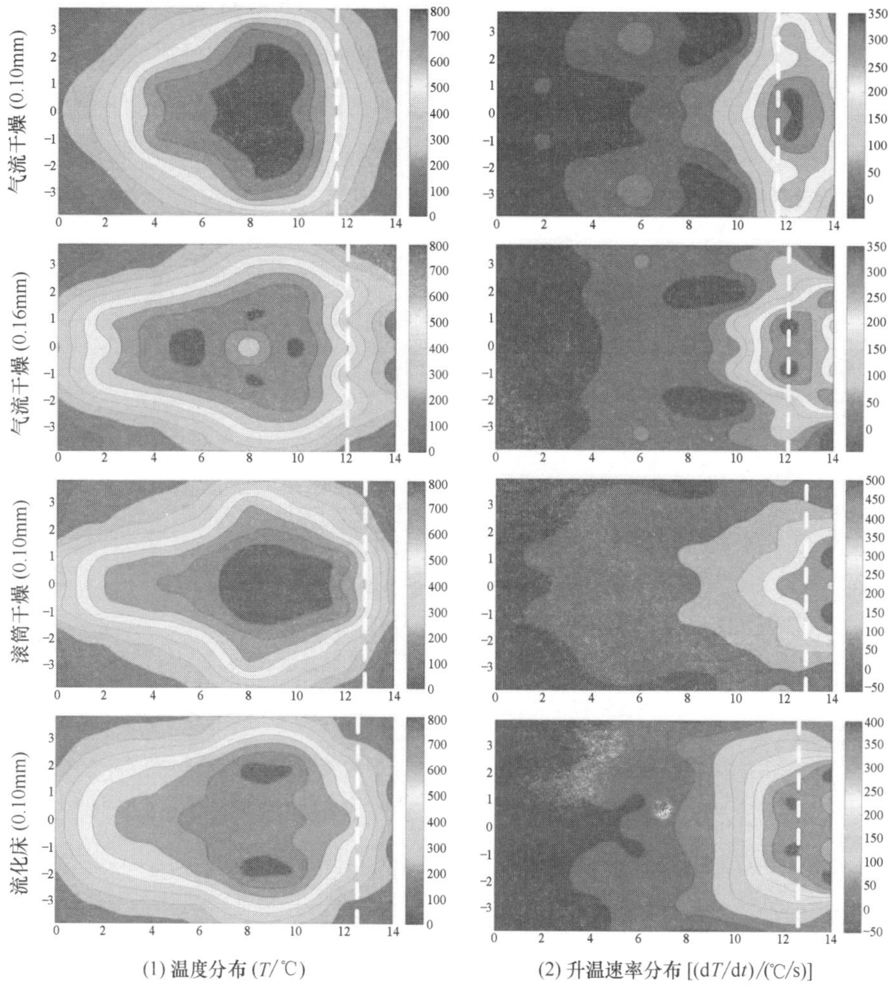

图 4-16 梗丝加工工序中不同加工方法及梗丝厚度的卷烟样品抽吸 1s 时燃烧锥温度分布与升温速率分布图

二、梗处理工序加工强度对有害成分释放量影响

1. 三种梗处理工序影响

如表 4-30 所示，不同来源的梗，不同梗处理工序对有害成分释放量的影响并不一致。

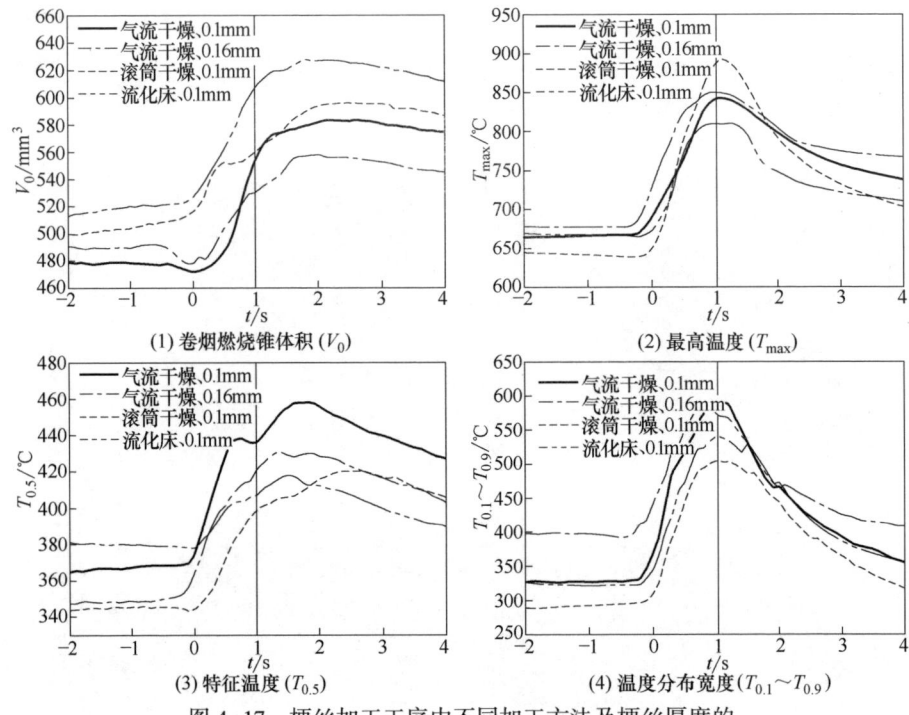

(1) 卷烟燃烧锥体积 (V_0)　　(2) 最高温度 (T_{max})

(3) 特征温度 ($T_{0.5}$)　　(4) 温度分布宽度 ($T_{0.1} \sim T_{0.9}$)

图 4-17　梗丝加工工序中不同加工方法及梗丝厚度的
卷烟样品在燃吸过程中 4 项指标变化情况

表 4-29　　梗丝加工工序中不同加工方法及梗丝厚度的卷烟样品燃烧锥各温度区间平均体积

加工方法	梗丝厚度/mm	燃烧锥总体积/mm³	燃烧锥各温度区间平均体积/mm³		
			300~400℃	400~500℃	500℃以上
气流干燥	0.10	533.0	113.1	86.6	211.9
气流干燥	0.16	519.5	123.5	74.0	185.4
滚筒干燥	0.10	544.0	131.2	91.7	145.2
流化床干燥	0.10	574.5	131.4	93.7	188.3

表 4-30　　梗处理工序对有害成分释放量影响结果

样品	强度	CO/(mg/支)	B[a]P/(ng/支)	NNK/(ng/支)	氨/(μg/支)	苯酚/(μg/支)	HCN/(μg/支)	巴豆醛/(μg/支)	危害性指数
云南楚雄	HT+流化床	9.92	3.17	2.18	4.08	0.68	150.93	13.62	5.27
云南楚雄	HT+滚筒干燥	11.84	3.63	2.29	4.77	0.77	145.17	14.00	5.66
云南楚雄	气流干燥	10.37	3.39	2.12	4.77	1.10	132.47	14.43	5.37
云南楚雄	气流干燥+	10.37	3.11	2.95	3.95	1.05	119.20	13.60	5.21

续表

样品	强度	CO/(mg/支)	B[a]P/(ng/支)	NNK/(ng/支)	氨/(μg/支)	苯酚/(μg/支)	HCN/(μg/支)	巴豆醛/(μg/支)	危害性指数
福建南平	HT+流化床	10.80	3.39	3.07	4.90	1.61	80.37	13.68	5.16
福建南平	HT+滚筒干燥	12.13	2.66	2.97	2.19	1.62	63.37	11.24	4.34
福建南平	气流干燥	10.46	3.05	3.07	3.29	1.27	58.30	11.79	4.41
福建南平	气流干燥+	10.25	2.72	3.16	2.56	1.58	39.60	11.14	4.03
河南平顶山	HT+流化床	11.05	5.21	2.23	6.67	2.00	179.03	13.11	6.47
河南平顶山	HT+滚筒干燥	14.67	5.18	2.81	10.30	2.63	200.83	14.49	7.99
河南平顶山	气流干燥	13.97	4.46	2.31	10.62	1.68	213.67	12.83	7.67
河南平顶山	气流干燥+	13.92	4.67	1.96	10.26	1.86	194.57	15.01	7.54

CO：整体上三种不同来源的梗，HT+滚筒干燥处理条件下 CO 释放量较高，而 HT+流化床处理条件下 CO 释放量较低。以河南平顶山梗为例，结合燃烧状态进行分析，HT+流化床处理条件下总燃烧锥总体积（表 4-29）最大，但 500℃ 以上高温区域体积较小，此外 HT+流化床的燃烧锥 800℃ 及以上高温区域面积更小（图 4-16），说明 HT+流化床处理条件下燃烧锥面积大但高温体积小。进一步，HT+流化床处理条件下所能达到的最高温度 T_{max}（图 4-17）是最小的，导致该条件下 CO 释放量相对最低；HT+滚筒干燥燃烧锥总体积（表 4-29）中等，500℃ 以上高温区域体积最小。但 HT+滚筒干燥的燃烧锥 800℃ 及以上高温区域面积更大（图 4-16），所能达到的最高温度 T_{max}（图 4-17）最大，并且燃烧锥温度分布宽度 $T_{0.1} \sim T_{0.9}$（图 4-17）最窄，可说明 HT+滚筒干燥燃烧锥的状态为：燃烧锥总体积中等，800℃ 及以上区域大且温度分布较窄，尤其是燃烧可达到的最高温度显著较高，相应的 CO 释放量最高；其他两种气流干燥处理条件下，可达到的最高温度（图 4-17）均介于 HT+流化床处理和 HT+滚筒干燥处理之间。总体上反映出燃烧锥所能达到的最高温度 T_{max} 和 CO 释放量呈现负相关性。这与李斌、谢国勇[77]的研究结论一致。

B[a]P：云南楚雄梗经 HT+流化床处理后 B[a]P 释放量较低，福建南平梗经 HT+滚筒干燥处理后 B[a]P 释放量较低，而河南平顶山梗在气流干燥处理后 B[a]P 释放量较低。总体上不同来源梗差异较大，B[a]P 释放量没有显著规律，不同来源的梗，不同梗处理工序对 B[a]P 释放量的影响并不一致。以河南平顶山梗为例，结合燃烧状态进行分析，首先比较燃烧锥体积，HT+流化床处理条件下总燃烧锥总体积（表 4-29）显著较高，燃烧

特征温度 $T_{0.5}$（图4-17）相对较高，则相应 B[a]P 释放量相对较高；其他三种梗处理则比较能达到的最高温度 T_{max}（图4-17），其中气流干燥 0.10mm 处理的 T_{max} 相对较小，相应 B[a]P 释放量相对较低；对于滚筒干燥处理，燃烧锥 800℃ 及以上高温区域面积显著较大（图4-16），有利于 B[a]P 的生成。但其燃烧锥温度分布宽度（图4-17）相对最窄，燃烧充分性较好，有利于减少 B[a]P 的生成，两者作用相反。

NNK：不同梗处理工序对云南楚雄梗、福建南平梗影响显著微弱，河南平顶山梗在气流干燥处理下 NNK 释放量较低。不同来源的梗，不同梗处理工序对 NNK 释放量的影响并不一致。但总体上，不同梗处理对 NNK 释放量影响未见明显规律。以河南平顶山梗为例，结合燃烧状态进行分析，燃烧能达到的最高温度 T_{max}（图4-17）最高者，即 HT+滚筒干燥处理的 NNK 释放量相对略高。

氨：云南楚雄梗经 HT+流化床处理后氨释放量较低，福建南平梗经 HT+滚筒干燥处理后释放量较低，而河南平顶山梗经 HT+流化床处理后氨释放量较低。不同来源的梗、不同梗处理工序对氨释放量的影响并不一致。氨几乎来源于各种前体物（蛋白质、铵盐、脯氨酸、天冬酰胺）裂解，氨释放量与温度及燃烧状态密切相关。以河南平顶山梗为例，结合燃烧状态进行分析，氨的释放量似乎与燃烧锥总体积相关性不大，但对比燃烧能达到的最高温度 T_{max}（图4-17）可发现，T_{max} 显著较低的 HT+流化床处理对应的氨释放量显著较低，T_{max} 显著较高的 HT+滚筒干燥处理的氨释放量相对略高。燃烧所能达到的最高温度 T_{max} 相关性较好。

苯酚：云南楚雄梗经 HT+流化床处理后苯酚释放量较低，福建南平梗经气流干燥处理后苯酚释放量较低，河南平顶山梗在气流干燥处理后苯酚释放量较低。尽管在统计意义上，仍可认为不同梗处理工序对苯酚释放量影响较为显著，但梗丝中苯酚含量过低，总体上可忽略不同梗处理工序对苯酚释放量影响。

HCN：云南楚雄梗和福建南平梗经气流干燥处理后 HCN 释放量较低，而河南平顶山梗经 HT+流化床处理后 HCN 释放量较低。不同来源的梗，不同梗处理工序对 HCN 释放量的影响并不一致，以河南平顶山梗为例，结合燃烧状态进行分析，燃烧特征温度 $T_{0.5}$［图4-17（3）］相对较高的气流干燥 0.1mm 处理 HCN 释放量相对较高。

巴豆醛：不同梗处理工序对梗丝的巴豆醛释放量无显著影响规律。

危害性指数（H）：整体来看，不同来源梗，对比3种不同梗处理，危害性指数变化规律并不一致，云南楚雄梗和河南平顶山梗经HT+流化床处理后，危害性指数较低，但福建南平梗在HT+流化床处理后反而危害性指数较高。

从降低卷烟危害性指数考虑出发，不同来源的梗，应采用相适应的梗处理工艺更为合适。

2. 梗丝不同切丝厚度影响

如表4-30所示，在梗丝切丝厚度增加为0.16mm后，3种不同梗丝的危害性指数均呈不同程度降低趋势，不同工序影响分析同3种梗处理模式影响，不再细述。总体上（图4-17），随梗丝切丝厚度的增加，最高温度略有增加，但燃烧特征温度略有减低，燃烧锥温度分布宽度略有收窄。整体上危害性指数略呈轻度下降趋势。

CO：几乎无影响。

B［a］P：总体上随切梗丝厚度增加，B［a］P释放量倾向于降低趋势。平顶山梗的B［a］P释放量呈增加趋势。这可能是切厚导致燃烧最高温度略有增加造成的。

NNK：切厚对NNK释放量影响较小。平顶山梗切厚处理后，燃烧特征温度略有下降，NNK释放量略降低。

氨：随切梗丝厚度增加，氨释放量降低。平顶山梗切厚处理后，燃烧特征温度略有下降，氨释放量略降低。

苯酚：梗丝的苯酚释放量较少，几乎没影响。

HCN：随切梗丝厚度增加，HCN释放量降低。平顶山梗切厚处理后，燃烧特征温度略有下降，氨释放量略降低。

巴豆醛：不同类型梗丝的切梗丝厚度，对巴豆醛释放量变化规律并不明显。

危害性指数（H）：梗丝气流干燥处理中，切梗丝厚度增加，基本不影响CO、巴豆醛释放量，但对其他有害成分释放量略有影响。整体上随梗丝切厚，卷烟危害性指数（H）略呈下降趋势。对于不同来源梗，该规律是一致的：梗丝切厚有利于降低卷烟危害性指数。

三、梗处理工序加工强度对单位质量有害成分释放量影响

1. 3种梗处理工序影响

换算为单位质量后，有害成分释放量规律如表 4-31 所示。

CO：与 CO 总释放量规律一致。

B[a]P：与 B[a]P 总释放量规律一致。

NNK：与 NNK 总释放量规律一致。

氨：与氨总释放量规律一致。

苯酚：梗丝中苯酚含量过低，可忽略。不同梗处理工序对单位质量苯酚释放量影响较小。

HCN：与 HCN 总释放量规律一致。

巴豆醛：不同梗处理工序对单位质量巴豆醛释放量无显著影响。

危害性指数（H）：对单位质量 H 影响与卷烟总危害性指数规律一致。同样说明了，不同来源的梗，从降低危害性指数考虑，应采用相适应的梗处理工艺。

表 4-31　梗处理工序加工强度对单位质量有害成分释放量影响结果

样品	强度	CO/ (mg/ g)	B[a]P/ (ng/ g)	NNK/ (ng/ g)	氨/ (μg/ g)	苯酚/ (μg/ g)	HCN/ (μg/ g)	巴豆醛/ (μg/ g)	危害性 指数
云南楚雄	HT+流化床	14.16	4.53	3.11	5.82	0.97	215.43	19.44	9.73
云南楚雄	HT+滚筒干燥	17.09	5.25	3.31	6.89	1.11	209.60	20.21	10.18
云南楚雄	气流干燥	14.56	4.76	2.98	6.70	1.54	186.06	20.27	10.77
云南楚雄	气流干燥+	14.68	4.41	4.18	5.59	1.49	168.84	19.27	8.25
福建南平	HT+流化床	14.29	4.49	4.07	6.49	2.13	106.32	18.10	8.23
福建南平	HT+滚筒干燥	16.34	3.59	4.01	2.95	2.19	85.35	15.14	9.06
福建南平	气流干燥	15.00	4.38	4.41	4.72	1.82	83.66	16.92	6.84
福建南平	气流干燥+	14.33	3.80	4.42	3.58	2.21	55.38	15.58	6.40
河南平顶山	HT+流化床	15.01	7.08	3.03	9.06	2.72	243.16	17.81	6.46
河南平顶山	HT+滚筒干燥	19.46	6.88	3.72	13.67	3.49	266.38	19.21	6.52
河南平顶山	气流干燥	18.73	5.98	3.09	14.24	2.26	286.37	17.19	6.57
河南平顶山	气流干燥+	18.95	6.35	2.66	13.96	2.53	264.80	20.43	6.63

2. 梗丝不同切丝厚度影响

如表 4-31 所示，在增加梗丝切丝厚度为 0.16mm 后，3 种不同梗丝的危害性指数均呈不同程度降低趋势。总体上，随梗丝切丝厚度增加，最高温度（图 4-17）略有增加，但燃烧特征温度（图 4-17）略有减低，燃烧锥温度分布宽度（图 4-17）略有收窄。整体上危害性指数略呈轻度下降趋势。换算为单位质量后，变化趋势同总释放量变化规律，不再赘述。

四、梗处理工序加工强度对单位口数有害成分释放量影响

1. 3种梗处理工序影响

如表4-32所示,换算为单位口数后,有害成分释放量规律如下:

CO:与CO总释放量规律一致。

B[a]P:与B[a]P总释放量规律一致。

NNK:与NNK总释放量规律一致。

氨:与氨总释放量规律一致。

苯酚:与苯酚总释放量规律一致。

HCN:与HCN总释放量规律一致。

巴豆醛:不同梗处理工序对单位质量巴豆醛释放量无显著影响。

危害性指数(H):对单位口数H影响与卷烟总危害性指数规律一致。同样说明了,不同来源的梗,从降低危害性指数考虑,应采用相适应的梗处理工艺。

表4-32 梗处理工序加工强度对单位口数有害成分释放量的影响

样品	强度	CO/(mg/口)	B[a]P/(ng/口)	NNK/(ng/口)	氨/(μg/口)	苯酚/(μg/口)	HCN/(μg/口)	巴豆醛/(μg/口)	危害性指数
云南楚雄	HT+流化床	2.43	0.78	0.53	1.00	0.17	36.90	3.33	9.73
云南楚雄	HT+滚筒干燥	3.10	0.95	0.60	1.25	0.20	38.07	3.67	10.18
云南楚雄	气流干燥	2.60	0.85	0.53	1.20	0.28	33.26	3.62	10.77
云南楚雄	气流干燥+	2.76	0.83	0.79	1.05	0.28	31.70	3.62	8.25
福建南平	HT+流化床	2.80	0.88	0.80	1.27	0.42	20.86	3.55	8.23
福建南平	HT+滚筒干燥	3.25	0.71	0.80	0.59	0.43	16.96	3.01	9.06
福建南平	气流干燥	2.72	0.80	0.80	0.86	0.33	15.18	3.07	6.84
福建南平	气流干燥+	2.75	0.73	0.85	0.69	0.42	10.63	2.99	6.40
河南平顶山	HT+流化床	2.54	1.20	0.51	1.54	0.46	41.19	3.02	6.46
河南平顶山	HT+滚筒干燥	3.13	1.11	0.60	2.20	0.56	42.85	3.09	6.52
河南平顶山	气流干燥	2.79	0.89	0.46	2.12	0.34	42.59	2.56	6.57
河南平顶山	气流干燥+	2.85	0.95	0.40	2.10	0.38	39.76	3.07	6.63

2. 梗丝不同切丝厚度影响

换算为单位口数后,不同梗丝切丝厚度单位口数有害成分释放量影响较小,整体上随梗丝切丝厚度的增加,单位口数危害性指数呈降低趋势。但不同来源梗由于性质差异较大,影响规律并不一致。以河南平顶山梗为例,换算为单位口数后,随梗丝切丝厚度的增加,单位口数卷烟危害性指数略有上升。

第四节 关于烟丝燃烧状态对有害成分影响的探讨

对比不同工艺（工序）处理条件，结合燃烧状态和有害成分释放量进行分析，可发现，烟丝燃烧状态（燃烧锥温度分布、升温速率、燃烧锥体积 V_0、最高温度 T_{max}、特征温度 $T_{0.5}$ 和温度分布宽度 $T_{0.1}\sim T_{0.9}$）与主流烟气中 7 种有害成分释放量之间，呈现较一致的规律性，具体讨论如下：

一、CO

考虑到 CO 形成机理 3 条路径：烟草组分热解，烟草不完全燃烧，CO_2 碳还原。不同工艺加工工序对 3 条 CO 形成路径均有重要影响。不同工艺加工工序，从烟丝结构上和热湿特性上两方面对烟丝作用，均对烟丝燃烧状态产生影响，而且不同燃烧状态变化对 3 条路径作用，随温度不同而不同，导致 CO 影响规律较为复杂。

通过上述 8 个工艺处理的 CO 释放量，结合燃烧状态进行分析，相对来说：燃烧锥体积 V_0 较大者 CO 释放量相对较高；最高温度 T_{max} 较高者 CO 释放量相对较高；特征温度 $T_{0.5}$ 较高者 CO 释放量相对较高；温度分布宽度 $T_{0.1}\sim T_{0.9}$ 较宽者，燃烧相对不充分，则 CO 释放量相对较高。

二、B[a]P

B[a]P 形成机理非常复杂，量效关系上对 B[a]P 贡献最大的甾醇类、多酚类，在烟丝中的含量都不高，总的 B[a]P 生成量贡献并不大。

从 B[a]P 形成机理考虑，主要是 2 条路径：周环反应机理，自由基机理。卷烟燃烧过程中，B[a]P 的形成由高温热解、高温热合成共同贡献。反应途径多样且反应过程极其复杂，烟草中常见化学组分很难独自形成 B[a]P。理论上所有有机物在燃烧时均有可能形成 B[a]P，因此实际烟草燃烧过程形成 B[a]P 非常复杂。

B[a]P 形成路径众多且复杂，整体上分析，主要受燃烧状态和温度影响较大。比较 8 个工艺处理结果汇总如下：总燃烧锥体积相对较大者，倾向于 B[a]P 释放量更高；最高温度 T_{max} 较高者，倾向于 B[a]P 释放量更高；特征温度 $T_{0.5}$ 较高者，倾向于 B[a]P 释放量更高；温度分布宽度 $T_{0.1}\sim T_{0.9}$ 较宽者，燃烧相对不充分，倾向于 B[a]P 释放量更高。

三、NNK

NNK 形成机理相对清晰，主要前体物：烟碱、硝酸盐（包括亚硝酸盐）。在高温高湿条件下，相对较易生成。温度越高，NNK 生成量趋于增加。

在 8 个工艺处理中，加工过程导致烟丝物料中含梗率可能发生变化（梗丝中硝酸盐含量较高），加工过程导致烟丝物料中硝酸根可能发生变化（主要体现在 HDT 等强处理工序），是影响 NNK 释放量的关键因素。其次，8 个工艺处理对烟丝物理结构、热湿状态影响，进而影响到卷烟的燃烧状态。特征温度 $T_{0.5}$ 影响较大者，相对 NNK 释放量较大。温度分布宽度对 NNK 释放量几乎无影响。总之，工艺加工条件对 NNK 的影响，应首先考察对前体物影响，其次考察燃烧状态的影响。

四、氨

主流烟气中氨主要源于烟丝中蛋白质、铵盐、脯氨酸、天冬酰胺的热解和燃烧。考虑到量效关系及烟丝中含有量，实际上蛋白质燃烧裂解生成氨起主导作用。500℃以后，随燃烧锥温度升高，蛋白质裂解生成氨逐渐呈增加趋势。具体表现为：氨释放量似乎与燃烧锥总体积相关性不大，但燃烧能达到的最高温度 T_{max} 相对较高者，氨释放量相对较高。在极高燃烧温度条件下，氨释放量上升相对较快。

五、苯酚

主流烟气中苯酚主要源于烟丝中蛋白质、纤维素、葡萄糖、绿原酸的热解燃烧作用而生成。汇总 8 个工艺处理对苯酚释放量影响结果，可发现：苯酚释放量主要取决于：燃烧锥总体积 V_0 相对较大者，苯酚释放量相对较高；特征温度 $T_{0.5}$ 相对较高者，苯酚释放量相对较高；最高温度 T_{max} 相对较高者，苯酚释放量相对较高。三者影响均较大，导致不同工艺处理条件，对苯酚释放量的影响规律较为复杂。

六、HCN

主流烟气中 HCN 主要源于烟丝中蛋白质、脯氨酸、天冬酰胺、硝酸盐的热解燃烧作用而生成。其中蛋白质裂解生成 HCN 在约 700℃ 达到峰值，通常卷烟燃烧锥最高温度 T_{max} 远远高于 700℃，因此不同加工工艺，造成的燃烧状态不同，对于 HCN 释放量影响相对较弱。燃烧锥总体积 V_0 相对影响略大，燃烧锥总体积 V_0 越大，HCN 释放量倾向于略高；当出现烟丝结构显著变化，严重影响到最高温度 T_{max} 显著较低，或特征温度 $T_{0.5}$ 显著较低时，HCN 释放量倾向于略降低趋势。

七、巴豆醛

主流烟气中巴豆醛主要源于烟丝中纤维素、淀粉、蛋白质、木质素等热解燃烧作用而生成。巴豆醛释放量在400℃附近即达到释放最大值，随着温度继续升高，巴豆醛释放量变化不大。汇总8个工艺处理对苯酚释放量影响结果，未发现对巴豆醛释放量有显著影响的工序及处理强度。卷烟燃烧状态对巴豆醛释放量影响不显著。

八、危害性指数（H）

危害性指数 H，是基于上述7种主要有害成分线性加和后形成的一个无量纲指数。8个不同工艺处理工序对7种有害成分的影响规律各有差异，导致了对危害性指数影响规律不尽一致。整体上，松散回潮强度、HDT气流干燥强度对危害性指数影响较显著；滚筒干燥工序、CTD气流干燥工序、卷制工序、梗丝加工工序对危害性指数有一定影响；而风选工序、切丝工序对危害性指数影响较小。不同部位烟叶、不同产地梗，由于性质差异较大，影响规律并不一致。

第五章
加工工艺影响卷烟烟气一般性规律及应用规则的构建

前述章节考察了8种主要的制丝处理工序（切丝工序、风选工序、卷烟工序、松散回潮工序、滚筒干燥工序、HDT气流干燥工序、CTD干燥工序、梗丝处理工序）对7种有害成分及危害性指数的影响结果，同时考察了烟丝状态指标（在制品物理特性指标和常规化学成分等）、卷烟烟支物理特性（支重、吸阻和硬度等指标）以及不同加工工艺所制备卷烟的燃烧状态［燃烧锥温度分布、升温速率、卷烟燃烧锥体积（V_0）、特征温度（$T_{0.5}$）、温度分布宽度（$T_{0.1} \sim T_{0.9}$）和最高温度（T_{max}）变化情况等信息］影响规律，结合烟气中7种有害成分生成机理，构建了燃烧状态与烟气中7种有害成分释放量之间的联系。本章内容将从加工工艺影响评价指标入手，初步将影响的指标归类分析，探讨加工工艺影响有害成分释放量一般规律与控制范围，宏观上提出加工工艺影响危害性指数普适性规律，构建利用加工工艺技术降低卷烟危害性指数一般性方法，并提出应用验证方案。

第一节　加工工艺影响评价指标归类分析

一、加工工艺影响烟气中7种有害成分归类分析

通过考察松散回潮、切丝、干燥（滚筒干燥、两种气流干燥模式）、风选、卷制和梗丝加工方式等8个加工工序对抽吸口数、常规烟气成分（总粒相物TPM，焦油和烟碱）、7种有害成分释放量的影响，同时对获得的数据进行统计分析，提出了本研究归类分析的基本原则：依据方差分析结果，上、中、下部3种样品均无显著性差别记为无明显影响；其中仅1种样品有显著性影响记为有一定影响；其中大于等于2种样品有显著性影响的记为显著性影响。表5-1是卷烟加工工序对卷烟常规烟气、7种有害物质和危害性指数影响归类表，从表中可见：①卷烟加工工序对危害性指数影响较为显著的工

序分别为松散回潮、滚筒干燥、HDT气流干燥、CTD气流干燥工序和梗丝加工工艺；卷制工序有一定影响；其他工序无明显影响；②不同的梗丝加工工艺对卷烟常规烟气、7种有害物质和危害性指数的影响指标最多；③热加工工艺中，烟丝干燥工序对B[a]P和NNK指标均有显著影响，梗丝加工工艺具有相同特性，松散回潮工序对其有一定影响；④影响烟丝物理指标的切丝、卷制和风选等3个工序，对常规烟气中总粒相物TPM具有显著影响。

表5-1 卷烟加工工艺对卷烟常规烟气、7种有害物质和危害性指数影响归类表

卷烟加工工艺	工艺条件	无明显影响	有一定影响	显著性影响
松散回潮	加工强度	TPM、焦油、CO、苯酚、HCN、巴豆醛	烟碱、B[a]P、NNK	氨、危害性指数
切丝	切丝宽度	B[a]P、氨、HCN、危害性指数	烟碱、巴豆醛	TPM、焦油、CO、NNK、苯酚
滚筒干燥	加工强度	焦油、烟碱、氨、苯酚、巴豆醛、HCN	TPM、危害性指数	CO、B[a]P、NNK
HDT气流干燥	加工强度	焦油、氨、HCN	CO、TPM、烟碱、巴豆醛	B[a]P、NNK、苯酚、危害性指数
CTD气流干燥	加工强度	CO、苯酚、氨、巴豆醛	TPM、焦油、B[a]P、危害性指数	烟碱、NNK、HCN
风选	风选前后	烟碱、NNK、氨、苯酚、HCN、巴豆醛、危害性指数	焦油、B[a]P	TPM、CO
卷制	跑条次数	—	烟碱、CO、NNK、氨、巴豆醛、危害性指数	TPM、焦油、B[a]P、苯酚、HCN
梗丝加工	加工方法	—	HCN、巴豆醛、危害性指数	TPM、焦油、烟碱、CO、B[a]P、NNK、氨、苯酚

二、加工工艺影响烟支物理性质归类分析

通过考察8个加工工艺过程对烟支物理质量的影响，并对影响倾向进行规律，依据均值假设检验结果，确定归类的基本原则为：上、中、下部等3种样品均无显著性差别记为无明显影响；其中仅1种样品有显著性影响记为有一定影响；其中大于等于2种样品有显著性影响的记为显著性影响。表5-2是卷烟加工工序对卷烟烟支物理指标影响归类表。从表中可以看出：①卷烟加工工序对烟支支重有显著影响的工序有风选和卷制跑条，对烟支支重有一定影响的工序有：松散回潮、滚筒干燥、HDT气流干燥、CTD气流干燥工序和梗丝加工工艺；对烟支吸阻有显著影响的工序有切丝宽度、气流干燥、卷

制跑条；对烟支硬度有显著影响的工序为松散回潮、CTD气流干燥、风选和卷制跑条。②烟丝卷制跑条对卷烟物理质量指标都有影响，不同的梗丝加工工艺对硬度、吸阻都有显著影响。

表 5-2　　　　卷烟加工工艺对烟支物理性质的影响归类表

卷烟加工工艺	工艺条件	无明显影响	有一定影响	显著性影响
松散回潮	加工强度	—	支重、吸阻	硬度、含末率、含水率
切丝	切丝宽度	硬度	支重	吸阻
滚筒干燥	加工强度	硬度	吸阻	支重
HDT气流干燥	加工强度	硬度	支重	吸阻
CTD气流干燥	加工强度	含末率	支重、硬度	吸阻
风选	风选前后	吸阻	—	支重、硬度
卷制	跑条次数	—	—	支重、硬度、吸阻
梗丝加工	加工方法	—	支重、硬度	吸阻、含末率

三、加工工艺影响烟丝化学成分归类分析

通过考察7个加工工艺过程对烟丝化学成分的影响，并对影响趋势进行归类，初步得出以下结论：烟丝中的总糖和还原糖变化量超过5%，总植物碱、总氮、钾、氯、石油醚提取物和淀粉含量变化超过10%，硝酸盐变化超过20%记为有影响；上、中、下部中仅1种样品有影响记为有一定影响；其中大于等于2种样品有影响的记为显著性影响。表5-3是卷烟加工工序对烟丝

表 5-3　　　　卷烟加工工艺对烟丝化学成分的影响归类表

卷烟加工工艺	工艺条件	无明显影响	有一定影响	显著性影响
松散回潮	加工强度	氯、钾、总氮、总植物碱、总糖、还原糖	硝酸盐、淀粉	石油醚
切丝	切丝宽度	总糖、还原糖、总植物碱、总氮、钾	氯、石油醚、淀粉	硝酸盐
滚筒干燥	加工强度	总氮、钾、氯	总植物碱、硝酸盐、淀粉	还原糖、总糖、石油醚
HDT气流干燥	加工强度	总糖、还原糖、氯、总氮、钾	硝酸盐、总植物碱、总氮、石油醚、淀粉	—
CTD气流干燥	加工强度	总糖、还原糖、氯、钾	总植物碱、总氮	硝酸盐、石油醚、淀粉
风选	加工强度	硝酸盐、还原糖、总糖、氯、钾、总氮	总植物碱、石油醚	
梗丝加工	加工方法	—	总氮	还原糖、总糖、硝酸盐、总植物碱、总氮、钾、氯、石油醚、淀粉

化学成分的影响归类表。从表中可以看出：①对石油醚提取物影响较大的工序有松散回潮、滚筒干燥、CDT气流干燥、梗丝加工方式；②除总氮外，梗丝加工方式对卷烟所有化学成分都有较大影响。

四、加工工艺影响在制品特性归类分析

根据卷烟加工工艺及参数对在制品特性影响规律获得了卷烟加工工艺对在制品物理指标影响归类表（表5-4）。上、中、下部等3种样品均无显著性差别记为无明显影响；其中仅1种样品有显著性影响记为有一定影响；其中大于等于2种样品有显著性影响的记为显著性影响，其影响幅度可由上述章

表5-4　　　　卷烟加工工艺对在制品物理指标影响归类表

卷烟加工工艺	工艺条件	无明显影响	有一定影响	显著性影响
松散回潮	加工强度	烟片尺寸均匀性系数、烟丝填充值、卷制前烟丝尺寸均匀性系数、成品烟丝尺寸均匀性系数	烟片特征尺寸、成品烟丝特征尺寸	卷制前烟丝特征尺寸
切丝	切丝宽度	烟丝填充值	—	卷制前烟丝特征尺寸、卷制前烟丝尺寸均匀性系数、成品烟丝特征尺寸、成品烟丝尺寸均匀性系数、内孔容积
滚筒干燥	加工强度	—	—	烟丝填充值、卷制前烟丝特征尺寸、卷制前烟丝尺寸均匀性系数、成品烟丝特征尺寸、成品烟丝尺寸均匀性系数、内孔容积
HDT气流干燥	加工强度	—	—	烟丝填充值、卷制前烟丝特征尺寸、卷制前烟丝尺寸均匀性系数、成品烟丝特征尺寸、成品烟丝尺寸均匀性系数、内孔容积
CTD气流干燥	加工强度	烟丝填充值、卷制前烟丝尺寸均匀性系数、成品烟丝特征尺寸、成品烟丝尺寸均匀性系数	—	卷制前烟丝特征尺寸、内孔容积
风选	风选前后	卷制前烟丝尺寸均匀性系数、内孔容积	烟丝填充值、卷制前烟丝特征尺寸	—
卷制	跑条次数	—	—	烟丝填充值、成品烟丝特征尺寸、成品烟丝尺寸均匀性系数

节具体显示。从表中可以看出：①卷烟加工工序对烟丝填充值有显著性影响的工序为：滚筒干燥工序、HDT 干燥工序、卷制工序；风选工序有一定影响；其他工序无明显影响。②卷烟加工工序对卷制前烟丝特征尺寸有显著性影响的工序为：松散回潮、切丝工序、滚筒干燥、HDT 干燥、CTD 气流干燥；风选工序有一定影响；其他工序无明显影响。③卷烟加工工序对成品烟丝特征尺寸有显著性影响的工序为：切丝工序、滚筒干燥、HDT 干燥、卷制工序。④卷烟加工工序对烟丝内孔容积有显著性影响的工序为：切丝工序、滚筒干燥、HDT 干燥、CTD 气流干燥。

五、加工工艺影响感官质量归类分析

由表 5-5 综合分析可知，各工序对感官评价指标的影响存在差异，试验范围内，风选工序对感官评价指标影响最小，卷制跑条和 CTD 干燥对感官评价指标的影响最显著；切丝宽度、滚筒干燥和 HDT 干燥对感官评价指标的影响较为接近，且主要影响集中在杂气、细腻程度、刺激性和干燥感等指标。

表 5-5　　不同加工工序对叶丝加工感官质量评价结果影响（综合）

工序名称	香气特性				烟气特性				口感特性			回甜	风格变化程度
	香气质	香气量	透发性	杂气	浓度	劲头	细腻程度	成团性	刺激性	干燥感	干净程度		
松散回潮	√	=	√	=	√√	=	√√	=	√√	=	=	=	=
切丝工序	=	=	=	√√	=	=	√√	=	√√	√√	=	=	=
滚筒干燥	=	=	=	√√	=	=	√√	=	√√	√√	=	=	=
HDT 干燥	=	=	=	√√	=	=	√√	=	√√	√√	=	=	=
CTD 干燥	=	=	=	√√	=	=	√√	=	√√	√√	=	=	=
风选工序	=	=	=	=	=	=	√	=	=	=	=	=	=
卷制工序	=	=	√	√√	=	√	√√	=	√√	=	=	=	=
制梗丝	/	=	=	=	=	=	√√	=	=	=	/	=	=

注：1. 以正常生产中强度为对照样进行感官对比评价。
　　2. "="表示没有明显影响，"√"表示略有影响，"√√"表示影响明显。

第二节　加工工艺影响有害成分释放量的一般规律与控制范围

一、松散回潮工序

通过选择三种不同部位的片烟，在松散回潮工序，通过调整回风温度的

设置，经过一系列加工过程，在上述章节中，在烟丝状态指标、卷烟烟支物理特性、卷烟烟气特性分析下，综合评价松散回潮工序对卷烟危害性指数降低规律，如图 5-1 所示。松散回潮工艺是片烟进入卷烟企业后首次进行的热处理过程，通过松散回潮设备回风管的温度调节，温度调节的主要控制量是蒸汽注入量的控制，经过调节，可以调控进入处理工序内部的气体介质温度和湿度，气体介质的实际温度可超过 90℃，相对湿度最大可到高温时的 50%~60%，较低温度下的 80%~90%，但由于卷烟原料进入该工序未曾进行其他热处理，加工中物料通常与气体介质顺流。由图 5-1 可见，回风温度控制下的工艺处理（下游采用相同的加工过程）能够影响烟丝状态中的片烟结构，进而影响烟丝结构，而在烟草常规化学成分的影响中，除硝酸盐和石油醚提

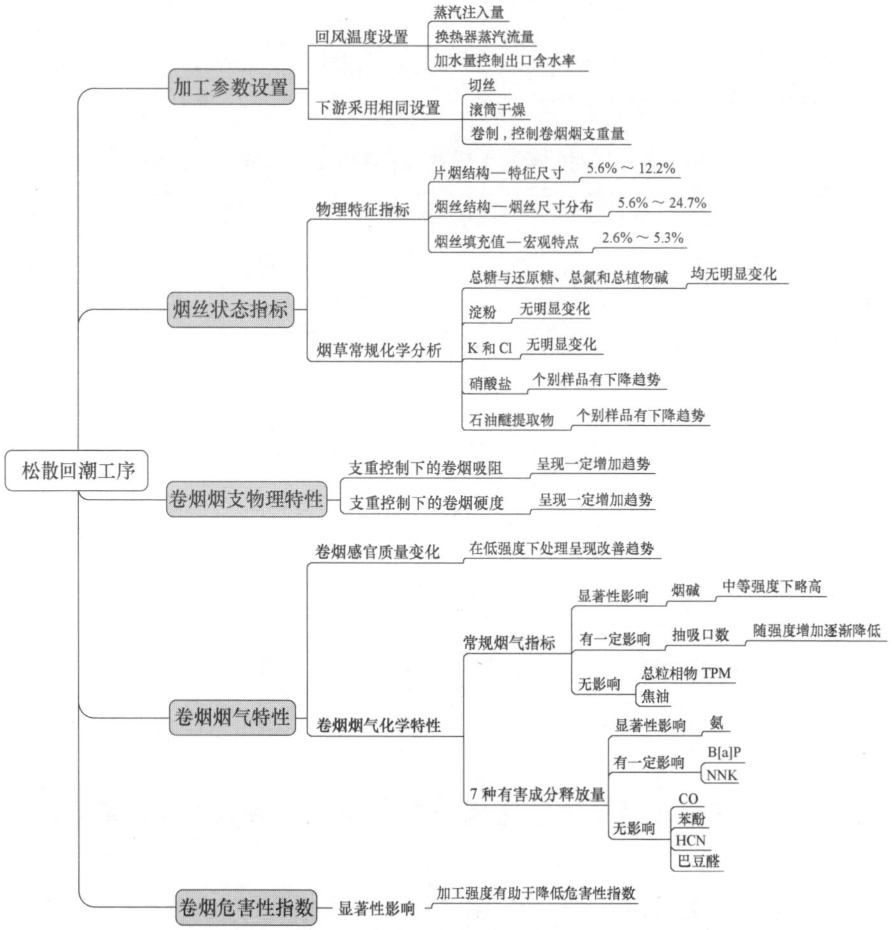

图 5-1 松散回潮工序对卷烟危害性指数影响规律总览

取物有一定的下降趋势外，其他均无明显变化。由于烟丝尺寸降低、填充性增加造成吸阻和硬度有一定程度增加趋势。而烟丝尺寸与卷烟吸阻的改变可以影响卷烟燃烧过程，进而造成了卷烟危害性指数的降低。

通过开展松散回潮工序中加工强度对常规烟气指标与7种有害成分释放量的影响分析，结合不同加工批次间的均值假设检验分析，获得了松散回潮工序加工强度对3种不同部位片烟7种有害成分释放量影响相对标准差，如图5-2所示，可以直观获得在各工序强度影响范围，该范围涵盖了批内和批间变异对范围的影响。松散回潮过程对常规烟气成分（TPM，焦油和烟碱）、7种有害成分释放量有一定的影响，松散回潮高强度处理有助于降低危害性指数，其降低幅度约为（2.3%~6.7%）；松散回潮工序加工强度对常规烟气中烟碱、氨均有显著性影响；松散回潮工序加工强度对常规烟气中TPM和焦油、B[a]P、NNK、HCN、巴豆醛、苯酚影响较弱；松散回潮工序加工强度对常规烟气中CO无显著影响。

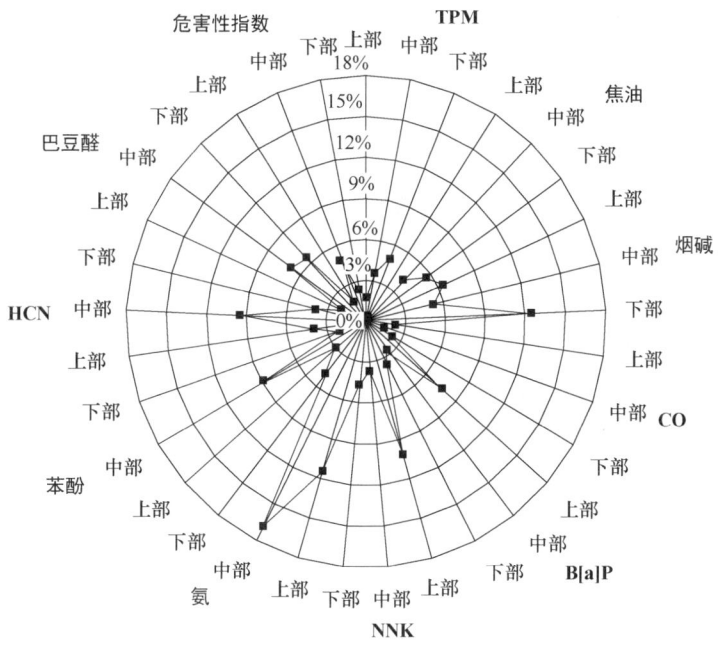

图5-2 松散回潮工序加工强度对3种不同部位片烟7种有害成分释放量及TPM、焦油、烟碱、危害性指数影响范围（相对标准差）

二、切丝工序

通过选择三种不同部位的片烟,在切丝工序,通过调整切丝宽度的设置,在上述章节中,在对烟丝状态指标、卷烟烟支物理特性、卷烟烟气特性分析下,综合评价切丝工序对卷烟危害性指数降低规律,如图5-3所示。切丝工

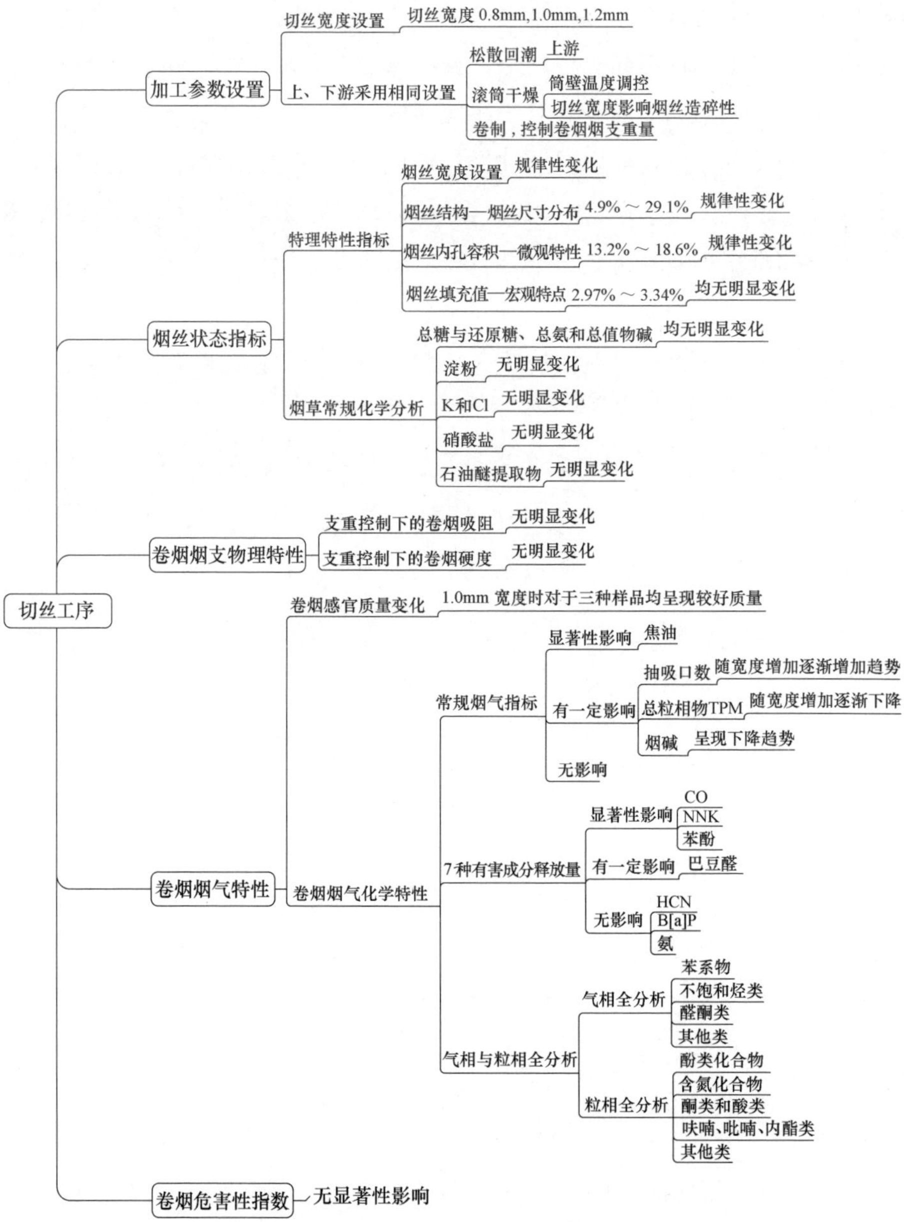

图 5-3 切丝工序对卷烟危害性指数影响规律总览

艺是片烟经松散回潮后，通过空过加料工艺设备，进入片烟切丝环节，调整切丝宽度，其他工艺加工（上游和下游采用相同的加工过程）相同。从图5-3可以看出，切丝宽度变化后，影响烟丝状态中的烟丝结构信息，高于上工序（松散回潮）对烟丝结构的影响，对于烟草常规化学成分的影响均无明显变化。烟丝填充值无明显变化。切丝宽度改变了烟丝结构（尺寸分布特征），更宽的烟丝具有较好的耐加工性，对7种有害成分影响有所不同，从而导致危害性指数变异较大，呈现了无显著性影响的结果。由于对有害成分的影响不同，如果与其他选择性降低手段合作，在一定的宽度范围内的烟丝具有降低危害性指数的作用。

通过进行的一系列切丝工序中3个不同烟丝宽度对常规烟气指标与7种有害成分释放量的影响分析，结合不同加工批次间的均值假设检验分析，获得了烟丝宽度对3种不同部位片烟7种有害成分释放量影响相对标准差，如图5-4所示，可以直观获得在工序强度影响下的变化范围，该范围涵盖了批内和批间变异对范围的影响。烟丝宽度对抽吸口数、常规烟气成分（TPM，焦油和烟碱）、7种有害成分释放量有一定的影响，由于危害性指数是综合评

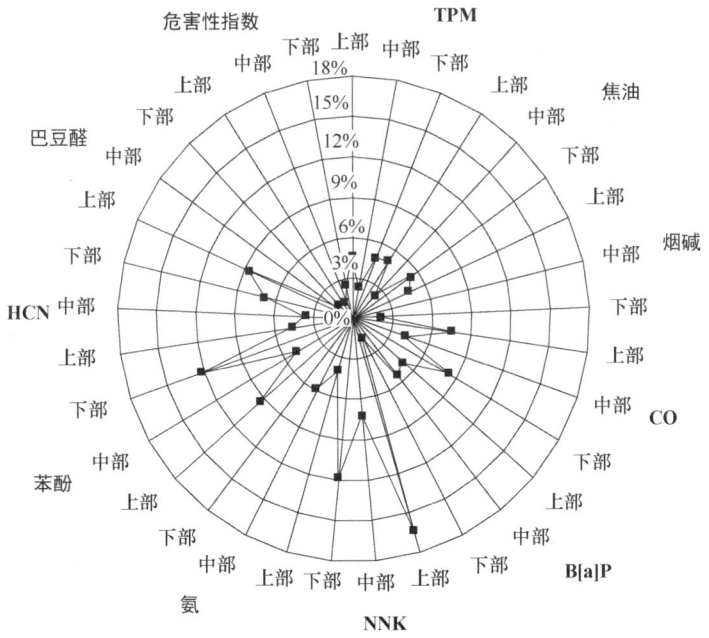

图5-4　切丝工序3个不同切丝宽度对3种不同部位片烟7种有害成分释放量及TPM、焦油、烟碱、危害性指数影响范围（相对标准差）

价指标，烟丝宽度对 3 种片烟样品危害性指数有显著的影响，其变化幅度约为（1.4%～4.4%）；切丝工序烟丝宽度对常规烟气中 TPM、烟碱、CO、NNK、苯酚、HCN 释放量均有显著性影响；烟丝宽度对常规烟气中焦油影响较弱；烟丝宽度对 B[a]P、氨、巴豆醛无显著影响。

三、滚筒干燥工序

通过选择三种不同部位的片烟，经过松散回潮、切丝后，到达滚筒干燥工序，该工序通过调整筒壁温度的设置，经过该加工过程，下游经过相同工艺过程进行卷烟。在上述章节中，在对烟丝状态指标、卷烟烟支物理特性、卷烟烟气特性分析下，综合评价滚筒干燥工序对卷烟危害性指数降低规律，滚筒干燥过程是典型的热湿处理过程，对比片烟松散回潮工序均有更高的强度。从图 5-5 可以看出，筒壁温度调整后，经过相同的上游和下游工艺处理，不同的滚筒干燥加工强度影响烟丝状态中多数物理特性指标（烟丝结构、烟丝内孔容积和烟丝填充值）和一定的化学成分，可以看出，由于较宽范围的烟丝结构、烟丝内孔容积和烟丝填充值的变化，其三者间存在一定的相关关系，使相同重量控制卷制时的吸阻呈现一定程度增加趋势。而烟丝尺寸与卷烟吸阻的改变可以影响卷烟燃烧过程，进而造成了卷烟危害性指数的降低。

通过进行的一系列滚筒干燥工序中加工强度对常规烟气指标与 7 种有害成分释放量的影响分析（详见第三章），结合不同加工批次间的均值假设检验分析，获得了该工序加工强度对 3 种不同部位片烟 7 种有害成分释放量影响相对标准差，如图 5-6 所示，可以直观获得在工序强度影响下的变化范围，该范围涵盖了批内和批间变异对范围的影响。滚筒干燥工序对抽吸口数、常规烟气成分（TPM，焦油和烟碱）、7 种有害成分释放量有一定的影响，由于危害性指数是综合评价指标，滚筒干燥工序加工强度对 3 种样品危害性指数无显著的影响，变化幅度约为（3.8%～5.8%）；滚筒干燥工序加工强度对 CO、B[a]P 和 NNK 释放量均有显著性影响；滚筒干燥工序加工强度对常规烟气中 TPM、烟碱、氨、和苯酚影响较弱；滚筒干燥工序加工强度对常规烟气中焦油、HCN、巴豆醛无显著影响。

四、HDT 气流干燥工序

通过选择三种不同部位的片烟，经过松散回潮、切丝后，到达 HDT 气流干燥工序，该工序通过调整工艺气温度设置，经过该加工过程，下游经过相

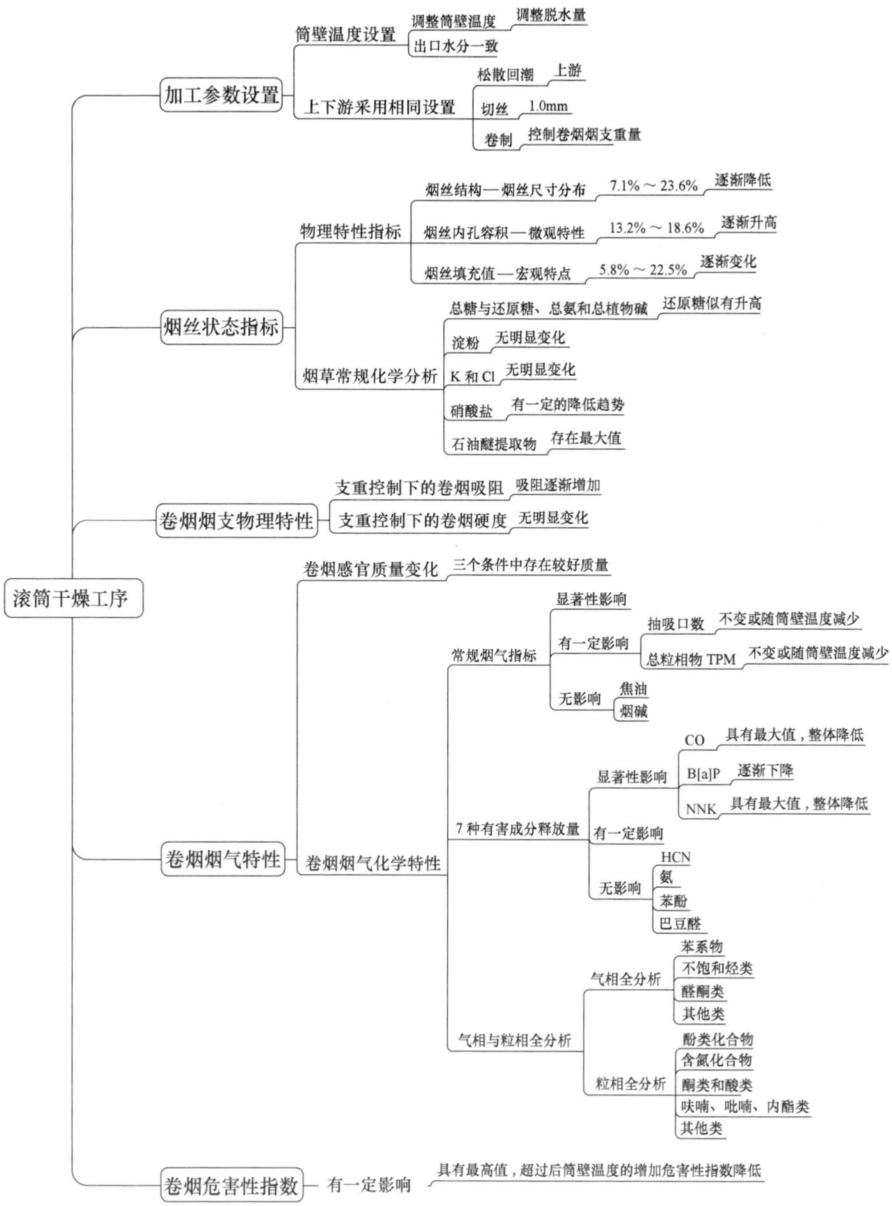

第五章 加工工艺影响卷烟烟气一般性规律及应用规则的构建

图 5-5 滚筒干燥工序对卷烟危害性指数影响规律总览

同工艺过程进行卷烟。在上述章节中，在对烟丝状态指标、卷烟烟支物理特性、卷烟烟气特性分析下，综合评价 HDT 气流干燥工序对卷烟危害性指数降低规律，HDT 气流干燥过程是典型的热湿处理过程，对比片烟松散回潮工序

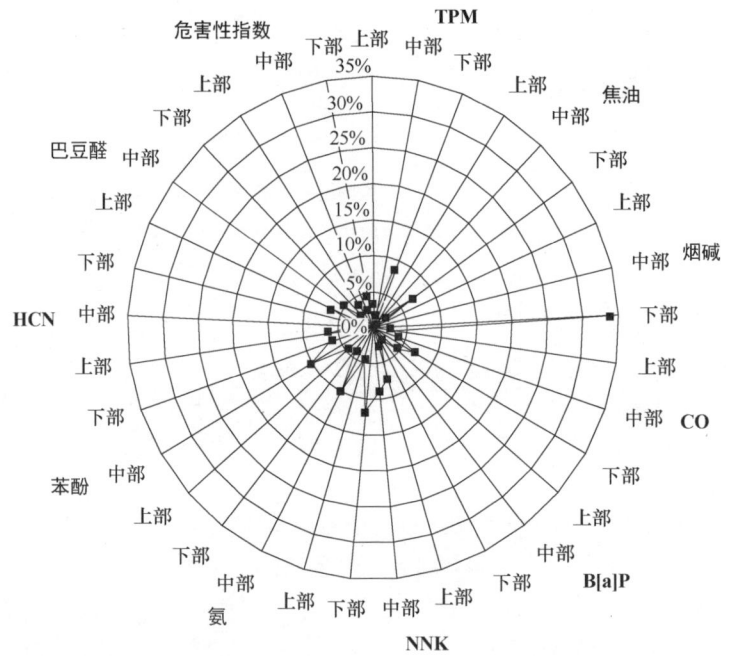

图 5-6 滚筒干燥工序加工强度对 3 种不同部位片烟 7 种有害成分
释放量及 TPM、焦油、烟碱、危害性指数影响范围（相对标准差）

均有更高的强度。从图 5-7 可以看出，工艺气温度调整后，经过相同的上游和下游工艺处理，不同的 HDT 气流干燥加工强度影响烟丝状态中多数物理特性指标（烟丝结构、烟丝内孔容积和烟丝填充值）和一定的化学成分，由于原料的耐加工性不同，影响趋势有所不同。可以看出，由于较宽范围的烟丝结构、烟丝内孔容积和烟丝填充值的变化，三者间存在一定的相关关系，增加了相同重量控制卷制时吸阻呈现一定程度增加趋势。在烟丝结构降低和填充值规律性变化，结合相关常规化学成分有所变化，造成上部和中部烟呈现危害性指数增加，下部烟呈现危害性降低的规律。

通过进行的一系列 HDT 气流干燥工序中加工强度对常规烟气指标与 7 种有害成分释放量的影响分析（详见第三章），结合不同加工批次间的均值假设检验分析，获得了 HDT 气流干燥工序加工强度对 3 种不同部位烟样品 7 种有害成分释放量影响相对标准差，如图 5-8 所示，可以直观获得在工序强度影响下的变化范围，该范围涵盖了批内和批间变异对范围的影响。HDT 气流干燥工序加工强度对常规烟气中焦油和 HCN 无显著影响。HDT 气流干燥工序加

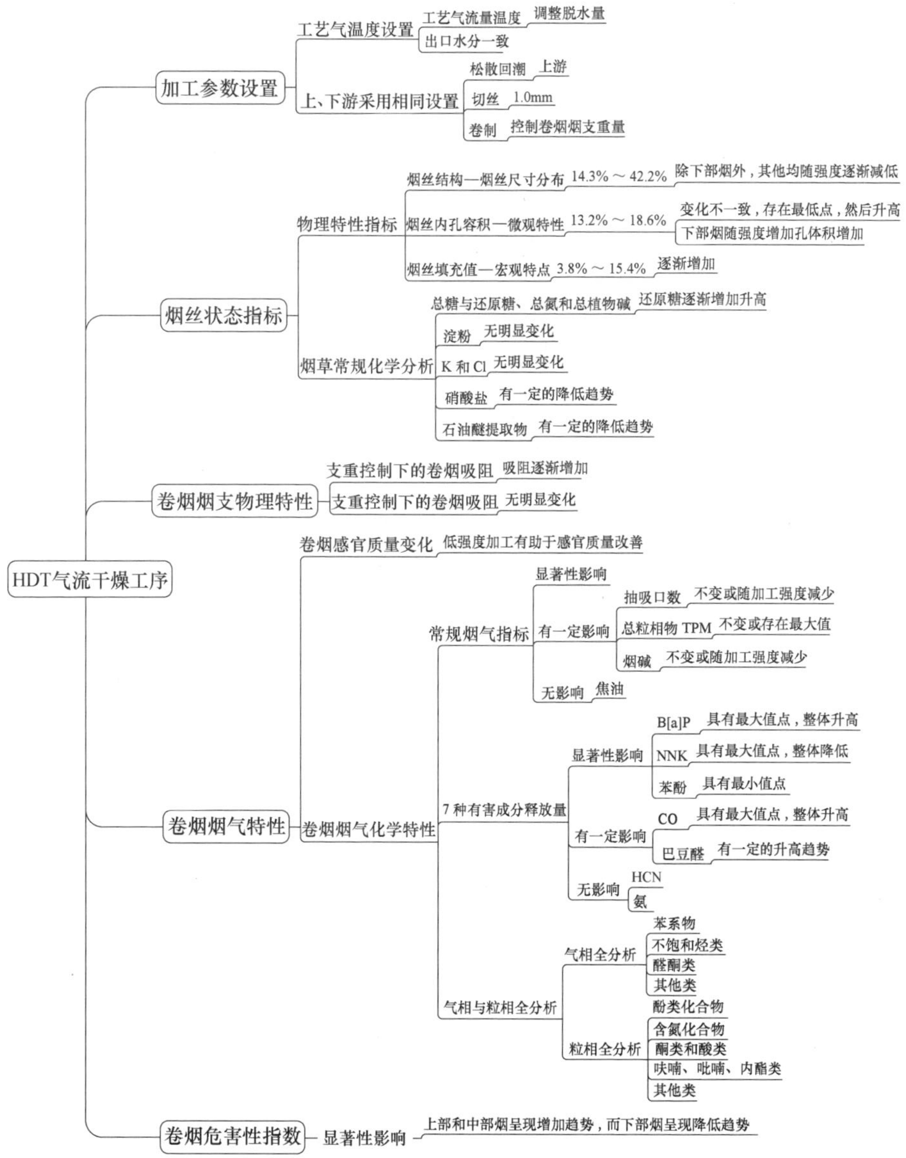

图 5-7　HDT 气流干燥工序对卷烟危害性指数影响规律总览

工强度对抽吸口数、常规烟气成分（TPM，焦油和烟碱）、7 种有害成分释放量有一定的影响，由于危害性指数是综合评价指标，HDT 气流干燥工序加工强度对 3 种片烟样品危害性指数有显著的影响，其变化幅度约为（6.7%～10.2%）；HDT 气流干燥工序加工强度对 B［a］P、NNK 和苯酚释放量均有

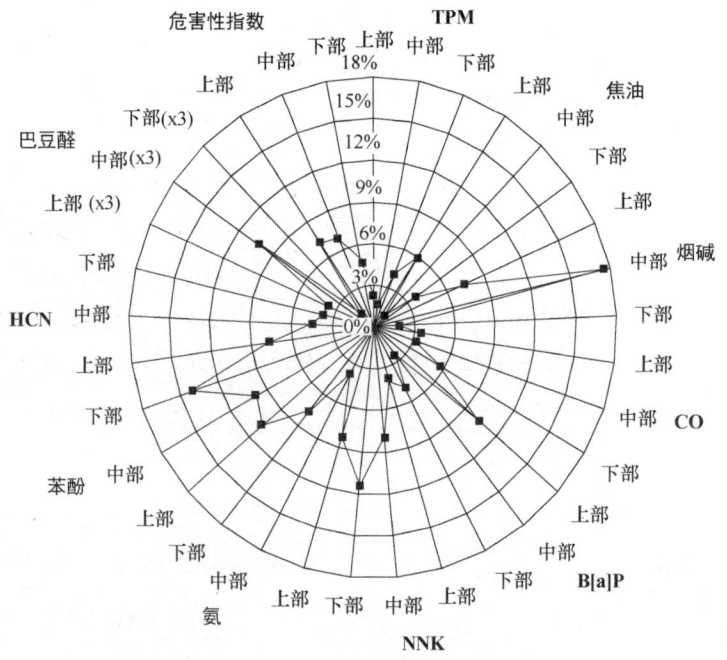

图 5-8 HDT 气流干燥工序加工强度对 3 种不同部位片烟 7 种有害成分
释放量及 TPM、焦油、烟碱、危害性指数影响范围（相对标准差）

显著性影响；HDT 气流干燥工序加工强度对常规烟气中 TPM、烟碱、CO 和巴豆醛影响较弱；HDT 气流干燥工序加工强度对常规烟气中焦油、氨和 HCN 无显著影响。

五、CTD 气流干燥工序

通过选择三种不同部位的片烟，经过松散回潮、切丝后，到达 CTD 气流干燥工序，该工序通过调整工艺气温度设置，经过该加工过程，下游经过相同工艺过程进行卷烟。在上述章节中，在对烟丝状态指标、卷烟烟支物理特性、卷烟烟气特性分析下，综合评价 CTD 气流干燥工序对卷烟危害性指数降低规律，CTD 气流干燥过程是典型的热湿处理过程，对比片烟松散回潮工序均有更高的强度。从图 5-9 可以看出，工艺气温度调整后，经过相同的上游和下游工艺处理，不同的 CTD 气流干燥加工强度影响烟丝状态中微观物理指标（内孔容积），对宏观烟丝结构和填充值指标没有明显影响，常规化学成分未见明显变化，内孔容积的有效增加，改变了卷烟燃烧状态，可能是导致卷烟危害性降低主要原因。

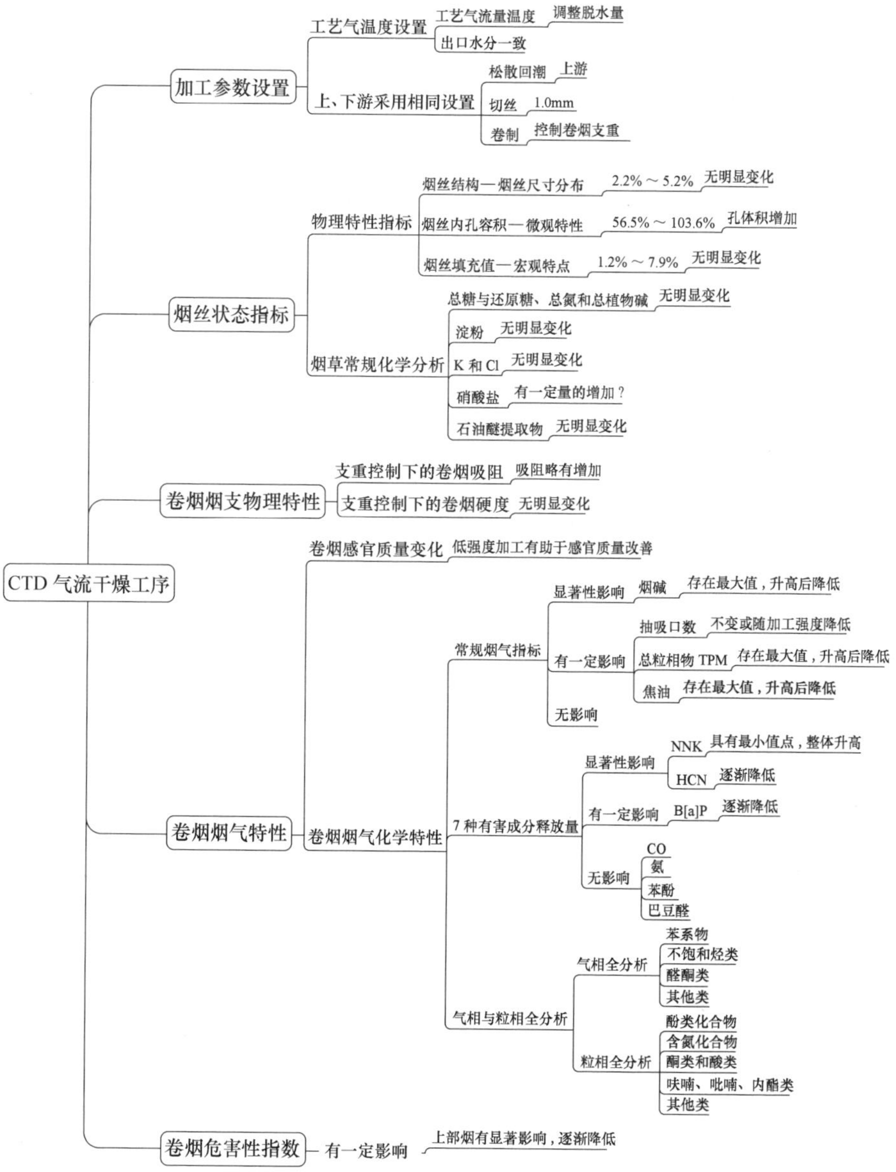

第五章 加工工艺影响卷烟烟气一般性规律及应用规则的构建

图 5-9 CTD气流干燥工序对卷烟危害性指数影响规律总览

通过进行的一系列 CTD 气流干燥工序中 3 个不同处理强度对常规烟气指标与 7 种有害成分释放量的影响分析（详见第三章），结合不同加工批次间的均值假设检验分析，获得了处理强度对 3 种不同部位卷烟样品 7 种有害成分释放量影响相对标准差，如图 5-10 所示，可以直观获得在工序强度影响下的变化范围，该范围涵盖了批内和批间变异对范围的影响。CTD气流干燥工序对抽吸口数、常规烟气成分（TPM，焦油和烟碱）、7种有害成分释放量有一定的影响，CTD气流干燥处理强度对危害性指数有显著的影响，其变化幅度约为（2.9%~4.5%）；CTD气流干燥工序加工强度对常规烟气中烟碱、NNK和HCN释放量均有显著性影响；CTD气流干燥工序加工强度对常规烟气中TPM、焦油和B［a］P释放量影响较弱；CTD气流干燥工序加工强度对烟气中CO、氨、苯酚和巴豆醛无显著影响。

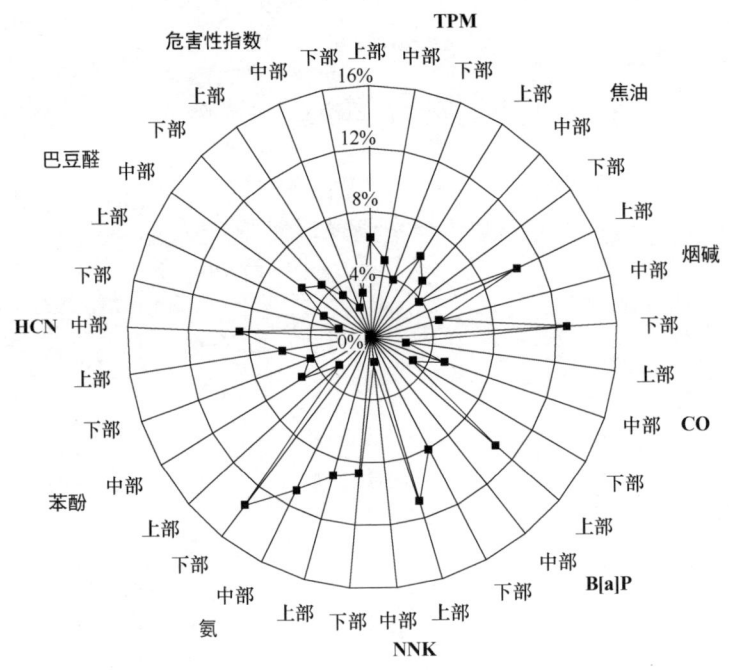

图5-10　CTD气流干燥工序3个不同加工强度对3种不同部位片烟7种有害成分释放量及TPM、焦油、烟碱、危害性指数影响范围（相对标准差）

六、风选工序

通过选择三种不同牌号的产品，经过松散回潮、切丝和滚筒烘丝后，到达该风选工序，对三种牌号烟丝开闸有无风选进行考察，下游经过相同工艺过程进行卷烟。在上述章节中，在对烟丝状态指标、卷烟烟支物理特性、卷烟烟气特性分析下，综合评价风选工序对卷烟危害性指数降低规律，风选工序主要作用是提高配方烟丝的纯净度，在该工序一般可以改善50%左右的烟丝纯净度。从图5-11可以看出，经过风选后，烟丝尺寸有一定的变化，微观特性和宏观特性均没有显著变化，常规化学成分中由于纯净度增加，石油醚提取物有升高的趋势，经过风选后的样品，感官质量提高，抽吸口数与 TPM 增加，危害性指标虽然从统计意义上没有显著变化，但从结果均值中可见，经过风选后，危害性指标增加。

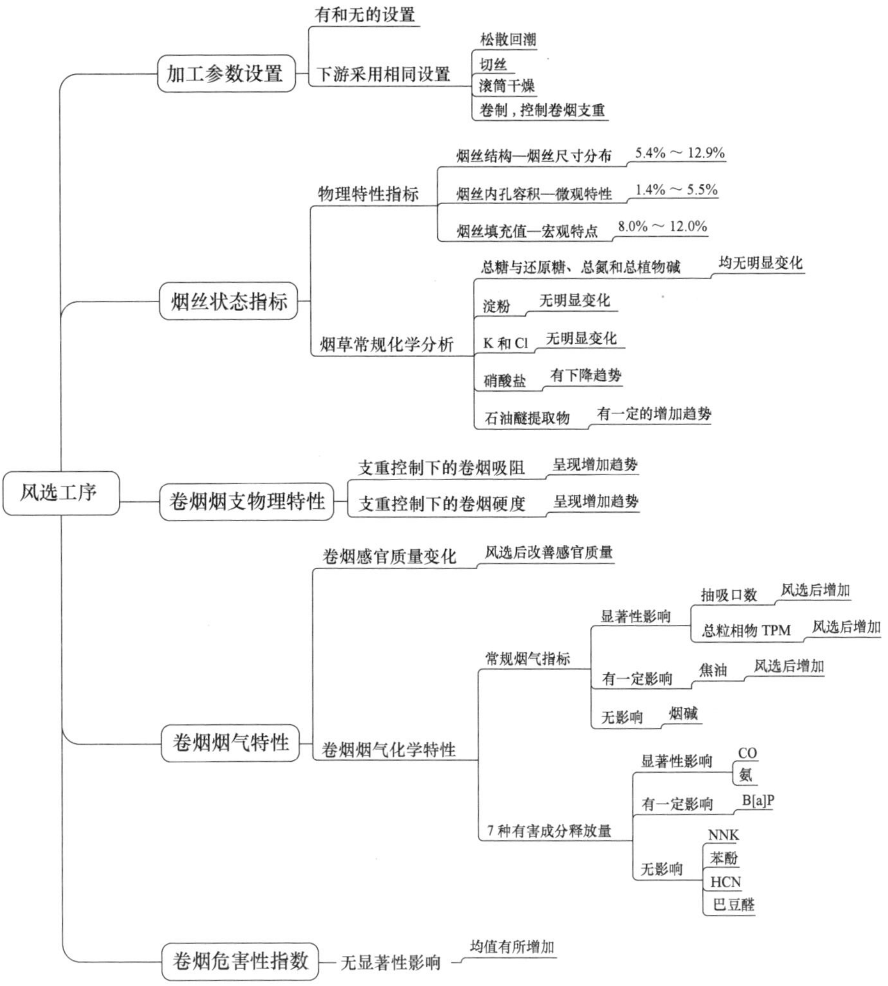

图 5-11　风选工序对卷烟危害性指数影响规律总览

通过进行的一系列风选工序对常规烟气指标与 7 种有害成分释放量的影响分析，结合不同加工批次间的统计分析，获得了风选工序处理前后对 3 种不同档次片烟 7 种有害成分释放量影响相对标准差，如图 5-12 所示，可以直观获得在工序处理前后影响下的变化范围，该范围涵盖了批内和批间变异对范围的影响。风选工序对抽吸口数、常规烟气成分（TPM，焦油和烟碱）、7 种有害成分释放量有一定的影响，由于危害性指数是综合评价指标，风选工序前后对 3 种片烟样品危害性指数无显著的影响；风选工序对常规烟气成分中 TPM、CO 均有显著性影响；风选工序对常规烟气成分中焦油、B［a］P 有一定影响，风选工序对常规烟气成分中烟碱、NNK、氨、苯酚、HCN、巴豆醛均无显著性影响。

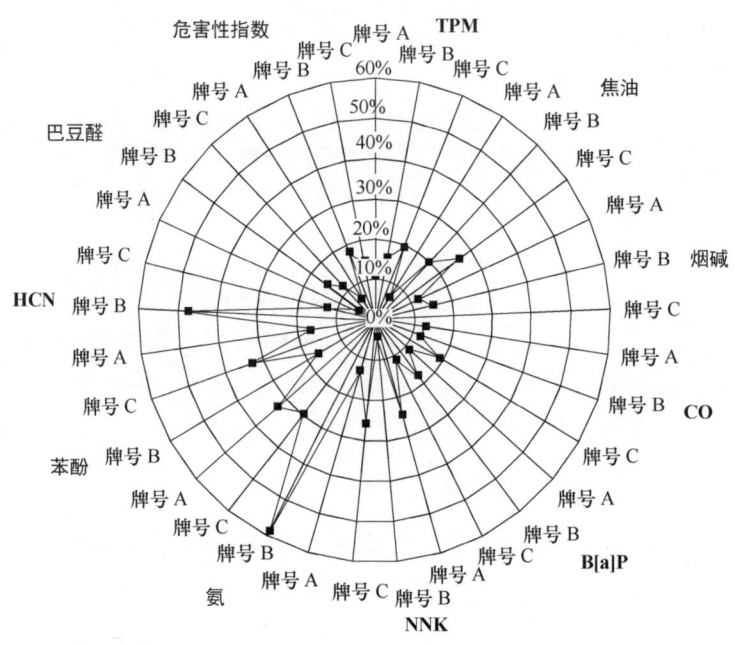

图 5-12　风选工序处理对 3 种不同档次片烟 7 种有害成分释放量及 TPM、焦油、烟碱、危害性指数影响范围（相对标准差）

七、卷制工序

通过选择三种不同部位的片烟，经过松散回潮、切丝和滚筒干燥后，最终进入卷制工序，通过跑条次数的设置，改变烟丝结构。上述章节已经对跑条次数对烟丝状态指标、卷烟烟支物理特性、卷烟烟气特性进行分析，结果表明跑条次数对烟丝尺寸分布影响显著，填充值有一定的影响。对卷烟烟支物理特性中吸阻影响显著，从图 5-13 可见，烟丝尺寸的变化对危害性指标的降低有显著性影响，同时显著影响多个单一的烟气有害成分，尺寸分布降低，不利于降低多数烟气中有害成分释放量，不利于降低卷烟危害性。

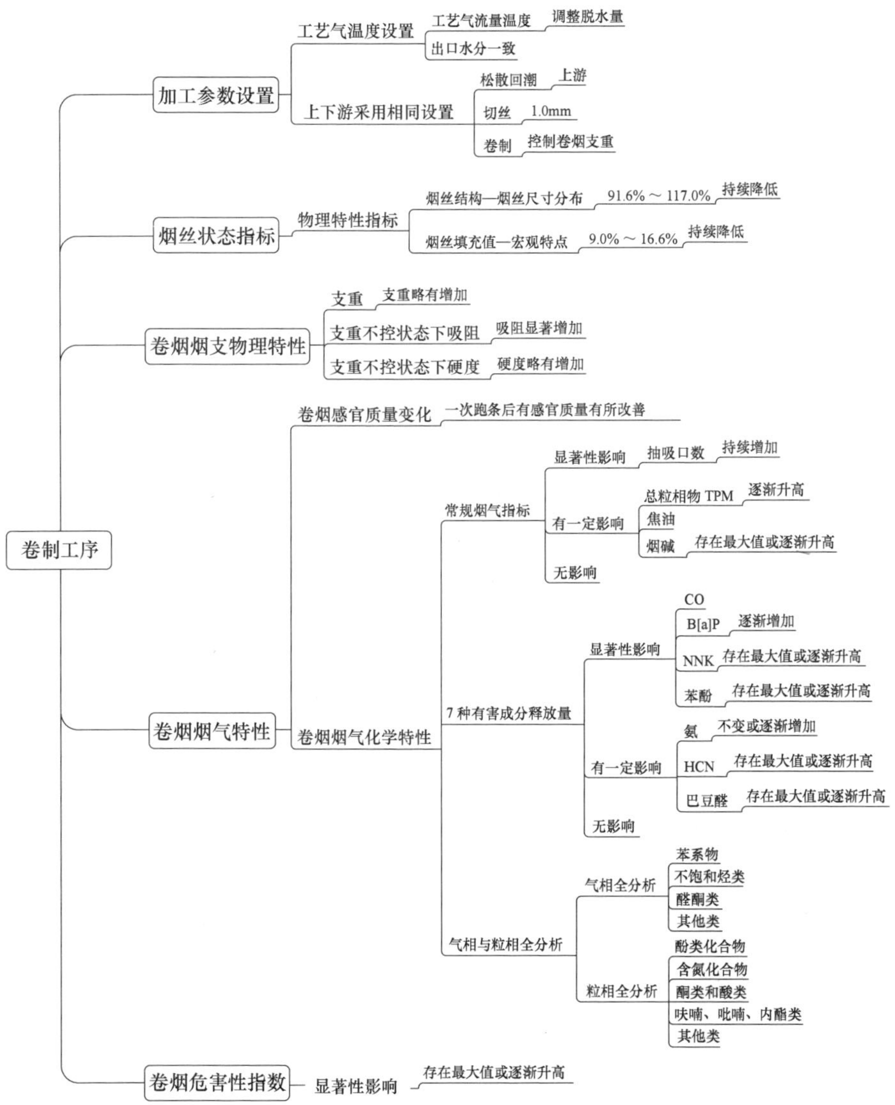

图 5-13　卷制工序对卷烟危害性指数影响规律总览

通过进行的一系列卷制过程中不同跑条次数对常规烟气指标与 7 种有害成分释放量的影响分析，结合不同加工批次间的均值假设检验分析，获得了跑条次数对 3 种不同部位烟样品 7 种有害成分释放量影响相对标准差，如图 5-14 所示，可以直观获得在工序强度影响下的变化范围，该范围涵盖了批内和批间变异对范围的影响。跑条次数对抽吸口数、常规烟气成分（TPM，焦

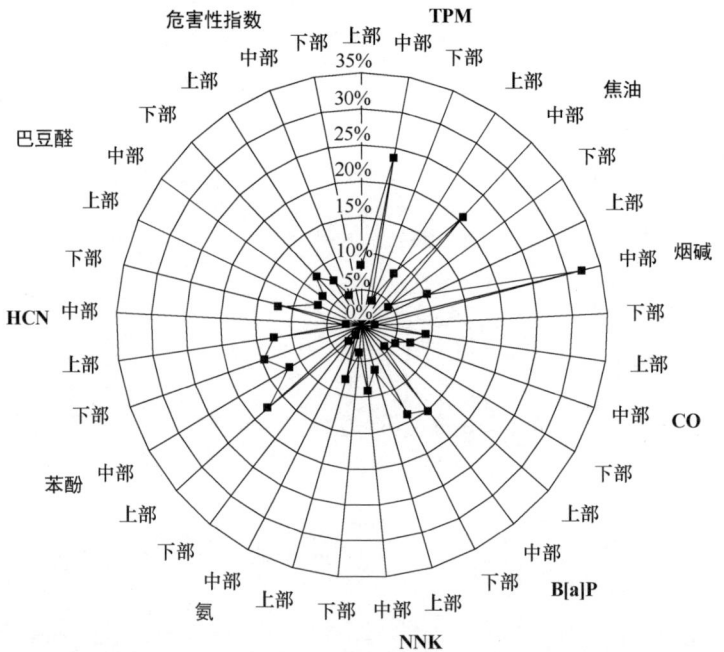

图 5-14 卷制工序不同跑条次数对 3 种不同部位片烟 7 种有害成分释放量及 TPM、焦油、烟碱、危害性指数影响范围（相对标准差）

油和烟碱）、7 种有害成分释放量有一定的影响，由于危害性指数是综合评价指标，跑条次数对 3 种片烟样品危害性指数有一定的影响；跑条次数对 TPM、焦油、B[a]P、苯酚和 HCN 释放量有较大影响；跑条次数对常规烟气中 CO、NNK、氨、巴豆醛和危害性指数影响较弱。

八、梗丝加工工序

通过进行的一系列 3 个不同产地烟梗样品在梗丝加工工序中各加工方式对常规烟气指标与 7 种有害成分释放量的影响分析，结合不同加工批次间的均值假设检验分析，获得了加工方式对 3 个不同产地卷烟样品 7 种有害成分释放量影响相对标准差，如图 5-15 所示，可以直观获得在梗加工方式影响下的变化范围，该范围涵盖了批内和批间变异对范围的影响。梗加工工序对抽吸口数、常规烟气成分（TPM、焦油和烟碱）、7 种有害成分释放量有一定的影响，加工方式对危害性指数有显著的影响，其变化幅度约为（8.4%~25.2%）；梗加工工序对常规烟气成分中 TPM、焦油、烟碱、CO、B[a]P、NNK、氨、苯酚、HCN 均有显著性影响；梗加工工序对巴豆醛有一定影响。

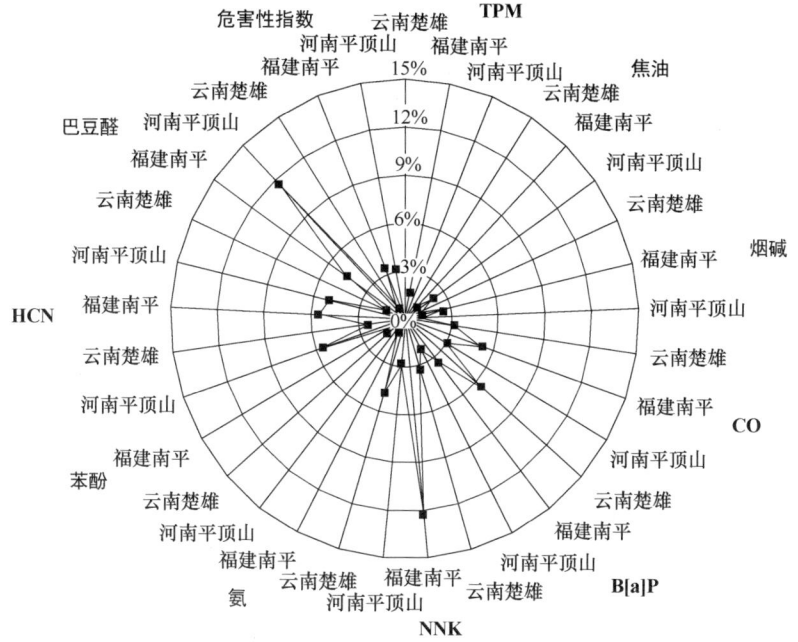

图 5-15 不同产地烟梗样品在梗丝加工工序不同加工方式下制备的卷烟样品 7 种有害成分释放量及 TPM、焦油、烟碱、危害性指数影响范围（相对标准差）

第三节 加工工艺影响危害性指数普适性规律的提出

本章从加工工艺影响评价指标入手，初步将影响的指标归类分析，探讨加工工艺影响有害成分释放量一般规律与控制范围，从应用角度来讲，我们可以分别从表 5-1~表 5-5 了解加工工艺对卷烟常规烟气、7 种有害物质和危害性指数影响；加工工艺对卷烟物理指标的影响；加工工艺对烟丝化学成分的影响；加工工艺对在制品物理指标的影响及加工工艺对卷烟感官质量的影响，并且可以从燃烧状态的分析中了解加工工艺影响烟气中 7 种有害成分的机制，另外，我们还可以从规律性总览图中了解加工工艺对各指标影响的方向性。在此，从宏观角度提出加工工艺影响危害性指数普适性规律。

该规律可描述为：将不同的加工工艺参数设置统一为卷烟原料处理过程中作用于卷烟原料的外在推动力，例如，滚筒干燥中作用于卷烟原料是滚筒热风温度、风量和筒壁温度等指标，可以将该层定义为作用层。这些外在推动力形成的强度使得卷烟原料物理特性与化学成分发生改变，例如，热加工过程（滚筒干燥、HDT 气流干燥、CTD 气流干燥和梗丝加工不同干燥处理方式）对化学成分中石油醚提取物有显著影响，同时这些热加工过程可以对卷烟原料的尺寸分布、内孔容积以及填充值指标造成影响，另外改变一定的原料构成是另一个需要关注的问题，将该部分定义为特性变化层。这些特性变化后指标卷烟样品，在卷烟燃吸过程中与卷烟材料共同参与热解、燃烧及复杂的传递过程形成卷烟烟气，此过程可定义为反应层，本书中利用燃烧状态的综合指标表征反应层，并说明和理解反应机制。生成烟气中有害成分和气固相全分析得到了可分析的物质，可将该层定义为物质层，通过物质层，可以经过无因次计算得到卷烟危害性指数，应用中考虑感官质量的变化这一重要约束即可，该层可以定义为物质层。

加工工艺降低卷烟危害性指数作用机制通过逐步定义的方法，将该机制中涉及的工序层、作用层、特性变化层、反应层、物质层及评价层等六个层级的递进关系（图 5-16），本书中构建了作用层与特性层、特性变化层与反应层、反应层与物质层的量效关系，由于反应层是在相同反应条件（标准抽吸模式和相同材料等），可由特性变化层直接与物质层建立联系，另外，由于物质层与评价层具有传递方程，所以，特性变化层与评价层可以直接建立联系，在此作用机制中，工序层与作用层间的量效关系不同设备有其特点，但该关系是客观存在并可以获知的。所以通过该方法可以预期加工工艺对有害成分释放量及卷烟危害性指数。

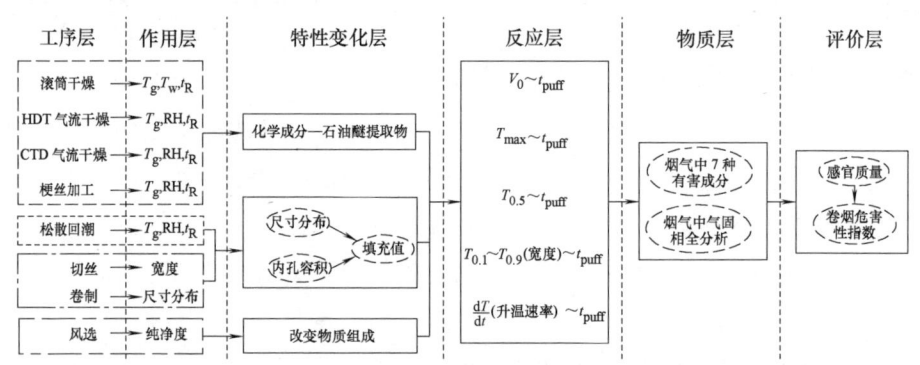

图 5-16　加工工艺降低卷烟危害性指数作用机制

综上所述，作用机制的应用的一般性方法：调控物质层的物理量，追溯上层通过作用层获得优化的加工工艺，下游估计对烟气 7 种有害成分释放量的影响及卷烟危害性指数。

第六章
技术应用

根据第五章加工工艺影响卷烟烟气指标归类分析结果，本章节提出四种验证方案，切丝工序、CTD 气流干燥工序、卷制工序及梗丝加工工序，采用两种配方模块或全配方开展应用验证。考察了 4 种加工工艺过程对常规烟气释放量、对 7 种有害成分释放量及危害性指数指标的影响。另外，考察了加工工艺对在制品化学成分、物理指标及卷烟烟支物理指标的影响。通过工序层与作用层的量效关系，特性变化层的结果表征，建立了工序层与评价层的间接关系。在验证试验的四个方案中，切丝工序、CTD 气流干燥工序、梗丝加工工序三种方案实现了卷烟危害性指数的降低，而卷制工序提高了卷烟危害性指数。

第一节　制叶丝过程加工质量及烟气调控技术应用

一、切丝工序加工质量及烟气调控技术应用

1. 切丝工序中切丝宽度对常规烟气影响

表 6-1 是两个牌号卷烟在 0.8mm 和 1.0mm 两个切丝宽度下处理，经过相同的工艺过程后，获得的卷烟样品抽吸口数、烟气中总粒相物、焦油和烟碱含量的变化趋势。由表中可以看出，两个牌号卷烟在不同的切丝宽度处理后，0.8mm 切丝宽度与 1.0mm 切丝宽度卷烟样品相比，抽吸口数都没有变化，TPM 都略有降低，其中牌号二降低的比较明显；牌号一的焦油和烟碱基本没有变化，牌号二略有降低。表 6-2 显示不同切丝宽度下制备的卷烟样品抽吸口数和烟气中 TPM、焦油和烟碱含量的均值。

2. 切丝工序中切丝宽度对 7 种有害成分影响

两个牌号配方烟叶在切丝工序中通过两个不同烟丝宽度（设计值：0.8mm、1.0mm）处理，经过相同的上游（松散回潮处理）、下游（干燥、卷制等）工艺过程，测得卷烟样品 7 种有害成分释放量。

表 6-1　不同切丝宽度下烟气常规指标

样品	切丝宽度/mm	抽吸口数/(puff/支)	TPM/(mg/支)	焦油/(mg/支)	烟碱/(mg/支)
牌号一	0.8	5.6	14.06	11.1	0.93
	1.0	5.6	13.76	11.1	0.91
牌号二	0.8	6.2	16.85	13.0	1.29
	1.0	6.2	16.35	12.7	1.24

表 6-2　不同切丝宽度下制备的卷烟样品抽吸口数和烟气中 TPM、焦油和烟碱含量

样品	抽吸口数/(puff/支)		TPM/(mg/支)	焦油/(mg/支)		烟碱/(mg/支)	
	均值	极差	极差	均值	极差	均值	极差
牌号一	5.6	0	0.3	11.1	0	0.92	0.02
牌号二	6.2	0	0.5	12.9	0.3	1.27	0.05

(1) 切丝宽度对 CO 释放量的影响　切丝工序两个不同切丝宽度卷烟样品 CO 释放量测定结果，如表 6-3 所示。CO 释放量极差范围在 0.03~0.23mg/支范围内。

表 6-3　切丝工序 2 个不同切丝宽度卷烟样品 CO 释放量

样品	CO 释放量		
	均值/(mg/支)	极差/(mg/支)	变化率/%
牌号一	11.62	0.03	0.29
牌号二	11.65	0.23	2.00

(2) 切丝宽度对 B[a]P 释放量的影响　分析切丝工序 2 个不同烟丝宽度制备的卷烟样品 B[a]P 释放量的变化情况，发现两个牌号 B[a]P 释放量全支均值随烟丝宽度的增加略有增加；平均每口 B[a]P 释放量、单位支重、单位 TPM、单位焦油、单位烟碱呈现相同的规律性，与单料烟 B[a]P 释放量变化趋势一致（图 3-23）。表 6-4 是切丝工序 2 个不同切丝宽度卷烟样品 B[a]P 释放量测定析结果均值，极差范围在 0.21~0.65ng/支范围内。

表 6-4　切丝工序 2 个不同切丝宽度卷烟样品 B[a]P 释放量的分析检测结果

样品	B[a]P 释放量		
	均值/(ng/支)	极差/(ng/支)	变化率/%
牌号一	10.70	0.65	6.11
牌号二	12.85	0.21	1.61

(3) 切丝宽度对 NNK 释放量的影响 卷烟样品 NNK 释放量,在不同切丝宽度条件下,两个牌号全支 NNK 释放量均值、单位口数、单位支重和单位焦油 NNK 释放量随烟丝宽度的增加,均无明显差别;随切丝宽度增加,单位 TPM 和单位烟碱 NNK 释放量均增加。

表 6-5 是切丝工序 2 个不同切丝宽度卷烟样品 NNK 释放量结果。两个牌号卷烟全支 NNK 释放量,极差范围在 0.04~0.05ng/支范围内。

表 6-5　　切丝工序 2 个不同切丝宽度卷烟样品 NNK 释放量

样品	NNK 释放量		
	均值/(ng/支)	极差/(ng/支)	变化率/%
牌号一	5.00	0.04	0.87
牌号二	5.18	0.05	0.97

(4) 切丝宽度对氨释放量的影响 切丝工序 2 个不同烟丝宽度制备的卷烟样品氨释放量的变化趋势如下所述:牌号二卷烟样品,全支、平均每口、单位支重、单位 TPM、单位焦油、单位烟碱氨释放量随烟丝宽度的增加,均值增加;对于牌号一样品,全支氨释放量、各单位平均氨释放量均无明显变化。对数据进行分析,结果表 6-6 所示。2 个牌号片烟样品,不同切丝宽度样品氨释放量极差范围为 0.08~0.79μg/支。

表 6-6　　切丝工序 2 个不同切丝宽度卷烟样品氨释放量的分析检测结果

样品	氨释放量		
	均值/(μg/支)	极差/(μg/支)	变化率/%
牌号一	5.21	0.08	1.47
牌号二	8.06	0.79	9.80

(5) 切丝宽度对苯酚释放量的影响 随切丝宽度增加,不同烟丝宽度制备的牌号一卷烟样品苯酚全支释放量、单位口数、单位支重、单位总粒相物、单位焦油、单位烟碱苯酚释放量均增加(与上部、下部片烟样品苯酚释放量变化趋势相同);牌号二样品全支、单位口数、单位支重、单位总粒相物、单位焦油、单位烟碱苯酚释放量均下降(与中部片烟样品苯酚释放量变化趋势相同)。

表 6-7 是该数据测定结果均值与极差。根据该表结果可以看出,切丝宽度对于两个牌号片烟样品苯酚释放量极差范围为 1.20~1.77μg/支。

表6-7 切丝工序2个不同切丝宽度卷烟样品苯酚释放量的分析检测结果

样品	苯酚释放量		
	均值/(μg/支)	极差/(μg/支)	变化率/%
牌号一	12.37	1.20	9.70
牌号二	18.32	1.77	9.65

(6) 烟丝宽度对HCN释放量的影响 随烟丝宽度的增加，2个牌号卷烟样品全支、平均每口、单位支重、单位TPM、单位焦油和单位烟碱HCN释放量为降低。表6-8是切丝工序2个不同切丝宽度卷烟样品HCN释放量测定结果均值。结果表明，两个牌号卷烟样品全支HCN释放量极差范围为7.13~7.77μg/支。

表6-8 切丝工序2个不同切丝宽度卷烟样品HCN释放量的分析检测结果

样品	HCN释放量		
	均值/(μg/支)	极差/(μg/支)	变化率/%
牌号一	98.22	7.77	7.91
牌号二	128.77	7.13	5.54

(7) 烟丝宽度对巴豆醛释放量的影响 随着烟丝宽度的增加，两个牌号卷烟样品，全支、平均每口、单位支重、单位TPM、单位焦油和单位烟碱巴豆醛释放量均有下降。表6-9是切丝工序2个不同切丝宽度卷烟样品巴豆醛释放量均值结果。由表可知，对两个牌号的片烟样品，巴豆醛释放量极差范围为2.80~5.70μg/支。

表6-9 切丝工序2个不同切丝宽度卷烟样品巴豆醛释放量的分析检测结果

样品	巴豆醛释放量		
	均值/(μg/支)	极差/(μg/支)	变化幅度/%
牌号一	16.43	2.80	17.04
牌号二	12.38	5.70	46.03

3. 烟丝宽度对危害性指数的影响

图6-1显示切丝工序2个不同切丝宽度卷烟样品危害性指数的变化趋势，该指标综合了7种有害成分的全支释放量指标。从图中数据可知，2个牌号卷烟燃烧危害性指数随烟丝宽度增加，危害性指数降低；即，当烟丝宽度(0.8mm)比正常切丝宽度(1.0mm)降低时，危害性指数增加；但两个牌号增加幅度略有差异，牌号二增加明显，而牌号一略有增加。证实了针对不同牌号选择合适的切丝宽度条件，可以优化卷烟的危害性指数指标。

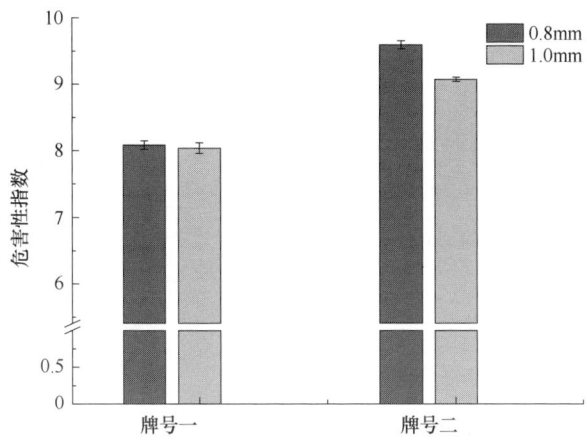

图 6-1 切丝工序 2 个不同切丝宽度卷烟样品危害性指数的变化情况

表 6-10 是切丝工序 2 个不同切丝宽度卷烟样品危害性指数的均值结果。由表可知，不同切丝宽度条件下，牌号一与牌号二样品危害性指数极差分别为 0.05、0.52。

表 6-10　　切丝工序 2 个不同切丝宽度卷烟样品危害性指数结果

样品	危害性指数		
	均值	极差	变化率/%
牌号一	8.07	0.05	0.62
牌号二	9.34	0.52	5.60

4. 切丝工序中烟丝宽度对处理前后化学成分的影响

表 6-11 是不同切丝宽度的烟丝在经过烘丝处理后化学成分的变化情况。从中可以看出，不同的切丝宽度下烟丝的常规化学成分基本没有变化。因此，切丝宽度对烟丝的常规化学成分无显著影响。

表 6-11　　　　　　　　不同切丝宽度下烟丝化学成分

指标	牌号一				牌号二			
	0.8mm		1.0mm		0.8mm		1.0mm	
	切丝前	切丝后	切丝前	切丝后	切丝前	切丝后	切丝前	切丝后
水溶性总糖/%	19.8	20.1	20.2	19.7	19.9	19.7	19.5	19.6
总植物碱/%	2.1	2.1	2.2	2.2	2.6	2.6	2.6	2.6
氯/%	0.5	0.5	0.5	0.5	0.7	0.7	0.7	0.7
还原糖/%	18.3	18.7	18.7	18.3	18.4	17.9	17.8	17.7
总氮/%	2.02	1.99	2.03	2.00	2.26	2.28	2.28	2.27
钾/%	2.4	2.4	2.4	2.4	2.2	2.2	2.2	2.2
蛋白质/%	10.3	10.1	10.3	10.2	11.3	11.5	11.4	11.4

5. 切丝工序中烟丝宽度对处理前后物理指标的影响

（1）填充值测定结果　图 6-2 为两种切丝宽度下的烟丝填充值变化趋势。由图可知，相同切丝宽度下，牌号二烟丝的填充值高于牌号一烟丝；试验范围内，由于烟丝牌号的不同，切丝宽度对烟丝填充值的影响不同。

（2）烟丝结构测定结果　图 6-3 为不同切丝宽度卷制前烟丝的整丝率和碎丝率的变化趋势。从图中可以看出，相同切丝宽度下，两种牌号烟丝的整丝率、碎丝率相差不大；试验范围内，随着切丝宽度由 0.8mm 增大至 1.0mm，牌号一整丝率减小，碎丝率几乎不变，牌号二整丝率减小，碎丝率增大。

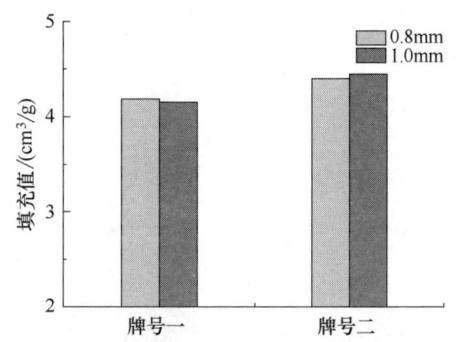

图 6-2　切丝宽度对烟丝填充值影响

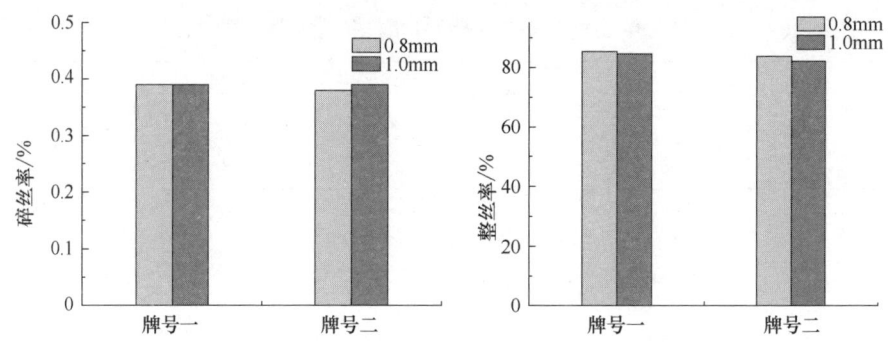

图 6-3　不同切丝宽度卷制前烟丝结构测定结果

图 6-4 为两种切丝宽度下烟丝均匀性系数及特征尺寸的变化趋势。从图中可以看出，相同切丝宽度下，牌号一的均匀性系数高于牌号二的均匀性系数，特征尺寸相差差异较小；试验范围内，切丝宽度对两个牌号均匀性系数及特征尺寸均有一定程度的影响，但对均匀性系数的影响相反。

表 6-12 和表 6-13 为两种切丝宽度下卷制前烟丝结构的均值、极差及变化率。由表可以看出，切丝宽度对不同牌号烟丝的均匀性系数影响程度相差不大，对特征尺寸的影响程度牌号二＞牌号一，且影响程度均较大。

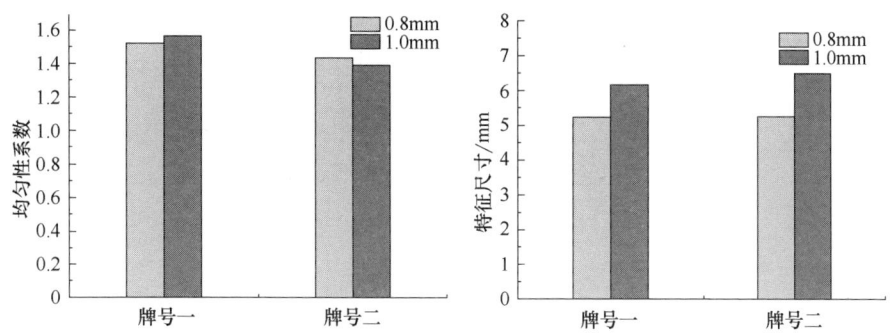

图6-4 卷制前切丝宽度对烟丝结构的影响

表6-12 卷制前切丝宽度对烟丝结构均匀性系数影响

样品	切丝宽度/mm	均匀性系数		
		均值	极差	变化率/%
牌号一	0.8	1.544	0.044	2.85
	1.0			
牌号二	0.8	1.414	0.042	2.97
	1.0			

表6-13 卷制前切丝宽度对烟丝结构特征尺寸影响

样品	切丝宽度/mm	特征尺寸		
		均值/mm	极差/mm	变化率/%
牌号一	0.8	5.692	0.93	16.34
	1.0			
牌号二	0.8	5.862	1.243	21.20
	1.0			

6. 切丝工序中烟丝宽度对卷烟烟支物理指标的影响

表6-14为不同切丝宽度处理后制备的卷烟样品物理指标的变化趋势。表中数据显示，在切丝宽度增加时，牌号一吸阻略有增加，硬度不变；牌号二硬度不变，吸阻略有降低。

表6-14 不同切丝宽度下烟支物理指标指标

样品	切丝宽度/mm	吸阻/Pa	硬度/%
牌号一	0.8	1007	63.7
	1.0	1027	63.7
牌号二	0.8	983	64.2
	1.0	946	64.6

表 6-15 是不同切丝宽度处理后卷烟样品物理质量的分析检测结果数据。表中显示，切丝宽度对两个牌号的其他指标均没有影响。

表 6-15　不同切丝宽度处理后卷烟样品物理指标的分析检测结果数据

样品	吸阻/Pa		硬度/%	
	均值	极差	均值	极差
牌号一	1017	20	63.7	0
牌号二	964	37	64.4	0.4

二、CTD 气流干燥工序加工质量及烟气调控技术应用

1. CTD 气流干燥工序中加工强度对常规烟气指标的影响

表 6-16 显示不同模块烟叶样品在气流干燥工序中（正常），高 2 个强度下处理，经过相同的上游（松散回潮处理、切丝）、下游（卷制）等工艺过程，获得的卷烟样品抽吸口数、烟气中总粒相物、焦油和烟碱含量的变化趋势。由表中数据可知，随着 CTD 气流干燥处理强度的增加，模块一样品在抽吸口数、TPM、焦油和烟碱释放量等常规烟气指标呈现减小的趋势，模块二样品抽吸口数基本没变，TPM、焦油和烟碱释放量指标呈现逐渐增大的趋势。

表 6-16　气流干燥工序不同加工强度下烟气常规指标

样品	加工强度	口数/(puff/支)	TPM/(mg/支)	焦油/(mg/支)	烟碱/(mg/支)
模块一	中强度	5.0	15.9	12.4	1.08
	高强度	4.8	15.5	12.2	1.01
模块二	中强度	4.1	12.4	9.8	0.60
	高强度	4.0	13.4	10.3	0.73

表 6-17 是气流干燥工序中（正常）、高强度加工时两个模块卷烟样品抽吸口数和常规烟气指标的均值结果。

表 6-17　气流干燥工序不同强度下卷烟样品抽吸口数和烟气中 TPM、焦油和烟碱含量

样品	抽吸口数/(puff/支)		TPM/(mg/支)		焦油/(mg/支)		烟碱/(mg/支)	
	均值	极差	均值	极差	均值	极差	均值	极差
模块一	4.9	0.2	15.7	0.4	10.1	0.5	1.05	0.07
模块二	4.1	0.1	12.9	1.0	12.3	0.2	0.67	0.13

2. CTD 气流干燥工序中加工强度对 7 种有害成分的影响

CTD 气流干燥 2 个强度处理后卷烟样品 CO、B［a］P、NNK、氨、苯

酚、HCN、巴豆醛全支释放量的分析检测结果如下表 6-18~表 6-24 所示。不同 CTD 干燥加工强度下，样品全支 CO 释放量均值存在一定的差别，模块一下两个样品全支 CO 释放量变化率较大。两个样品全支 B［a］P 释放量在不同强度下处理存在差异，但不同样品变化率接近，均小于 10%。NNK 释放量受加工强度影响，不同样品变化率在 7%~11% 范围内。不同模块条件下，氨释放量的均值基本相同，但样品之间氨释放量差异较大（最大可达 26%）。苯酚均值差异较大，模块一条件下样品之间释放量存在较大差异（变化率10%）；全支 HCN 释放量在不同强度处理条件下基本无差异，但不同样品之间存在较大差异（最大极差近 38μg/支）。全支巴豆醛释放量均值显示随强度变化存在一定的差别，巴豆醛释放量极差范围为 0.44-1.07μg/支。总体来看，模块二条件下，7 种成分的全支释放量均有一定程度的降低。

表 6-18　CTD 气流干燥 2 个强度处理后卷烟样品 CO 释放量

样品	CO 释放量		
	均值/(mg/支)	极差/(mg/支)	变化率/%
模块一	11.32	0.23	2.06
模块二	10.88	0.10	0.92

表 6-19　CTD 气流干燥 2 个强度处理后卷烟样品 B［a］P 释放量

样品	B[a]P 释放量		
	均值/(ng/支)	极差/(ng/支)	变化率/%
模块一	6.86	0.39	5.74
模块二	5.08	0.33	6.57

表 6-20　CTD 气流干燥 2 个强度处理后卷烟样品 NNK 释放量

样品	NNK 释放量		
	均值/(ng/支)	极差/(ng/支)	变化率/%
模块一	7.73	0.55	7.12
模块二	6.45	0.75	11.58

表 6-21　CTD 气流干燥 2 个强度处理后卷烟样品氨释放量

样品	氨释放量		
	均值/(μg/支)	极差/(μg/支)	变化率/%
模块一	6.71	1.77	26.37
模块二	6.71	0.60	8.90

表 6-22　CTD 气流干燥 2 个强度处理后卷烟样品苯酚释放量

样品	苯酚释放量		
	均值/(μg/支)	极差/(μg/支)	变化率/%
模块一	17.18	1.88	10.93
模块二	12.57	0.57	4.56

表 6-23　CTD 气流干燥 2 个强度处理后卷烟样品 HCN 释放量

样品	HCN 释放量		
	均值/(μg/支)	极差/(μg/支)	变化率/%
模块一	138.45	38.06	27.49
模块二	136.85	20.07	14.66

表 6-24　CTD 气流干燥 2 个强度处理后卷烟样品巴豆醛释放量

样品	巴豆醛释放量			
	中-高	均值/(μg/支)	极差/(μg/支)	变化率/%
模块一	0	16.34	1.07	6.55
模块二	0	14.11	0.44	3.10

3. CTD 气流干燥工艺加工强度对危害性指数的影响

图 6-5 显示 CTD 气流干燥 2 个强度处理后卷烟样品危害性指数的变化情况，其中正常为中强度处理，调整为高强度处理，该指标综合了 7 种有害成分的全支释放量指标，从图中数据可以看出，两个模块样品经 CTD 气流干燥不同加工强度处理，处理强度增加，模块二危害性指数降低明显，模块一危

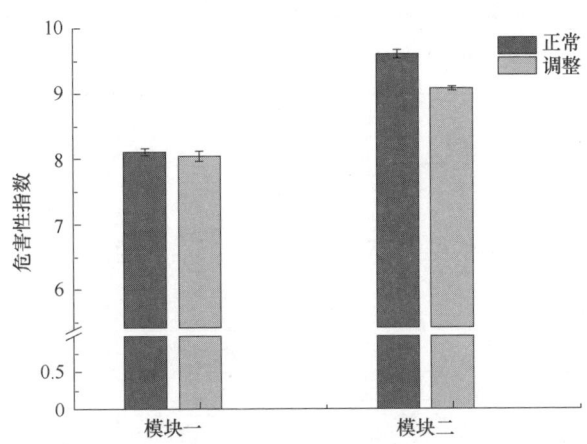

图 6-5　CTD 气流干燥 2 个强度处理后卷烟样品危害性指数的变化

害性指数略有下降。说明选择合适的 CTD 气流干燥条件，可以优化卷烟的危害性指数指标。

表 6-25 是 CTD 气流干燥 2 个强度处理后卷烟样品危害性指数的分析检测结果。对两个模块的卷烟样品，CTD 干燥不同加工强度条件下，模块一、模块二危害性指数极差分别为 0.68 和 0.56。

表 6-25　CTD 气流干燥 2 个强度处理后卷烟样品危害性指数的分析检测结果

样品	危害性指数		
	均值	极差	变化率/%
模块一	9.24	0.68	7.35
模块二	8.07	0.56	6.97

4. CTD 气流干燥工序加工强度对处理前后化学成分的影响

表 6-26 是气流干燥加工强度对处理前后化学成分的影响。从表中可以看出，在中强度加工时，总糖和还原糖增加；在高强度下总糖和还原糖增加幅度较小或不变，而强度对模块二的影响比模块一大。模块二在中强度下植物碱增大，氯和钾含量降低，其余化学成分变化不大。

表 6-26　气流干燥工序不同加工区的下烟丝化学成分

指标	模块一			模块二		
	加工前	中强度	高强度	加工前	中强度	高强度
水溶性总糖/%	16.6	17.0	16.8	14.2	16.4	15.1
还原糖/%	14.8	15.2	14.7	12.5	14.6	13.4
总植物碱/%	2.74	2.66	2.84	1.91	2.26	1.95
氯/%	0.30	0.30	0.31	0.37	0.29	0.37
总氮/%	2.97	2.98	2.95	2.92	2.88	2.96
钾/%	3.10	2.99	2.88	4.19	3.77	4.12

5. CTD 气流干燥工序加工强度对处理前后物理指标的影响

（1）填充值　图 6-6 为 CTD 不同干燥强度下的烟丝填充值变化趋势。从图中可以看出，相同干燥强度下，模块二烘后烟丝的填充值略高于模块一烟丝；试验范围内，气流干燥强度对模块二填充值有一定影响，对模块一填充值影响不大。

表 6-27 是 2 个干燥强度下烟丝填充值的均值、极差及变化率数据。由表可知，CTD 干燥强度对不同模块烟叶填充值影响程度依次为模块二>模块一，对模块一无明显影响。

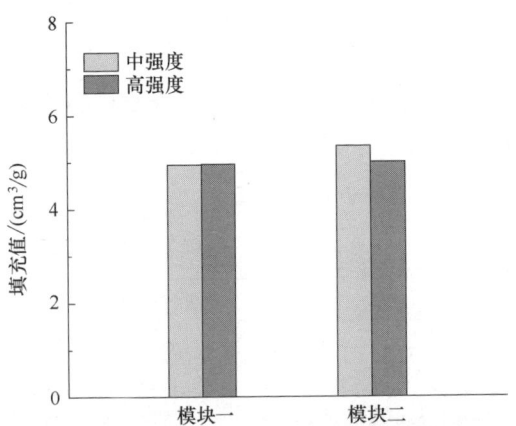

图 6-6　CTD 加工强度对烟丝填充值的影响

表 6-27　气流干燥工序加工强度对烟丝填充值的影响

样品	填充值		
	均值/(cm³/g)	极差/(cm³/g)	变化率/%
模块一	4.95	0.02	0.4
模块二	5.17	0.34	6.58

（2）烟丝结构

① 气流干燥不同加工强度处理气流工序后烟丝结构测定结果（十层筛）：图 6-7 为不同气流加工强度下烟丝结构的变化趋势。由图可以看出，相同干燥强度下，模块一的均匀系数、特征尺寸均高于模块二，但中强度下，模块一及模块二的特征尺寸相差不大；试验范围内，气流干燥强度对模块二均匀性系数的影响程度高于模块一，对特征尺寸影响程度相反。

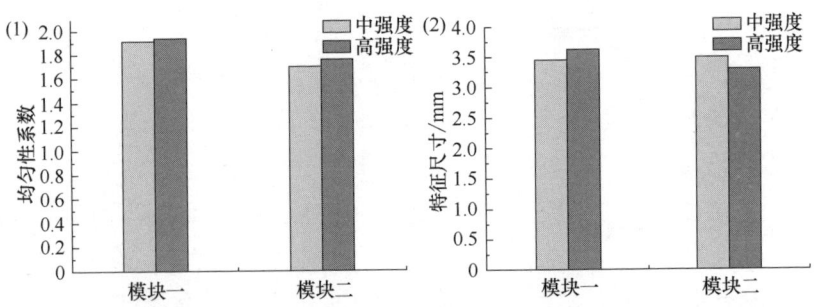

图 6-7　不同气流加工强度处理后烟丝结构变化

表 6-28 和表 6-29 和是 2 个干燥强度下烟丝均匀性系数、特征尺寸的均

值、极差及变化率数据。由表可以看出，干燥强度对模块二均匀性及特征尺寸的影响程度均大于对模块一的影响程度，但影响程度均较小。

表 6-28　不同气流加工强度处理后烟丝结构均匀性系数变化

样品	均匀性系数		
	均值	极差	变化率/%
模块一	1.9271	0.0259	1.34
模块二	1.7274	0.0594	3.44

表 6-29　不同气流加工强度处理后烟丝结构特征尺寸变化

样品	特征尺寸		
	均值/mm	极差/mm	变化率/%
模块一	3.55	0.17	4.93
模块二	3.41	0.20	5.83

② 气流干燥不同加工强度处理卷制前烟丝结构测定结果（十层筛）：图 6-8 为不同气流加工强度下卷制前烟丝结构的变化趋势。由图可以看出，相同干燥强度下，模块一的均匀系数、特征尺寸均高于模块二；试验范围内，气流干燥强度对模块二均匀性系数的影响程度高于模块一，对特征尺寸影响程度相反。

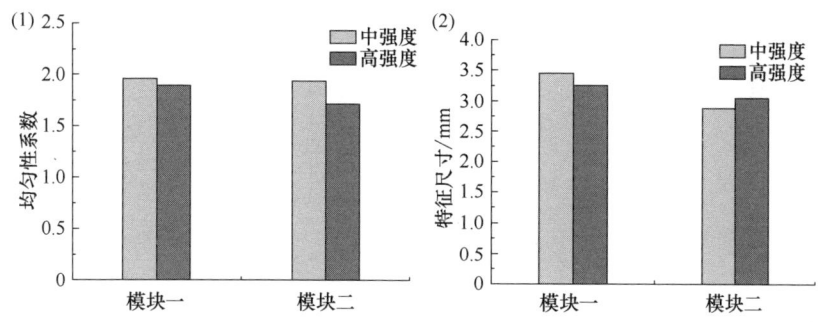

图 6-8　不同加工强度下卷制前烟丝结构变化

表 6-30 和表 6-31 是 2 个干燥强度下卷制前烟丝均匀性系数、特征尺寸的均值、极差及变化率数据。由表可以看出，干燥强度对模块二均匀性及特征尺寸的影响程度均大于对模块一的影响程度，干燥强度对模块一均匀性系数影响较小，对模块二均匀性系数较大。

表 6-30　不同加工强度下卷制前烟丝结构均匀性系数变化

样品	均匀性系数		
	均值	极差	变化率/%
模块一	1.9376	0.062	3.20
模块二	1.8301	0.2169	11.85

表 6-31　不同加工强度下卷制前烟丝结构特征尺寸变化

样品	特征尺寸		
	均值/mm	极差/mm	变化率/%
模块一	3.35	0.19	5.79
模块二	2.97	0.18	6.01

③ 内孔容积：图 6-9 为 2 个烘丝强度下的烟丝内孔容积的变化趋势。从图中可以看出，相同干燥强度条件下，模块一和模块二烟叶在高强度下内孔容积有一定差异，中强度差异不大。与中等干燥强度相比，高强度不同模块烟叶烘后烟丝的内孔容积均呈显著增加趋势。说明内孔容积的增加，改变了卷烟燃烧状态，是导致卷烟危害性降低主要原因之一。

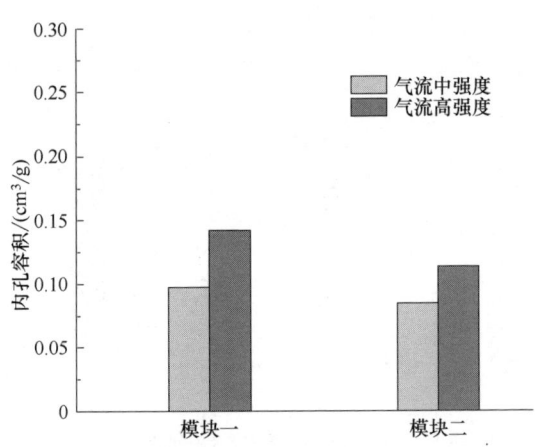

图 6-9　两种烘丝强度下的烟丝内孔容积的变化趋势

表 6-32 是 2 个烘丝强度下烟丝内孔容积的均值、极差及变化率数据。由表可看出，烘丝强度对不同部位烟叶烘后烟丝的内孔容积均有显著影响，影响程度为模块一大于模块二。

表 6-32　　　　　　　　　　内孔容积均值、极差与变化率

样品	内孔容积		
	均值/(cm³/g)	极差/(cm³/g)	变化率/%
模块一	0.120	0.045	37.5
模块二	0.099	0.029	29.2

6. CTD 气流干燥工序加工强度对卷烟烟支物理指标的影响

表 6-33 为 CTD 气流干燥工序不同强度处理后制备的卷烟样品物理指标的变化趋势。表中数据显示，随着强度的增加，模块一的含末率略有降低，其他烟支物理质量指标基本不变，模块二的吸阻、硬度和含水率都略有降低。表 6-34 是气流干燥工序不同强度处理后卷烟样品物理质量的分析检测结果数据。可以看出，随着强度的增加，卷烟样品无差异，硬度随着加工强度的增加有所降低。

表 6-33　　　　　　气流干燥工序不同加工强度下烟支物理指标

样品	加工强度	支重/(mg/支)	圆周/mm	吸阻/Pa	硬度/%	含水率/%	端部落丝/(mg/支)	含末率/%
模块一	中强度	0.810	24.4	1098	67.8	1.14	3.5	11.5
	高强度	0.802	24.3	1085	69.4	1.26	3.0	11.2
模块二	中强度	0.737	24.4	1124	63.4	1.82	3.1	12.2
	高强度	0.727	24.3	1057	60.7	1.75	3.3	12.2

表 6-34　　CTD 气流干燥工序不同强度处理后卷烟样品物理指标的分析检测结果数据

	样品	均值	极差
吸阻/Pa	模块一	1092	13
	模块二	1090	67
硬度/%	模块一	68.6	1.6
	模块二	62.1	2.7

第二节　卷制工序加工质量及烟气调控技术应用

一、卷制工序中跑条次数对常规烟气指标的影响

表 6-35 显示不同样品经过相同的松散回潮、干燥、切丝等工艺过程后，跑条烟和正常卷烟样品抽吸口数、烟气中总粒相物、焦油和烟碱含量的变化

趋势。表中数据显示，跑条后除了模块一的口数略有增加外，其余烟气指标均基本没有变化。表6-36是卷制工序跑条样品与正常样品抽吸口数和常规成分的均值结果。

表6-35　　　　　卷制工序跑条一次对烟气常规指标影响

样品	加工强度	抽吸口数/(puff/支)	TPM/(mg/支)	焦油/(mg/支)	烟碱/(mg/支)
模块一	正常卷制	5.0	15.9	12.4	1.1
	跑条1次	5.1	15.7	12.5	1.1
模块二	正常卷制	4.1	12.4	9.8	0.6
	跑条1次	4.1	12.3	9.6	0.6

表6-36　　卷制工序跑条卷烟样品抽吸口数和烟气中TPM、焦油和烟碱含量

样品	口数/(puff/支)		TPM/(mg/支)		焦油/(mg/支)		烟碱/(mg/支)	
	均值	极差	均值	极差	均值	极差	均值	极差
模块一	5.1	0.1	15.8	0.2	12.5	0.1	1.1	0
模块二	4.1	0	12.4	0.1	9.7	0.2	0.6	0

二、卷制工序中跑条次数对7种有害成分的影响

表6-37~表6-43是不同模块样品在卷制工序分别采用直接卷制和跑条一次后卷制2种方式制备的卷烟样品CO、B[a]P、NNK、氨、苯酚、HCN、巴豆醛全支释放量的分析检测结果。可以看出，模块二条件下，氨与HCN全支释放量增加，其余5种物质CO、B[a]P、NNK、苯酚、巴豆醛的全支释放量均下降。

表6-37　　卷制跑条处理后卷烟样品CO释放量的分析检测结果

样品	CO释放量		
	均值/(mg/支)	极差/(mg/支)	变化率/%
模块一	11.40	0.07	0.58
模块二	10.73	0.20	1.86

表6-38　　卷制跑条处理后卷烟样品B[a]P释放量的分析检测结果

样品	B[a]P释放量		
	均值/(ng/支)	极差/(ng/支)	变化率/%
模块一	6.98	0.15	2.20
模块二	5.00	0.17	3.40

表 6-39　卷制跑条处理后卷烟样品 NNK 释放量的分析检测结果

样品	NNK 释放量		
	均值/(ng/支)	极差/(ng/支)	变化率/%
模块一	7.82	0.74	9.42
模块二	6.21	0.28	4.51

表 6-40　卷制跑条处理后卷烟样品氨释放量的分析检测结果

样品	氨释放量		
	均值/(μg/支)	极差/(μg/支)	变化率/%
模块一	6.16	0.66	10.77
模块二	6.25	0.31	4.90

表 6-41　卷制跑条处理后卷烟样品苯酚释放量的分析检测结果

样品	苯酚放量		
	均值/(μg/支)	极差/(μg/支)	变化率/%
模块一	18.06	0.12	0.65
模块二	12.16	0.26	2.14

表 6-42　卷制跑条处理后卷烟样品 HCN 释放量的分析检测结果

样品	HCN 放量		
	均值/(μg/支)	极差/(μg/支)	变化率/%
模块一	118.85	1.14	0.96
模块二	136.11	18.60	13.66

表 6-43　卷制跑条处理后卷烟样品巴豆醛释放量的分析检测结果

样品	巴豆醛放量		
	均值/(μg/支)	极差/(μg/支)	变化率/%
模块一	16.39	1.16	7.06
模块二	14.52	0.39	2.69

三、跑条次数对危害性指数的影响

图 6-10 显示卷制工序中不同跑条次数制备的卷烟样品危害性指数的变化趋势，该指标综合了 7 种有害成分的全支释放量指标，从图中数据可知，模块一和模块二跑条 1 次卷制样品与正常卷制卷烟样品相比，危害性指数均增加，即危害性指标均高于未跑条对照样，说明跑条后，烟丝造碎增加，不利于降低卷烟的危害性指数指标。

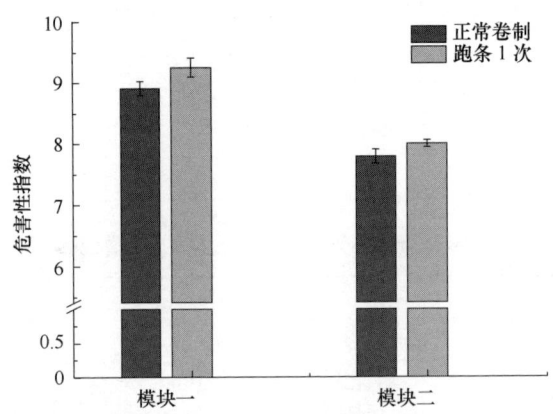

图 6-10　卷制工序中不同跑条次数卷烟样品危害性指数的变化

表 6-44 是不同模块样品在卷制工序分别采用直接卷制和跑条一次后卷制 2 种加工方式下制备的卷烟样品危害性指数的分析检测结果。结果表明不同卷制跑条次数条件下，模块一和模块二卷烟样品危害性指数极差分别为 0.21、0.35。

表 6-44　卷制跑条处理后卷烟样品危害性指数的分析检测结果

样品	危害性指数		
	均值	极差	变化率/%
模块一	9.08	0.35	3.85
模块二	7.89	0.21	2.67

四、卷制工序跑条次数对处理前后物理指标的影响

1. 填充值测定结果

图 6-11 为不同跑条次数下烟丝填充值变化趋势。从图中可以看出，相同跑条次数下，模块二卷制后烟丝的填充值高于模块一烟丝；实验范围内，跑条次数对模块一及模块二均有一定的影响，跑条次数 1 卷制后烟丝的填充值大于卷制前烟丝填充值。

表 6-45 为不同跑条次数下烟丝填充值的均值、极差及变化率数据。由表可以看出，跑条次数对模块一及模块二卷制烟丝的填充值均有一定程度的影响，影响程度模块一>模块二。

2. 卷制工序不同跑条次数处理成品卷烟烟丝结构测定结果

表 6-46 为不同跑条次数下烟丝填充值的均值、极差及变化率数据。由表可以看出，跑条次数对模块一及模块二卷制烟丝的填充值均有一定程度的影响，影响程度模块一>模块二。

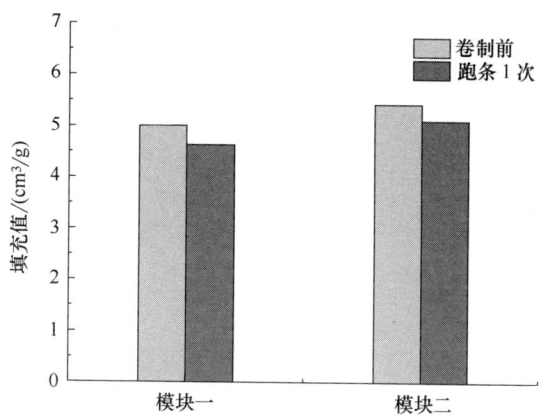

图 6-11　跑条次数对烟丝填充值的影响

表 6-45　　　　　　　跑条次数对梗丝填充值的影响

样品	填充值		
	均值/(cm³/g)	极差/(cm³/g)	变化率/%
模块一	4.82	0.36	7.54
模块二	5.28	0.33	6.25

表 6-46　　　　　　　跑条次数对梗丝填充值的影响

样品	填充值		
	均值/(cm³/g)	极差/(cm³/g)	变化率/%
模块一	4.82	0.36	7.54
模块二	5.28	0.33	6.25

五、卷制工序跑条次数对卷烟烟支物理指标的影响

表 6-47 为卷制工序正常和跑条卷烟样品物理指标的变化趋势。表中数据显示，跑条一次后，模块一的吸阻增加。表 6-48 数据显示，跑条一次卷烟与正常烟支在物理指标上没有显著性差异。

表 6-47　　　　　　卷制跑条对烟支物理指标的影响

样品	加工强度	吸阻/Pa	硬度/%
模块一	正常卷制	1098	67.8
	跑条 1 次	1126	68.8
模块二	正常卷制	1124	63.4
	跑条 1 次	1113	62.2

表 6-48　卷制工序跑条样品物理指标的分析检测结果数据

样品		均值	极差
吸阻/Pa	正常样品	1112	28
	跑条一次	1118	11
硬度/%	正常样品	68.3	1.0
	跑条一次	62.8	1.2

第三节　梗丝加工工序加工质量及烟气调控技术应用

一、梗丝加工工序中加工方式对常规烟气指标的影响

表 6-49 显示 2 个烟梗样品在梗丝加工工序流化床（LHC）和滚筒（GT）两种不同加工方式下处理，经过相同工艺过程，制备的卷烟样品抽吸口数、烟气中总粒相物、焦油和烟碱含量的对比关系。由表中数据可知，梗丝加工方式不同，两种样品在抽吸口数、TPM、焦油和烟碱释放量等常规烟气指标方面呈现相同变化的趋势，GT 加工模式下烟气的 4 项常规指标均高于 LHC 加工模式。

表 6-49　梗丝加工方式对烟气常规指标影响

样品	加工方式	口数/(puff/支)	TPM/(mg/支)	焦油/(mg/支)	烟碱/(mg/支)
纯梗丝	LHC	3.3	5.16	4.02	0.13
	GT	3.8	5.81	4.58	0.15
牌号三四掺配梗丝	LHC	5.1	11.17	8.98	0.53
	GT	5.8	14.29	11.70	0.76

表 6-50 是不同梗丝样品 2 种加工方式下制备的卷烟样品抽吸口数和烟气中 TPM、焦油和烟碱含量的均值结果。由表可知，纯梗丝卷制与掺配一定比例（35%）梗丝卷制样品相比，烟气中 TPM、焦油和烟碱含量均较低，且极差较小。

二、梗丝加工方式对 7 种有害成分的影响

表 6-51~表 6-57 是梗丝加工工序 2 种加工方式下制备的卷烟样品 CO、B[a]P、NNK、氨、苯酚、HCN、巴豆醛全支释放量的分析检测结果。可以看出，2 种加工方式下卷烟样品全支苯酚释放量的分析检测结果。结果显示，不同加工方式纯梗丝卷制与掺配一定比例（35%）梗丝卷制样品相比，7 种有害气体全支释放量均增加，但极差较小。

表6-50 梗丝不同加工方式下卷烟抽吸口数和烟气中 TPM、焦油和烟碱含量的均值检验

样品	抽吸口数/(puff/支)		TPM/(mg/支)		焦油/(mg/支)		烟碱/(mg/支)	
	均值	极差	均值	极差	均值	极差	均值	极差
纯梗丝	3.6	0.5	5.49	0.65	4.3	0.56	0.14	0.02
牌号三四掺配梗丝(35%)	5.5	0.7	12.7	3.12	10.34	2.72	0.65	0.23

表6-51 烟梗样品在梗丝加工工序2种加工方式下制备的卷烟样品 CO 释放量的分析检测结果

样品	CO 释放量		
	均值/(mg/支)	极差/(mg/支)	变化率/%
A 类梗丝	11.38	1.45	12.74
牌号三四掺配梗丝(35%)	15.95	1.22	7.63

表6-52 梗样品在梗丝加工工序2种加工方式下制备的卷烟样品 B[a]P 释放量的分析检测结果

样品	B[a]P 释放量		
	均值/(ng/支)	极差/(ng/支)	变化率/%
A 类梗丝	4.30	1.08	25.14
牌号三四掺配梗丝(35%)	9.03	0.95	10.56

表6-53 梗样品在梗丝加工工序2种加工方式下制备的卷烟样品 NNK 释放量的分析检测结果

样品	NNK 释放量		
	均值/(ng/支)	极差/(ng/支)	变化率/%
A 类梗丝	2.46	1.07	43.42
牌号三四掺配梗丝(35%)	4.77	0.15	3.08

表6-54 烟梗样品在梗丝加工工序2种加工方式下制备的卷烟样品氨释放量的分析检测结果

样品	氨释放量		
	均值/(μg/支)	极差/(μg/支)	变化率/%
A 类梗丝	2.24	1.85	82.44
牌号三四掺配梗丝(35%)	5.88	0.50	8.45

表 6-55　烟梗样品在梗丝加工工序 2 种加工方式下制备的卷烟样品苯酚释放量的分析检测结果

样品	苯酚释放量		
	均值/(μg/支)	极差/(μg/支)	变化率/%
A 类梗丝	1.40	0.35	24.97
牌号三四掺配梗丝(35%)	10.38	0.23	2.25

表 6-56　烟梗样品在梗丝加工工序 2 种加工方式下制备的卷烟样品 HCN 释放量的分析检测结果

样品	HCN 释放量		
	均值/(μg/支)	极差/(μg/支)	变化率/%
A 类梗丝	81.24	15.49	19.07
牌号三四掺配梗丝(35%)	117.71	5.75	4.89

表 6-57　烟梗样品在梗丝加工工序 2 种加工方式下制备的卷烟样品巴豆醛释放量的分析检测结果

样品	巴豆醛释放量		
	均值/(μg/支)	极差/(μg/支)	变化率/%
A 类梗丝	13.52	3.68	27.25
牌号三四掺配梗丝(35%)	18.57	0.63	3.39

三、梗丝加工中加工方式对危害性指数的影响

图 6-12 为梗丝 2 种加工方式（流化床干燥、滚筒干燥）制备的梗丝卷烟

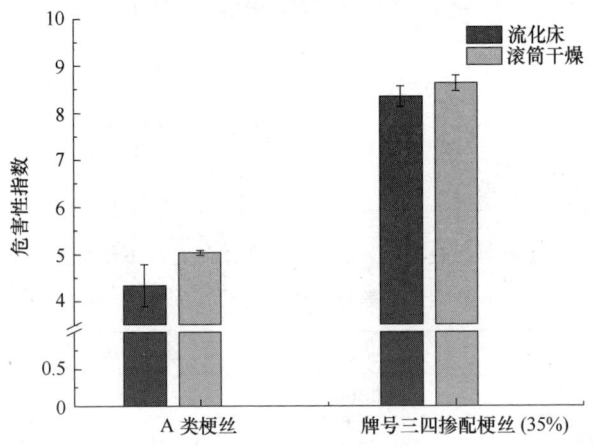

图 6-12　梗丝加工 2 种不同加工方式对卷烟样品危害性指数的影响

样品危害性指数的变化情况,该指标综合了7种有害成分的全支释放量指标,从图中数据可知,采用滚筒干燥方式生产的梗丝卷制的纯梗丝卷烟样品危害性指数高于采用流化床方式;将两种方式生产的梗丝同比例(梗丝占比35%)添加入相同的卷烟配方,结果表明,采用滚筒干燥方式生产的梗丝添加入卷烟配方后生产的卷烟样品危害性指数同样高于采用流化床方式。说明选择合适的梗丝加工方式可以优化卷烟的危害性指数指标。

表6-58是不同产地烟梗样品在梗丝加工工序2种加工方式下制备的卷烟样品危害性指数的分析检测结果。结果表明2种不同加工方式生产的A类梗丝和梗丝加入牌号三、牌号四配方(占比35%)后卷烟样品危害性指数极差分别为0.70、0.29。

表6-58 烟梗样品采用2种加工方式制备的卷烟样品危害性指数的分析检测结果

样品	危害性指数		
	均值	极差	变化率/%
A类梗丝	4.69	0.70	14.97
牌号三四掺配梗丝(35%)	8.49	0.29	3.39

四、梗丝加工工序加工方式对处理前后化学成分的影响

表6-59是不同梗丝加工方式处理后梗丝的化学成分变化。从表中可以看出,对纯梗丝来说,滚筒干燥方式下烟丝中的总氮增高,钾降低,其余指标基本不变。

表6-59 梗丝不同加工方式化学成分分析

指标	纯梗丝	
	LHC	GT
水溶性总糖/%	15.00	14.88
还原糖/%	11.69	11.67
总植物碱/%	0.48	0.46
氯/%	1.52	1.48
总氮/%	1.03	2.06
钾/%	3.68	3.37

五、梗丝加工工序加工方式对处理前后物理指标的影响

1. 填充值测定结果

图6-13为两种加工方式下梗丝填充值变化趋势。从图中可以看出,相同加工方式下,A类梗丝的填充值明显大于牌号三、牌号四掺配梗丝(掺配比

例为35%）的填充值；A类梗丝HT+流化床干燥方式填充值明显高于HT+滚筒干燥，两种处理方式对牌号三及牌号四掺配梗丝（35%）影响不大。

表6-60为两种加工方式下梗丝填充值得均值、极差及变化率的数值。由表可以看出，两种干燥方式对A类梗丝、牌号三及牌号四掺配梗丝的填充值均有一定的程度的影响，影响程度A类梗丝>牌号三及牌号四掺配梗丝。

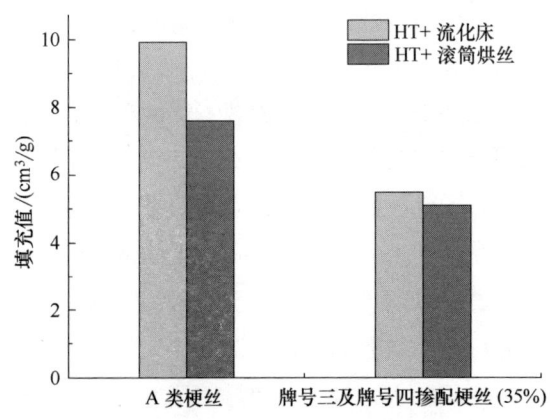

图6-13 梗丝加工方式对填充值影响

表6-60 不同加工方式对梗丝填充值测定数据

样品	填充值		
	均值/(cm³/g)	极差/(cm³/g)	变化率/%
A类梗丝	8.77	2.34	26.68
牌号三及牌号四掺配梗丝(35%)	5.3	0.38	7.17

2. 梗丝结构测定结果

图6-14为不同加工处理方式下A类梗丝结构变化趋势。由图可以看出，干燥方式对梗丝周长、长度的影响较为明显，对厚度的影响不大，HT+滚筒干燥处理后梗丝的周长及长度明显大于HT+流化床干燥方式。

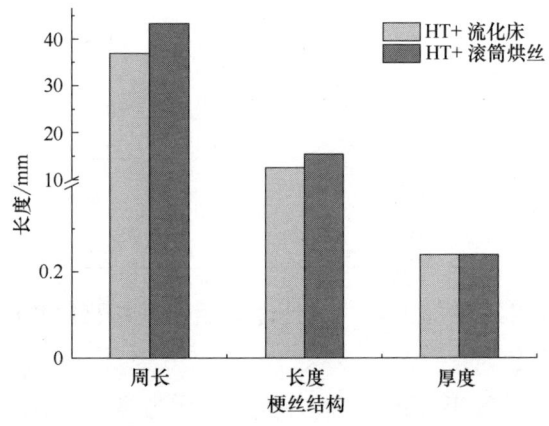

图6-14 不同干燥方式下梗丝结构影响

3. 密度及内孔容积测定结果

图 6-15 为不同干燥方式下梗丝内孔容积的变化趋势。从图中可以看出，同种干燥方式下，A 类梗丝的内孔容积远大于牌号三、牌号四配方；两种方式干燥后，A 类梗丝、牌号三以及牌号四掺配梗丝的内孔容积均呈增大趋势。

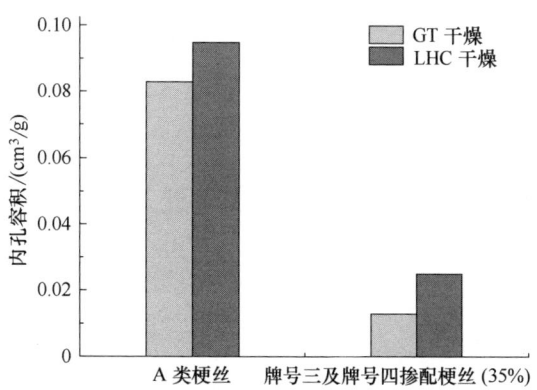

图 6-15 不同干燥方式下内孔容积的影响

六、梗丝加工工序加工方式对卷烟烟支物理指标的影响

表 6-61 为不同的加工方式对不同产区梗丝处理后制备的卷烟样品物理指标的变化趋势。表 6-62 是不同梗丝处理工序处理后卷烟样品物理质量的分析检测结果数据。表中数据显示，滚筒干燥模式与流化床干燥模式对卷烟样品吸阻及硬度影响不大。

表 6-61 梗丝不同加工方式对烟支物理指标的影响

样品	加工强度	吸阻/Pa	硬度/%
纯梗丝	流化床干燥	1099	63.9
	滚筒干燥	1071	64.0
牌号三及牌号四掺配梗丝(35%)	流化床干燥	1149	69.3
	滚筒干燥	1120	70.5

表 6-62 不同梗丝加工方式处理后卷烟样品物理指标的分析检测结果数据

	样品	LHC-GT 均值	极差
吸阻/Pa	纯梗丝	1085	28
	牌号三及牌号四掺配梗丝(35%)	1134	29
硬度/%	纯梗丝	63.95	0.1
	牌号三及牌号四掺配梗丝(35%)	69.9	1.2

附录

附录一 工序参数设置及编码

一 试验研究方法及参数设置

针对卷烟加工中涉及的关键工序，在每个工序中，依据加工参数可控范围，进行加工强度设置，考察加工强度对加工质量及卷制烟支燃烧烟气成分的影响。重点考察以下工序：制叶丝工序涉及松散回潮、切丝、增温增湿+滚筒烘丝、增温增湿+气流干燥（气流干燥使用CTD和HDT），制梗丝工序涉及压梗、切梗、闪蒸+流化床［梗丝膨胀环节还涉及多种膨胀方法：HT+流化床、HT+滚筒烘丝、梗丝气流干燥（气流干燥使用了0.1mm和0.16mm两个压梗厚度）等技术］，风选和卷接包工序。加工强度的加工参数设置：制叶丝工序中松散回潮（回风温度）、切丝（切丝宽度）、增温增湿+滚筒烘丝（筒壁温度）、增温增湿+气流干燥（工艺气温度+蒸汽注入量组合），制梗丝工序中主要考察不同膨胀技术或流程设置，风选和卷制（跑条3次）。选择3个不同强度条件，对3种单等级片烟或烟丝和3种原梗进行处理，处理时，其他工艺过程采用适中且相同的加工条件进行处理。

（一）松散回潮工序

选择3个不同部位单等级烟叶（上部、中部和下部），在保证松散回潮出口物料含水率等物理质量满足后续工序加工要求前提下，调整松散回潮机不同回风温度，在设备性能范围内设定三个不同的加工强度（低强度、中等强度和高强度，低强度和高强度指标均为研究中所使用设备的参数设置极限），进行回潮试验。后续加料工序中的料液同比用水代替；切丝宽度为1mm；气流干燥按照正常方式进行（去掉头尾料），加香工序以通道模式处理。对松散前后烟片物理指标（片大小分布、含水率、温度）、常规化学成分进行取样测定，对加香筒后烟丝样品各项指标（物理特性、常规化学成分）进行检测，同时取样进行卷制，并对卷制后样品进行各项指标测定。不同加工强度具体参数设置如附表1-1所示。

附表1-1　　　　松散回潮工序加工强度参数指标设定

编号（加工强度）	SS1（低强度）	SS2（中强度）	SS3（高强度）
物料流量/（kg/h）	500	500	500
进风温度/℃	在线检测	在线检测	在线检测
回风温度/℃（预计）	50	60（正常）	65
加水量/（L/h）	控制出口含水率的情况下调整并记录		
排潮开度/%	45	45	45
出口含水率/%	20	20	20

注：设备通过控制进风温度改变加工强度，通过控制加水量保证出口物料含水率。

（二）切丝工序

选择3个不同部位单等级烟叶，分别按正常生产进行松散回潮、筛分加料，每一个试验牌号分别设置3个切丝宽度水平（0.8mm、1.0mm、1.2mm）进行切丝研究，对切丝后的样品按照正常生产加工参数（中等加工强度）进行后续加工，并在工序加工前后进行取样。对切丝后烟丝物理指标（烟丝尺寸分布、烟丝宽度及分布）、常规化学成分进行测定，对加香筒后烟丝各项指标（物理特性、常规化学成分）进行检测，同时取样进行卷制，并对卷制后样品进行各项指标测定。切丝参数设置如附表1-2所示。

附表1-2　　　切丝工序加工条件参数设定（不同切丝宽度）

试验编号	QS1	QS2	QS4
物料流量/（kg/h）	500	500	500
刀门压力/×10^{5}Pa	1.8	1.8	1.8
切丝宽度/mm	0.8	1.0	1.2
进料含水率/%（正常生产）	19	19	19

（三）滚筒干燥工序

选择3个不同部位单等级烟叶，分别按正常生产进行松散回潮、切丝，在保证滚筒干燥出口含水率等物理质量满足要求前提下，在设备性能范围内设定低强度、中强度和高强度三个不同的加工强度（加工强度通过设定不同的干燥入口含水率及筒壁温度实现，低强度和高强度指标均为研究中所使用设备的参数设置极限）进行试验，试验过程中，微调物料流量实现烟丝干燥出口含水率控制。对增温增湿（加料机）+滚筒干燥前、后烟丝物理指标（烟丝尺寸分布、烟丝内孔体积、填充值）、常规化学成分进行测定，对加香筒后烟丝各项指标（物理特性、常规化学成分）进行检测，同时取样进行卷制，并对卷制后样品进行各项指标测定。滚筒干燥参数设置如附表1-3所示。

附表1-3　　增温增湿（加料）+滚筒干燥工序加工强度设定

编号（加工强度）	GT1（低强度）	GT2（中强度）	GT3（高强度）
物料流量/(kg/h)	500	500	500
来料含水率/%（切丝机后）	18	18	18
增湿机后含水率/%	0.0	21	24
筒壁温度/℃	120	130	140
热风温度/℃	100	105	110
滚筒转速/(r/min)	8.5	8.5	8.5
出口含水率/%	12.5	12.5	12.5

注：排潮风门开度自动调整。

（四）HDT气流干燥工序

选择3个不同部位单等级烟叶，分别按正常生产进行松散回潮、切丝，在保证气流干燥出口含水率等物理质量满足要求前提下，通过调整切丝后加料机加水比例及气流干燥机工作风温实现烟丝干燥，在设备性能范围内设定三个不同的加工强度（低强度、中等强度和高强度）进行试验，试验过程通过调节工作风温来控制干燥出口含水率。对增温增湿（加料机）+气流干燥前、后烟丝物理指标（烟丝尺寸分布、烟丝内孔体积、填充值）、常规化学成分进行测定，对加香筒后烟丝各项指标（物理特性、常规化学成分）进行检测，同时取样进行卷制，并对卷制后样品进行各项指标测定。不同加工强度试验参数设置如附表1-4所示。

附表1-4　　HDT气流干燥工序加工强度设定

编号（加工强度）	QL1（低强度）	QL2（中强度）	QL3（高强度）
物料流量/(kg/h)	500	500	500
来料含水率/%（切丝后）	17	17	17
加湿后含水率/%	17	19	21
带料喷射蒸汽量/(kg/h)	0	50	80
工作风温/℃	150	160	170
出口含水率/%	13.0	13.0	13.0

(五) CTD气流干燥工序

选择3个不同部位单等级烟叶,分别按正常生产进行松散回潮、筛分加料、切丝,在保证气流干燥出口含水率等物理质量满足要求前提下,调整气流干燥机蒸汽注入量及气流干燥机工作风温实现烟丝干燥,在设备性能范围内设定三个不同的加工强度(低强度、中等强度和高强度)进行试验,试验过程通过调节物料流量来控制干燥出口含水率。对增温增湿+气流干燥前、后烟丝物理指标(烟丝尺寸分布、烟丝内孔体积、填充值)、常规化学成分进行测定,对加香筒后烟丝各项指标(物理特性、常规化学成分)进行检测,同时取样进行卷制,并对卷制后样品进行各项指标测定。不同加工强度试验参数设置如附表1-5所示。

附表1-5　　　　CTD气流干燥工序加工强度设定

编号(加工强度)	QL1(低强度)	QL2(中强度)	QL3(高强度)
物料流量/(kg/h)	500	500	500
进料含水率/%(RCC后)	19.0	20.5	22.0
带料喷射蒸汽量/(kg/h)	170	175	200
工作风温/℃	150	160	168
出口含水率/%	13.5	13.5	13.5

(六) 风选工序

选择低、中、高三个档次黄金叶牌号(金满堂10元、黄金眼13元、茗仕之风60元)的配方烟丝,制丝过程采用正常生产加工条件,风选按正常加工条件进行,分别对风选前后(未风选和风选)三个档次烟丝及卷烟样品进行测定,研究风选工序对加工质量的影响。风选工序参数设置如附表1-6所示。

附表1-6　　　　风选工序参数记录表格

记录参数	高速皮带频率/Hz	一级风门开度/%	二级风门开度/%	风选风机频率/Hz
三类烟	30	52	37	45
二类烟	30	52	37	45
一类烟	30	52	37	45

(七) 卷制工序

选择3个单等级烟丝,卷制前烟丝在各工序均采用正常加工条件生产,分别进行不同跑条次数(0、1、2、3次)试验,研究不同跑条次数条件(烟丝结构）对卷制质量的影响。对卷制前烟丝物理指标（烟丝尺寸分布、填充值）进行检测，对卷制后样品进行各项指标测定。加工强度具体试验参数设置如附表1-7所示。

附表1-7　　　　　　　　卷制工序试验参数设置

试验编号	JZ1	JZ2	JZ3	JZ4
跑条次数/次	0（正常生产）	1	2	3

注：卷制前各工序加工条件一致。

（八）不同梗丝加工方式

选择3种（地区）原梗（2009年河南平顶山梗、2012年云南楚雄梗、2012年福建南平梗）制梗丝，具体步骤：①同一种原梗分别采用三种梗丝制造模式［HT+流化床（郑州厂，切梗厚度0.10mm）、HT+滚筒烘丝（郑州院，切梗厚度0.10mm）、梗丝气流干燥（许昌，切梗厚度0.10mm、0.16mm）］，按正常生产条件进行浸梗、压梗、切梗等梗丝加工过程，且不同梗丝加工模式均采用各自正常生产参数进行（但不加香）；②对于许昌厂的切梗丝试验，每个等级另作一个切梗厚度为0.10mm对比试验；对加香筒前梗丝各项指标（物理特性、常规化学成分）进行检测，同时取样进行卷制，并对卷制后样品进行各项指标测定。试验模式设置如附表1-8所示。

附表1-8　　　　　　　不同梗丝加工模式试验参数设置

试验编号	GS	GS2	GS3	GS4
物料流量/(kg/h)	2000	200	1600	1600
来料含水率/%	35	35	35	35
梗丝厚度/mm	0.10	0.10	0.10	0.16
加工模式	HT+流化床（郑州厂）	HT+滚筒烘丝（郑州院）	梗丝气流干燥（许昌）	梗丝气流干燥（许昌）

二　验证试验方法及参数设置

（一）切丝工序

选择两个规格的配方烟叶，分别按正常生产进行松散回潮、筛分加料，每一个试验牌号分别设置2个切丝宽度水平（0.8mm、1.0mm）进行切丝研究，对切丝后的样品按照正常生产加工参数（中等加工强度）进行后续加工，并在工序加工前后进行取样。对切丝后烟丝物理指标（烟丝尺寸分布、烟丝宽度及分布)、常规化学成分进行测定,对加香筒后烟丝各项指标(物理特性、常规化学成分)进行检测,同时取样进行卷制,并对卷制后样品进行各项指标测定。切丝参数设置如附表1-9所示。

附表1-9　　　　切丝工序加工条件设定(不同切丝宽度)

试验编号	QS1	QS2
物料流量/(kg/h)	500	500
刀门压力/×10^5Pa	1.8	1.8
切丝宽度/mm	0.8	1.0
进料含水率/%(正常生产)	19	19

(二) 气流干燥工序

两个牌号各2个批次配方烟叶,分别按正常生产进行松散回潮、筛分加料、切丝,在保证气流干燥出口含水率等物理质量满足要求前提下,调整物料入口含水率、气流干燥机蒸汽注入量及气流干燥机工作风温实现烟丝干燥,干燥设置两个不同的加工强度(一个为正常生产,另一个为优化加工条件)进行试验,试验过程通过调节物料流量来控制干燥出口含水率。对增温增湿+气流干燥前、后烟丝物理指标(烟丝尺寸分布、烟丝内孔体积、填充值)、常规化学成分进行测定,对加香筒后烟丝各项指标(物理特性、常规化学成分)进行检测,同时取样进行卷制,并对卷制后样品进行各项物理及烟气等指标测定。不同加工强度试验参数设置如附表1-10所示。

附表1-10　　　　气流干燥工序加工强度设定

加工强度	CTD1(正常)	CTD2(高强度)
物料流量/kg/h	500	500
进料含水率/%(RCC后)	20.5	20.5
带料喷射蒸汽量/(kg/h)	200	200
工作风温/℃	156~158	165~167
出口含水率/%	13.5	13.5

(三) 卷制工序

采用两个规格的配方烟丝,卷制前烟丝在各工序均采用正常加工条件生产(可以取气流干燥正常生产样品),分别进行不同跑条次数(0、1次)试验,研究不同跑条次数条件(烟丝结构)对卷制质量的影响。对卷制前烟丝物理指标(烟丝尺寸分布、填充值)进行检测,对卷制后样品进行各项指标测定。加工强度具体试验参数设置如附表1-11所示。

附表1-11　　　　　　　卷制工序试验参数设置

试验编号	JZ1	JZ2
跑条次数/次	0（正常生产）	1

注：卷制前各工序加工条件一致。

（四）不同梗丝加工模式

选择在两个规格卷烟配方烟丝中都含有的梗，进行两种方式的制梗丝，具体实验计划：同一种原梗分别采用两种梗丝制造模式［HT+流化床（切梗厚度0.15mm）、HT+滚筒烘丝（切梗厚度0.15mm）］按正常生产条件进行浸梗、压梗、切梗等梗丝加工过程，且不同梗丝加工模式均采用各自正常生产参数进行；对掺配前梗丝各项指标（物理特性、常规化学成分）进行检测，同时将两种加工方式生产的梗丝分别与两个规格的叶丝分两份进行掺配、加香、卷制，并对卷制后样品进行各项指标测定。试验模式设置如附表1-12所示。

附表1-12　　　　　不同梗丝加工模式试验参数设置

试验编号	GS1	GS2
物料流量/(kg/h)	2300	2300
来料含水率/%	32	32
梗丝厚度/mm	0.15	0.15
加工模式	HT+流化床	HT+滚筒烘丝

附录二　样品检测与分析方法

一　物理指标检测

(1) 水分检测采用在线检测与烘箱法检测相结合的办法；

(2) 温度检测采用在线检测和手持红外温度计两种方法进行检测；

(3) 烟丝填充值采用YC/T 152—2001《卷烟　烟丝填充值的测定》进行检测；

(4) 烟丝结构采用《卷烟工艺测试与分析大纲》制定的方法进行检测；

(5) 烟丝宽度测定采用《卷烟工艺测试与分析大纲》方法进行；

（6）烟丝表观密度、真密度和内孔体积按照 YC/T 473—2013《烟丝表观密度、真密度和内孔容积的测定》的方法测定；

（7）烟丝尺寸分布按照 YC/T 352—2010《烟草加工介质湿含量的测定》的方法测定。

二　化学成分检测

（1）总糖、还原糖：YC/T 159—2019《烟草及烟草制品 水溶性糖的测定 连续流动法》；

（2）总氮：YC/T 161—2002《烟草及烟草制品 总氮的测定连续流动法》；

（3）总植物碱：YC/T 468—2013《烟草及烟草制品 总植物碱的测定 连续流动（硫氰酸钾）法》；

（4）钾：YC/T 173—2003《烟草及烟草制品 钾的测定 火焰光度法》，YC/T 217—2007《烟草及烟草制品 钾的测定 连续流动法》；

（5）氯：YC/T 162—2011《烟草及烟草制品 氯的测定 连续流动法》；

（6）淀粉：YC/T 216—2013《烟草及烟草制品 淀粉的测定 连续流动法》；

（7）纤维素：采用纤维素酶酶解烟草中的纤维素，利用流动分析仪测定水解液中的葡萄糖。参考《烟草科技》2012 年底 7 期（总第 300 期），流动分析法测定烟草中的纤维素；

（8）石油醚提取物：YC/T 176—2003《烟草及烟草制品 石油醚提取物的测定》。

三　烟气成分检测

（1）焦油按照 GB/T 19609—2004《卷烟　用常规分析用吸烟机测定总粒相物和焦油》进行测定；

（2）烟碱按照 GB/T 23355—2009《卷烟　总粒相物中烟碱的测定 气相色谱法进行测定》；

（3）气相全成分：按照企业通用方法进行测定；

（4）粒相全成分：按照企业通用方法进行测定；

（5）7+X 种有害成分：按照企业通用方法进行测定。

四　工业分析和元素分析

（1）工业分析　在国家标准中，工业分析是指包括水分、灰分、挥发分和固定碳四个分析项目指标测定的总称。本实验采用工业分析方法，称取一定量样品放入带盖的瓷坩埚中，在（850±10）℃温度下，隔绝空气加热 7min，减少的质量减去该样品水分含量即挥发分含量；另外称取一定量干燥后的样品，以一定升温速率加热到（850±10）℃，灰化并灼烧到质量恒定，残留物所占比重即为灰分比重，而用差减法将样品干基中挥发分与灰分质量减去，所得结果即为固定碳含量。

（2）元素分析　采用杜马斯燃烧法，即动态闪烧-色谱分离的方法。用锡纸将事先磨碎成粉的样品包好，先使用 CHNS 模式，经过进样器将样品投入氧化反应管中，在适量纯氧环境中燃烧，并经过催化氧化过程，将 C、H、N、S 分别转化为可检测的气体，运用气相色谱法，通过各气体在色谱柱中流出时间的不同，将含有各元素的气体分离并检测其含量，换算得到 C、H、N、S 比重，而要检测 O 元素含量时，切换至 O 模式，在适量氦气环境中，经过还原反应，并进行换算，计算出 O 元素含量。热重分析仪的检测与表征方法。

五　热重检测方法

检测过程中，一方面选择合适的气体类型及流速流量，来控制反应气氛环境；另一方面调节炉体内升温速率，来控制样品受热情况，并实时检测样品重量，通过软件生成热相应数据曲线，最终得到样品在热解和燃烧过程中的失重图像，即 TG 曲线。

对热解和燃烧的 TG 曲线进行微分得到失重速率曲线，即 DTG 曲线，并根据 TG 曲线和 DTG 曲线得到相应的燃烧着火点、燃尽温度、最大失重速率等燃烧特性数据，通过分析热解和燃烧过程中这些数据的变化情况，得到烟草组分燃烧特性的变化规律。

六　卷烟燃吸时燃烧锥内部温度分布的采集系统与数据处理

（1）卷烟燃吸温度采集系统　实验使用半自动热电偶插入系统（附图 2-1）来定位热电偶插入卷烟中的位置。精确热电偶插入位置是保证实验所得温度数据最小人为操作误差的必要步骤。

为了精确定位并在插入和测量时增加热电偶的稳定性，使用 8 根热电偶（2，附图 2-1）组成一个综合测试模块。测量温度前，移除模块连接附件方便使用冲孔钻头对卷烟进行预打孔（3，附图 2-1）。

首先把测试卷烟（4，附图 2-1）插入卷烟夹持器中并且启动仪器使卷烟吸附固定于支架（1，附图 2-1）上。卷烟插入系统使用一个感光元件（未标示出）确定卷烟高度和长度（从点燃端计），精确到±0.01mm，卷烟初始打孔位置可以通过软件（6，附图 2-1）控制。卷烟中的热电偶预插入位置通过

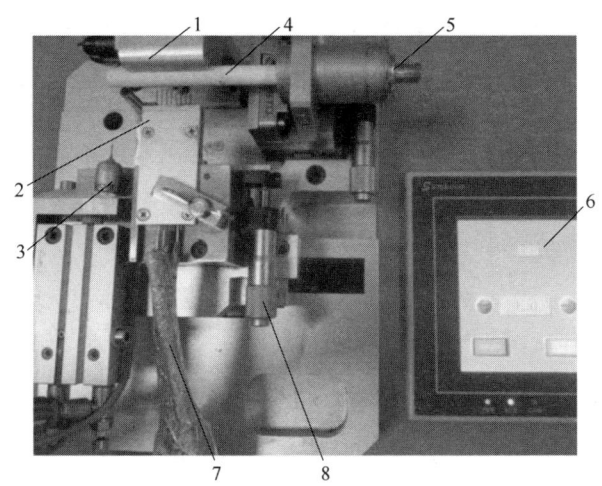

附图 2-1 实验中使用的半自动热电偶插入系统

1—卷烟支架 2—热电偶组 3—精确冲孔钻头 4—卷烟样品 5—烟支夹持器 6—软件控制面板 7—热电偶补偿线 8—X-Y 定位台

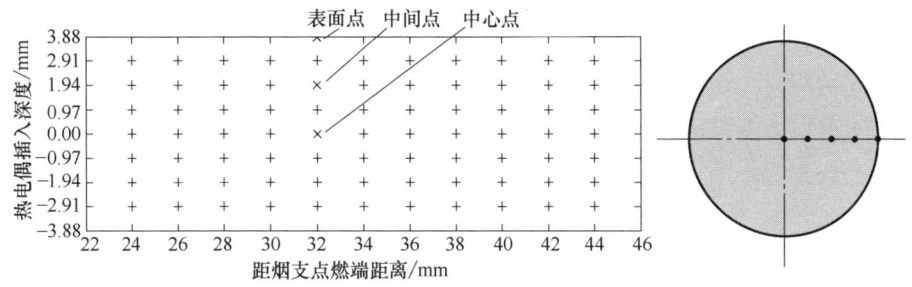

附图 2-2 热电偶插入深度网格图

人工控制（附图 2-2）。固定卷烟后，冲孔钻头（3，附图 2-1）根据插入网格图（附图 2-2）在卷烟上依次打孔。精确打孔操作在完成卷烟烟支上的 8 个孔后停止并回到原始位置。本程序最多可同时使 13 个热电偶插入固定卷烟烟支中。为了限制热电偶插入烟支中的总热负荷，本实验使用 8 根热电偶（K型，直径 0.254mm）进行温度测量。热电偶模块随后通过 X-Y 定位台精确插入预打孔中固定深度。用少量淀粉基质乳胶封住热电偶的空隙防止烟气从预打孔中溢出而影响温度测量。目测胶水凝结后才开始温度测量。

温度测量从距烟支点燃端 22mm 处开始，因为烟支在此段的烟丝密度趋于均匀稳定。5 等分割烟支半径 3.88mm 得到 5 个深度。由于烟支关于中轴对称（卷烟烟支水平放置），故只需测量横截面网格中的一半数据。

通过烟支夹持器（5，附图2-1）把卷烟固定于单通道吸烟机（中科院安徽光学精密机械研究所制造），设定所需实验参数后使用电子点烟器点燃插入固定深度热电偶的测试卷烟。吸烟机中的压力传感器感受到气流流动启动记录实时卷烟内部温度数据。根据测试目的和热电偶在卷烟烟支中的插入位置不同，软件还能在某一特定的抽吸口数开始或结束数据记录。使用高速数字转换器（Omega，美国）接受热电偶所记录的温度数据，记录频率在10~50Hz范围内可调。

（2）数据处理与作图　插入测试卷烟烟支中的热电偶检测到的随时间变化的温度数据可以通过软件实时显示，如附图2-3（1）（测量深度如附图2-2所示）。实验中第一次抽吸（$t=0s$）开始于卷烟点燃时刻。在其他文献中，起始时刻通常由设定的燃烧线确定（PBL）。后者的方法很容易观察但是由于燃烧线在卷烟烟支上并不垂直且间歇性移动而不是连续的，所以存在很大的人为操作误差。本实验改进的热电偶插入方法和确定起始时刻的方法使得测量温度数据的相对标准偏差（如附图2-3（1）中的剖面中轴温度曲线）降低至可接受的范围。附图2-3（2）显示了随着抽吸而变化的温度数据的相对标准偏差（RSD）。在2s内更大容量的抽吸趋向于产生更大的相对标准偏差。通过4次以上平行试验使标准偏差显著减小，所以本文中所得的数据都是4次以上实验所得数据的平均值。

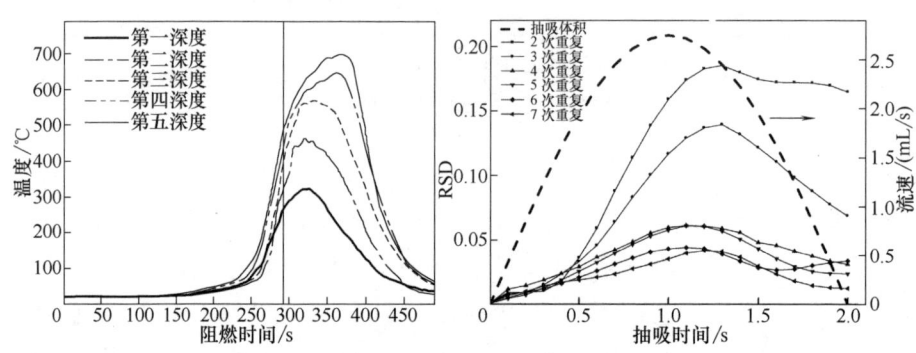

附图2-3　插入燃烧卷烟中不同深度的热电偶输出数据（1）和计算得到的相对标准偏差（2）

这种方法的另一个优点是所得温度数据化以后储存在矩阵中，并且这些温度数据可以被处理为一系列的温度分布云图或者线图。因为温度是通过独立的均匀分布的热电偶测量的（附图2-3），在测量点之间的温度数据我们通过内插和外推法获得。大多数之前的研究在处理这种数据时,使用两个临近测量点数据的平均值来得到相对平滑的温度数据曲线。本研究评估了不同的数据插值方法,并且使用最小数据统计误差程序来处理所得温度数据。

此外,这个软件还能分别绘制升温速率分布图,求取某一抽吸时间和温度范围相对应的体积与横截面温度数据。这些结果可以用做分析卷烟燃烧过程中的热物理学特性。在本研究中,还对任意给定抽吸时刻的体积分率的累计分布进行了实验测量和建模计算。这是通过修正过的 Rosin-Rammler 分布方程对实验温度数据分析得到的。方程描述了不规则外形颗粒(即碳粒)和质量分布的关系。

该方法假设了卷烟燃烧锥温度大于等于 200℃。此假设是由于纤维素和烟草内其他物质在此温度下开始有明显的质量损失,即燃烧或热解。对 Rosin-Rammler 分布方程的另一项修正是在卷烟燃烧的任意时刻,温度的上限都不能超过 T_{max},其中 T_{max} 是燃烧锥中的最高温。因此,对于给定的温度(T)以上的累计体积(V,mm³)可以用式(2-1)来计算:

$$\frac{d\alpha}{d\tau}=k \cdot f(\alpha)-k_0\exp\left[-\frac{E}{RT}\right] \cdot f(\alpha) \qquad (附式\ 2-1)$$

式中,V_0(mm³)表示 200℃以上的体积,即燃烧锥体积;T_s(℃)为特征温度,表示燃烧锥体积占全部 200℃以上累计体积 36.8%时的温度;N 为分布参数,反映了温度的分散程度;T_{max} 为检测获得的燃烧锥最高的温度;($T_{0.1}$ ~ $T_{0.9}$)是反应温度分布的更直接指标,其中分别是指累计体积 V/V_0 达到 10%和 90%的温度。这个方程的应用例子会在结论部分中提到。

参考文献

[1] 谢剑平. 卷烟危害性评价原理与方法 [M]. 北京: 化学工业出版社, 2009.

[2] World Health Organization Tobacco Free Initiative. WHO Workshop on Advancing Knowledge on Regulation Tobacco Products [C]. Oslo. 2000.

[3] Borgerding M F, Bodnar J A, Chung H L, et al. Chemical and biological studies of a new cigarette that primarily heats tobacco. Part 1. Chemical composition of mainstream smoke [J]. Food and chemical toxicology, 1998, 36 (3): 169-182.

[4] Baker R R. Mechanisms of smoke formation and delivery [J]. Recent Advances in Tobacco Smoke, 1980, 6: 184-224.

[5] Bassilakis R, Carangelo R, Wojtowicz M. TG-FTIR analysis of biomass pyrolysis [J]. Fuel, 2001, 80 (12): 1765-1786.

[6] 黄朝章, 李桂珍, 连芬燕, 等. 卷烟纸特性对卷烟主流烟气 7 种有害成分释放量的影响 [J]. 烟草科技, 2011, 4: 29-32.

[7] 郑琴, 程占刚, 李会荣, 等. 卷烟纸对卷烟主流烟气中 7 种有害成分释放量的影响 [J]. 烟草科技, 2010, 12: 49-51.

[8] 彭斌, 孙学辉, 尚平平, 等. 辅助材料设计参数对烤烟型卷烟烟气焦油、烟碱和 CO 释放量的影响 [J]. 烟草科技, 2012, 2: 61-65.

[9] 赵乐, 彭斌, 于川芳, 等. 辅助材料设计参数对卷烟 7 种烟气有害成分释放量的影响 [J]. 烟草科技, 2012, 10: 46-50.

[10] 赵乐, 彭斌, 于川芳, 等. 基于卷烟辅助材料参数的卷烟烟气有害成分预测模型 [J]. 烟草科技, 2012, 5: 35-39.

[11] 钟科军, 蒋腊梅, 黄建国. 卷烟降焦综合技术方法与实践 [J]. 烟草科技, 2001, 2: 4-8.

[12] Zilkey B F, Binns M R, Court W A. Chemical studies on Canadian tobacco and tobacco smoke. 1. Tobacco, tobacco sheet, and cigarette smoke chemical analysis on various treatments of bright and burley tobacco [J]. 1982, 84: 83-89.

[13] Yamamoto T, Suga Y, Kaneki K, et al. Effect of chemical constituents on the formation rate of carbon monoxide in Bright Tobacco [J]. Beiträge zur Tabakforschung/Contributions to Tobacco Research, 1989, 14 (3): 163-170.

[14] Ihrig A M, Rhyne A L, Norman V, et al. Factor involved in the ignition of cellulosic uphostery fabric-foam mock-ups ignitions by Cigarette [J]. Journal of Fire Science, 1986, 5: 392-415.

[15] 郑赛晶, 顾文博, 张建平, 等. 利用红外测温技术测定卷烟的燃烧温度 [J]. 烟草

科技，2006，(7)：5-10.

[16] 彭斌，李旭华，赵乐，等."三丝"掺兑量对卷烟主流烟气有害成分释放量的影响[J]. 烟草科技，2011，(11)：40-43.

[17] 谭兰兰，施丰成，薛芳，等. 卷烟制丝工艺参数对主流烟气中苯并[a]芘释放量的影响[J]. 安徽农业科学，2010，(1)：165-167.

[18] 薛芳，李东亮，陈昆燕，等. 卷烟加工重点工序工艺参数与卷烟主流烟气中苯酚释放量的关系研究[J]. 江西农业大学学报，2010，32(6)：1307-1312.

[19] 王鹏，刘华，曾建，等. 制丝工艺参数对主流烟气中氢氰酸含量影响研究[J]. 湖北农业科学，2011，50(2)：365-367.

[20] Zhu Wenkui, Li Bin, Yu Chuanfang, et al. The evolution of moisture, temperature and density of cut tobacco and shrinkage characteristics during drum drying [M]. 65th Tobacco Science Research Conference (TSRC). Kentucky, USA. 2011.

[21] 烟支燃吸过程温度场测试和数值模拟研究[C]. 郑州烟草研究院长科技发展基金项目技术报告，2006.

[22] Baker R R. A review of pyrolysis studies to unravel reaction steps in burning tobacco [J]. Journal of Analytical and Applied Pyrolysis, 1987, (11)：555-573.

[23] Newell M, Best F. Isotopic fate studies with tobacco constituents [J]. RDM, 1971, No. 14, March 16 (INT-500605415 -5432).

[24] Baxter J, Hobbs M. Investigation of some physico-chemical aspects of cigarette smoke using oxygen isotopes [J]. Tobacco Sci, 1967, (11)：65-71.

[25] Rodgman A, Cook L. The analysis of cigarette smoke condensate. XXXV. A summary of an eight-year study [J]. RDR, 1964, (INT-504912643-713).

[26] Rodgman A. The analysis of cigarette smoke condensate. VI. The influence of solvent pretreatment of tobacco and other factors on the polycyclic hydrocarbon content of smoke condensate [J]. RDR, 1959, (INT-501008529 -8591).

[27] Schlotzhauer W, Schmeltz I. Pyrogenesis of Aromatic Hydrocarbons Present in Cigarette Smoke [J]. Contributions to Tobacco Research, 1968, 4 (4)：176-181.

[28] Chortyk O, Schlotzhauer W. Studies on the pyrogenesis of tobacco smoke constituents (a review) [J]. Beiträge zur Tabakforschung/Contributions to Tobacco Research, 1973, 7 (3)：165-178.

[29] Rodgman A, Smith C, Perfetti T. The composition of cigarette smoke：a retrospective, with emphasis on polycyclic components [J]. Human & experimental toxicology, 2000, 19 (10)：573-595.

[30] Duuren. B L. Tobacco and health [M]. Springfield：Thomas, 1962.

[31] Badger G, Donnelly J, Spotswood T. The formation of aromatic hydrocarbons at high temperatures. XXIV. The pyrolysis of some tobacco constituents [J]. Australian Journal of Chemistry, 1965, 18 (8): 1249-1266.

[32] Schmeltz I, Wenger A, Hoffmann D, et al. Use of radioactive tobacco isolates for studying the formation of smoke components [J]. Journal of Agricultural and Food Chemistry, 1978, 26 (1): 234-239.

[33] 刘少民, 丁斌, 童红武, 等. 植物甾醇对卷烟主流烟气中 PAHs 的影响 [J]. 中国烟草学报, 2007, 13 (5): 10-16.

[34] Severson R F, Schlotzhauer W, Chortyk O, et al. Precursors of polynuclear aromatic hydrocarbons in tobacco smoke [M]. Ann Arbor Science Publishers Ann Arbor, MI. 1979: 277-298.

[35] LAM J. 3, 4-benzpyrene as a product of the pyrolysis of aliphatic tobacco hydrocarbons [J]. Acta Pathologica Microbiologica Scandinavica, 1955, 37 (5): 421-428.

[36] LAM J. Isolation and identification of 3, 4-benzpyrene, chrysene, and a number of other aromatic hydrocarbons in the pyrolysis products from dicetyl [J]. Acta Pathologica Microbiologica Scandinavica, 1956, 39 (3): 198-206.

[37] Grossman J, Deszyck E, Ikeda R, et al. A study of pyrolysis of solanesol [C]. 16th Tobacco Chemists' Research Conference. 1962: 1950-1951.

[38] Grossman J, Ikeda R, Deszyck E, et al. Mechanism of solanesol breakdown during pyrolysis [J]. Nature, 1963, (199): 661-663.

[39] Gil-Av E, J S. Precursors of carcinogenic hydrocarbons in tobacco smoke [J]. Nature, 1963, (197): 1065-1066.

[40] Gilbert J A S, Lindsey A J. The Thermal Decomposition of Some Tobacco Constituents [J]. British Journal of Cancer, 1957, 11 (3): 398-402.

[41] Newell M P, Best F W. Isotopic fate studies with tobacco constituents. III. Cell-wall constituents. A. Pectic substances [J]. RDM, 1967, No. 42, August 10, (INT-500613423-3437).

[42] Schmeltz I, Schlotzhauer W. 3, 5-Dimethylphenol and other products from pyrolysis of sodium acetate [J]. Journal of the Chemical Society D: Chemical Communications, 1969, (12): 681-682.

[43] Rudenko A P K I Y. Transformation of propionic acid and diethyl ketone on silica gel [J]. Journal of Organic Chemistry, 1969, (5): 680-684.

[44] Jones T, Schmeltz I. Pyrolysis of caffeic acid, a tobacco leaf constituent [J]. Chemistry & industry, 1968, (43): 1480-1481.

[45] Jones T C S I. Pyrolysis of *t*-cinnamic acid, sodium *t*-cinnamate, styrene, and *c*-and *t*-stilbene. Products and implications [J]. Journal of Organic Chemistry, 1969, (34): 645-649.

[46] Patterson J M, Baedecker M L, Musick R, et al. Possible role of lysine, leucine and tryptophan in formation of tobacco tar [J]. Tobacco Science, 1969, (13): 26-27.

[47] Patterson J, Chen W, Smith Jr W. Polynuclear aromatic hydrocarbons from pyrolysis of phenylalanine and phenylalanine-tryptophan and phenylalanine-pyrrole mixtures [J]. Tob Sci, 1971, (15): 98-99.

[48] Haidar N F, Patterson J M, Moors M, et al. Effects of structure on pyrolysis gases from amino acids [J]. Journal of Agricultural and Food Chemistry, 1981, 29 (1): 163-165.

[49] Patterson J M, Haidar N F, Papadopoulos E P, et al. Pyrolysis of phenylalanine, 3, 6-dibenzyl-2, 5-piperazinedione, and phenethylamine [J]. The Journal of organic chemistry, 1973, 38 (4): 663-666.

[50] Baker R R, Layten Davis D, Nielsen M T. Tobacco: production, chemistry and technology [M]. Oxford, UK: Blackwell Science Ltd, 1999.

[51] Woodward C, Eisner A, Haines P G. Pyrolysis of nicotine to myosmine [J]. Journal of the American Chemical Society, 1944, 66 (6): 911-914.

[52] Bell J, Saunders A, Spears A. The contribution of tobacco constituents to phenol yield of cigarettes [J]. Tob Sci, 1966, (10): 138-142.

[53] Benner J, Burton H, Burdick D. Temperature-Yield Profiles of Tobacco and Tobacco Constituents. II. Yields of Phenol and Cresols from Untreated and Borate-Treated Cellulose and Lignin [J]. Contributions to Tobacco Research, 1969, 5 (3): 134-139.

[54] Ishiguro S, Sato S, Sugawara S, et al. Studies on compositions fo smoke components of lamina and midrib cigarettes. I. Comparison of phenols in smokes of lamina and midrib of flue-cured tobacco [J]. Agricultural and Biological Chemistry, 1976, 40 (5): 977-982.

[55] Ishiguro S, Sugawara S. Studies on compositions of smoke components of lamina and midrib cigarettes. IV. Comparisons of smoke components from lamina and midrib cigarettes of flue-cured tobacco leaves by trimethylsilylation method [J]. Agricultural and Biological Chemistry, 1978, 42 (2): 407-410.

[56] Sakuma H M S, Sugawara S. Studies on cellulose cigarette-smoke, Volatile products of cellulose pyrolysis [J]. Agricultural and Biological Chemistry, 1981, (45): 443-451.

[57] Schlotzhauer W, Chortyk O. Pyrolytic studies on the origin of phenolic compounds in tobacco smoke [J]. Tob Sci, 1981, (25): 6-10.

[58] Czégény Z, Blazsó M, Várhegyi G, et al. Formation of selected toxicants from tobacco under different pyrolysis conditions [J]. Journal of Analytical and Applied Pyrolysis, 2009, 85 (1): 47-53.

[59] Carmella S G, Hecht S S, Tso T, et al. Roles of tobacco cellulose, sugars, and chlorogenic acid as precursors to catechol in cigarette smoke [J]. Journal of agricultural and food chemistry, 1984, 32 (2): 267-273.

[60] Schlotzhauer W S, Martin R M, Snook M E, et al. Pyrolytic studies on the contribution of tobacco leaf constituents to the formation of smoke catechols [J]. Journal of Agricultural and Food Chemistry, 1982, 30 (2): 372-374.

[61] Schlotzhauer W, Snook M, Chortyk O, et al. Pyrolytic evaluation of low chlorogenic acid tobaccos in the formation of the tobacco smoke co-carcinogen catechol [J]. Journal of analytical and applied pyrolysis, 1992, 22 (3): 231-238.

[62] McGrath T E, Brown A P, Meruva N K, et al. Phenolic compound formation from the low temperature pyrolysis of tobacco [J]. Journal of Analytical and Applied Pyrolysis, 2009, 84 (2): 170-178.

[63] 吴亿勤, 杨柳, 孟昭宇, 等. 裂解气相色谱-质谱联用技术研究黑香豆酊的热裂解行为 [J]. 分析试验室, 2008, 27 (1): 80-83.

[64] Uwano Y, Yoshida S, Higashi N. Pyrolysis study on precursors of phenolic compounds by an omission test [C]. CORESTA Congress 2006.

[65] Norman V, Ihrig A, Larson T, et al. The effect of some nitrogenous blend components on NO/NOx and HCN levels in mainstream and sidestream smoke [J]. Beiträ ge zur Tabakforschung/Contributions to Tobacco Research, 1983, 12 (2): 55-62.

[66] Johnson W R, Kan J C. Mechanisms of hydrogen cyanide formation from the pyrolysis of amino acids and related compounds [J]. The Journal of organic chemistry, 1971, 36 (1): 189-192.

[67] Burton H, Childs G. The thermal degradation of tobacco: VI. influence of extraction on the formation of some major gas phase constituents [J]. Beiträge zur Tabakforschung/Contributions to Tobacco Research, 1975, 8 (4): 174-180.

[68] Moldoveanu S C. Analytical pyrolysis of natural organic polymers [M]. Amsterdam: Elsevier, 1998.

[69] Talhout R, Opperhuizen A, Van Amsterdam J G. Sugars as tobacco ingredient: Effects on mainstream smoke composition [J]. Food and chemical toxicology, 2006, 44 (11): 1789-1798.

[70] Gager F, Nedlock J, Martin W. Tobacco additives and cigarette smoke: Part I. Transfer

of d-glucose, sucrose, and their degradation products to the smoke [J]. Carbohydrate research, 1971, 17 (2): 327-333.

[71] Phillpotts D, Spincer D, Westcott D. The effect of the natural sugar content of tobacco upon the acetaldehyde concentration found in cigarette smoke [J]. Beiträge zur Tabakforschung/Contributions to Tobacco Research, 1975, 8 (1): 7-10.

[72] Tarora W, Torikai K, Takahashi H. Studies on the generation of carbonyl compounds in tobacco smoke [C]. Proceedings of the 57th Tobacco Science Research Conference, Norfolk, VA, USA, Program Booklet and Abstracts, 2003.

[73] Yamazaki A, Maeda K. Thermal decomposition of cigarette paper. V. Composition of the low-boiling pyrolysis products of flax pulp, wood pulp, and handmade cigarette paper made of flax and wood pulps [J]. Journal of the Japanese Technical Association of the Pulp & Paper Industry, 1986, (40): 749-756.

[74] 舒俊生, 徐志强, 瞿先中, 等. 丙三醇和丙二醇热裂解生成羰基化合物研究 [J]. 烟草科技, 2010, (2): 23-27.

[75] Paine J B, Pithawalla Y B, Naworal J D. Carbohydrate pyrolysis mechanisms from isotopic labeling: Part 3. The Pyrolysis of d-glucose: Formation of C3 and C4 carbonyl compounds and a cyclopentenedione isomer by electrocyclic fragmentation mechanisms [J]. Journal of Analytical and Applied Pyrolysis, 2008, 82 (1): 42-69.

[76] 谢国勇, 李斌, 银董红, 等. 卷烟燃吸温度分布与主流烟气中 7 种有害成分释放量的关系 [J]. 烟草科技, 2013, (11): 67-72.